Java 12 程序设计学习指南

[美] 尼克·萨莫耶洛夫 (Nick Samoylov) 著

沈泽刚 王永胜 译

U0251217

清華大学出版社

北京

内 容 简 介

本书以 Java 12 为基础，全面系统地介绍 Java 语言，并引导读者进入最新的 Java 编程领域。全书分为三部分，共包括 19 章。第一部分为 Java 编程概述，包括第 1～3 章，主要讲解 Java 12 入门知识，Java 面向对象编程和 Java 基础知识；第二部分为 Java 主要构建单元，包括第 4～12 章，主要讲解异常处理，字符串、输入输出和文件，数据结构、泛型和流行实用工具，Java 标准库和外部库，多线程和并发处理，JVM 结构和垃圾收集，数据库数据管理，网络编程以及 Java GUI 编程等；第三部分为 Java 高级阶段，包括第 13～19 章，主要讲解函数式编程，Java 标准流，反应式编程，微服务架构，Java 微基准测试工具，高质量代码编写最佳实践以及 Java 的最新特征。

本书内容丰富全面，适用于任何想学习 Java 的读者。学习本书内容不需要读者具有 Java 专业知识或任何其他编程语言知识。本书可供高等院校学生和教师参考，也可供软件开发人员和 Java 爱好者参考，是学习 Java 编程的必备参考资料。

北京市版权局著作权合同登记号　图字：01-2021-1900

Copyright © Packt Publishing 2019. First published in the English language under the title *Learn Java 12 Programming* (978-1789957051).
Simplified Chinese-language edition © 2021 by Tsinghua University Press. All rights reserved.
本书中文简体字版由 Packt Publishing 授权清华大学出版社独家出版。未经出版者书面许可，不得以任何方式复印或抄袭本书内容。

本书封面贴有清华大学出版社防伪标签，无标签者不得销售。
版权所有，侵权必究。举报：010-62782989，beiqinquan@tup.tsinghua.edu.cn。

图书在版编目（CIP）数据

Java 12 程序设计学习指南/（美）尼克·萨莫耶洛夫（Nick Samoylov）著，沈泽刚，王永胜译. —北京：清华大学出版社, 2021.2
书名原文：Learn Java 12 Programming
ISBN 978-7-302-57068-4

Ⅰ. ①J…　Ⅱ. ①尼…　②沈…　③王…　Ⅲ. ①JAVA 语言—程序设计　Ⅳ. ①TP312.8

中国版本图书馆 CIP 数据核字(2020)第 251334 号

责任编辑：陈景辉　张爱华
封面设计：刘　键
责任校对：徐俊伟
责任印制：沈　露
出版发行：清华大学出版社
　网　　址：http://www.tup.com.cn，http://www.wqbook.com
　地　　址：北京清华大学学研大厦 A 座　　**邮　　编：**100084
　社 总 机：010-62770175　　**邮　　购：**010-83470235
　投稿与读者服务：010-62776969，c-service@tup.tsinghua.edu.cn
　质 量 反 馈：010-62772015，zhiliang@tup.tsinghua.edu.cn
　课 件 下 载：http://www.tup.com.cn，010-83470236
印 装 者：三河市科茂嘉荣印务有限公司
经　　销：全国新华书店
开　　本：185mm×260mm　　**印　张：**25.25　　**字　　数：**615 千字
版　　次：2021 年 4 月第 1 版　　**印　　次：**2021 年 4 月第 1 次印刷
印　　数：1~2500
定　　价：89.9 元

产品编号：085012-01

前　言

本书旨在让读者完全理解 Java 编程语言的基础知识，通过一步一步的实践引领读者从基础做起，再到真正的实际编程。书中讨论和示例的目的是激发读者的专业直觉，让读者采用可行的编程原则和编程实践。本书从基础知识起步，带领读者进入最新的编程技术领域，从而达到一种专业技术水平。

学习完本书，读者能够：

- 安装并配置 Java 开发环境；
- 安装并配置集成开发环境（IDE）——编程用的工具；
- 编写、编译和执行 Java 程序，并加以测试；
- 理解并使用 Java 语言基础知识；
- 理解并应用面向对象的设计原则；
- 掌握最常用的 Java 控制结构；
- 学会如何访问和管理数据库数据；
- 加深对网络编程的理解；
- 学会如何开发图形用户界面，更好地与设计的应用程序交互；
- 熟悉函数式编程；
- 领会最先进的数据处理技术——流技术（包括并行流技术和反应式流技术）；
- 学会并实际创建微服务架构，构建反应式系统；
- 实际操作，做出最佳的设计，编出最佳的程序；
- 展望 Java 未来，学会如何将自身融入其中。

本书内容概览

本书共分三部分。

第一部分为 Java 编程概述，包括第 1～3 章。

第 1 章为 Java 12 入门知识，主要介绍如何安装和运行 Java，如何安装和运行集成开发环境（IDE），Java 基本类型和运算符，String（字符串）类型和字面值，标识符和变量以及 Java 语句。

第 2 章为 Java 面向对象编程，主要介绍 OOP 概念，类，接口，重载、覆盖与隐藏，final 变量、final 方法和 final 类以及多态性。

第 3 章为 Java 基础知识，主要介绍包、导入和访问修饰符，Java 引用类型，保留和受限关键字，this 和 super 两个关键字的用法，基本类型间的转换以及基本类型和引用类型间的转换。

第二部分为 Java 主要构建单元，包括第 4～12 章。

第 4 章为异常处理，主要介绍 Java 异常处理框架，受检型异常和非受检型异常，try 块、catch 块和 finally 块，throws 语句，throw 语句，assert 语句以及异常处理中最佳实践操作等。

第 5 章为字符串、输入输出和文件，主要介绍字符串处理，I/O 流，文件管理以及 Apache Commons 工具包中 FileUtils 和 IOUtils 实用工具。

第 6 章为数据结构、泛型和流行实用工具，主要介绍 List 接口、Set 接口和 Map 接口，Collections 实用工具，Arrays 实用工具，Objects 实用工具以及 java.time 包。

第 7 章为 Java 标准库和外部库，详细讲解 Java 类库（JCL）和 Java 外部库。

第 8 章为多线程和并发处理，主要探讨与讲解线程与进程对比，用户线程与守护线程对比，Thread 类的扩展，Runnable 接口的实现，Thread 类的扩展与 Runnable 接口的实现对比，线程池的使用，如何从线程获得结果，并行处理与并发处理对比以及相同资源的并发修改。

第 9 章为 JVM 结构和垃圾收集，主要介绍 Java 应用程序的执行，Java 进程，JVM 结构以及垃圾收集等内容。

第 10 章为数据库数据管理，主要介绍创建数据库，创建数据库结构，连接到数据库，释放连接以及数据的 CRUD（添加、读取、更新、删除）操作。

第 11 章为网络编程，主要介绍网络协议，基于 UDP 的通信，基于 TCP 的通信，UDP 与 TCP 对比，基于 URL 的通信以及使用 HTTP 2 客户端 API。

第 12 章为 Java GUI 编程，主要介绍 Java GUI 技术，JavaFX 基础知识，JavaFX 简单编程示例，控件元素，图表，CSS 的应用，FXML 的使用，HTML 的嵌入，媒体的播放以及特效的添加。

第三部分为 Java 高级阶段，包括第 13～19 章。

第 13 章为函数式编程，主要介绍何为函数式编程，标准函数式接口，lambda 表达式的限制以及方法引用。

第 14 章为 Java 标准流，主要介绍流——数据源和操作源，流的初始化，操作（方法），数值流接口以及并行流。

第 15 章为反应式编程，主要介绍异步处理，非阻塞 API，反应式体系，反应式流以及 RxJava——Java 反应式扩展。

第 16 章为微服务架构，主要介绍何为微服务，微服务架构的规模，微服务架构如何相互交流以及微服务架构的反应式体系。

第 17 章为 Java 微基准测试工具（JMH），主要介绍何为 JMH，JMH 基准的创建，使用 IDE 插件运行基准，JMH 基准参数，JMH 使用示例，并提出告诫之语。

第 18 章为高质量代码编写最佳实践，主要介绍 Java 行业惯用语、实现及其用法，最佳设计实践，说明了代码为人而写的事实，进而论述了测试是通向高质量代码的捷径。

第 19 章为 Java 的最新特征，主要介绍 Java 仍在继续进化，Panama 项目，Valhalla 项目，Amber 项目，Loom 项目以及 Skara 项目。

特别声明，为保持原著中源代码的准确性，全书代码注释部分均不做翻译处理。

配套资源

为便于教与学，本书配有源代码、习题及参考答案，获取方式：先扫描本书封底的文泉云盘防盗码，再扫描下方二维码，即可获取。

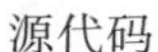

源代码　　习题及参考答案

本书特色

（1）轻松起步，快乐入门，无障碍进入高级主题。

（2）全面讲解 Java 知识点，直击数据处理技术；深入探讨 Java 高级应用，如反应式编程以及微服务架构，这些代表了 Java 在大数据处理和机器学习领域应用的前沿，也是现代数据处理的发展方向。

（3）基础知识与实战案例相结合，提供全部源代码，可操作性强。

（4）本书涵盖内容具有梯度化特征，从基础入门到核心编程，再到高级应用。

（5）代码详尽，语言通俗易懂，并将 Java 新特征融入其中。

本书适用对象

本书适用于愿意在现代 Java 专业编程领域中创业的人。本书也适用于这一领域中的专业人员，这些专业人员有更新专业知识的意愿，并且愿意了解最新的 Java 语言及其相关的技术和理念。

本书涉及大量专业新术语和新知识，虽然译者倾力而为、编辑通力合作，在翻译过程中力求准确生动，但限于个人水平和时间仓促，书中难免存在疏漏之处，欢迎读者批评指正。

译　者

2021 年 4 月

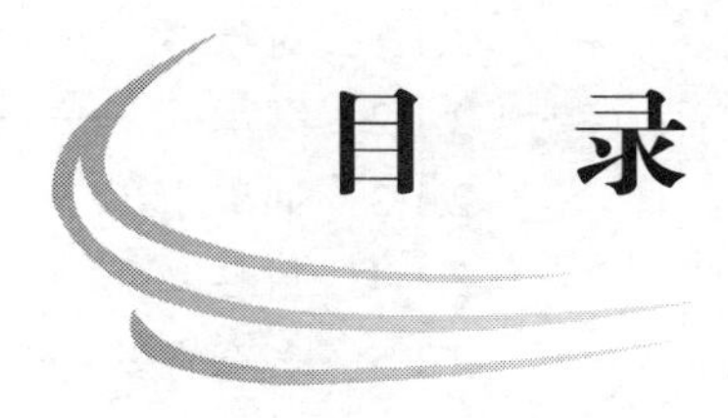

目 录

第一部分 Java编程概述

第二部分 Java 主要构建单元

第三部分 Java 高级阶段

第一部分 Java编程概述

本书第一部分带领读者进入 Java 编程世界。本部分一开始，解释了与 Java 相关的基本定义和主要术语，再引领读者安装必要的工具软件和 Java 程序，为读者讲解如何运行（执行）Java 程序和本书所提供的代码示例。

这些基本知识掌握到位后，将解释和讨论面向对象编程（OOP）原则，如何用 Java 实现 OOP 原则，以及程序员如何利用这样的原则编写出易维护的高质量代码。

接下来，本部分对 Java 编程语言作详解。解释代码在包中的组织原则，定义所有主要类型，列出保留和受限关键字。所有讨论都通过特定的代码示例加以阐释。

本部分包括以下各章。

第 1 章　Java 12 入门知识

第 2 章　Java 面向对象编程

第 3 章　Java 基础知识

第1章

Java 12 入门知识

本章讨论 Java 12 如何入门以及 Java 一般性知识。这里将从基础知识学起，首先解释什么是 Java 以及 Java 的主要术语，接着介绍如何安装必要的工具软件来编写和运行程序。在这方面，Java 12 与其以前诸版本没有太大区别，所以本章内容也适用于以前诸版本。

本章将描述并演示构建和配置 Java 编程环境所需的所有必要步骤。这是在计算机上开始编程前读者必须达到的最低要求。本章还将对 Java 语言的基本构件予以描述，并用可立即执行的示例对这些构件加以阐释。

学习编程语言或任何相关语言，最佳途径就是使用这门语言。本章指导读者如何使用 Java 学习编程。

本章将涵盖以下主题：

- 如何安装和运行 Java。
- 集成开发环境。
- Java 基本类型和运算符。
- String（字符串）类型和字面值。
- 标识符和变量。
- Java 语句。

1.1 如何安装和运行 Java

大家谈及 Java 时，所指之物可能完全不同，现列举如下：

- Java 编程语言：一种高级编程语言，允许某种意图（程序）用人类（相对于机器而言——译者注）可读的形式表达出来，并可翻译成计算机可执行的二进制代码。
- Java 编译器：一种程序，能够读取用 Java 编程语言写成的文本，并将其翻译成字节码，然后由 Java 虚拟机（JVM）将其解释为计算机可执行的二进制代码。
- Java 虚拟机：一种程序，可读取编译好的 Java 程序，并将其解释为计算机可执行的二进制代码。
- Java 开发工具包（JDK）：程序集（工具程序和实用程序），包括 Java 编译器、JVM 和支持库，所有这些允许编译和执行用 Java 语言编写的程序。

下面，带领读者安装 Java 12 JDK，了解相关的基本术语和命令。

1.1.1 何为 JDK 以及为何需要 JDK

前面提到，JDK 包括 Java 编译器和 JVM。编译器的任务是先读取一个.java 文件。该文件包含用 Java 语言编写的程序文本，称为源代码（source code）。再将其编译为字节码（bytecode），并将字节码存储在.class 文件中。接下来，JVM 读取.class 文件，将字节码解释为二进制代码，并发送到操作系统去执行。编译器和 JVM 都必须从命令行显式调用。

为支持.java 文件的编译及其字节码的执行，JDK 还包括 Java 标准库，称为 Java 类库（JCL）。若用第三方库，在编译和执行期间第三方库就得存在。第三方库必须在调用编译器的同一命令行中引用，随后在 JVM 执行字节码时也要引用。这两种库不同之处在于，JCL 不需要显式引用；Java 标准库驻留在 JDK 安装处的默认位置，因此编译器和 JVM 知道查找的位置。

如果不需要编译 Java 程序，而只想运行编译好的.class 文件，可以下载并安装 Java 运行时环境（JRE）。例如，JRE 包含 JDK 的一套子集，却不含编译器。

有时，JDK 被称为软件开发工具包（SDK）。SDK 是一个总称，是工具软件和支持库的集合，允许创建一个可执行的程序源代码版本，源代码则是使用某种编程语言编写的。因此可以说，JDK 是 Java 专属的 SDK。意思是说，将 JDK 称为 SDK 是可以接受的。

读者或许还听过与 JDK 相关的术语：Java 平台（platform）和 Java 版本。典型的 Java 平台是一种操作系统，允许开发和执行软件程序。由于 JDK 为其自身提供了操作环境，也被称为平台。Java 版本是 Java 平台（JDK）的变种，为特定的目的而组装。Java 平台有五种，列举如下：

- Java 平台标准版（Java SE）：包括 JVM、JCL 以及其他工具程序和实用程序。
- Java 平台企业版（Java EE）：包括 Java SE、服务器程序（为应用程序提供服务的计算机程序）、JCL 和其他库、代码示例、教程，以及其他用于开发和部署大型的、多层的和安全的网络应用程序的文档。
- Java 平台微型版（Java ME）：Java SE 中的一个子集，拥有一些专门的库，用来为嵌入式设备和移动设备（如电话、个人数字助理、电视机顶盒、打印机、传感器等）开发和部署 Java 应用程序。其中，Android SDK 是 Java ME 的一个变种，自带 JVM 环境。Android SDK 由谷歌（Google）公司为安卓（Android）系统的编程而开发。
- Java 平台 Card 版（Java Card）：Java 版本中体积最小的一版，用在小型嵌入式设备（如智能卡等）上，为其开发和部署 Java 应用程序。Java Card 有两种：Java Card 经典版和 Java Card 衔接版。前者为智能卡开发，基于 ISO 7816 和 ISO 14443 通信标准；后者支持某种网络应用模型，以 TCP/IP 作为基本协议，运行在高端安全微控制器上。

因此，安装 Java 意味着安装 JDK，也意味着从上述列出的平台中选择一个来安装。本书中要讨论和使用的只限于 Java SE，即 Java 平台标准版。

1.1.2 Java SE 的安装

本书使用 Oracle JDK，最新发布的所有 JDK 都在 Oracle 公司官方网站提供下载。在 Oracle 公司官方网站首页面（https://www.oracle.com/index.html），可以找到最新 JDK 下载链接。

Oracle 为不同操作系统提供了不同的安装文件，需要下载与所使用的操作系统匹配的安装文件。下面以 Windows 系统为例说明 JDK 的安装[①]。将 JDK 下载到计算机中，就可按下列步骤安装 Java SE。

（1）双击下载的安装文件，即开始安装，安装过程需要用户指定安装路径，默认路径是 C:\Program Files\Java\jdk-14\目录，可通过单击“更改”按钮指定新的位置。

（2）单击“下一步”按钮即开始安装。全部安装结束后，安装程序在安装目录中建立了几个子目录。

（3）安装 JDK 后必须配置 PATH 环境变量才能使用，它是可执行文件的查找路径。右击“此电脑”，在弹出的快捷菜单中选择“属性”命令，在打开的窗口中选择“高级系统设置”→“环境变量”，在“系统变量”中选择 PATH，单击“编辑”按钮，在打开对话框中选择“新建”，输入 JDK 的 bin 路径。

（4）打开一个命令提示符窗口，执行 java -version 命令，若显示的 Java 版本无误，则 JDK 安装成功，如图 1-1 所示。

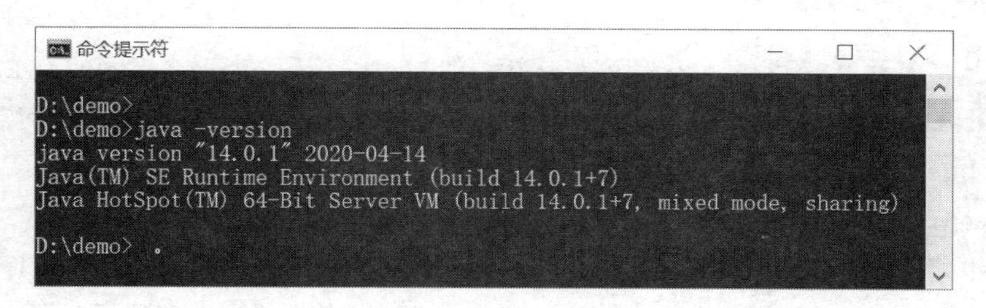

图 1-1　JDK 安装结果检验

1.1.3　命令和实用工具

JDK 安装后，在安装目录中创建了几个目录，其中最重要的是 bin 目录。bin 目录中包含 Java 命令和实用工具，它们都是可执行程序。如果 bin 目录没有自动添加到 PATH 环境变量中，可考虑手动添加，以便能从任何目录启动 Java 可执行文件。在 1.1.2 节的最后，演示了 Java 命令：java-version。下面是 bin 目录中两个最重要的 Java 命令：

- javac：读取一个.java 文件，对其加以编译并创建一个或多个对应的.class 文件，文件的数量取决于.java 文件中定义了多少个 Java 类。
- java：执行一个.class 文件。

有了这些命令，就可以开始编程了。每个 Java 程序员都必须充分了解这些命令的结构和功能。但是，对于 Java 编程新手，要使用集成开发环境（IDE，参见 1.2 节），则不需要马上掌握这些命令。比较周全的 IDE 会在每次对.java 文件进行修改时自动编译.java 文件，会将这些命令隐藏起来。这样的 IDE 还提供了一个图形元素，每次单击该元素，都会运行该程序。

① 从 Java 9 开始，Oracle 采用每半年发布一个新版本策略。因此，当阅读本书时，Java 的版本就不是 Java 12 了，而是更新的版本。本书程序可以在新版本下运行，因此建议下载新版本 JDK。——译者注

在 bin 目录还提供了一些实用工具程序，其中 jcmd 就是一个非常有用的工具。使用它可与当前运行的任何 Java 进程（JVM）通信并加以诊断，该工具有很多选项，最简单的用法是不需要任何选项，能列出当前运行的所有 Java 进程以及这些进程的 ID（Process Ids，PID）。这个工具可用来查看是否有正在运行的 Java 进程。如果有，则可以用列出的 PID 来终止这样的进程。

1.2　集成开发环境

过去有一些专门的编辑器，只允许检查程序语法，类似于 Word 编辑器检查英语句子语法。但是，这些专门的编辑器逐渐演变成集成开发环境（IDE）。顾名思义，其主要功能凸显。IDE 将编写、编译和执行程序所需的所有工具都集成在一个图形用户界面（GUI）下。IDE 利用 Java 编译器的强大功能，可以立即识别语法错误，再通过上下文提供帮助、提出建议，从而提高代码质量。

1.2.1　选择一种 IDE

市面上有多种 IDE 可供 Java 程序员选用，如 NetBeans、Eclipse、IntelliJ IDEA、BlueJ、DrJava、JDeveloper、JCreator、jEdit、JSource、jCRASP 和 jEdit 等。其中最流行的有 NetBeans、Eclipse 和 IntelliJ IDEA。

NetBeans 最初于 1996 年由当时属于布拉格查尔斯大学的一个学生项目 Java IDE 发展而来。1999 年，该项目和以该项目名义创建的公司被 Sun 公司收购。在 Oracle 公司收购 Sun 公司后，NetBeans 成为开源软件，许多 Java 开发者都为这个项目贡献了一份力量。NetBeans 又与 JDK 8 捆绑在一起，成了为 Java 开发的官方 IDE。2016 年，Oracle 将其捐赠给 Apache 软件基金会。

其中，有一个针对 Windows、Linux、Mac 和 Oracle Solaris 环境开发的 NetBeans IDE，支持多种编程语言，可通过插件扩展。NetBeans 仅与 JDK 8 捆绑在一起，但 NetBeans 8.2 还可以与 JDK 9 协同运作，并支持 JDK 9 具有的特性，如 Jigsaw 等。在 netbeans.apache.org 网站，可下载最新版本的 NetBeans IDE 并了解其更多内容。截至本书撰写时，其最新版为 11.0。

Eclipse 是使用最广泛的 Java IDE。为其开发的插件不断增加，增添不少 IDE 的新特性。因此，IDE 的功能很多，不胜枚举。Eclipse IDE 项目自 2001 年以来一直作为开源软件来开发。2004 年创建了一个非营利的、由会员支持的公司：Eclipse 基金会，其目标是提供基础设施（版本控制系统、代码审查系统、构建服务器、下载站点等）和结构化流程。

Eclipse IDE 插件的数量之多和种类之繁给初学者带来了一定的挑战。因为必须找到解决相同或相似特性的不同实现方法，这些特性有时可能不具备兼容性，并且可能需要你深入研究并清楚理解所有依赖项。尽管如此，Eclipse IDE 仍然非常流行，并且形成了稳固的公众支持度。可访问 www.eclipse.org/ide 了解 Eclipse IDE，同时下载最新发布的版本。

IntelliJ IDEA 有两个版本：付费版和免费社区版。付费版一直被评为最佳 Java IDE，而免费社区版也被列在上述三个领先的 Java IDE 中。开发 IntelliJ IDEA 的 JetBrains 软件公司在布拉格、圣彼得堡、莫斯科、慕尼黑、波士顿和新西伯利亚都设有办事处。IntelliJ IDEA 以其高度“智能化”而闻名，正如其作者在他们自己的网站（www.jetbrains.com/idea）上描述该产品时所述：“（IntelliJ IDEA）在任何环境下都能给出相关的建议：即时、聪慧的代码补全、动态代码分析以及可靠的重构工具。”1.2.2 节将引领你进行 IntelliJ IDEA 免费社区版的安装和配置。

1.2.2 安装和配置 IntelliJ IDEA

按以下步骤下载和安装 IntelliJ IDEA：

（1）从 www.jetbrains.com/idea/download 网站下载 IntelliJ 免费社区版的安装程序[①]。

（2）启动安装程序，接受所有默认选项。

（3）在 Installation Options（安装选项）屏幕上选中.java 复选框。读者应该已经安装了 JDK，所以无须选中 Download and install JRE（下载并安装 JRE）选项。

（4）安装过程的最后一屏有个 Run IntelliJ IDEA Community Edition（运行 IntelliJ IDEA 社区版）复选框，可选中以自动启动 IDE。或者不选中，安装完成后再手动启动 IDE。

（5）第一次启动 IDE 时，会询问是否 Import IntelliJ IDEA settings（导入 IntelliJ IDEA 设置）。如果以前没用过 IntelliJ IDEA，就单击 Do not import settings（不导入这些设置）按钮。

（6）接下来显示的一屏或两屏信息，会询问是否接受 JetBrains Privacy Policy（JetBrains 私隐政策），以及是愿意为许可证付费还是愿意继续使用免费的社区版或免费的试用版（取决于下载的是社区版还是试用版）。

（7）按照个人的喜好选择。如果接受隐私政策，Customize IntelliJ IDEA（定制 IntelliJ IDEA）屏幕上会要求选择一个主题色：白色（IntelliJ）或黑色（Darcula）。

（8）当显示 Skip All and Set Defaults（跳过并设为默认选项）和 Next: Default plugins（下一步：默认插件）选项时，选择 Next: Default plugins，因为这一选项将提供预先配置好的 IDE 选项。

（9）当显示 Tune IDEA to your tasks（调整 IDEA 以完成你的任务）时，选择 Customize（定制），会依次看到以下三个链接：

- Build Tools（构建工具）：选择 Maven 并单击 Save Changes and Go Back（保存变更值并返回）按钮。
- Version Controls（版本控制）：选择喜欢的版本控制系统（可选），然后单击 Save Changes and Go Back 按钮。
- Test Tools（测试工具）：选择 JUnit 或所喜欢的任何其他测试框架（可选），然后单击 Save Changes and Go Back 按钮。

（10）设置好的值，以后还可更改。更改方法：若用的是 Windows 系统，则在 IDE 顶部 File（文件）菜单中选择 Settings（设置）命令；若用的是 Linux 或 Mac 系统，则选择 Preferences（首选项）菜单。

---

① IntelliJ IDEA 开发工具也不断推出新版本，在读者阅读本书时，建议下载和使用最新版本。新版本的 IDE 界面可能与这里给出的界面略有不同，但并不影响程序的运行。——译者注

1.2.3 创建项目

编写程序前，需要创建一个项目。IntelliJ IDEA 有多种创建项目的方法，这一点跟任何 IDE 没有什么区别。具体如下：

- Create New Project（创建新项目）：从头创建一个新项目。
- Import Project（导入项目）：允许从文件系统中读取已有源代码。
- Open（打开）：允许从文件系统中读取已有项目。
- Check out from Version Control（从版本控制中打开）：允许从版本控制系统中读取已有项目。

本书只介绍第一种方法，即按 IDE 设置的步骤创建项目。另两种方法要简单得多，无须再作解释。一旦学会了如何从头开始创建新项目，在 IDE 中创建项目的其他方法就易如反掌了。

首先单击 Create New Project 链接，接着再按如下步骤操作：

（1）在 Project SDK 框中选择一个值（这里选择安装的 JDK 版本），然后单击 Next 按钮。

（2）不要选中 Create project from template（意为“从模板创建项目”。选中它，IDE 会生成一个类似 Hello world 的程序，但这不是所需要的），这里单击 Next 按钮。

（3）在 Project name（项目名称）框中输入你喜欢的内容（如本书中代码的项目名为 learnjava）。

（4）在 Project location（项目存放位置）框中选择想要存放项目的位置（这是新代码存放的位置），然后单击 Finish（完成）按钮。

（5）此时，会看到如图 1-2 所示的项目结构。

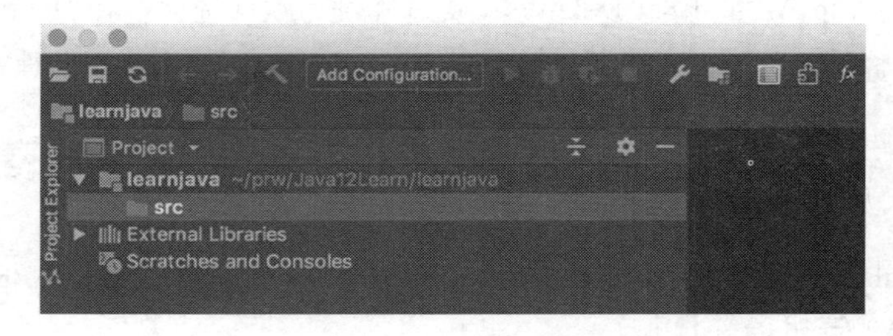

图 1-2 新的 learnjava 项目结构

（6）右击项目名称 learnjava，在弹出的快捷菜单中选择 Add Framework Support（添加框架支持）命令。在随后弹出的窗口中选择 Maven，如图 1-3 所示。

（7）Maven 是一种项目管理工具，主要功能是管理项目依赖关系。这个功能后面很快会讲到。目前，这里要用到 Maven 别的功能。为定义和保存项目代码标识，要用到下面三个属性：

- groupId：标识组织内或开源社区中的一组项目。
- artifactId：标识组内的特定项目。
- version：标识项目版本号。

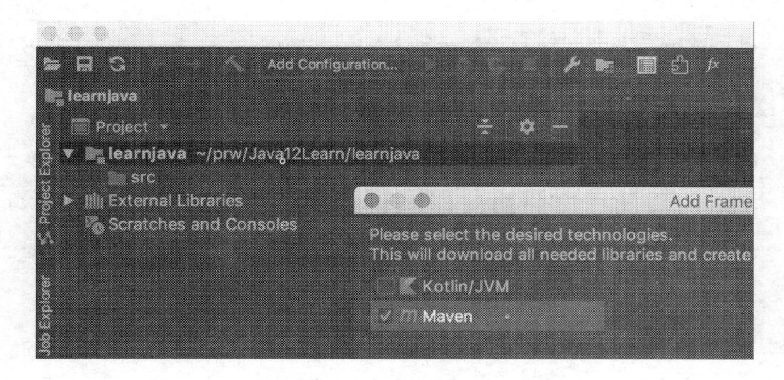

图 1-3　添加框架支持

这些属性的主要目的是使一个项目在世界上所有项目中具有唯一标识。为避免 groupId 名称冲突，约定俗成是将该组织的域名反转过来创建标识。例如，如果一个公司的域名为 company.com，其项目的 groupId 就应以 com.company 开头。本书的代码中，groupId 的值取的是 com.packt.learnjava，就是此原因所在。

那就开始设置吧。在弹出的 Add Framework Support 窗口中单击 OK 按钮，将得到一个新生成的 pom.xml 文件，如图 1-4 所示。

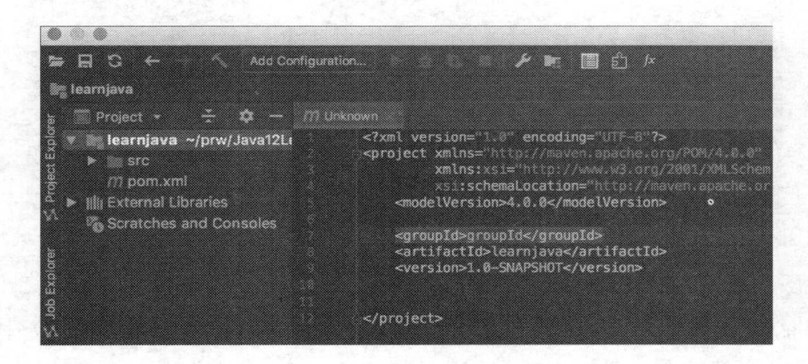

图 1-4　pom.xml 文件

同时，在屏幕右下角会弹出另一个小窗口，如图 1-5 所示。

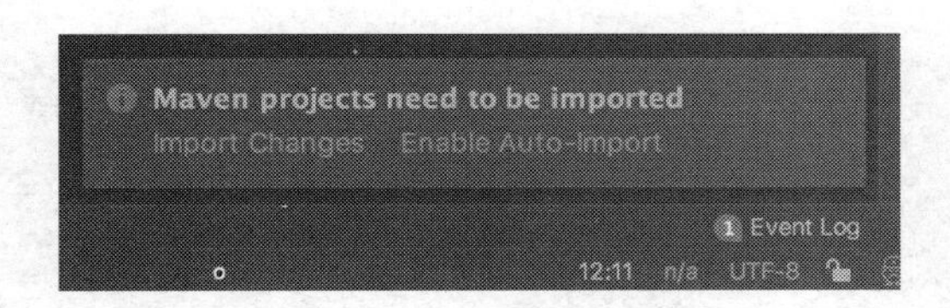

图 1-5　Event Log（事件日志）窗口

单击 Enable Auto-Import（激活自动导入）链接。这会使代码的编写更容易：自动导入要用到的所有新类。关于类的导入，将在适当时加以讨论。

现在，输入 groupId、artifactId 和 version 的值，如图 1-6 所示。

到目前为止，如果想在其应用程序中使用这个项目代码，就可通过图 1-6 所显示出的这三个值加以引用，而 Maven（如果用到的话）则将这个项目导进来（当然，需要先将这个项目上传到共享 Maven 存储库中）。可以访问 https://maven.apache.org/guides，获得 Maven 的更多信息。

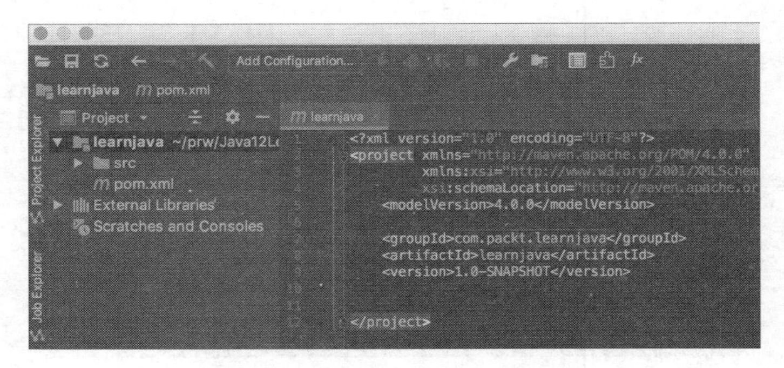

图 1-6 修改 pom.xml 文件

groupId 值的另一个功能是定义文件夹树的根目录，这个文件夹树中存储的是项目代码。打开 src 文件夹，就会看到 src 的目录结构，如图 1-7 所示。

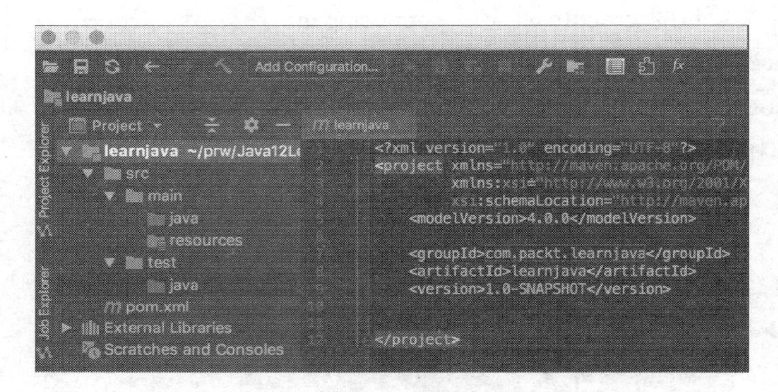

图 1-7 src 的目录结构

main 下的 java 文件夹中保存的是应用程序代码，test 下的 java 文件夹中保存的是要测试代码。接下来，按以下步骤创建第一个程序。

（1）右击 java，在弹出的快捷菜单中选择 New→Package 命令，如图 1-8 所示。

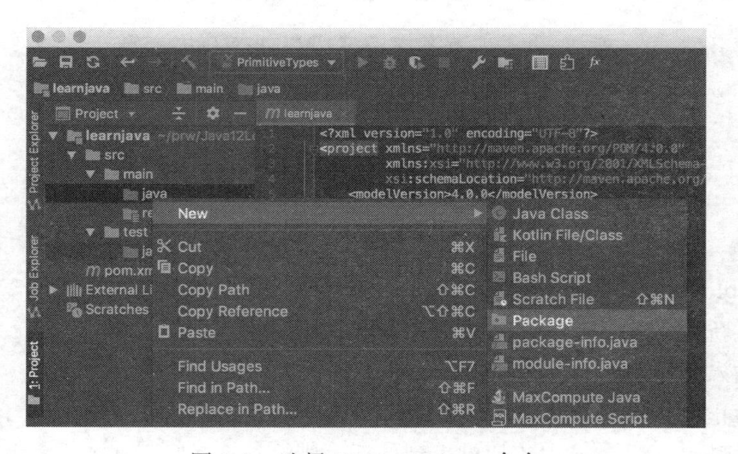

图 1-8 选择 New→Package 命令

（2）在出现的 New Package（新建包）对话框中，输入 com.packt.learnjava.ch01_start

作为包的名称，如图 1-9 所示。

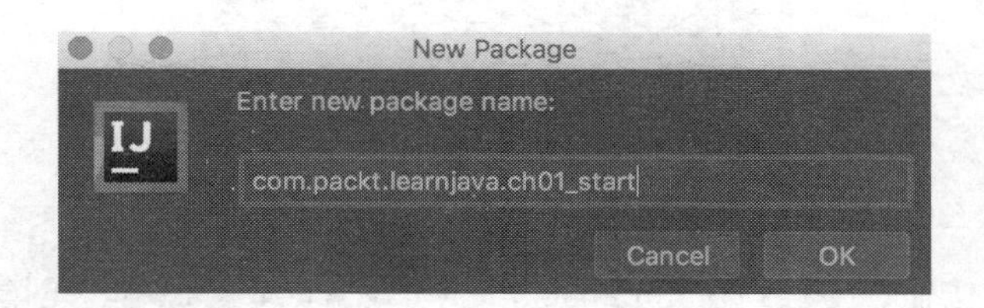

图 1-9　输入包名

（3）单击 OK 按钮，会在左侧面板中看到文件夹的新样式，最后一个是刚刚创建的 com.packt. learnjava.ch01_start 包，如图 1-10 所示。

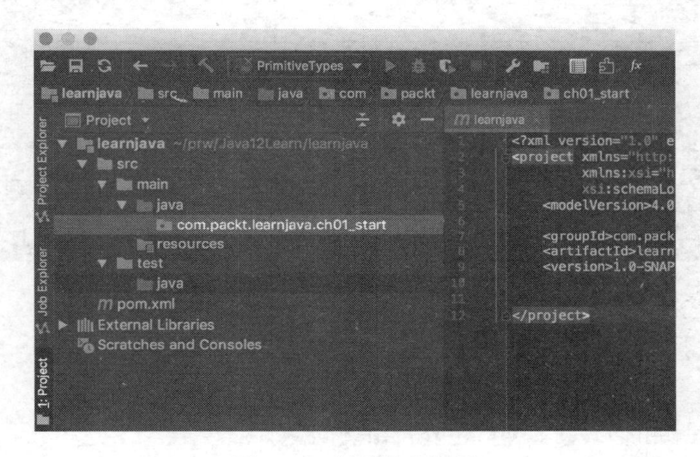

图 1-10　新建的包目录

（4）包反映的是 Java 类在文件系统中的位置，这将在第 2 章加以讨论。右击包名，在弹出的快捷菜单中选择 New→Java Class 命令，如图 1-11 所示。

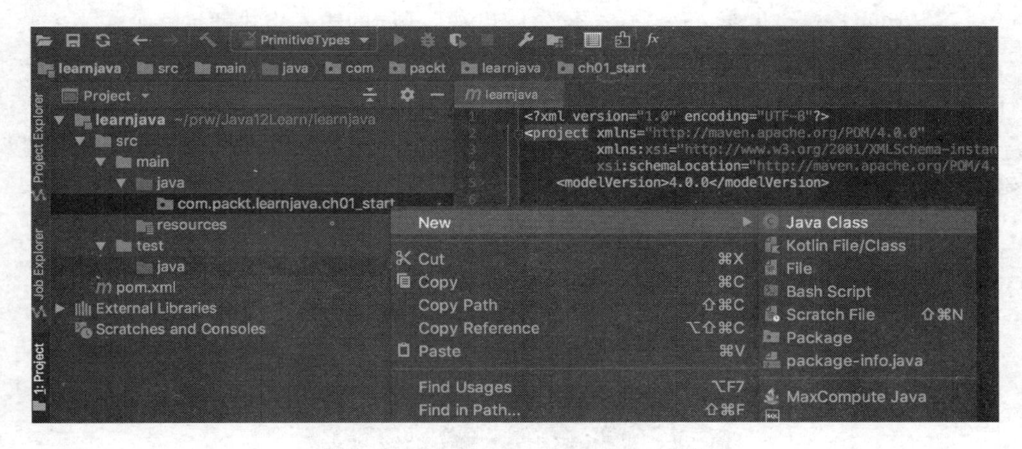

图 1-11　选择 New→Java Class 命令

（5）在打开的输入对话框中输入 PrimitiveTypes 类名，如图 1-12 所示。

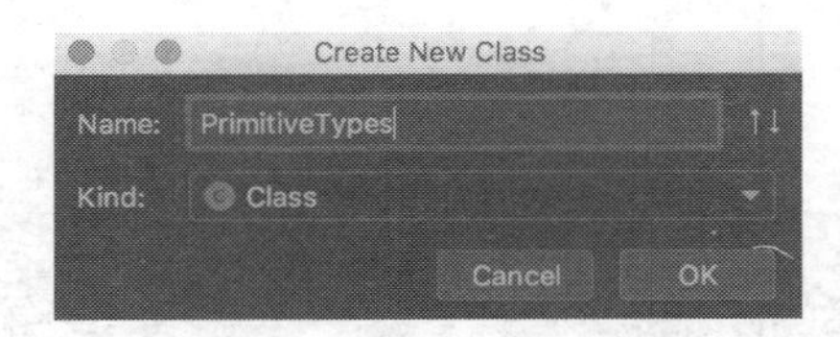

图 1-12　输入类名

（6）单击 OK 按钮，会看到在 com.packt.learnjava.ch01_start 包中创建的 PrimitiveTypes 类，如图 1-13 所示。

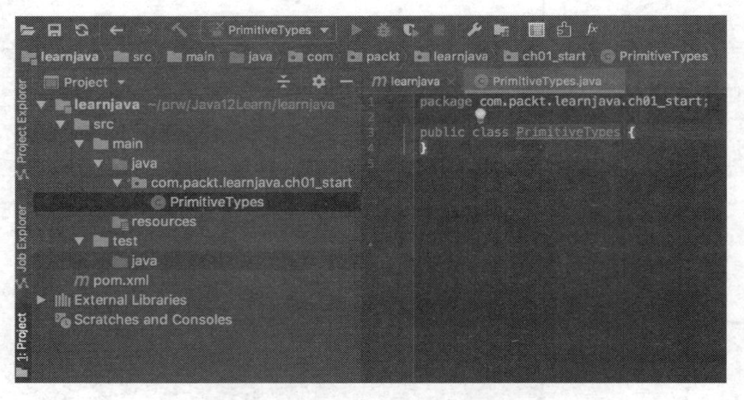

图 1-13　新建 PrimitiveTypes 类

现在，为运行程序，这里创建一个 main()方法。一旦有了该方法，它就能作为应用程序的入口被执行。main()方法有固定的格式，它必须具有以下属性：

- public（公共的）：表示可从包外自由访问。
- static（静态的）：无须创建一个其所属的类对象就可被调用。

main()方法还有以下要求：

- 返回 void（无返回值）。
- 接受输入的 String 数组或可变长参数。在第 2 章将讨论可变长参数。目前，只要了解 String[] args 和 String . . . arg 本质上定义了相同的输入格式就足够了。

在 1.2.5 节中，将解释如何使用命令行来运行主类。另外，在 IntelliJ IDEA 中运行示例程序也是可行的。

注意图 1-14 中左侧的两个三角形。单击其中任何一个，都可以执行 main()方法。例如，要输出“Hello, world!”，在 main()方法中输入下面一行代码，如图 1-14 所示。

```
System.out.println("Hello, world!");
```

```
package com.packt.learnjava.ch01_start;

public class PrimitiveTypes {

    public static void main(String... args){

        System.out.println("Hello, world!");

    }

}
```

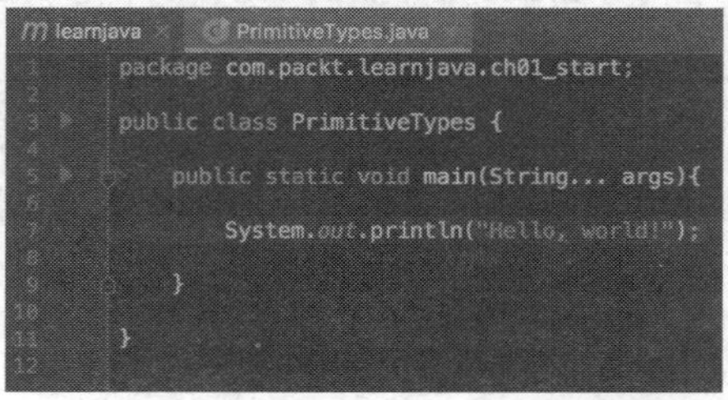

图 1-14　PrimitiveTypes.java 程序

然后，单击其中一个三角形即可执行 main()方法。在控制台将会看到输出结果，如图 1-15 所示。

图 1-15　程序输出结果

从现在开始，每次讨论代码示例，都将使用 main()方法以相同的方式运行。以后将不再截图，而是将结果放在注释中，因为这样更容易理解。例如，下列代码就代替之前代码的输出结果，只不过展示形式不同罢了。

```
System.out.println("Hello, world!");    //prints: Hello, world!
```

注释内容（可以是任何文本）位于代码行的右端，用双斜杠（//）与左边的代码分隔开。编译器不读取此文本，而是原样保留。注释的存在不影响性能，程序员用注释向读程序的人解释程序员的编程意图。

1.2.4　从命令行执行示例程序

要从命令行执行示例，可按下列步骤操作：

（1）将下载的源代码打包文件解压到 Learn-Java-12-Programming 文件夹，在命令提示符下进入该文件夹。pom.xml 文件位于其中。执行 mvn clean package 命令，运行结果如图 1-16 所示。

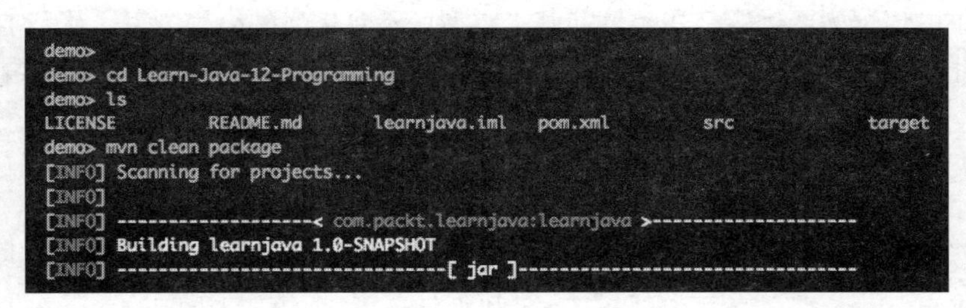

图 1-16　mvn 命令运行结果

（2）选择要运行示例，例如运行 ControlFlow.java，可输入以下运行命令：

```
java -cp target/learnjava-1.0-SNAPSHOT.jar:target/libs/* \
com.packt.learnjava.ch01_start.ControlFlow
```

将会看到如图 1-17 所示的运行结果。

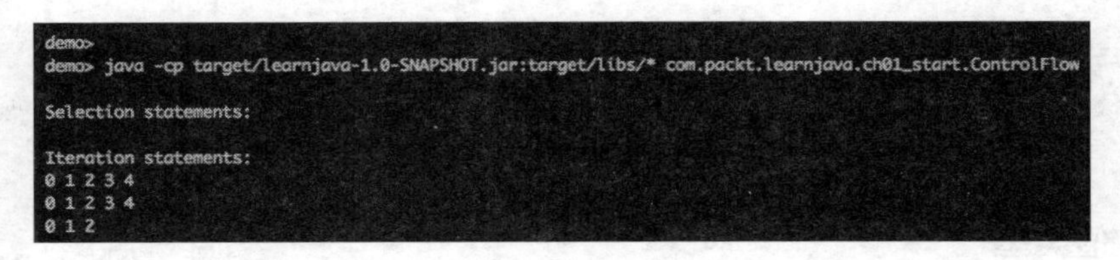

图 1-17　运行 ControlFlow.java 的结果

（3）如果想运行 ch05_stringsIoStreams 包中的示例文件，如运行 Files.java，应使用不

同的包和类的名称执行命令。如果计算机安装的是 Windows 系统，请使用以下命令：

```
java -cp target\learnjava-1.0-SNAPSHOT.jar;target\libs\*
com.packt.learnjava.ch05_stringsIoStreams.Files
```

注意： 系统不同，类路径分隔符不同。Windows 命令中路径用的是反斜杠（\），用分号（;）分隔路径。

（4）运行结果如图 1-18 所示。

```
demo>
demo> java -cp target/learnjava-1.0-SNAPSHOT.jar:target/libs/* com.packt.learnjava.ch05_stringsIoStreams.Files

dir1.list(): demo2
dir1.listFiles(): demo1/demo2
dir.list(): file1.txt file2.txt
dir.listFiles(): demo1/demo2/file1.txt demo1/demo2/file2.txt
File.listRoots(): /
```

图 1-18　运行 Files.java 的结果

（5）以这种方式可以运行任何包含 main()方法的类，这将执行 main()方法中的代码。

1.3　Java 基本类型和运算符

主要编程工具准备就位后，我们就可以讨论 Java 语言了。“Java 语言规范”可以在 https://docs.oracle.com/javase/specs 网址上读到，其中定义了这门编程语言的语法。什么时候想弄清楚语法含义，就可以去翻阅一下。Java 语法并不像许多人想象得那么令人畏惧。

Java 中的值分为两类：引用类型和基本类型。不管是何种编程语言，从基本类型和运算符开始讨论，都是自然而然的切入点。本章中，还将讨论其中一种具体的引用类型：String。对此类型，可参阅 1.4 节的内容。

基本类型可分为两组：boolean（布尔）类型和数值类型。

1.3.1　boolean（布尔）类型

Java 中 boolean 类型值只有两个：true 和 false。这样的值只能赋给一个布尔类型的变量。例如：

```
boolean b = true;
```

boolean 变量通常用于控制流语句中，这将在 1.6 节进行讨论。仅举一例：

```
boolean b = x > 2;
if(b){
    //do something
}
```

上述代码中，表达式 x > 2 的求值结果被赋给变量 b。如果 x 的值大于 2，变量 b 得到所赋的值：true。然后执行大括号（{}）内的代码。

1.3.2　数值类型

Java 的数值类型分为两组：整数型（byte、char、short、int 和 long）和浮点类型（float 和 double）。

1. 整数型

整数型使用的内存量如下：

- byte：8 位。
- char：16 位。
- short：16 位。
- int：32 位。
- long：64 位。

char 类型是一种无符号整数，包含从 0 到 65 535（含 65 535）的值，一个值称为一个码点（code point）。一个值代表的是一个 Unicode 字符，说明总共有 65 536 个 Unicode 字符。表 1-1 给出了三条记录，是 Unicode 字符中基本拉丁字符表中的元素。

表 1-1　三个基本拉丁字符列表

码点	Unicode 转义	可打印符号	说明
33	\u0021	!	感叹号
50	\u0032	2	数字 2
65	\u0041	A	大写拉丁字母 A

下面代码演示了 char 类型的特性：

```
char x1 = '\u0032';
System.out.println(x1);        //prints: 2

char x2 = '2';
System.out.println(x2);        //prints: 2
x2 = 65;
System.out.println(x2);        //prints: A

char y1 = '\u0041';
System.out.println(y1);        //prints: A

char y2 = 'A';
System.out.println(y2);        //prints: A
y2 = 50;
System.out.println(y2);        //prints: 2

System.out.println(x1 + x2);  //prints: 115
System.out.println(x1 + y1);  //prints: 115
```

代码示例的最后两行说明 char 类型被划为整数型的原因：char 值可用于算术运算。这种情况下，每个 char 值都用其码点表示。

其他整数型的取值范围如下：

- byte：从–128 到 127。
- short：从–32 768 到 32 767。
- int：从–2 147 483 648 到 2 147 483 647。
- long：从–9 223 372 036 854 775 808 到 9 223 372 036 854 775 807。

从对应的 Java 常量中，总能检索出每个基本类型的最大值和最小值，如下所示：

```
System.out.println(Byte.MIN_VALUE);           //prints: -128
System.out.println(Byte.MAX_VALUE);           //prints: 127
```

```
System.out.println(Short.MIN_VALUE);              //prints: -32768
System.out.println(Short.MAX_VALUE);              //prints: 32767
System.out.println(Integer.MIN_VALUE);            //prints: -2147483648
System.out.println(Integer.MAX_VALUE);            //prints: 2147483647
System.out.println(Long.MIN_VALUE);               //prints: -9223372036854775808
System.out.println(Long.MAX_VALUE);               //prints: 9223372036854775807
System.out.println((int)Character.MIN_VALUE);     //prints: 0
System.out.println((int)Character.MAX_VALUE);     //prints: 65535
```

最后两行中的结构（int）是转换运算符（cast operator）的用法示例。上述情况下，int将值从一种类型强制转换为另一种类型，而这种转换并不总能保证成功。从上述示例可以看出，某些类型允许有比其他类型更大的值。但是程序员可能知道某个变量的值永远不能超过目标类型的最大值，而强制转换运算符是程序员将自己的意志强加给编译器的一种方式。否则，如果没有强制转换运算符，编译器将引发错误而不允许赋值。然而，程序员可能会弄错，值可能会变大。在这种情况下，在执行期间会引发运行时错误。

原则上来说，有些类型不能强制转换为其他类型，或者至少不能转换为所有类型。例如，boolean 类型值不能转换为整数型值。

2. 浮点型

这组基本类型中含有两种类型，即 float 和 double：

- float：32 位。
- double：64 位。

这两种类型的正最小和最大可能值如下：

```
System.out.println(Float.MIN_VALUE);          //prints: 1.4E-45
System.out.println(Float.MAX_VALUE);          //prints: 3.4028235E38
System.out.println(Double.MIN_VALUE);         //prints: 4.9E-324
System.out.println(Double.MAX_VALUE);         //prints: 1.7976931348623157E308
```

最小和最大负值与上面显示的相同，只是前面带一个负号（–）。因此，实际上 Float.MIN_VALUE 和 Double.MIN_VALUE 的值不是最小值，而是所对应类型的精度。对每种浮点型，零值可以是 0.0，也可以是–0.0。

浮点型的特殊性是有一个点（.），用来分隔整数和小数部分。默认情况下，Java 中带点的数字被认为是 double 类型。例如，下面的数就被看作是一个 double 值。

```
42.3
```

鉴于此，下面的赋值会导致编译错误：

```
float f = 42.3;
```

为了表示你希望将 42.3 作为 float 类型处理，就需要添加 f 或 F 后缀。例如，下面的赋值不会导致错误：

```
float f = 42.3f;
float d = 42.3F;

double a = 42.3f;
double b = 42.3F;

float x = (float)42.3d;
float y = (float)42.3D
```

从上述示例，或许已经注意到 d 和 D 表示 double 类型。但是，可以将其强制转换为 float 类型，因为 42.3 完全处在可能的 float 类型值范围内。

1.3.3　基本类型的默认值

某些情况下，即使程序员不想赋值，也必须为变量赋值。为变量赋值将在第 2 章讨论。基本类型的默认值如下：

- byte、short、int 和 long 类型的默认值为 0。
- char 类型默认值为\u0000，码点为 0。
- float 和 double 类型的默认值为 0.0。
- boolean 类型的默认值为 false。

1.3.4　基本类型的字面值

值的表示形式被称为字面值。boolean 类型有两种字面值：true 和 false。byte、short、int 和 long 类型的字面值默认为 int 类型。

```
byte b = 42;
short s = 42;
int i = 42;
long l = 42;
```

此外，要表示 long 类型的字面值，可在后面加上字母 l 或 L：

```
long l1 = 42l;
long l2 = 42L;
```

字母 l（小写形式）很容易与数字 1 混淆。因此，使用 L（大写形式而不是小写形式的 l）表示 long 类型的字面值，在实践中效果良好。

到目前为止，一直用十进制数表示整数字面值。然而，byte、short、int 和 long 类型的字面值也可以用二进制（以 2 为基数，使用数字 0 和 1）、八进制（以 8 为基数，使用数字 0～7）和十六进制（以 16 为基数，使用数字 0 和 9 及字母 a 和 f）表示。二进制字面值以 0b（或 0B）开头，后面是二进制中表示的值。例如，十进制数 42 [2 ^ 0 * 0 + 2 ^ 1 * 1 + 2 ^ 2 * 0 + 2 ^ 3 * 1 + 2 ^ 4 * 0 + 2 ^ 5 * 1（从右侧 0 开始）]用二进制表示为 101010。八进制字面值以 0 开头，其后是一个八进制的值，所以 42（8 ^ 0 * 2 + 8 ^ 1 * 5）用八进制表示为 52。十六进制字面值以 0x（或 0X）开头，后跟十六进制中表示的值。42（16^0*a + 16^1*2）用十六进制表示为 2a。因为在十六进制中，符号 a～f（或 A～F）映射的是十进制值中 10～15。演示代码如下：

```
int i = 42;
System.out.println(Integer.toString(i, 2));        //101010
System.out.println(Integer.toBinaryString(i));     //101010
System.out.println(0b101010);                      //42

System.out.println(Integer.toString(i, 8));        //52
System.out.println(Integer.toOctalString(i));      //52
System.out.println(052);                           //42

System.out.println(Integer.toString(i, 10));       //42
System.out.println(Integer.toString(i));           //42
```

```
System.out.println(42);                              //42

System.out.println(Integer.toString(i, 16));         //2a
System.out.println(Integer.toHexString(i));          //2a
System.out.println(0x2a);                            //42
```

可见，Java 提供了将十进制值转换为具有不同基数进制的方法。所有这些数值表达式都称为字面值。

数值类型的字面值一个特性，就是对人友好。如果数字很大，还可用下画线（_）将其每三个分成一组。注意观察下面的示例。

```
int i = 354_263_654;
System.out.println(i);          //prints: 354263654

float f = 54_436.98f;
System.out.println(f);          //prints: 54436.98

long l = 55_763_948L;
System.out.println(l);          //prints: 55763948
```

编译器会忽略所嵌入的下画线符号。

char 类型有两种字面值：单个字符或转义序列。在讨论数值类型时，已经看到了 char 类型字面值的例子。再回顾一下。

```
char x1 = '\u0032';
char x2 = '2';
char y1 = '\u0041';
char y2 = 'A';
```

可以看出，字符必须用单引号括起来。

转义序列以反斜杠（\）开头，后跟字母或其他字符。以下是转义序列的完整列表。

- \b：退格 BS，Unicode 转义符为\u0008。
- \t：水平制表符 HT，Unicode 转义符为\u0009。
- \n：换行 LF，Unicode 转义符为\u000a。
- \f：换页 FF，Unicode 转义符为\u000c。
- \r：回车，Unicode 转义符为\u000d。
- \"：双引号"，Unicode 转义符为\u0022。
- \'：单引号'，Unicode 转义符为\u0027。
- \\：反斜杠\，Unicode 转义符为\u005c。

在上述 8 个转义序列中，只有最后 3 个用符号加以表示。无法通过别的方式显示这样的符号时，就用这三种方式。注意下列示例。

```
System.out.println("\"");                 //prints: "
System.out.println('\'');                 //prints: '
System.out.println('\\');                 //prints: \
```

其余 5 个更多地被用作控制代码，指示输出设备做什么。例如：

```
System.out.println("The back\bspace");       //prints: The bacspace
System.out.println("The horizontal\ttab");   //prints: The horizontal tab
System.out.println("The line\nfeed");        //prints: The line
                                             //        feed
```

```
System.out.println("The form\ffeed");         //prints: The form feed
System.out.println("The carriage\rreturn"); //prints: return
```

可见，\b 回删一个符号，\t 插入一个制表符空间，\n 换行并开始新行，\f 强制打印机弹出当前页并在另一个页的顶部继续打印，\r 重新开始当前行。

1.3.5　新增的压缩数字格式

用 NumberFormat 类能以各种格式显示数字，还允许根据提供的格式（包括区域）调整格式。之所以在这里提到这个类，是因为在 Java 12 中，该类新增了一个特性——压缩数字格式。

世界上不同地区的人使用数字的格式不同，这个类就是用特定的区域形式来展示数字。注意观察下面的示例。

```
NumberFormat fmt = NumberFormat.getCompactNumberInstance(Locale.US,
                                            NumberFormat.Style.SHORT);
System.out.println(fmt.format(42_000));          //prints: 42K
System.out.println(fmt.format(42_000_000));      //prints: 42M

NumberFormat fmtP = NumberFormat.getPercentInstance();
System.out.println(fmtP.format(0.42));           //prints: 42%
```

可见，要使用此功能，NumberFormat 类就必须要得到一个特定的数字展示样式，这样的样式有时基于区域以及所提供的样式。

1.3.6　运算符

Java 语言有 44 个运算符，如表 1-2 所示。

表 1-2　Java 语言的运算符

<table>
<tr><th>运算符</th><th>说明</th></tr>
<tr><td>+　–　*　/　%</td><td>算术一元和二元运算符</td></tr>
<tr><td>++　– –</td><td>增量和减量一元运算符</td></tr>
<tr><td>==　!=</td><td>相等和不相等运算符</td></tr>
<tr><td><　>　<=　>=</td><td>关系运算符</td></tr>
<tr><td>!　&　|</td><td>逻辑运算符</td></tr>
<tr><td>&&　||　?:</td><td>条件运算符</td></tr>
<tr><td>=　+=　–=　*=　/=　%=</td><td>赋值运算符</td></tr>
<tr><td>&=　|=　^=　<<=　>>=　>>>=</td><td>赋值运算符</td></tr>
<tr><td>&　|　~　^　<<　>>　>>></td><td>位运算符</td></tr>
<tr><td>->　::</td><td>箭头和方法引用运算符</td></tr>
<tr><td>new</td><td>实例创建运算符</td></tr>
<tr><td>.</td><td>字段访问/方法调用运算符</td></tr>
<tr><td>instanceof</td><td>类型比较运算符</td></tr>
<tr><td>(目标类型)</td><td>类型转型运算符</td></tr>
</table>

不常用的赋值运算符包括&=、|=、^=、<<=、>>=、>>>=和位运算符，这里不予以说明了。读者可以在 Java 规范性说明中予以了解（详见 https://docs.oracle.com/javase/specs）。

箭头运算符（->）和方法引用运算符（::）将在第 13 章讨论。实例创建运算符（new）、字段访问/方法调用运算符（.）和类型比较运算符（instanceof）将在第 2 章讨论。而类型转换运算符已经在 1.3.2 节讨论过了。

1. 一元（+和–）和二元（+、–、*、/和%）算术运算符

大多数算术运算符和正负号（一元运算符）已相当熟悉了。模运算符%将左操作数除以右操作数并返回余数，如下所示：

```
int x = 5;
System.out.println(x % 2);                    //prints: 1
```

值得一提的是，Java 中两个整数的除法将使小数部分丢失，因为 Java 假设结果应该是一个整数，如下所示：

```
int x = 5;
System.out.println(x /2);                     //prints: 2
```

如果要在结果中保留小数部分，可将其中一个操作数转换为浮点型。以下是其中几种做法：

```
int x = 5;
System.out.println(x /2.);                    //prints: 2.5
System.out.println((1. * x) /2);              //prints: 2.5
System.out.println(((float)x) /2);            //prints: 2.5
System.out.println(((double) x) /2);          //prints: 2.5
```

2. 增量和减量一元运算符（++和– –）

++运算符将整型变量的值加 1，而– –运算符将其减 1。如果放在变量前面（前缀），返回变量值之前，其值增 1 或减 1。但若放在变量之后（后缀），返回变量值之后，其值增 1 或减 1。例如：

```
int i = 2;
System.out.println(++i);                      //prints: 3
System.out.println(i);                        //prints: 3
System.out.println(--i);                      //prints: 2
System.out.println(i);                        //prints: 2
System.out.println(i++);                      //prints: 2
System.out.println(i);                        //prints: 3
System.out.println(i--);                      //prints: 3
System.out.println(i);                        //prints: 2
```

3. 相等和不相等运算符（==和!=）

==运算符表示相等，而!=运算符表示不相等。这两个运算符用于比较同类型的值。如果操作数的值相等，则返回的 boolean 值为 true，否则为 false。注意观察下面的示例。

```
int i1 = 1;
int i2 = 2;
System.out.println(i1 == i2);                 //prints: false
System.out.println(i1 != i2);                 //prints: true
System.out.println(i1 == (i2 - 1));           //prints: true
System.out.println(i1 != (i2 - 1));           //prints: false
```

但是，在比较浮点类型的值时，特别是在比较计算结果时，需要格外小心。这样的情况下，使用关系运算符（<、>、<=和>=）要可靠得多。举例说明原因。除法 1/3，其结果是小数部分永远不会终止的值 0.33333333…，最终结果取决于所要求的精度（这个主题太复杂，已超出本书范围）。

4. 关系运算符（<、>、<=、>=）

关系运算符对各种值加以比较，最终返回一个 boolean 值。注意观察下面的示例。

```
int i1 = 1;
int i2 = 2;
System.out.println(i1 > i2);                    //prints: false
System.out.println(i1 >= i2);                   //prints: false
System.out.println(i1 >= (i2 - 1));             //prints: true
System.out.println(i1 < i2);                    //prints: true
System.out.println(i1 <= i2);                   //prints: true
System.out.println(i1 <= (i2 - 1));             //prints: true
float f = 1.2f;
System.out.println(i1 < f);                     //prints: true
```

5. 逻辑运算符（!、&和|）

逻辑运算符可做如下界定：

- 如果操作数为 false，则二元运算符!返回值为 true，否则返回 false。
- 如果两个操作数都为 true，则二元运算符&返回值为 true。
- 如果至少有一个操作数为 true，则二元运算符|返回值为 true。

例如：

```
boolean b = true;
System.out.println(!b);                         //prints: false
System.out.println(!!b);                        //prints: true
boolean c = true;
System.out.println(c & b);                      //prints: true
System.out.println(c | b);                      //prints: true
boolean d = false;
System.out.println(c & d);                      //prints: false
System.out.println(c | d);                      //prints: true
```

6. 条件运算符（&&、||和?:）

&&和||运算符产生的结果与刚刚演示过的&和|逻辑运算符相同。具体如下：

```
boolean b = true;
boolean c = true;
System.out.println(c && b);                     //prints: true
System.out.println(c || b);                     //prints: true
boolean d = false;
System.out.println(c && d);                     //prints: false
System.out.println(c || d);                     //prints: true
```

区别在于&&和||运算符并不总计算第二个操作数。例如，就&&运算符而言，如果第一个操作数是 false，那么整个表达式的结果将是 false，因此第二个操作数不被计算。类似地，就||运算符而言，如果第一个操作数是 true，那么整个表达式结果将是 true，因此不需要计算第二个操作数。如下代码可演示这个说法：

```
int h = 1;
```

```
System.out.println(h > 3 & h++ < 3);        //prints: false
System.out.println(h);                      //prints: 2
System.out.println(h > 3 && h++ < 3);       //prints: false
System.out.println(h);                      //prints: 2
```

运算符?:被称为三元运算符(ternary operator)。此运算符计算的是一个条件(在?之前)。如果结果为 true，则将第一个表达式（在?和:之间）计算出的值赋给变量；否则，将第二个表达式（在:号之后）计算的值赋给变量。演示如下：

```
int n = 1, m = 2;
float k = n > m ? (n * m + 3) : ((float)n /m);
System.out.println(k);                       //prints: 0.5
```

7. 赋值运算符（=、+=、–=、*=、/=和%=）

运算符=只是将指定的值赋给某个变量。例如：

```
x = 3;
```

其他赋值运算符在赋值之前计算出一个新值。例如：

- x += 42 将表达式 x = x + 42 的结果赋值给 x。
- x –= 42 将表达式 x = x – 42 的结果赋值给 x。
- x *= 42 将表达式 x = x * 42 的结果赋值给 x。
- x /= 42 将表达式 x = x /42 的结果赋值给 x。
- x %= 42 将表达式 x = x % 42 的余数赋值给 x。

下列是这些运算符的操作原理：

```
float a = 1f;
a += 2;
System.out.println(a);                      //prints: 3.0
a -= 1;
System.out.println(a);                      //prints: 2.0
a *= 2;
System.out.println(a);                      //prints: 4.0
a /= 2;
System.out.println(a);                      //prints: 2.0
a %= 2;
System.out.println(a);                      //prints: 0.0
```

1.4 String（字符串）类型和字面值

前面讨论了 Java 语言的基本类型。除基本类型外，Java 所有其他类型都属于引用类型（reference types）。每个引用类型都是一种比一个值更为复杂的结构。引用类型由类（class）加以描述，类用作模板，来创建对象（object）。对象是一块内存区域，里面包含在类中定义的值和方法（处理代码）。对象由 new 运算符创建。第 2 章将详尽地探讨类和对象。

本章要讨论的是其中一种被称为 String（字符串）的引用类型。String 用 java.lang.String 类表示。可见，String 属于 JDK 中最基本的 java.lang 包。之所以这么早引入 String 类，是因为这个类在某些方面与 Java 基本类型非常相似，可事实上 String 类属于引用类型。

之所以将 String 类称为引用类型，是因为在代码中我们不直接处理这种类型的值。引用类型的值比基本类型的值更为复杂。它被称为对象，需要更复杂的内存分配，因此引用类型变量包含一个内存引用。这个值指向（或引用）对象所驻留的内存区域，由此得名。

当引用类型变量作为参数传递给方法时，引用类型的这种性质需要特别加以注意。第 3 章将更详细地讨论这一点。现在，把 String 作为一种引用类型加以讨论，看看它如何将每个字符串的值仅存储一次来优化内存的使用。

1.4.1 字符串字面值

Java 程序中，String 类表示的是字符串，这样的字符串我们已多次目睹。比方说，看到过“Hello, world!”。这属于 String 字符串的一个字面值。

另一个字面值的例子是 null。任何引用类型都可以引用字面值 null，它表示的是一个不指向任何对象的引用值。就 String 类型而言，其值如下：

```
String s = null;
```

但是，由双引号括起来的字符组成的字面值（"abc"、" 123"、" a42%$#"）只属于 String 类型。在这方面，String 类作为引用类型，与基本类型有一些共同之处。所有 String 字面值都存储在内存的一个专属区域，称为字符串池（string pool）。两个拼写相同的字面值，在池中用同一个值表示。例如：

```
String s1 = "abc";
String s2 = "abc";
System.out.println(s1 == s2);              //prints: true
System.out.println("abc" == s1);           //prints: true
```

JVM 开发者选择这样的实现，是为了避免重复，还可改进内存的使用。前述的一些代码示例看起来很像是对基本类型的操作，是不是呢？但是，使用一个 new 运算符创建一个 String 对象时，新创建对象的内存被分配在字符串池之外。鉴于此，对两个 String 对象或任何与这方面有关的其他对象的引用，总是不同的。例如：

```
String o1 = new String("abc");
String o2 = new String("abc");
System.out.println(o1 == o2);              //prints: false
System.out.println("abc" == o1);           //prints: false
```

如有必要，可以采用 intern()方法，将用 new 运算符创建的字符串值移到字符串池中。例如：

```
String o1 = new String("abc");
System.out.println("abc" == o1);           //prints: false
System.out.println("abc" == o1.intern());  //prints: true
```

在上述代码中，intern()方法尝试将新创建的“abc”这个值移到字符串池中，但却发现这样的字面值在池中已经存在，所以该方法就重复使用了字符串池中的字面值。这就是上例中最后一行中的引用是相等的原因所在。

好消息：或许没必要使用 new 运算符来创建字符串对象，况且大多数 Java 程序员从不这样做。但是，String 对象会作为输入传递到代码中，而你又无力控制其来源。此时，仅通过引用进行比较，可能会导致不正确的结果（如果字符串拼写相同，却是由 new 运算符创建）。正因如此，两个字符串拼写（及大小写）等同的情况下，为了比较两个字面值或

String 对象，equals()方法便是更佳的选择了。例如：

```
String o1 = new String("abc");
String o2 = new String("abc");
System.out.println(o1.equals(o2));        //prints: true
System.out.println(o2.equals(o1));        //prints: true
System.out.println(o1.equals("abc"));     //prints: true
System.out.println("abc".equals(o1));     //prints: true
System.out.println("abc".equals("abc"));  //prints: true
```

稍后，将讨论 String 类中 equals()方法以及其他方法。

Java 有一个特性，就是让 String 字面值和对象看起来像基本类型值，做法是使用算术运算符“+”来连接字符串。例如：

```
String s1 = "abc";
String s2 = "abc";
String s = s1 + s2;
System.out.println(s);                    //prints: abcabc
System.out.println(s1 + "abc");           //prints: abcabc
System.out.println("abc" + "abc");        //prints: abcabc
String o1 = new String("abc");
String o2 = new String("abc");
String o = o1 + o2;
System.out.println(o);                    //prints: abcabc
System.out.println(o1 + "abc");           //prints: abcabc
```

除此之外，任何其他算术运算符都不能应用于 String 字面值或对象。

1.4.2　字符串不变性

由于所有 String 字面值都能共享，JVM 开发人员需要确保的是，一旦存储下来，String 变量就不能加以更改。这不仅有助于避免从代码的不同位置并发修改相同值的问题，还可以防止未经授权修改 String 值，因为 String 值通常表示用户名或密码。

下面的代码，看起来似乎是对一个 String 值加以修改。演示如下：

```
String str = "abc";
str = str + "def";
System.out.println(str);                  //prints: abcdef
str = str + new String("123");
System.out.println(str);                  //prints: abcdef123
```

然而在幕后，原始字面值“abc”仍然完好无损。不但没有修改，反而创建了一些新的字面值：def、abcdef、123、abcdef123。为了证明这一点，执行以下代码：

```
String str1 = "abc";
String r1 = str1;
str1 = str1 + "def";
String r2 = str1;
System.out.println(r1 == r2);             //prints: false
System.out.println(r1.equals(r2));        //prints: false
```

由此可见，r1 和 r2 变量引用的是不同的内存区域，引用的对象拼写也不同。

第 5 章将更多地讨论有关字符串方面的问题。

1.5　标识符和变量

从学生时代起，大家就对变量有了直观的理解。变量是一个名称，代表某个值。解题用的是诸如 x 加仑的水或 n 英里的距离等变量。在 Java 中，变量的名称被称为标识符（identifier），可按某些规则加以构建。使用标识符，可以声明（定义）和初始化变量。

1.5.1　标识符

根据“Java 语言规范”（https://docs.oracle.com/javase/specs），标识符可以用一系列 Unicode 字符表示。这些字符代表的是字母、数字 0～9、美元符号（$）或下画线（_）。

对标识符，还有其他方面限制。列举如下：

- 标识符的第一个符号不能是数字。
- 标识符不能与关键字具有相同的拼写形式（参阅第 3 章关于 Java 关键字的讨论）。
- 不能将其拼写为 boolean 的字面值 true 或 false，也不能将其拼写为字面值 null。
- 自 Java 9 起，不能单独用下画线（_）作为标识符。

还有一些标识符不常见，但符合 Java 语法。例如：

```
$
_42
αρετη
String
```

1.5.2　变量声明（定义）与初始化

变量有名称（标识符）和类型之分。典型情况下，变量引用的是某个值所存储的内存区域，但有可能引用空值（null）或根本无所引用（那意味着该变量就没有初始化）。变量可以表示类属性、数组元素、方法参数和局部变量。其中，局部变量是最常用的一种变量。

变量使用前，必须对其加以声明并初始化。在某些非 Java 编程语言中，还可以定义变量。因此，Java 程序员有时会使用定义（definition）替代声明（declaration），但这并不严丝合缝、准确无误。

下面复习一下这个术语。略举几例：

```
int x;          //对变量 x 加以声明
x = 1;          //为变量 x 初始化
x = 2;          //给变量 x 赋值
```

初始化和赋值看起来是一样的，其实不然。不同之处在于出场的顺序：第一次赋值称为初始化（initialization）。不经初始化，就不能使用变量。

声明和初始化可以合并在一条语句中。注意观察下例：

```
float $ = 42.42f;
String _42 = "abc";
int αρετη = 42;
double String = 42.;
```

1.5.3 类型持有器 var

在 Java 10 中，用 var 引进了一种类型持有器（type holder）。“Java 语言规范”里的定义是：“var 不是关键字，而是具有特殊含义的标识符，它作为声明的局部变量类型。”

实际来说，var 是让编译器推断出被声明变量的类型，如下所示。

```
var x = 1;
```

上例中，编译器能合理地推断出 x 是基本类型 int。

读者或许已猜到，要完成上述推断，自身声明是不够的，如下所示。

```
var x;   //compilation error
```

也就是说，不经初始化而仅用 var 时，编译器不能推断出变量的类型。

1.6 Java 语句

Java 语句（statement）是可执行的最小构件。Java 语句描述的是一个动作，并以分号（;）结束。前面已经见过许多语句了。再看下面三条语句：

```
float f = 23.42f;
String sf = String.valueOf(f);
System.out.println(sf);
```

第一行是一个声明语句和一个赋值语句的组合。第二行也是这样的语句组合，另加一个方法调用语句。第三行仅为一个方法调用语句。

以下是 Java 语句类型列表：

- 空白语句：只包含一个“;”（分号）符号。
- 类或接口声明语句（将在第 2 章中讨论）。
- 局部变量声明语句：int x;。
- 同步语句（超出了本书范围）。
- 表达式语句。
- 控制流语句。

下面任何一个都是表达式语句：

- 方法调用语句：someMethod();。
- 赋值语句：n = 23.42f;。
- 对象创建语句：new String("abc");。
- 一元增量或减量语句：++x;、− −x;、x++;或 x− −;。

在 1.6.1 节，将更多地讨论表达式语句。

下面任意一个都是控制流语句：

- 选择语句：if-else 或 switch-case。
- 迭代语句：for、while 或 do-while。
- 异常处理语句：throw、try-catch 或 try-catch-finally。
- 分支语句：break、continue 或 return。

在 1.6.2 节，将更多地讨论控制语句。

1.6.1　表达式语句

表达式语句（expression statement）由一个或多个表达式组成。表达式通常包含一个或多个运算符。表达式可以被求值，也就意味着表达式可以产生以下任意一种类型的结果：

- 变量。例如，x = 1。
- 一个值。例如，2*2。
- 空值。表达式为方法调用，返回值为 void 时，值为空。例如，这样的方法只会产生副作用：void someMethod()。

例如，思考如下表达式：

```
x = y++;
```

上面的表达式为变量 x 赋了一个值。产生的副作用是在变量 y 的值上加 1。

再如，打印一行的方法：

```
System.out.println(x);
```

println()方法返回空值，即不返回任何内容，而产生的副作用是打印出某些内容。视形式而定，表达式可以是下列任意一种：

- 主表达式：字面值、创建新对象、字段或方法访问（调用）。
- 一元运算符表达式。例如，x++。
- 二进制运算符表达式。例如，x * y。
- 三元运算符表达式。例如，x > y ?true:false。
- lambda 表达式：x -> x + 1（参见第 13 章）。

如果一个表达式由其他表达式组成，则经常使用括号清楚地标识出每个表达式。这样，就更容易理解并设置表达式的优先级了。

1.6.2　控制流语句

Java 程序的执行是按照语句逐条执行的。有些语句必须根据表达式计算的结果有条件地执行，这样的语句被称为控制流语句（control flow statements）。因为在计算机科学中，控制流是单个语句得以执行或计算的顺序。

控制流语句可能是下列任何一项：

- 选择语句：if-else 或 switch-case。
- 迭代语句：for、while 或 do-while。
- 异常处理语句：throw、try-catch 或 try-catch-finally。
- 分支语句：break、continue 或 return。

1. 选择语句

选择语句基于表达式求值，有四种变体：

- if(表达式){do something}。
- if(表达式){do something} else {do something else}。
- if(表达式){do something} else if {do something else} else {do something else}。
- switch-case 语句。

下面是 if 语句示例：

```
if(x > y){
    //do something
}

if(x > y){
    //do something
} else {
    //do something else
}

if(x > y){
    //do something
} else if (x == y){
    //do something else
} else {
    //do something different
}
```

switch-case 语句是 if-else 语句的变体。例如：

```
switch(x){
   case 5:         //means: if(x = 5)
        //do something
        break;
   case 7:
        //do something else
        break;
   case 12:
        //do something different
        break;
   default:
        //do something completely different
        //if x is not 5, 7, or 12
}
```

可见，switch-case 语句根据变量的值产生执行流。break 语句允许退出 switch-case 语句。否则，接下来所有 case 将被执行。

在 Java 12 中，预览模式下引入了一个新特性，即一个更简洁形式的 switch-case 语句。例如：

```
void switchDemo1(int x){
    switch (x) {
       case 1, 3 -> System.out.print("1 or 3");
       case 4 -> System.out.print("4");
       case 5, 6 -> System.out.print("5 or 6");
       default -> System.out.print("Not 1,3,4,5,6");
    }
    System.out.println(": " + x);
}
```

由上可见，实际用的是箭头（->）运算符，而不是 break 语句。要用上这个特性，需在 javac 和 java 命令中添加--enable-preview 选项[①]。如果从 IDE 运行示例程序，需要将此选项

① 在 Java 14 中该特性已正式成为语言特征，因此不需要设置--enable-preview 就可直接使用。——译者注

添加到配置中。在 IntelliJ IDEA 中，这个选项应被添加到两个配置屏幕中：一屏编译器，一屏运行时。示范如下：

（1）打开 Preferences 界面，将--enable-preview 作为 learnjava 模块的 Compilation option（编译选项）值，如图 1-19 所示。

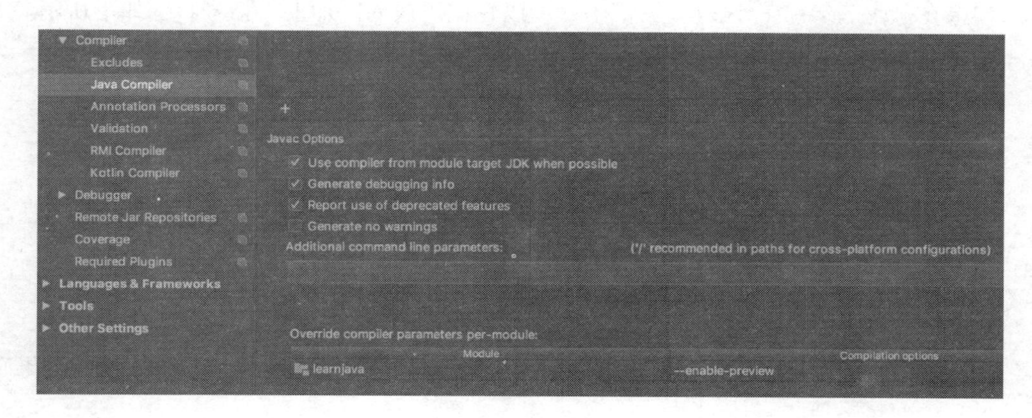

图 1-19　Preferences 的 Compiler 界面

（2）在最顶部的横向菜单中选择 Run，如图 1-20 所示。

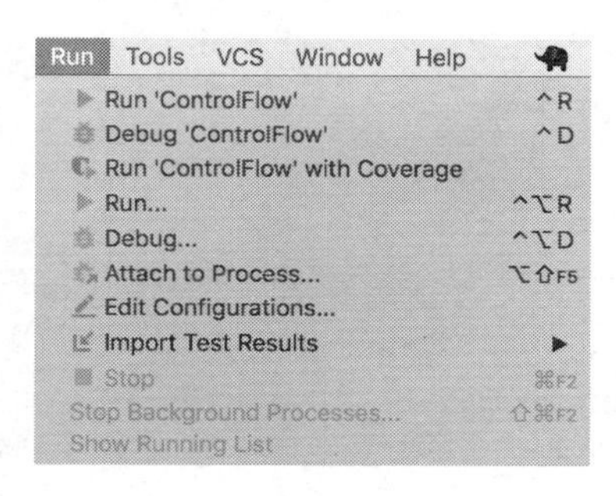

图 1-20　Run 菜单项

（3）单击 Edit Configurations（编辑配置项），选择要使用的 ControlFlow 应用程序，将 VM options 值设置为--enable-preview，如图 1-21 所示。

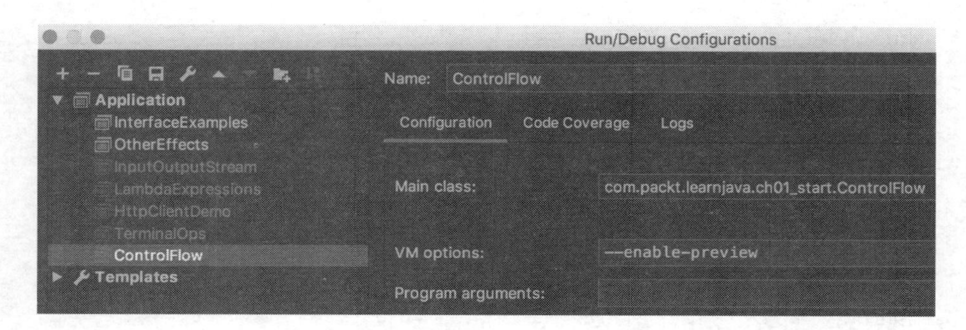

图 1-21　指定程序的主类和 VM 选项

通过这一番操作，成功添加了--enable-preview 选项，再用不同的参数执行 switchDemo1()

方法。示范如下，注释中给出了执行结果。

```
switchDemo1(1);       //prints: 1 or 3: 1
switchDemo1(2);       //prints: Not 1,3,4,5,6: 2
switchDemo1(5);       //prints: 5 or 6: 5
```

如果在每个 case 中都执行多行代码，可以在代码块周围加上大括号{}，如下所示。

```
switch (x) {
   case 1, 3 -> {
                    //do something
                 }
   case 4 -> {
                    //do something else
              }
   case 5, 6 -> System.out.println("5 or 6");
   default -> System.out.println("Not 1,3,4,5,6");
}
```

Java 12 的 switch-case 语句甚至可以返回一个值。例如，根据 switch-case 语句结果必须给另一个变量赋值。具体如下：

```
void switchDemo2(int i){
   boolean b = switch(i) {
      case 0 -> false;
      case 1 -> true;
      default -> false;
   };
   System.out.println(b);
}
```

如果执行 switchDemo2()方法，结果应该如下所示。

```
switchDemo2(0);       //prints: false
switchDemo2(1);       //prints: true
switchDemo2(2);       //prints: false
```

看起来，这个改进很棒。如果这个特性行之有效，以后发行的 Java 版本中将永久保留这一特性。

2. 迭代语句

迭代语句（iteration statement）可以是以下任何一种形式：

- while 语句。
- do-while 语句。
- for 语句，也称为循环语句。

while 语句格式如下：

```
while (boolean expression){
   //do something
}
```

实例如下：

```
int n = 0;
while(n < 5){
   System.out.print(n + " ");         //prints: 0 1 2 3 4
```

```
    n++;
}
```

在一些示例中，使用了 print()方法来代替 println()方法。print()方法不会额外换行（不在输出结果的末尾添加换行控制命令）。该方法将输出结果显示在一行内。

do-while 语句的格式跟上述 while 语句颇为相似。具体如下：

```
do {
    //do something
} while (boolean expression);
```

此语句与 while 语句的不同之处在于，在计算表达式之前此语句总会至少执行一次语句块。示例如下：

```
int n = 0;
do {
    System.out.print(n + " ");        //prints: 0 1 2 3 4
    n++;
} while(n < 5);
```

由上可见，表达式第一次迭代为 true 时，此语句行为是相同的。但如果表达式的计算结果为 false，则结果不同。示例如下：

```
int n = 6;
while(n < 5){
    System.out.print(n + " ");        //prints:
    n++;
}

n= 6;
do {
    System.out.print(n + " ");        //prints: 6
    n++;
} while(n < 5);
```

for 语句语法格式如下：

```
for(init 语句; boolean 表达式; update 语句) {
        //do what has to be done here
}
```

for 语句的操作原理如下：

- init 语句将某个变量初始化。
- boolean 表达式使用当前变量值进行计算：若结果为 true，则执行语句块；否则，for 语句退出。
- update 语句更新变量，然后用新值再次计算 boolean 表达式：若结果为 true，则执行语句块；否则，for 语句退出。
- 除非退出，否则重复执行上一步。

可见，如果不细心，就会产生一个无限循环：

```
for (int x = 0; x > -1; x++){
    System.out.print(x + " ");       //prints: 0 1 2 3 4 5 6 ...
}
```

所以，必须确保 boolean 表达式保证最终退出循环。示例如下：

```
for (int x = 0; x < 3; x++){
    System.out.print(x + " ");      //prints: 0 1 2
}
```

至于多重初始化和 update 语句，示例如下：

```
for (int x = 0, y = 0; x < 3 && y < 3; ++x, ++y){
    System.out.println(x + " " + y);
}
```

上述 for 语句存在变体形式。示例如下：

```
for (int x = getInitialValue(), i = x == -2 ? x + 2 : 0, j = 0;
   i < 3 || j < 3 ; ++i, j = i) {
    System.out.println(i + " " + j);
}
```

如果 getInitialValue()方法像 int getInitialValue(){return –2;}这样实现，则前面两个 for 语句会生成完全相同的结果。

若要迭代数组中的值，可使用数组索引。示例如下：

```
int[] arr = {24, 42, 0};
for (int i = 0; i < arr.length; i++){
    System.out.print(arr[i] + " ");//prints: 24 42 0
}
```

此外，使用更为紧凑的 for 语句形式，生成的结果一样。示例如下：

```
int[] arr = {24, 42, 0};
for (int a: arr){
    System.out.print(a + " ");      //prints: 24 42 0
}
```

最后一种迭代语句形式，对于集合特别有用。示例如下：

```
List<String> list = List.of("24", "42", "0");
for (String s: list){
    System.out.print(s + " ");      //prints: 24 42 0
}
```

第 6 章将探讨集合方面的问题。

3. 异常处理语句

在 Java 中，有些类称为异常（exception），代表的是一些事件，这些事件破坏了正常流的执行。各种异常类的名称通常以 Exception 结尾，如 NullPointerException、ClassCastException、ArrayIndexOutOfBoundsException 等，不一而足。

所有异常类都是对 java.lang.Exception 类的扩展，也相应地扩展了 java.lang.Throwable 类（具体将在第 2 章解释）。所有异常对象的行为具有共性，原因在此。这些对象包含了异常条件产生的原因以及异常起源位置信息（源代码的行号）。

每个异常对象都可由 JVM 自动生成（抛出），或者由应用程序代码用关键字 throw 自动生成（抛出）。如果某个异常由一段代码抛出，就可使用 try-catch 或 try-catch-finally 结构来捕获被抛出的异常对象，并将执行流重定向至另一个代码分支。如果周围的代码没有捕获到异常对象，那么此代码将一直传播到应用程序之外的 JVM，并强制应用程序退出（终止执行）。因此，在所有可能引发异常的地方，以及所有不希望应用程序终止执行的地方，使用 try-catch 或 try-catch-finally 结构，在实践中效果良好。

典型的异常处理实例如下：

```
try {
    //x = someMethodReturningValue();
    if(x > 10){
        throw new RuntimeException("The x value is out of range: " + x);
    }
    //normal processing flow of x here
} catch (RuntimeException ex) {
    //do what has to be done to address the problem
}
```

上述代码段中，在 x > 10 的情况下，将不执行“normal processing flow”块，转而执行“do what has to be done”块。但在 x <= 10 的情况下，将执行“normal processing flow”块，而“do what has to be done”块将被忽略。

有时，无论某个异常抛出与否，或者捕获与否，都有必要执行代码块。为避免在两个不同的地方重复相同的代码块，可以将此代码块放入 finally 块中。示例如下：

```
try {
    //x = someMethodReturningValue();
    if(x > 10){
         throw new RuntimeException("The x value is out of range: " + x);
     }
     //normal processing flow of x here
} catch (RuntimeException ex) {
    System.out.println(ex.getMessage());
                 //prints: The x value is out of range: ...
    //do what has to be done to address the problem
} finally {
    //the code placed here is always executed
}
```

在第 4 章将更详细地讨论异常处理方面的问题。

4. 分支语句

分支语句允许从当前块之后的第一行或控制流的某个（标记）点断开当前执行流，并继续向下执行。

分支语句可以是下列任意一个语句：

- break（中断）。
- continue（继续）。
- return（返回）。

前面已经了解了 break 在 switch-case 语句中的使用情况，下面再举一例：

```
String found = null;
List<String> list = List.of("24", "42", "31", "2", "1");
for (String s: list){
     System.out.print(s + " ");      //prints: 24 42 31
     if(s.contains("3")){
```

```
            found = s;
            break;
        }
    }
    System.out.println("Found " + found); //prints: Found 31
```

如果需要找到包含“3”的第一个列表元素，可以在 s.contains("3")条件的计算值为 true 时，立即停止执行。此时，其余的列表元素将被忽略。

在嵌套 for 语句的更为复杂的场景中，可以设置一个标签（带有:column），指出必须退出哪个 for 语句。示例如下：

```
String found = null;
List<List<String>> listOfLists = List.of(
        List.of("24", "16", "1", "2", "1"),
        List.of("43", "42", "31", "3", "3"),
        List.of("24", "22", "31", "2", "1")
);
exit: for(List<String> l: listOfLists){
        for (String s: l){
            System.out.print(s + " "); //prints: 24 16 1 2 1 43
            if(s.contains("3")){
                found = s;
                break exit;
            }
        }
}
System.out.println("Found " + found); //prints: Found 43
```

这里用的标签名是 exit，但也可用其他任何名字来命名。

continue 语句的工作原理与上述类似。示例如下：

```
String found = null;
List<List<String>> listOfLists = List.of(
                List.of("24", "16", "1", "2", "1"),
                List.of("43", "42", "31", "3", "3"),
                List.of("24", "22", "31", "2", "1")
);
String checked = "";
cont: for(List<String> l: listOfLists){
        for (String s: l){
            System.out.print(s + " "); //prints: 24 16 1 2 1 43 24 22 31
            if(s.contains("3")){
                continue cont;
            }
            checked += s + " ";
        }
}
System.out.println("Found " + found); //prints: Found 43
System.out.println("Checked " + checked);
                        //prints: Checked 24 16 1 2 1 24 22
```

continue 与 break 的不同之处在于，continue 语句指出 for 语句中哪些语句应该继续执行，而不是简单退出了事。

return 语句用于返回一个方法的执行结果。示例如下：

```
String returnDemo(int i){
    if(i < 10){
        return "Not enough";
    } else if (i == 10){
        return "Exactly right";
    } else {
        return "More than enough";
    }
}
```

可见，一个方法中可能存在多个 return 语句，而且在不同的情况下，每个 return 语句返回的值不同。如果这个方法不返回任何值，即空值（void），则不需要 return 语句。然而，在这种情况下仍然经常使用 return 语句，目的是提高程序的可读性。举例如下：

```
void returnDemo(int i){
    if(i < 10){
        System.out.println("Not enough");
        return;
    } else if (i == 10){
        System.out.println("Exactly right");
        return;
    } else {
        System.out.println("More than enough");
        return;
    }
}
```

语句是 Java 编程的构建块。其类似于英语中的句子，用以完整表达能够付诸实施的意图。Java 语句可以编译和执行。编程就是用语句来表达行动计划。

至此，Java 入门基础知识的讲解就告一段落了。你一路走来，学完本章。祝贺你!

本 章 小 结

本章引领读者入门，进入令人兴奋不已的 Java 编程世界。这里先学习主要术语，再解释如何安装必要的 JDK 和 IDE 等工具软件，再学习如何配置和使用这两个工具软件。

开发环境铺垫就位后，就为读者讲述 Java 这门编程语言的入门知识，包括 Java 基本类型、String 类型及其字面值，还定义了标识符和变量，并对 Java 语句的主要类型做了说明。所有讨论的要点都通过具体的代码示例加以阐释。

第 2 章中，将讨论 Java 面向对象方面内容：介绍主要概念，对类做出解释，对接口做出说明，还要弄清类和接口之间的关系；对重载、覆盖和隐藏等术语加以界定，并以代码示例加以演示，同时讨论关键词 final 的用法。

第2章

Java 面向对象编程

为更好地控制共享数据的并发修改，面向对象编程（OOP）就应运而生了。然而，在OOP产生之前，这样的并发修改简直是折磨人的事情。OOP这一理念的核心是不允许直接访问数据，而只允许通过专用的代码层访问数据。由于在处理过程中需要传递和修改数据，所以就产生了对象的概念。从最一般的意义上说，对象是一组数据和方法，这组数据只能通过这组方法访问。可以说，这样的数据组成了对象状态（state），而方法则构成对象行为（behavior）。对象状态被隐藏（封装）起来，无法直接存取。

每个对象的构成都是基于某个被称为类（class）的模板。换句话说，一个类定义了一个对象类。每个对象都有一个特定的接口，这是一种形式上的定义，是其他对象与其交互的方式。最初的说法是，一个对象通过调用另一个对象的方法向另一个对象发送消息。但是，这个说法站不住脚，特别是实际上引入了基于消息的协议和系统之后。

为了避免代码的重复，引入了对象之间的父子关系。也就是说，一个类可以从另一个类继承行为。在这样的关系中，第一个类称为子类（child class），第二个类称为父类（parent class）、基类（base class）或超类（super class）。

类和接口之间的关系还有另一种形式的定义，说的是类可以实现接口。由于接口描述的是与对象如何交互，而不是对象如何响应交互，因此在实现相同接口的同时，不同的对象可以有不同的行为。

在Java中，一个类只能有一个直接父类，但是可以实现许多接口。这个类具有跟其任何一位祖先一样的行为，且实现多个接口。这种能力称为多态性（polymorphism）。

本章中，将了解这些OOP概念以及在Java中这些概念是如何实现的。讨论的主题包括：

- OOP概念。
- 类。
- 接口。
- 重载、覆盖与隐藏。
- final变量、final方法和final类。
- 多态性实战。

2.1 OOP 概念

如上所述，OOP的主要概念如下：

- 对象/类：对状态（数据）和行为（方法）加以界定，并将二者结合起来。
- 继承：将行为传播到通过父子关系连接起来的类链中。
- 抽象/接口：对如何访问对象数据和行为加以描述，将对象的外观与对象的实现（行为）隔离（抽象）开来。
- 封装：对实现的状态和细节予以隐藏。
- 多态性：允许一个对象呈现出已实现接口的外观，且具有其任何一位祖先的行为。

2.1.1　对象/类

原则上，可以用最少量的类和对象创建一个非常强大的应用程序。在 Java 8 和 JDK 添加了函数式编程特性之后，做到这一点就变得更加容易，因为函数式编程允许将行为作为函数传递。然而，传递数据（状态）仍然需要类/对象。这意味着 Java 的 OOP 语言编程地位依然如故。

类定义了所有对象内部属性的类型，属性中包含对象状态。类还定义了由方法代码表示的对象行为。没有状态或没有行为的类/对象也可能存在。Java 还提供了一种可以不需要创建对象而静态访问行为的方法。但是这些可能性仅仅是对对象/类概念的补充，引进这样的概念是为了将对象/类的状态和行为结合在一起。

举个例子来阐释这一概念。假设有一种叫 Vehicle 的类，原则上定义了车辆的属性和行为。为简化示范过程，设一辆汽车只有两个属性：重量和具有某种功率的发动机。这辆车也有一定的行为：可以在一定的时间内达到一定的速度，这取决于上述两个属性的值。这种行为可以用一种方法加以表达，这种方法可计算出这辆车在一定时间内能够达到的速度。Vehicle 类的每个对象都会有一个具体的状态（属性值）。速度计算会表明：同一时间段内，速度不同。

所有 Java 代码都包含在方法中。方法（method）是一组语句，这组语句具有（可选的）输入参数和返回值（也是可选的）。此外，每种方法都可能具有副作用。例如，有的可以显示消息或将数据写入数据库。类/对象行为在方法中得以实现。

接着前面举的例子，以速度计算为例。可在 double calculateSpeed(float seconds)方法中编写速度计算的过程。你猜的没错，calculateSpeed 是方法名称。这个方法接受一个秒数（带小数部分）作为参数，返回 double 型的速度值。

2.1.2　继承

前面已经谈到，对象可以建立父子关系并通过这种方式共享属性和行为。例如，可以创建一个 Car（轿车）类，继承 Vehicle 类的属性（例如重量）和行为（速度计算）。此外，这个 Car 子类可以有自己的属性（例如乘客数量）和轿车特有的行为（例如软减震）。但是，如果创建一个 Truck（卡车）类作为 Vehicle 的子类，那么要添加的卡车特有的属性（例如载重量）和行为（硬减震）将会不同。

可以说，Car 类或 Truck 类的每个对象都有一个 Vehicle 父类的对象。但是，Car 类和 Truck 类的对象都不共享特定的 Vehicle 对象（每次创建子对象时，都先创建一个新的父对象）。它们只共享父类的行为。这就是为什么所有子对象可以具有相同的行为，但状态不同。这是实现代码重用的一种方式。必须动态更改对象行为时，就没有足够的灵活度了。

在这种情况下，对象组合（从其他类中引入行为）或函数式编程将更合适（参见第 13 章）。

让子类的行为与继承的行为有所不同，这是有可能做到的。要实现这一目标，可以在子类中重新实现捕获行为的方法。例如，子类可以覆盖（override）继承来的行为。至于如何实现，后面会很快加以解释（参阅 2.4 节）。例如，如果 Car 类有自己的速度计算方法，就不继承父类 Vehicle 的相应方法了，但会使用子类中实现了的新速度计算方法来替代。

父类的属性也可以继承，而不是重写。然而，类属性通常被声明为 private（私有），不能继承下来——这属于封装的要点。3.1.3 节对各种访问级别进行了描述，包括 public、protected 和 private。

如果父类从另一个类继承一些行为，子类也会获得（继承）这种行为。当然，父类将这种行为覆盖了，子类就获得（继承）不了了。继承链的长度没有限制。

Java 中，父子关系使用 extends 关键字表示。例如：

```
class A {}
class B extends A {}
class C extends B {}
class D extends C {}
```

在上述代码中，A、B、C、D 类具有如下关系：

- D 类继承自 C 类、B 类和 A 类。
- C 类继承自 B 类和 A 类。
- B 类继承自 A 类。
- A 类所有非私有方法都由 B、C 和 D 类继承（如果没被覆盖的话）。

2.1.3 抽象/接口

方法的名称和方法参数类型列表称为方法签名（method signature）。方法签名描述的是怎么可以访问到一个对象的行为（在前面举的例子中，指的是 Car 或 Truck 这样对象的行为）。这样的描述再加上 return 类型，被作为一个接口提供。描述中没有提及执行计算的代码，而只是提到方法名、参数类型、参数在参数列表中的位置以及结果类型。所有的实现细节都隐藏（封装）在实现这个接口的类中。

前面提到，一个类可以实现许多不同的接口。但是，两个不同的类（及其对象）即使实现了相同的接口，它们的行为也可能不同。

与类相似的是，接口也可以使用 extends 关键字而具有父子关系。例如：

```
interface A {}
interface B extends A {}
interface C extends B {}
interface D extends C {}
```

在上述代码中，接口 A、B、C 和 D 具有如下关系：

- 接口 D 继承自接口 C、B 和 A。
- 接口 C 继承自接口 B 和接口 A。
- 接口 B 继承自接口 A。
- 接口 A 的所有非私有方法都被接口 B、C 和 D 继承。

抽象/接口还减少了代码的不同部分之间的依赖关系，从而提高了代码的可维护性。只要接口保持不变，每个类都可加以更改，而无须将其与其客户进行协调。

2.1.4　封装

封装（encapsulation）经常被定义为两个方面的内容：一是隐藏数据；二是捆绑，将公开可访问的方法和私有可访问的数据捆绑在一起。从广义上说，封装是对对象属性的访问加以控制。

对象属性值的快照称为对象状态（object state）。对象状态是被封装的数据。因此，封装解决了激发创建面向对象编程的主要问题，从而更好地管理对共享数据的并发访问。例如：

```
class A {
    private String prop = "init value";
    public void setProp(String value){
        prop = value;
    }
    public String getProp(){
        return prop;
    }
}
```

由上可见，要想读取或修改 prop 属性的值，不能直接操作。因为设置了访问修饰符 private。取而代之的是，只能通过 setProp(String value)和 getProp()这两种方法来操作。

2.1.5　多态性

一个对象具有跟另一不同类的对象一样的行为，或者具有跟另一不同接口的实现一样的行为，具有这种行为的能力被称为多态性（polymorphism）。多态性的存在归功于前面提到的所有概念，包括继承、接口和封装。没有这些概念，多态性就不可能存在。

具体而言，继承允许对象获取或覆盖其所有祖先的行为；一个接口将实现这个接口的类的名称隐藏起来，避开客户代码；封装是为防止暴露对象状态。

在接下来的章节中，将演示所有这些概念的具体应用，并在 2.6 节讨论多态性的具体用法。

2.2　类

Java 程序是可执行的语句序列。语句在方法中组织，方法在类中组织。一个或多个类存储在.java 文件中。这样的类由 Java 编译器 javac 来编译（将 Java 语言转换为字节码）并存储在.class 文件中。每个.class 文件都只包含一个编译好的类，可被 JVM 执行。

java 命令可以这样表述：启动 JVM，并告知 JVM 哪个类是主类（main）。主类具有一个名为 main()的方法，这个方法有特定的声明：必须是 public static，返回 void，名称为 main，并接受一个 String 数组的参数。

JVM 将主类加载到内存中，找到 main()方法，然后开始一个语句接一个语句执行。java 命令还可以为 main()方法传递一个字符串数组的参数。如果 JVM 遇到一个语句，要求执行另一个类的方法，那个类（其.class 文件）也被加载到内存中，并执行相应的方法。因此，

Java 程序流涉及的是加载类并执行类的方法。下面是一个主类的示例：

```
public class MyApp {
   public static void main(String[] args){
      AnotherClass an = new AnotherClass();
      for(String s: args){
         an.display(s);
      }
   }
}
```

上例是非常简单的应用程序，接受任意数量的参数，并将参数逐个传递给 AnotherClass 类的 display()方法。随着 JVM 的启动，该例首先从 MyApp.class 文件加载 MyApp 类，再从 AnotherClass.class 文件加载 AnotherClass 类，使用 new 运算符创建该类的对象（稍后将讨论），并调用其 display()方法。

下面是 AnotherClass 类的代码：

```
public class AnotherClass {
   private int result;
   public void display(String s){
      System.out.println(s);
   }
   public int process(int i){
      result = i * 2;
      return result;
   }
   public int getResult(){
      return result;
   }
}
```

由上可见，display()方法仅用于其副作用：打印传入的值，返回空值（void）。AnotherClass 类还有另外两个方法：

- process()方法将输入整数加倍，存储到 result 属性中，并将值返回给调用者。
- getResult()方法允许以后任何时候从对象中获取 result 值。

这两个方法在演示程序中没有用到。上述展示只是为了表明类可具有属性（上述为 result 属性），还存在很多其他方法。

private 关键字使属性值只能从类的内部和类的方法访问。public 关键字使属性或方法可以被任何其他类访问。

2.2.1 方法

前面已经讨论过，Java 语句被组织起来，成为方法：

```
<return type> <method name>(<list of parameter types>){
    <method body that is a sequence of statements>
}
```

这样的例子已经不止一次遇到了。方法有一个名称、一组输入参数（或根本没有任何参数）、花括号（{}）内的主体以及一个返回类型（或 void 关键字，意思是方法不返回任何值，即空值）。

方法名连同参数类型列表被称为方法签名（method signature），输入参数的数量被称为浓度（arity）。

如果两个方法具有相同的名称、相同的浓度，且在输入参数列表中具有相同的类型序列，则它们具有相同的签名。

以下两个方法具有相同的签名：

```
double doSomething(String s, int i){
   //some code goes here
}
double doSomething(String i, int s){
    //some code other code goes here
}
```

即使签名相同，方法中的代码也可能不同。

以下两个方法具有不同的签名：

```
double doSomething(String s, int i){
   //some code goes here
}
double doSomething(int s, String i){
   //some code other code goes here
}
```

即使方法名一样，仅改变参数序列就使签名变得不同。

2.2.2　可变参数方法

有一种特定类型的参数不得不提，这种参数与所有其他参数都有很大的不同。该参数被声明为后跟三个点的类型，称作 varargs，表示长度可变参数（variable arguments）。首先，简要定义 Java 中的数组。

数组是一种数据结构，内含相同类型的元素。这些元素由一个数值索引引用。说到这儿就足够了。第 6 章将进一步探讨数组。

先举一个例子。用 varargs 声明方法参数。示例如下：

```
String someMethod(String s, int i, double... arr){
   //statements that compose method body
}
```

调用 someMethod()方法时，Java 编译器从左到右匹配参数。编译器一到达最后一个 varargs 参数，就创建一个剩余参数的数组并将其传递给方法。下面是演示代码：

```
public static void main(String... args){
   someMethod("str", 42, 10, 17.23, 4);
}

private static String someMethod(String s, int i, double... arr){
   System.out.println(arr[0] + ", " + arr[1] + ", " + arr[2]);
                                       //prints: 10.0, 17.23, 4.0
   return s;
}
```

可以看出，varargs 参数的作用类似于指定类型的数组。varargs 参数可以作为方法的最后一个参数或唯一的参数。有时，可看到上例中 main()方法的声明带有 varargs 参数，原因在此。

2.2.3 构造方法

JVM 使用构造方法/构造器（constructor）创建对象。构造方法的目的是初始化对象状态，以便为所有声明的属性赋值。如果类中没有声明构造方法，JVM 只给属性指定默认值。前面已经讨论了基本类型的默认值：整数类型为 0，浮点类型为 0.0，布尔类型为 false。对于其他 Java 引用类型（参见第 3 章），默认值为 null，意思是不为引用类型的属性赋任何值。

一个类中没有声明任何构造方法时，就可以说这个类具有一个默认构造方法，而无须 JVM 提供参数。

如有需要，可以显式声明任意数量的构造方法，每个构造方法都使用一组不同的参数来设置初始状态。例如：

```
class SomeClass {
   private int prop1;
   private String prop2;
   public SomeClass(int prop1){
      this.prop1 = prop1;
   }
   public SomeClass(String prop2){
      this.prop2 = prop2;
   }
   public SomeClass(int prop1, String prop2){
      this.prop1 = prop1;
      this.prop2 = prop2;
   }
   //methods follow
}
```

如果一个属性没有被构造方法设置，就将被自动分配与这个属性相对应类型的默认值。

多个类沿着同一继承链关联时，首先创建父对象。如果父对象需要为其属性设置非默认初始值，则必须在子类构造方法的第一行使用 super 关键字来调用父类构造方法。示例如下：

```
class TheParentClass {
   private int prop;
   public TheParentClass(int prop){
      this.prop = prop;
   }
   //methods follow
}

class TheChildClass extends TheParentClass{
   private int x;
   private String prop;
   private String anotherProp = "abc";
   public TheChildClass(String prop){
      super(42);
```

```
        this.prop = prop;
    }
    public TheChildClass(int arg1, String arg2){
        super(arg1);
        this.prop = arg2;
    }
    //methods follow
}
```

上面代码中，为 TheChildClass 类定义了两个构造方法：一个总是将 42 传递给 TheParentClass 的构造方法，另一个接受两个参数。注意一下 x 属性：得到了声明，但没有得到显式初始化。创建 TheChildClass 对象时，x 属性将被设置为 0，这是 int 类型的默认值。也注意一下 anotherProp 属性：得到显式初始化，值为"abc"。否则，anotherProp 属性将被初始化为 null 值，这是任何引用类型（包括 String）的默认值。

逻辑上，有三种情况，类中的构造方法不需要显式定义。列举如下：

- 当对象及其任何父对象都不需要初始化属性时。
- 当每个属性的类型声明和初始化同时进行时（例如，int x = 42）。
- 当属性初始化的默认值足够好时。

问题是，即使满足了所有（上面列出的三个）条件，仍然有可能实现构造方法。例如，或许想要执行一些语句来初始化一些外部资源——文件或数据库。对象一经创建，就需要这些外部资源。

一旦显式添加了构造方法，编译器就不提供默认构造方法了。下面代码会产生一个错误：

```
class TheParentClass {
    private int prop;
    public TheParentClass(int prop){
        this.prop = prop;
    }
    //methods follow
}

class TheChildClass extends TheParentClass{
    private String prop;
    public TheChildClass(String prop){
        //super(42);      //No call to the parent's contuctor
        this.prop = prop;
    }
    //methods follow
}
```

为避免这个错误，可以向 TheParentClass 添加一个不带参数的构造方法，或者在子类构造方法的第一个语句显式调用父类的构造方法。下列代码不会产生错误：

```
class TheParentClass {
    private int prop;
    public TheParentClass() {}
    public TheParentClass(int prop){
        this.prop = prop;
    }
    //methods follow
}
```

```
class TheChildClass extends TheParentClass{
   private String prop;
   public TheChildClass(String prop){
      this.prop = prop;
   }
   //methods follow
}
```

有很重要的一点需要注意，构造方法虽然看起来像方法，但不是真正的方法，甚至不是类的成员。构造方法没有返回类型，并且总是与类具有相同的名称。构造方法的唯一目的就是在创建类的新实例时得到调用。

2.2.4　new 运算符

new 运算符用来创建一个类的对象（也可以说，new 运算符把一个类实例化，或创建了一个类的实例）。做法就是为新创建对象的属性分配内存，并返回对该内存的引用。这个内存引用被赋给一个变量，该变量的类型与创建对象的类或其父类的类型相同。示例如下：

```
TheChildClass ref1 = new TheChildClass(42,"something");
TheParentClass ref2 = new TheChildClass(42,"something");
```

这里有一种有趣的现象。在上述代码中，对象引用 ref1 和 ref2 都提供了对 TheChildClass()方法和 TheParentClass()方法的访问。例如，可以向这些类添加如下方法：

```
class TheParentClass {
   private int prop;
   public TheParentClass(int prop){
      this.prop = prop;
   }
   public void someParentMethod(){}
}

class TheChildClass extends TheParentClass{
   private String prop;
   public TheChildClass(int arg1, String arg2){
      super(arg1);
      this.prop = arg2;
   }
   public void someChildMethod(){}
}
```

然后，就可以使用以下任何一种引用来调用上述方法：

```
TheChildClass ref1 = new TheChildClass(42,"something");
TheParentClass ref2 = new TheChildClass(42,"something");
ref1.someChildMethod();
ref1.someParentMethod();
((TheChildClass) ref2).someChildMethod();
ref2.someParentMethod();
```

需要注意的是，要想使用父类型引用来访问子类的方法，就必须将父类型转换为子类型，否则，编译器就产生错误。这种转换是可能的，因为已将对子对象的引用赋给父类型引用。这就是多态性的力量。将在 2.6 节对多态性详加讨论。

自然而然地，如果把父类的对象赋给了父类型的变量，即便使用（强制）类型转换，也无法访问子类的方法。例如。

```
TheParentClass ref2 = new TheParentClass(42);
((TheChildClass) ref2).someChildMethod();       //compiler's error
ref2.someParentMethod();
```

分配给新对象内存的区域称为堆（heap）。JVM 有个叫垃圾收集（garbage collection）的进程，用来监视这个区域的使用情况。一旦某个对象不再需要，就释放被占用的内存区域。方法示例如下：

```
void someMethod(){
   SomeClass ref = new SomeClass();
   ref.someClassMethod();
   //other statements follow
}
```

一旦 someMethod()方法执行完成，SomeClass 的对象 ref 就不再是可访问的了。垃圾收集器就会检测到，随即释放这个对象占用的内存空间。第 9 章将讨论垃圾收集过程。

2.2.5　java.lang.Object 类

即使没有明确指定，Java 所有类都会被默认为 Object 类的子类。Object 类在 JDK 标准库的 java.lang 包中声明。在 3.1 节将对包加以界定，在第 7 章将对库予以描述。

下面回顾一下在 2.1.2 节的示例：

```
class A {}
class B extends A {}
class C extends B {}
class D extends C {}
```

这里，A、B、C 和 D 类都是 Object 类的子类，Object 类有 10 个方法，每个类都继承了这些方法。列举如下：

- public String toString()。
- public int hashCode()。
- public boolean equals (Object obj)。
- public Class getClass()。
- protected Object clone()。
- public void notify()。
- public void notifyAll()。
- public void wait()。
- public void wait(long timeout)。
- public void wait(long timeout, int nanos)。

前三个方法 toString()、hashCode()和 equals()是最常用的，并且经常被重新实现（覆盖）。其中，toString()方法通常用于打印对象的状态。在 JDK 中，toString()方法默认的实现如下：

```
public String toString() {
   return getClass().getName()+"@"+Integer.toHexString(hashCode());
}
```

如果在 TheChildClass 类的对象上使用 toString()方法，结果如下：

```
TheChildClass ref1 = new TheChildClass("something");
System.out.println(ref1.toString());
//prints: com.packt.learnjava.ch02_oop.Constructor$TheChildClass@72ea2f77
```

顺便说一下，在将一个对象传递到 System.out.println()方法和类似的输出方法时，不需要显式调用 toString()，因为这些方法都在方法内部调用 toString()，而且在上面这个示例中，System.out.println(ref1)会产生相同的结果。

可以看出，这样的输出结果对人不友好。所以，一个不错的想法就是覆盖 toString()方法。最简单的方式就是使用 IDE。例如，在 IntelliJ IDEA 中的 TheChildClass 代码内右击，会弹出一个快捷菜单，选择 Generate（生成）命令，然后选择 toString()选项，在弹出的对话框中选择要用到的属性，这里选择 prop 属性。最后单击 OK 按钮，将生成以下代码：

```
@Override
public String toString() {
   return "TheChildClass{" +
          "prop='" + prop + '\'' + '}';
}
```

如果此类中有更多属性且被选中，那么方法输出中将包含更多的属性以及属性值。要是此刻打印对象，结果会如下所示：

```
TheChildClass ref1 = new TheChildClass("something");
System.out.println(ref1.toString());
                     //prints: TheChildClass{prop='something'}
```

这就是 toString()方法经常被覆盖甚至被包含在某个 IDE 服务中的原因。第 6 章将更详细地讨论 hashCode()方法和 equals()方法。

getClass()方法和 clone()方法的使用不那样频繁。getClass()方法返回 Class 类的一个对象，该类具有许多方法，这些方法提供了各种系统信息。用的最多的方法就是返回当前对象的类名的方法。clone()方法用于复制当前对象。只要当前对象的所有属性都在基本类型之列，clone()方法就能正常复制。但是，如果存在引用类型属性，则必须重新实现 clone()方法，以便正确复制引用类型。否则，clone()方法只复制引用，而不复制对象本身。这样的复制被称为浅复制（shallow copy）。在某些情况下，浅复制或许足矣。关键字 protected 表明，只有该类的子类才能访问该类（请参阅 3.1 节内容）。

Object 类的最后 5 个方法用于线程之间的通信，线程是用于并发处理的轻量级进程。典型情况下，这些方法不会被重新实现。

2.2.6 实例属性和方法以及静态属性和方法

到目前为止，我们看到的大多数方法只能在类的对象（实例）上调用。这些方法称为实例方法（instance methods）。实例方法通常使用对象属性（对象状态）的值。如果方法不使用对象状态，则可以将它们设置为静态（static）的并在不创建对象的情况下调用。此种方法的例子是 main()方法。下面是另一个例子：

```
class SomeClass{
   public static void someMethod(int i){
      //do something
```

```
    }
}
```

调用此方法的示例如下：

```
SomeClass.someMethod(42);
```

静态方法也可以在一个对象上被调用，但有人认为这种做法不可取。因为这种做法隐藏了这个方法的静态特性，令竭力想理解代码的人蒙在鼓里。此外，这种做法会引发编译器警告，并且根据编译器实现的情况，甚至会引发一个编译器错误。

类似地，属性可以被声明为静态属性，因此无须创建一个对象就可以访问。例如：

```
class SomeClass{
    public static String SOME_PROPERTY = "abc";
}
```

该属性就能通过类名直接访问。示例如下：

```
System.out.println(SomeClass.SOME_PROPERTY);    //prints: abc
```

拥有这样一个静态属性有悖于状态封装的思想，并且可能会导致并发数据修改的所有问题。因为静态属性作为单个副本存在于 JVM 内存中，并且所有使用此属性的方法都共享相同的值。正因如此，静态属性用于以下两个目的算是比较典型的用法。列举如下：

- 存储常量——可以读取但不能修改的值，也称为只读值（read-only value）。
- 存储无状态对象。创建此对象的代价很高，或者说保持只读值的代价很高。

常量的一个典型例子是资源的名称：

```
class SomeClass{
    public static final String INPUT_FILE_NAME = "myFile.csv";
}
```

注意 static 属性前面的关键字 final。这个关键字告诉编译器和 JVM：此值一旦赋完，就不能更改。尝试修改此值会产生错误。这个关键字有助于保护这个值，并清楚地表达这样的意图：这个值用作常量了。在一个人竭力想理解代码是如何运作时，这些看起来微不足道的细节会让代码更容易让人理解。

即便如此，还可以考虑一下使用接口来实现这一目的。自 Java 1.8 以来，接口中声明的所有字段都隐含是 static 和 final 的。因此，忘记声明一个值为 final 的可能性很小。后面很快就会讨论接口方面的问题。

当一个对象被声明为 static final 时，并不意味着其所有属性都会自动成为 final。这样的声明只保护属性不赋给另一个相同类型的对象。在第 8 章中，将讨论对一个对象属性并发访问的复杂过程。不管怎么说，程序员经常使用 static final 对象来存储只读值。这些只读值与在应用程序中使用只读值是一样的。一个典型的例子是应用程序配置信息。一旦从磁盘中读取数据并创建完配置信息后，即使可以更改，这样的信息也不会改变。数据缓存也是从外部资源获得的。

同样，在为此目的而使用该类属性之前，可考虑使用接口。接口提供的是更多的默认行为，这些默认行为支持只读功能。

与 static 属性类似，静态方法可在不创建类实例的情况下调用。例如，思考一下下面的类：

```
class SomeClass{
   public static String someMethod() {
      return "abc";
   }
}
```

可以使用类名调用上面的方法。示例如下：

```
System.out.println(SomeClass.someMethod());  //prints: abc
```

2.3　接　　口

2.1.3 节从总体上描述了接口问题。本节讨论用来表达接口的一个 Java 语言构件。接口（interface）表示能对一个对象抱有什么样的期望。接口隐藏了实现，而公开展示的只是带有返回值的方法签名。例如，下面这个接口声明了两个抽象方法：

```
interface SomeInterface {
   void method1();
   String method2(int i);
}
```

下面是一个实现上述接口的类：

```
class SomeClass implements SomeInterface{
   public void method1(){
     //method body
   }
   public String method2(int i) {
     //method body
     return "abc";
   }
}
```

接口无法进行实例化。接口类型的对象只能通过实现该接口的类来创建。例如：

```
SomeInterface si = new SomeClass();
```

接口的抽象方法中，如果不是所有抽象方法都被实现，则类必须被声明为抽象类，并且该类不能实例化（请参阅 2.3.4 节的讨论）。

接口不描述如何创建类的对象。要发现这一点，必须查看该类，看其具有哪些构造方法。接口也不描述静态类方法。因此，接口只是类实例（对象）的公共界面。

Java 8 中，接口不仅能够有抽象方法（不带方法体），而且还能够有真正的实现方法。根据“Java 语言规范”，接口的主体可以声明接口的成员，即字段、方法、类和接口。这样泛泛的陈述引出一个问题，接口和类之间有何区别？前面已经指出的一个主要区别是：接口不能实例化，只有类才能实例化。

另一个区别是：在接口内部实现的非静态方法，被声明为 default 或 private。相反，一般类的方法不能有 default 声明。

再者，接口中的字段隐含具有 public、static 和 final 特性。形成对照的是，类属性和方法在默认情况下不是 static 或 final。类本身及其字段、方法和构造方法的隐含（默认）访问修饰符是包私有的（package-private）。意思是说，这样的访问修饰符只在其自身的包中是可见的。

2.3.1　默认方法

要了解接口中默认方法的功能，我们实际体会一下接口以及实现接口的类。示例如下：

```
interface SomeInterface {
   void method1();
   String method2(int i);
   default int method3(){
     return 42;
   }
}

class SomeClass implements SomeInterface{
   public void method1(){
      //method body
   }
   public String method2(int i) {
     //method body
     return "abc";
   }
}
```

现在，可以创建 SomeClass 类的一个对象，并做出以下调用：

```
SomeClass sc = new SomeClass();
sc.method1();
sc.method2(22);        //returns: "abc"
sc.method3();          //returns: 42
```

由上可见，method3()并不在 SomeClass 类中实现，但是看起来就像此类中有 method3()一样。这是一种向现有的类添加新方法的方式，但并不更改那个现有的类。具体做法是将 default 方法添加到类实现的接口中。

现在，将 method3()的实现也添加到类中，如下所示：

```
class SomeClass implements SomeInterface{
   public void method1(){
      //method body
   }
   public String method2(int i) {
      //method body
      return "abc";
   }
   public int method3(){
      return 15;
   }
}
```

现在，接口的 method3()实现将被忽略。示例如下：

```
SomeClass sc = new SomeClass();
sc.method1();
sc.method2(22);        //returns: "abc"
sc.method3();          //returns: 15
```

一个接口中的默认方法，其目的是在不更改类的情况下，为这些类（实现此接口的类）提供一个新方法。但是，一旦某个类也实现了新方法，接口实现就会被忽略。

2.3.2 私有方法

如果一个接口中有多个默认方法，则可以创建私有方法，仅供接口的默认方法来访问。私有方法可以用来包含公共功能，而不是在每个默认方法中重复公共功能。示例如下：

```
interface SomeInterface {
    void method1();
    String method2(int i);
    default int method3(){
        return getNumber();
    }
    default int method4(){
        return getNumber() + 22;
    }
    private int getNumber(){
        return 42;
    }
}
```

私有方法这个概念与类中的私有方法没有什么不同（请参阅 3.1 节）。私有方法不能从接口外部访问。

2.3.3 静态字段和方法

自 Java 8 以来，一个接口中声明的所有字段都隐含是 public、static 和 final 常量。正因为如此，接口就成为定义常量的首选位置，并且无须将 public static final 添加到字段的声明中。

至于静态方法，其在接口中的功能与在类中的功能相同。示例如下：

```
interface SomeInterface{
    static String someMethod() {
        return "abc";
    }
}
```

注意，没有必要将接口方法标记为 public。默认情况下，接口所有非私有方法都是 public。可以只用接口名调用上述 someMethod()方法，示例如下：

```
System.out.println(SomeInetrface.someMethod());    //prints: abc
```

2.3.4 接口与抽象类对比

已经说过，类可以声明为 abstract。这样的类可能是不想实例化的常规类，也可能是包含（或继承）抽象方法的类。在后一种情况下，必须把类声明为 abstract，以避免编译错误。

在许多方面，抽象类与接口非常类似。抽象类强制每个对其扩展的子类去实现抽象方法。否则，子类无法实例化，而不得不将自身声明为 abstract。

然而，接口和抽象类之间的一些主要区别，使得二者在不同的情况下都能派上用场。列举如下：

- 抽象类可具有构造方法，而接口不具备。
- 抽象类可具有状态，而接口不具备。
- 抽象类的字段可以是 public、private，或 protected、static，或非 static、final，或非 final。而接口中，字段总是 public、static 和 final。
- 抽象类中的方法可以是 public、private 或 protected，而接口方法或者是 public，或者是 private，二选其一。
- 如果想修改的类已经对另一个类加以扩展，就不能使用抽象类，但可以实现接口。因为一个类只能对另一个类加以扩展，但可以实现多个接口。

关于 abstract 的用法，参阅 2.6 节中的示例。

2.4　重载、覆盖与隐藏

在 2.1.2 节和 2.1.3 节中，曾提到方法覆盖（overriding）。覆盖即替换，是用子类中具有相同签名的方法替换在父类中实现的非静态方法。接口的默认方法也可以在扩展的接口的类中被覆盖。

隐藏类似于覆盖，但只适用于静态方法以及静态属性和实例属性。

方法重载是在相同的类或接口中创建多个方法，这些方法具有相同名称，但参数不同（因而签名也不同）。本节讨论所有这些概念，并演示这些概念如何作用于类和接口。

2.4.1　重载

在相同的接口或一个类中，是不允许有两个具有相同签名的方法的。要想具有不同的签名，新方法必须有一个新名称或者不同的参数类型列表（因而类型的顺序确实很重要）。两个名称相同但参数类型列表不同的方法构成方法重载（overloading）。下面几个例子中，接口中的重载方法是合法的：

```
interface A {
   int m(String s);
   int m(String s, double d);
   default int m(String s, int i) { return 1; }
   static int m(String s, int i, double d) { return 1; }
}
```

注意，上述方法中，任意两种方法（包括默认方法和静态方法）的签名都不同。否则，编译器将出现错误。default 的指定和 static 的指定都不会在重载中起什么作用。返回类型也不影响重载。这里都使用 int 作为返回类型，只是让示例更加简洁明了。

方法重载在一个类中的运作，也是类似的。例如：

```
class C {
   int m(String s){ return 42; }
   int m(String s, double d){ return 42; }
   static int m(String s, double d, int i) { return 1; }
}
```

名称相同的方法被声明的位置并不重要。下面的方法重载与前面的例子没有什么不同。具体如下：

```
interface A {
   int m(String s);
   int m(String s, double d);
}
interface B extends A {
   default int m(String s, int i) { return 1; }
   static int m(String s, int i, double d) { return 1; }
}
class C {
   int m(String s){ return 42; }
}
class D extends C {
   int m(String s, double d){ return 42; }
   static int m(String s, double d, int i) { return 1; }
}
```

非静态私有方法只能由同一类的非静态方法重载。

重载发生时，方法具有相同的名称但不同的参数类型列表，并且属于相同的接口（或类）或不同的接口（或类），且其中的一个是另一个的祖先。私有方法只能由同一类中的方法重载。

2.4.2 覆盖

在静态方法和非静态方法上都可能发生方法重载。与之相反，方法覆盖只发生在非静态方法中，而且只有当非静态方法具有完全相同的签名并且属于不同的接口（或类）时才会发生，且其中一个是另一个的祖先。

覆盖方法驻留在子接口（或类）中，而被覆盖的方法具有相同的签名，并且属于其中一个祖先接口（或类）。私有方法不能被覆盖。

下面是一个接口中方法覆盖的例子：

```
interface A {
    default void method(){
       System.out.println("interface A");
    }
}
interface B extends A{
    @Override
    default void method(){
        System.out.println("interface B");
    }
}
class C implements B { }
```

如果现在使用 C 类实例来调用 method()，结果将显示如下：

```
C c = new C();
c.method();           //prints: interface B
```

请注意@Override 注解的用法。这个注解告诉编译器，程序员认为带注解的方法覆盖了其中一个祖先接口的方法。这样，编译器可以确保覆盖一定会发生。如果没有发生，则产生错误。例如，程序员可能会把方法的名称拼写错。显示如下：

```
interface B extends A{
    @Override
    default void metod(){
        System.out.println("interface B");
    }
}
```

如果发生这种情况，编译器将生成一个错误，因为没有任何可以覆盖的 metod()方法。如果没有@Overrride 注解，程序员可能不会注意到这个错误，结果非常不同。例如：

```
C c = new C();
c.method();            //prints: interface A
```

覆盖的规则同样适用于类的实例方法。下面的例子中，C2 类覆盖了 C1 类的一个方法。具体如下：

```
class C1{
    public void method(){
        System.out.println("class C1");
    }
}
class C2 extends C1{
    @Override
    public void method(){
        System.out.println("class C2");
    }
}
```

结果如下：

```
C2 c2 = new C2();
c2.method();           //prints: class C2
```

在带有被覆盖的方法的类（或接口）与带有覆盖的方法的类（或接口）之间，祖先数量的多少无关紧要。示例如下：

```
class C1{
    public void method(){
        System.out.println("class C1");
    }
}
class C3 extends C1{
    public void someOtherMethod(){
        System.out.println("class C3");
    }
}
class C2 extends C3{
    @Override
    public void method(){
        System.out.println("class C2");
    }
}
```

上述方法的覆盖，结果仍然是相同的。

2.4.3 隐藏

许多人认为隐藏（hiding）是一个复杂的话题，但大可不必如此。在此，尽力使其简单化。隐藏这个术语出自类和接口的静态属性和方法的行为。每个静态属性或方法都作为单个副本存在于 JVM 内存中，因为它们与接口或类关联，而不与对象关联。况且，接口或类作为单个副本而存在。正因为如此，不能说子类的静态属性或方法覆盖父类同名的静态属性或方法。类或接口加载并驻留到内存中时，所有静态属性和方法才加载到内存中，而且只加载一次，不向任何地方复制。看看下面的例子。

下面是两个具有父子关系的接口，其中包括相同名称的静态字段和方法。具体如下：

```
interface A {
   String NAME = "interface A";
   static void method() {
      System.out.println("interface A");
   }
}
interface B extends A {
   String NAME = "interface B";
   static void method() {
      System.out.println("interface B");
   }
}
```

请注意接口字段标识符的大写字母。这通常用来表示一个常量的约定，不管这个常量是在接口中还是在类中声明的。提醒一下，Java 中的常量是一个变量，一旦初始化，就不能重新赋另外一个值了。接口字段在默认情况下是常量，因为接口中的任何字段都是 final（参见 2.5 节内容）。

如果用 B 接口打印 NAME 并执行其 method()方法，得到如下结果：

```
System.out.println(B.NAME);     //prints: interface B
B.method();                     //prints: interface B
```

这看起来很像覆盖，但实际上，这只是调用了一个与该特定接口相关联的特定的属性或方法。与前述类似，考虑以下类：

```
public class C {
   public static String NAME = "class C";
   public static void method(){
      System.out.println("class C");
   }
   public String name1 = "class C";
}
public class D extends C {
   public static String NAME = "class D";
   public static void method(){
      System.out.println("class D");
   }
   public String name1 = "class D";
}
```

如果极力使用类本身去访问 D 类的静态成员，所求结果如下：

```
System.out.println(D.NAME);              //prints: class D
D.method();                              //prints: class D
```

但是在使用对象访问属性或静态方法时，将会出现混淆：

```
C obj = new D();
System.out.println(obj.NAME);            //prints: class C
System.out.println(((D) obj).NAME);      //prints: class D
obj.method();                            //prints: class C
((D)obj).method();                       //prints: class D
System.out.println(obj.name1);           //prints: class C
System.out.println(((D) obj).name1);     //prints: class D
```

正如在上述示例中所见，obj 变量引用的是 D 类的对象，类型转换证明了这一点。但是，在使用对象时，尝试访问静态属性或方法会返回声明变量类型的类的成员。对于上述示例最后两行中的实例属性，Java 中的属性不符合多态行为，得到的是父类 C 的 name1 属性，而不是子类 D 的期望属性。

为了避免与一个类的静态成员相混淆，要始终使用这个类而不使用某个对象来访问静态成员。为了避免与实例属性相混淆，要始终把实例属性声明为 private，并通过方法访问。

为阐述上述技巧提示中的内容，考虑如下示例中的类：

```
class X {
   private String name = "class X";
   public String getName() {
      return name;
   }
   public void setName(String name) {
      this.name = name;
   }
}
class Y extends X {
   private String name = "class Y";
   public String getName() {
      return name;
   }
   public void setName(String name) {
      this.name = name;
   }
}
```

与对 C 类和 D 类的做法一样，对实例属性做同样的测试。测试结果如下：

```
X x = new Y();
System.out.println(x.getName());         //prints: class Y
System.out.println(((Y)x).getName());    //prints: class Y
```

现在，用方法来访问实例属性。这是一种覆盖效果的主题，并且不会再有意想不到的结果出现。结束对隐藏这个话题的讨论之前，这里再提一下另一种隐藏的类型，也就是局部变量对同名的实例属性或静态属性的隐藏。下面是此类隐藏的一个类：

```
public class HidingProperty {
```

```
    private static String name1 = "static property";
    private String name2 = "instance property";
    public void method() {
        var name1 = "local variable";
        System.out.println(name1);              //prints: local variable
        var name2 = "local variable";
        System.out.println(name2);              //prints: local variable
        System.out.println(HidingProperty.name1);
                                                //prints: static property
        System.out.println(this.name2);
                                                //prints: instance property
    }
}
```

可以看出，局部变量 name1 隐藏了同名的静态属性，而局部变量 name2 隐藏了实例属性。但是，使用类名（参见上例中的 HidingProperty.name1）依然有可能访问静态属性。请注意，尽管静态属性被声明为 private，但从类内部是可以访问到的。

实例属性总是可以访问到的，访问的手段是使用 this 关键字。这个关键字指的是当前对象。

2.5 final 变量、final 方法和 final 类

在 Java 中谈到与常量有关的概念时，曾多次提到了 final 属性。但那只是使用 final 关键字的一个例证。这个关键字适用于任何一般意义上的变量。同样，可以对方法甚至类应用类似的约束，从而防止方法被覆盖，防止类被扩展。

2.5.1 final 变量

置于一个变量声明之前的关键字 final，初始化之后，该变量值就不能变了。例如：

```
final String s = "abc";
```

初始化甚至可以延迟。例如：

```
final String s;
s = "abc";
```

就一个对象的属性而言，这种延迟只能持续到创建完对象时为止。这意味着可以在构造方法中对属性初始化。例如：

```
private static class A {
    private final String s1 = "abc";
    private final String s2;
    private final String s3;        //error
    private final int x;            //error
    public A() {
        this.s1 = "xyz";            //error
        this.s2 = "xyz";
    }
}
```

注意，在对象构造期间，将属性初始化两次，是不可能做到的——在声明期间和在构造方法中，也都不可能做到。很有意思的现象是，final 属性必须被显式初始化。从上述示

例可以看出，编译器并不将 final 属性初始化为默认值。

在初始化块（initialization block）中，将 final 属性初始化是可行的。例如：

```
class B {
   private final String s1 = "abc";
   private final String s2;
   {
      s1 = "xyz";                    //error
      s2 = "abc";
   }
}
```

对于静态属性，不能在构造方法中进行初始化，而必须在声明期间或在静态初始化块（static initialization block）中进行初始化。例如：

```
class C {
   private final static String s1 = "abc";
   private final static String s2;
   static {
      s1 = "xyz";                    //error
      s2 = "abc";
   }
}
```

在接口中，所有字段都是 final（即使没有把它们声明为 final）。由于接口中既不允许有构造方法也不允许有初始化块，因此初始化接口字段的唯一途径就是在声明期间进行。不这样做就会产生编译错误。例如：

```
interface I {
   String s1;                        //error
   String s2 = "abc";
}
```

2.5.2 final 方法

被声明为 final 的方法，在子类中不能被覆盖。就静态方法而言，也不能被隐藏。拿 java.lang.Object 类来说，这个类是 Java 中所有类的祖先，它的一些方法被声明为 final。示例如下：

```
public final Class getClass()
public final void notify()
public final void notifyAll()
public final void wait() throws InterruptedException
public final void wait(long timeout) throws InterruptedException
public final void wait(long timeout, int nanos)
                                     throws InterruptedException
```

final类的所有私有方法和非继承方法实际上都是final方法,因为不能将那些方法覆盖。

2.5.3 final 类

final 类不能被扩展，即不能有子类。这也就使类的所有方法实际上都成为 final。此特性用于安全性。另外，出于其他一些设计方面的考虑，程序员希望确保类功能不能被覆盖、重载或隐藏时，也可以使用此特性。

2.6 多态性实战

多态性（polymorphism）是 OOP 最强大、最有用的特性。截至目前，多态性用到了所讲的所有其他 OOP 概念和特性。在通向精通 Java 语言编程的征程上，多态性是最高级别概念站点。此章过后，本书的其余部分将主要讨论 Java 语言语法和 JVM 功能。

正如 2.1 节中所述，一个对象具有与另一不同类的对象一样的行为，或者具有与另一不同接口的实现一样的行为。具有这样行为的能力被称为多态性。如果在因特网上搜索“多态性”一词，就会发现它是“以多种不同形式出现的情况”。变态（metamorphosis）是“通过自然或超自然的手段，改变某物或某人的形状或性质，使其变成完全不同的形状或性质。”因此，Java 多态性是对象在不同的条件下表现或展示出完全不同行为的能力，如同经过了一个变态的过程。

下面开始动手实战，直观理解这一概念。这里采用的是对象工厂（object factory）——一种工厂式的特定编程实现手段。对象工厂是“一种方法，返回的是发生了改变了的原型（或类）的对象”。详情参见 https://en.wikipedia.org/wiki/Factory_(object-oriented_programming)。

2.6.1 对象工厂

对象工厂背后的理念是创建一个方法，该方法在某些条件下返回某个类型的新对象。以 CalcUsingAlg1 和 CalcUsingAlg2 这两个类为例：

```
interface CalcSomething{
   double calculate();
}
class CalcUsingAlg1 implements CalcSomething{
   public double calculate(){ return 42.1; }
}
class CalcUsingAlg2 implements CalcSomething{
   private int prop1;
   private double prop2;
   public CalcUsingAlg2(int prop1, double prop2) {
      this.prop1 = prop1;
      this.prop2 = prop2;
   }
   public double calculate(){ return prop1 * prop2; }
}
```

可以看到，这两个类实现相同的接口 CalcSomething，但使用的算法不同。现在，假设这样决定：选择所用的算法是在一个属性文件中，那么，就可创建以下对象工厂：

```
class CalcFactory{
   public static CalcSomething getCalculator(){
      String alg = getAlgValueFromPropertyFile();
      switch(alg){
         case "1":
              return new CalcUsingAlg1();
         case "2":
              int p1 = getAlg2Prop1FromPropertyFile();
```

```
            double p2 = getAlg2Prop2FromPropertyFile();
            return new CalcUsingAlg2(p1, p2);
        default:
            System.out.println("Unknown value " + alg);
            return new CalcUsingAlg1();
      }
   }
}
```

这个工厂根据 getAlgValueFromPropertyFile()方法返回的值，选择要使用哪种算法。对第二种算法而言，还用到 getAlg2Prop1FromPropertyFile()和 getAlg2Prop2FromPropertyFile()方法来获取算法的输入参数。但这种复杂性对客户是隐藏的。示例如下：

```
CalcSomething calc = CalcFactory.getCalculator();
double result = calc.calculate();
```

可以添加新的算法变量，更改算法参数的源代码或算法选择的过程，但客户端不需要更改代码。多态性的威力体现于此。

此外，可以使用继承来实现多态行为。思考下面的类：

```
class CalcSomething{
   public double calculate(){ return 42.1; }
}
class CalcUsingAlg2 extends CalcSomething{
   private int prop1;
   private double prop2;
   public CalcUsingAlg2(int prop1, double prop2) {
      this.prop1 = prop1;
      this.prop2 = prop2;
   }
   public double calculate(){ return prop1 * prop2; }
}
```

那么，这里的工厂会呈现下面的模样：

```
class CalcFactory{
   public static CalcSomething getCalculator(){
   String alg = getAlgValueFromPropertyFile();
      switch(alg){
         case "1":
            return new CalcSomething();
         case "2":
            int p1 = getAlg2Prop1FromPropertyFile();
            double p2 = getAlg2Prop2FromPropertyFile();
            return new CalcUsingAlg2(p1, p2);
         default:
            System.out.println("Unknown value " + alg);
            return new CalcSomething();
      }
   }
}
```

但是，客户端代码仍然不变：

```
CalcSomething calc = CalcFactory.getCalculator();
double result = calc.calculate();
```

如果可以选择，有经验的程序员将使用公共接口来实现。公共接口允许更灵活的设计，因为 Java 的一个类可以实现多个接口，但仅可以扩展（继承）一个类。

2.6.2　instanceof 运算符

不幸的是，事情并不总是那么简单。有时，程序员不得不处理由不相关的类组装而成的代码，而这些不相关的类甚至来自不同的框架。这种情况下，使用多态性可能不是一个可选的办法。不过，仍然可以隐藏算法选择的复杂性，甚至使用 instanceof 运算符来模拟多态行为。对象是某个类的实例时，instanceof 运算符返回 true。

假设有两个不相关的类，具体如下：

```
class CalcUsingAlg1 {
   public double calculate(CalcInput1 input){
      return 42. * input.getProp1();
   }
}

class CalcUsingAlg2{
   public double calculate(CalcInput2 input){
      return input.getProp2() * input.getProp1();
   }
}
```

每个类都期待输入某类型的对象，具体如下：

```
class CalcInput1{
   private int prop1;
   public CalcInput1(int prop1) { this.prop1 = prop1; }
   public int getProp1() { return prop1; }
}

class CalcInput2{
   private int prop1;
   private double prop2;
   public CalcInput2(int prop1, double prop2) {
      this.prop1 = prop1;
      this.prop2 = prop2;
   }
   public int getProp1() { return prop1; }
   public double getProp2() { return prop2; }
}
```

假设一下，如果实现的方法接收到这样一个对象：

```
void calculate(Object input) {
   double result = Calculator.calculate(input);
   //other code follows
}
```

这里，仍然使用了多态性，因为将输入描述为 Object 类型。能够做到这一点，是因为 Object 类是所有 Java 类的基类。

现在，看看 Calculator 类是如何实现的：

```
class Calculator{
   public static double calculate(Object input){
```

```
        if(input instanceof CalcInput1){
            return new CalcUsingAlg1().calculate((CalcInput1)input);
        } else if (input instanceof CalcInput2){
            return new CalcUsingAlg2().calculate((CalcInput2)input);
        } else {
            throw new RuntimeException("Unknown input type " +
            input.getClass().getCanonicalName());
        }
    }
}
```

由上可见，Calculator 类用的是 instanceof 运算符来选择适当的算法。通过使用 Object 类作为输入类型，Calculator 类也利用了多态性，但是其大部分实现与多态性无关。然而，从外部看，Calculator 类似乎是多态的。确实如此，但只是在一定程度上呈多态性。

本 章 小 结

本章向读者介绍了 OOP 的一些概念，以及这些概念如何在 Java 中实现。本章对每个概念加以解释，并以代码示例演示了概念的运用。本章还详细讨论了 Java 语言中的两个构件：class 和 interface。读者学到什么是重载、覆盖和隐藏，以及如何使用 final 关键字来保护方法不被覆盖。

在 2.6 节中读者学习了 Java 中多态性的强大功能。该节将已经介绍到的所有内容集结起来，展示了多态性是如何占据 OOP 的核心地位的。

第 3 章，读者将熟悉 Java 语言的语法，包括包、导入、访问修饰符、保留关键字、受限关键字，以及 Java 引用类型的一些特性。读者还将学习如何使用 this 和 super 关键字、基本类型的加宽和缩窄转换、装箱和拆箱、基本类型和引用类型赋值，以及引用类型的 equals()方法是如何运作的。

第3章

Java 基础知识

本章向读者展示 Java 语言的更多细节。首先，描述包中的代码组织、类（接口）及其方法和属性（字段）的访问级别。然后，详细介绍 Java 面向对象特性的主要类型——引用类型，接着给出保留和受限关键字列表，并讨论这些关键字的用法。最后，讨论基本类型之间以及从基本类型到对应引用类型之间的转换方法。

这些是 Java 语言的基本术语和特性。理解这些基本术语和特性十分重要，怎么强调也不算过分。没有这些基本术语和特性，编写任何 Java 程序都无从谈起。所以，对于这一章，不要匆匆掠过，而是确保充分加以理解。

本章将涵盖以下主题：

- 包、导入和访问修饰符。
- Java 引用类型。
- 保留和受限关键字。
- this 和 super 两个关键字的用法。
- 基本类型间的转换。
- 基本类型和引用类型间的转换。

3.1　包、导入和访问修饰符

读者已经了解的是，包名反映了目录结构，且以含有.java 文件的项目目录开头。每个.java 文件的名称必须与其中声明的顶级类的名称相同（该类可以包含其他类）。.java 文件的第一行是包语句，以关键字 package 开头，后面是实际的包名——这个文件的目录路径。其中，斜杠用点予以替换。

包名和类名一起组成一个完全限定类名（fully qualified class name）。这个类名将类标识为具有唯一性，但往往太长，使用起来也不方便。导入（importing）只需要一次指定完全限定类名，然后仅通过此类名引用该类即可，从而起到了简化作用。

只有当调用者有权访问一个类及其方法时，才能从另一个类的方法调用此类的方法。访问修饰符 public、protected 和 private 定义了可访问性的级别，允许（或不允许）某些方法、属性甚至类本身对其他类可见。

本节将详细讨论所有这些特性。

3.1.1　包

先看一下名为 Packages 的类：

```
package com.packt.learnjava.ch03_fundamentals;
import com.packt.learnjava.ch02_oop.hiding.C;
import com.packt.learnjava.ch02_oop.hiding.D;
public class Packages {
    public void method(){
        C c = new C();
        D d = new D();
    }
}
```

Packages 类的第一行是包声明，标识了此类在源代码树上的位置。换句话说，标识了.java 文件在文件系统中的位置。编译此类并生成包含字节码的.class 文件时，包名也反映了.class 文件在文件系统中的位置。

3.1.2　导入

在包声明之后是 import 语句。从前面的例子可以看到，这些语句可以避免在当前类中使用完全限定类（或接口）名。来自同一个包中的多个类（和接口）被导入时，可以把同一个包中所有类和接口并成一组，使用星号（*）导入。在前面所举的例中，导入的样式如下：

```
import com.packt.learnjava.ch02_oop.hiding.*;
```

但不推荐实际这样去做，因为当几个包作为一组导入时，会隐藏导入的类（和接口）位置。例如，看看这段代码：

```
package com.packt.learnjava.ch03_fundamentals;
import com.packt.learnjava.ch02_oop.*;
import com.packt.learnjava.ch02_oop.hiding.*;
public class Packages {
    public void method(){
        C c = new C();
        D d = new D();
    }
}
```

从上述代码能猜出 C 类或 D 类属于哪个包吗？此外，不同包中的两个类可能具有相同的名称。如果是这种情况，成组导入可能会造成混乱，甚至引发难以发现的问题。

导入单个静态类（或接口）成员，也是可行的。比方说，假如 SomeInterface 有一个 NAME 属性（注意，默认情况下，接口属性是 public 和 static），典型的引用如下：

```
package com.packt.learnjava.ch03_fundamentals;
import com.packt.learnjava.ch02_oop.SomeInterface;
public class Packages {
    public void method(){
        System.out.println(SomeInterface.NAME);
    }
}
```

要想避免使用接口名，就可以使用静态导入。示例如下：

```
package com.packt.learnjava.ch03_fundamentals;
import static com.packt.learnjava.ch02_oop.SomeInterface.NAME;
public class Packages {
    public void method(){
        System.out.println(NAME);
    }
}
```

类似地，如果 SomeClass 有一个 public static 属性 SOME_PROPERTY，还有一个 public static 方法 someMethod()，也可以静态导入。示例如下：

```
package com.packt.learnjava.ch03_fundamentals;
import com.packt.learnjava.ch02_oop.StaticMembers.SomeClass;
import com.packt.learnjava.ch02_oop.hiding.C;
import com.packt.learnjava.ch02_oop.hiding.D;
import static com.packt.learnjava.ch02_oop.StaticMembers
                                                .SomeClass.someMethod;
import static com.packt.learnjava.ch02_oop.StaticMembers
                                                .SomeClass.SOME_PROPERTY;
public class Packages {
    public static void main(String... args){
      C c = new C();
      D d = new D();

      SomeClass obj = new SomeClass();
      someMethod(42);
      System.out.println(SOME_PROPERTY);        //prints: abc
    }
}
```

但是，应该慎重地使用这种技巧，因为这种技巧可能会让人产生这样的印象：静态导入的方法（或属性）属于当前类。

3.1.3 访问修饰符

在已举的例子中，用过三种访问修饰符，即 public、protected 和 private。这些修饰符从外部——其他类或接口，来控制对类、接口及其成员的访问。没有指定这三种显式访问修饰符时，还有第四种——隐式访问修饰符（也称为包私有式或默认修饰符）可以加以应用。

访问修饰符的使用非常直观，显而易见：

- public：可被当前包和其他包的其他类和接口访问。
- protected：仅被同一包的其他成员和子类的成员访问。
- 无访问修饰符：表示只能被同一个包的其他成员访问。
- private：仅被同一个类的成员访问。

在类或接口内部，所有成员始终都是可访问的。此外，已经多次讲到，除非另外声明为 private，否则接口所有成员在默认情况下都是 public。

另外请注意，类的可访问性可以取代类成员的可访问性，因为如果类本身从某个位置不能访问，那么对其方法或属性的可访问性做出任何更改，都不能使其变得可以访问。

类和接口的访问修饰符指的是在其他类或接口中声明的类和接口。包围类或接口称为顶级类或接口（top-level class or interface），而其内部的类或接口称为内部类或接口（inner classes or interfaces）。静态内部类也称为静态嵌套类（static nested classes）。

将顶级类或接口声明为 private 没有意义，因为这样的类或接口无论从哪里都无法访问。Java 也不允许顶级类或接口声明为 protected。虽如此，让一个类不带有显式访问修饰符是可行的。这样就使得这个类只能被同一包中的成员访问。

示例如下：

```
public class AccessModifiers {
    String prop1;
    private String prop2;
    protected String prop3;
    public String prop4;
    void method1(){}
    private void method2(){}
    protected void method3(){}
    public void method4(){}

    class A1{}
    private class A2{}
    protected class A3{}
    public class A4{}

    interface I1 {}
    private interface I2 {}
    protected interface I3 {}
    public interface I4 {}
}
```

注意，静态嵌套类不能访问顶级类的其他成员。

内部类的另一个特殊性就是它可以访问顶层类的所有成员，包括 private 成员。反之亦然。为了演示这个特性，在顶级类和 private 内部类中创建 private 属性和方法。示例如下：

```
public class AccessModifiers {
    private String topLevelPrivateProperty = "Top-level private value";
    private void topLevelPrivateMethod(){
        var inner = new InnerClass();
        System.out.println(inner.innerPrivateProperty);
        inner.innerPrivateMethod();
}

    private class InnerClass {
        //private static String PROP = "Inner static"; //error
        private String innerPrivateProperty = "Inner private value";
        private void innerPrivateMethod(){
            System.out.println(topLevelPrivateProperty);
        }
    }

    private static class InnerStaticClass {
        private static String PROP = "Inner private static";
        private String innerPrivateProperty = "Inner private value";
        private void innerPrivateMethod(){
            var top = new AccessModifiers();
            System.out.println(top.topLevelPrivateProperty);
        }
    }
```

```
    }
```

由上可见，前述类中的所有方法和属性都是 private，这表示它们不能从类外部访问。AccessModifiers 类也是如此，其 private 方法和属性对于在其外部声明的其他类而言是不可访问的。但是 InnerClass 类可以访问顶级类的 private 成员，而顶级类也可以访问其内部类的 private 成员。唯一的限制是，非静态内部类不能包含静态成员。相反，静态嵌套类可以同时包含静态和非静态成员，这使得静态嵌套类更加有用。

为了演示所描述的各种可能性，将以下 main()方法添加到 AccessModifiers 类中。示例如下：

```
public static void main(String... args){
    var top = new AccessModifiers();
    top.topLevelPrivateMethod();
    //var inner = new InnerClass();           //error
    System.out.println(InnerStaticClass.PROP);
    var inner = new InnerStaticClass();
    System.out.println(inner.innerPrivateProperty);
    inner.innerPrivateMethod();
}
```

自然而然的是，不能从顶级类的静态上下文访问非静态内部类，因此上述代码中增加了注释。执行后的结果如图 3-1 所示。

```
Inner private value
Top-level private value
Inner private static
Inner private value
Top-level private value
```

图 3-1　AccessModifiers 类的结果

输出结果的前两行来自 topLevelPrivateMethod()方法，其余的来自 main()方法。可见，内部类和顶级类可以访问彼此的 private 状态，但 private 状态不能从外部访问。

3.2　Java 引用类型

new 运算符创建类的对象，并返回对象所驻留的内存引用。从实践的角度来看，持有这个引用的变量在代码中的地位如同对象本身。这样一个变量的类型可以是类、接口、数组，或一个 null 字面值（表示没有任何内存引用分配给该变量）。如果引用的类型是接口，则可以将其赋值为 null，也可以将其赋值为实现该接口的类的对象的引用，因为接口本身无法实例化。

JVM 监视所有已创建的对象，并检查当前执行的代码中是否有对每个对象的引用。如果某个对象没有任何对它的引用，JVM 就运行被称为垃圾收集（garbage collection）的进程将这个对象从内存中删除。这个过程将在第 9 章中进行讨论。比方说，一个对象是在方法执行期间创建的，并由局部变量加以引用。一旦这个方法执行完毕，该引用就会消失。

前面已经见过自定义的类和接口的示例，也讨论过 String 类（参见第 1 章内容）。本节将描述另外两种 Java 引用类型——数组和枚举，并对两者的用法加以演示。

3.2.1　类与接口

一个类的类型变量用对应的类名加以声明。代码如下：

```
<Class name> identifier;
```

可以给这样一个变量赋的值，为下列任意一个：

- 引用类型字面值 null（表示变量可以使用，但不引用任何对象）。
- 对同一个类的对象的引用或者该类后代任一对象的引用（因为后代继承了其所有祖先的类型）。

后一种赋值的类型称为加宽赋值型（widening assignment），因为这种类型强制专门化的引用变得不怎么专门化。例如，每个 Java 类都是 java.lang.Object 的子类。下面的赋值可以对任一类进行操作：

```
Object obj = new AnyClassName();
```

这样的赋值也称为向上转换（upcasting），因为这样的赋值操作将变量的类型沿继承链向上移动（这类似于家谱树，最老的祖先通常位于树的顶部）。

经过这样的向上转换之后，可以使用转换运算符（type）进行缩窄赋值，如下所示。

```
AnyClassName anyClassName = (AnyClassName)obj;
```

这样的赋值称为向下转换（downcasting），允许恢复后代类型。要应用此操作，必须确保标识符实际上引用的是后代类型。如果不确定，则可以使用 instanceof 操作符（见第 2 章）检查引用类型。

类似地，如果一个类实现了某个接口，该类的对象引用可以赋给这个接口或接口的任何祖先，如下所示：

```
interface C {}
interface B extends C {}
class A implements B {}
B b = new A();
C c = new A();
A a1 = (A)b;
A a2 = (A)c;
```

由上可见，将对象的引用赋给实现了的接口类型中的某个变量之后，就可以恢复该对象的原始类型。这与类引用中的向上转换和向下转换情况是一样的。

本节内容也可以视作 Java 多态性实战的另外一种演示形式。

3.2.2　数组

数组是引用类型，因此也扩展了 java.lang.Object 类。数组元素与被声明的数组有相同的类型。元素的数量可以为零，这种情况下的数组被称为空数组。每个元素都可以通过索引访问，索引为一个正整数或零。第一个元素的索引为 0。元素的数量称为数组长度（array length）。一旦创建了数组，其长度就不能改变。

下面是数组声明的例子：

```
int[] intArray;
float[][] floatArray;
```

```
String[] stringArray;
SomeClass[][][] arr;
```

成对的方括号表示的是另一个维度。成对的方括号个数为数组嵌套深度。示例如下：

```
int[] intArray = new int[10];
float[][] floatArray = new float[3][4];
String[] stringArray = new String[2];
SomeClass[][][] arr = new SomeClass[3][5][2];
```

new 运算符为每个元素分配内存，这些元素稍后可以被分配（填充）一个值。但是，数组的元素在创建时都被初始化为默认值。示例如下：

```
System.out.println(intArray[3]);                  //prints: 0
System.out.println(floatArray[2][2]);             //prints: 0.0
System.out.println(stringArray[1]);               //prints: null
```

创建数组的另一种方法是使用数组初始化器（array initializer），即一个由逗号分隔开的值列表。列表围在大括号中，一对大括号围起来的是一个维度。例如：

```
int[] intArray = {1,2,3,4,5,6,7,8,9,10};
float[][] floatArray ={{1.1f,2.2f,3,2},{10,20.f,30.f,5},{1,2,3,4}};
String[] stringArray = {"abc", "a23"};
System.out.println(intArray[3]);                  //prints: 4
System.out.println(floatArray[2][2]);             //prints: 3.0
System.out.println(stringArray[1]);               //prints: a23
```

可以在不声明每个维度长度的情况下创建一个多维数组。只有第一维必须有指定的长度。例如：

```
float[][] floatArray = new float[3][];
System.out.println(floatArray.length);            //prints: 3
System.out.println(floatArray[0]);                //prints: null
System.out.println(floatArray[1]);                //prints: null
System.out.println(floatArray[2]);                //prints: null
//System.out.println(floatArray[3]);              //error
//System.out.println(floatArray[2][2]);           //error
```

其他维的长度可以稍后指定：

```
float[][] floatArray = new float[3][];
floatArray[0] = new float[4];
floatArray[1] = new float[3];
floatArray[2] = new float[7];
System.out.println(floatArray[2][5]);          //prints: 0.0
```

这样，就可以为不同的维度指定不同的长度。使用数组初始化器，也可以创建不同长度的维度：

```
float[][] floatArray ={{1.1f},{10,5},{1,2,3,4}};
```

唯一的要求是在使用维度之前，必须对其进行初始化。

3.2.3 枚举

枚举引用类型扩展了 java.lang.Enum 类，又扩展了 java.lang.Object。这种类型允许指定一组有限的常量，每个常量都是同一类型的实例。这样一组常量的声明以关键字 enum 开始。例如：

```
enum Season {SPRING, SUMMER, AUTUMN, WINTER }
```

列出的每一项——SPRING、SUMMER、AUTUMN 和 WINTER，都是一个 Season 类型的实例。Season 类预先创建的仅有这四个实例，可以作为 Season 类型的值在任何地方使用，但不能再创建 Season 类的其他实例。当类的实例必须限于固定列表集时，可以使用 enum 类型，这就是使用枚举类型的原因。

枚举常量也可以用驼峰式命名约定：

```
enum Season { Spring, Summer, Autumn, Winter }
```

然而，大写字母形式用得更为频繁。因为有一个常规，即大写的情况表达的是 static final 常量的标识符。这一点在早些时候讲过。大写形式有助于区分常量和变量。枚举常量隐含了 static 和 final。

因为枚举值是常量，所以这些值在 JVM 中的存在是唯一的，可以通过引用进行比较。示例如下：

```
Season season = Season.WINTER;
boolean b = season == Season.WINTER;
System.out.println(b);            //prints: true
```

下面列举的是 java.lang.Enum 类最常用的方法：

- name()：返回枚举常量的标识符。标识符是声明时所采用的拼写形式（例如，WINTER）。
- toString()：默认情况下返回与 name()方法相同的值，但可以被覆盖，从而返回任何其他 String 值。
- ordinal()：返回枚举常量在声明时的序号（条目列表中第一项的序号值为 0）。
- valueOf(Class enumType, String name)：返回 enum 常量对象。常量的名称用 String 字面值表示。
- values()：编译器在创建 enum 时自动添加的方法。该方法返回一个包含 enum 的所有值的数组，这些值的排列顺序是它们声明的顺序。

为了演示上述方法，还是使用熟悉的 Season 枚举：

```
enum Season { SPRING, SUMMER, AUTUMN, WINTER }
```

下面是演示代码：

```
System.out.println(Season.SPRING.name());          //prints: SPRING
System.out.println(Season.WINTER.toString());      //prints: WINTER
System.out.println(Season.SUMMER.ordinal());       //prints: 1
Season season = Enum.valueOf(Season.class, "AUTUMN");
System.out.println(season == Season.AUTUMN);       //prints: true
for(Season s: Season.values()){
   System.out.print(s.name() + " ");
                 //prints: SPRING SUMMER AUTUMN WINTER
}
```

要想覆盖 toString()方法，可创建 enum Season1。示例如下：

```
enum Season1 {
```

```
    SPRING, SUMMER, AUTUMN, WINTER;
    public String toString() {
        return this.name().charAt(0) +
               this.name().substring(1).toLowerCase();
    }
}
```

下面显示的是 enum Season1 的运作过程：

```
for(Season1 s: Season1.values()){
System.out.print(s.toString() + " ");
                              //prints: Spring Summer Autumn Winter
}
```

可以向每个枚举常量添加任何其他属性。例如，为每个 enum 实例添加一个平均温度值：

```
enum Season2 {
     SPRING(42), SUMMER(67), AUTUMN(32), WINTER(20);
     private int temperature;
     Season2(int temperature){
        this.temperature = temperature;
     }
     public int getTemperature(){
        return this.temperature;
     }
     public String toString() {
        return this.name().charAt(0) +
               this.name().substring(1).toLowerCase() +
               "(" + this.temperature + ")";
     }
}
```

如果迭代 Season2 的枚举值，会得到如下结果：

```
for(Season2 s: Season2.values()){
System.out.print(s.toString() + " ");
          //prints: Spring(42) Summer(67) Autumn(32) Winter(20)
}
```

在 Java 标准库中，存在多个枚举类。例如，java.time.Month、java.time.DayOfWeek 以及 java.util.concurrent.TimeUnit 等。

3.2.4 默认值与字面值

已经了解到引用类型的默认值是 null。有些资源将其称为特殊类型 null（special type null），但是“Java 语言规范”将其限定为字面值。当实例属性或引用类型的数组自动初始化（未显式赋值）时，被赋的值为 null。

除了 null 字面值之外，在第 1 章中讨论的唯一引用类型是 String 类。

3.2.5 引用类型作为方法参数

当基本类型值传递给方法时，就可使用该值。如果不喜欢传递给方法的值，可以用认为合适的值来更改该值，而无须多虑。示例如下：

```
void modifyParameter(int x){
   x = 2;
}
```

至于方法外的变量值会发生变化，不必多虑。例如：

```
int x = 1;
modifyParameter(x);
System.out.println(x);          //prints: 1
```

在方法外更改基本类型的参数值是不可行的，因为基本类型参数是按值（by value）传递到方法中的。这意味着将值的副本传递给方法，因此即使方法内的代码为其赋了不同的值，原来的值也不会受到影响。

引用类型的一个问题是，即便引用本身是按值传递的，它仍然指向内存中相同的原始对象。因此，方法中的代码可能访问该对象并加以修改。为了演示这一点，下面创建一个 DemoClass 类以及使用这个类的方法：

```
class DemoClass{
   private String prop;
   public DemoClass(String prop) { this.prop = prop; }
   public String getProp() { return prop; }
   public void setProp(String prop) { this.prop = prop; }
}
void modifyParameter(DemoClass obj){
   obj.setProp("Changed inside the method");
}
```

如果使用上述方法，结果会如下所示。

```
DemoClass obj = new DemoClass("Is not changed");
modifyParameter(obj);
System.out.println(obj.getProp());     //prints: Changed inside the method
```

区别很大，是不是？因此，必须小心，不要修改传入的对象，以免产生意想不到的效果。然而，这种效果也偶尔用于返回结果。但这样做不属于最佳实践操作，因为降低了代码的可读性。更改传入对象就像使用一个难以发现的秘密通道。所以，只有在必要的时候才去更改。

即使传入的对象是一个包装基本类型值的类，这种效果仍然存在（将在 3.6 节中讨论基本值包装类型）。下面是 DemoClass1 的演示和 modifyParameter()方法的重载版本演示：

```
class DemoClass1{
   private Integer prop;
   public DemoClass1(Integer prop) { this.prop = prop; }
   public Integer getProp() { return prop; }
   public void setProp(Integer prop) { this.prop = prop; }
}
void modifyParameter(DemoClass1 obj){
   obj.setProp(Integer.valueOf(2));
}
```

如果使用上述方法，结果会显示如下：

```
DemoClass1 obj = new DemoClass1(Integer.valueOf(1));
modifyParameter(obj);
```

```
System.out.println(obj.getProp());     //prints: 2
```

引用类型的这种行为的唯一例外是 String 类的对象。下面是 modifyParameter()方法的另一个重载版本：

```
void modifyParameter(String obj){
   obj = "Changed inside the method";
}
```

如果使用上述方法，结果会显示如下：

```
String obj = "Is not changed";
modifyParameter(obj);
System.out.println(obj);                //prints: Is not changed

obj = new String("Is not changed");
modifyParameter(obj);
System.out.println(obj);                //prints: Is not changed
```

可见，无论用字面值还是用新创建的 String 对象，结果都是相同的：在调用方法为 String 赋另一个值后，不会改变原来的 String 值。这正是第 1 章中讨论的 String 值不变性。

3.2.6 equals()方法

将相等运算符（==）应用于引用类型的变量时，此运算符比较的是引用，而不是对象的内容（状态）。两个对象即使有相同的内容，内存引用总是不同的。对于 String 对象，如果至少有一个是用 new 运算符创建的，那么运算符（==）就会返回 false（参阅第 1 章中关于 String 不变性的讨论）。

要想比较内容，可使用 equals()方法。在 String 类和数值类型包装器类（如 Integer、Float 等）中，equals()方法的实现正好就是对内容的比较——比较对象的内容。

但是，equals()方法在 java.lang.Object 类中的实现只是比较引用。这是可以理解的，因为后代可能拥有的内容种类繁多，一般内容比较的实现简直不可行。其意思是，每个 Java 对象都需要使用 equals()方法来比较对象内容（不仅仅比较引用），这样的 Java 对象都必须重新实现 equals()方法。这样，就必须在 java.lang.Object 类中覆盖 equals()方法的实现。示例如下：

```
public boolean equals(Object obj) {
   return (this == obj);
}
```

对照一下，看看如何在 Integer 类中实现相同的方法：

```
private final int value;
public boolean equals(Object obj) {
    if (obj instanceof Integer) {
        return value == ((Integer)obj).intValue();
    }
    return false;
}
```

可见，此方法从输入对象中提取基本类型 int 值，并将其与当前对象的基本类型值进行比较，根本不去比较对象引用。

另外，String 类首先比较引用。如果引用的值不同，则比较对象的内容。示例如下：

```
private final byte[] value;
public boolean equals(Object anObject) {
    if (this == anObject) {
        return true;
    }
    if (anObject instanceof String) {
        String aString = (String)anObject;
        if (coder() == aString.coder()) {
            return isLatin1() ? StringLatin1.equals(value, aString.value)
                              : StringUTF16.equals(value, aString.value);
        }
    }
    return false;
}
```

StringLatin1.equals()方法和 StringUTF16.equals()方法是一个字符一个字符地去比较值，而不仅仅去比较引用。

类似地，如果应用程序代码需要根据内容比较两个对象，则必须覆盖相应类中的 equals()方法。例如，看一下这里熟悉的 DemoClass 类：

```
class DemoClass{
    private String prop;
    public DemoClass(String prop) { this.prop = prop; }
    public String getProp() { return prop; }
    public void setProp(String prop) { this.prop = prop; }
}
```

可以手动给 DemoClass 类添加 equals()方法，但是 IDE 能助我们一臂之力。操作如下：

（1）在右大括号（}）之前的类之内右击。

（2）在弹出的快捷菜单中选择 Generate 命令，然后按照提示操作，最终会生成两个方法并添加到类中：

```
@Override
public boolean equals(Object o) {
    if (this == o) return true;
    if (!(o instanceof DemoClass)) return false;
    DemoClass demoClass = (DemoClass) o;
    return Objects.equals(getProp(), demoClass.getProp());
}

@Override
public int hashCode() {
    return Objects.hash(getProp());
}
```

观察生成的代码，注意以下几点：

- @Override 注解的使用：此注解确保的是方法的确覆盖了祖先的一个方法（具有相同的签名）。有了这个注解，如果修改方法并更改签名（错误地或有意地），编译器（和 IDE）将立即产生一个错误，告诉你在任一个祖先类中都没有任何带有此种签名的方法。因此，此注解有助于早发现错误。

- java.util.Objects 类的用法：此类有很多特别有用的方法，包括 equals()静态方法。这种静态方法不仅比较引用，还使用 equals()方法。

```
public static boolean equals(Object a, Object b) {
    return (a == b) || (a != null && a.equals(b));
}
```

早些时候演示过，在 String 类中实现的 equals()方法，根据字符串的内容比较字符串，从而达到了比较的目的。因为 DemoClass 的 getProp()方法返回的是一个字符串。

- hashCode()方法：此方法返回的整数唯一标识这个特定的对象（但在应用程序的不同次运行之间，不要期望该值是相同的）。如果只是需要 equals()方法，则不需要实现此方法。尽管如此，建议使用此方法，以防这个类的对象被收集到 Set 中，或被收集到另一个基于散列码的集合中（将在第 6 章讨论 Java 集合）。

这两个方法都是在 Object 中实现的，因为许多算法使用 equals()和 hashCode()方法。如果不实现这些方法，应用程序可能无法工作。同时，编写的应用程序中，对象可能不需要这两个方法。但是，一旦决定实现 equals()方法，最好也实现 hashCode()方法。此外，IDE 可以做到这一点而不需要任何开销。

3.3 保留和受限关键字

关键字（keyword）是对编译器具有特殊意义的单词，不能用作标识符。保留关键字有 51 个，受限关键字有 10 个。保留关键字不能在 Java 代码的任何地方用作标识符，而受限关键字仅在模块声明的上下文中不能用作标识符。

3.3.1 保留关键字

下面给出 Java 语言所有保留关键字。

abstract	assert	boolean	break	byte
case	catch	char	class	const
continue	default	do	double	else
enum	extends	final	finally	float
for	if	goto	implements	import
instanceof	int	interface	long	native
new	package	private	protected	public
return	short	static	strictfp	super
switch	synchronized	this	throw	throws
transient	try	void	volatile	while

下画线（_）也算是一个保留关键字。

至此，读者应该已经熟悉上述大部分关键字了。不妨浏览一遍上述清单，看能记住的有多少，权作练习。只有 8 个关键字没有讨论过，列举如下：

- const 和 goto 是保留字，但到目前为止还没有用到。
- assert 关键字用于断言语句（将在第 4 章中讨论）。

- synchronized 关键字用于并发编程（将在第 8 章中讨论）。
- volatile 关键字使变量的值不被缓存。
- transient 关键字使变量的值不可序列化。
- strictfp 关键字限制浮点计算。执行浮点变量操作时，此关键字使每个平台上的浮点运算结果相同。
- native 关键字声明了一个方法，该方法在依赖于平台的代码（如 C 或 C++）中得以实现。

3.3.2　受限关键字

Java 中有 10 个受限关键字。列举如下：open、module、requires、transitive、exports、opens、to、uses、provides 和 with。

之所以说上述单词是受限的（restricted），因为它们不能在模块声明的上下文中作为标识符。这一点本书不加讨论。在所有其他场合，都可以将它们作为标识符来用。例如：

```
String to = "To";
String with = "abc";
```

尽管可以作为标识符来用，但实际操作中最好不要这样做，哪怕是在模块声明之外的场合。

3.4　this 和 super 两个关键字的用法

关键字 this 用于对当前对象的引用；关键字 super 用于引用父类对象。这两个关键字允许引用在当前上下文和父对象中同名的变量或方法。

3.4.1　this 关键字的用法

下面是最流行的用法实例：

```
class A {
   private int count;
   public void setCount(int count) {
      count = count;         // ①
   }
   public int getCount(){
      return count;          // ②
   }
}
```

第①行看起来模棱两可，但实际上并非如此。局部变量 int count 隐藏了私有的实例属性 int count。运行以下代码，能清楚地显示出来：

```
A a = new A();
a.setCount(2);
System.out.println(a.getCount());                  //prints: 0
```

使用 this 关键字，问题迎刃而解：

```
class A {
```

```
    private int count;
    public void setCount(int count) {
        this.count = count;          //①
    }
    public int getCount(){
        return this.count;           // ②
    }
}
```

将 this 添加到第①行，允许给实例属性赋值。将 this 添加到第②行并没有什么作用。但是，每次使用实例属性时都使用 this 关键字，在实践中效果良好。这样做令代码更具可读性，且有助于避免难以跟踪的错误，如刚刚演示过的错误。

在 equals()方法中，也看到了 this 关键字的影子。例如：

```
@Override
public boolean equals(Object o) {
    if (this == o) return true;
    if (!(o instanceof DemoClass)) return false;
    DemoClass demoClass = (DemoClass) o;
    return Objects.equals(getProp(), demoClass.getProp());
}
```

提醒一下，下面构造方法的例子在第 2 章中介绍过。再次展示如下：

```
class TheChildClass extends TheParentClass{
    private int x;
    private String prop;
    private String anotherProp = "abc";
    public TheChildClass(String prop){
        super(42);
        this.prop = prop;
    }
    public TheChildClass(int arg1, String arg2){
        super(arg1);
        this.prop = arg2;
    }
    //methods follow
}
```

在上述代码中，读者见到了 this 关键字的用法，还有一个 super 关键字。接下来讨论 super 关键字的用法。

3.4.2　super 关键字的用法

super 关键字引用父对象。已在 3.4.1 节的构造方法中看到了 super 关键字的用法：必须在第一行使用。因为在当前对象创建之前，必须首先创建父类对象。如果构造方法的第一行不是 super()，那就意味着父类具有一个不带参数的构造方法。

覆盖方法、调用父类的方法时，super 关键字特别有用。例如：

```
class B {
    public void someMethod() {
        System.out.println("Method of B class");
    }
}
```

```
class C extends B {
    public void someMethod() {
        System.out.println("Method of C class");
    }
    public void anotherMethod() {
        this.someMethod();            //prints: Method of C class
        super.someMethod();           //prints: Method of B class
    }
}
```

随着本书进程的深入，将看到更多的例子用到 this 和 super 这两个关键字。

3.5　基本类型间的转换

数值类型可以容纳的最大值，取决于分配给它的位数。以下是每种数值类型的位数：

- byte：8 位。
- char：16 位。
- short：16 位。
- int：32 位。
- long：64 位。
- float：32 位。
- double：64 位。

把一个数值类型的值赋给另一个数值类型的变量而新类型可容纳更大的数值时，这种转换称为加宽转换（widening conversion）。否则，称为缩窄转换（narrowing conversion）。通常需要使用（类型）运算来进行缩窄转换。

3.5.1　加宽转换

根据“Java 语言规范”，有 19 种基本类型的加宽转换：

- byte 到 short、int、long、float 或 double 转换。
- short 到 int、long、float 或 double 转换。
- char 到 int、long、float 或 double 转换。
- int 到 long、float 或 double 转换。
- long 到 float 或 double 转换。
- float 到 double 转换。

在整数类型之间以及从某些整数类型到浮点类型的加宽转换过程中，结果值与原始值完全匹配。但是，从 int 到 float，或从 long 到 float，或从 long 到 double，这样的转换可能会导致精度的损失。根据“Java 语言规范”，可以使用 IEEE 754 标准进行四舍五入，从而得到正确的浮点值。这里有几个例子，可以演示精度的损失。具体如下：

```
int i = 123456789;
double d = (double)i;
System.out.println(i - (int)d);                 //prints: 0

long l1 = 12345678L;
float f1 = (float)l1;
```

```
System.out.println(l1 - (long)f1);                //prints: 0

long l2 = 123456789L;
float f2 = (float)l2;
System.out.println(l2 - (long)f2);                //prints: -3

long l3 = 1234567891111111L;
double d3 = (double)l3;
System.out.println(l3 - (long)d3);                //prints: 0

long l4 = 12345678999999999L;
double d4 = (double)l4;
System.out.println(l4 - (long)d4);                //prints: -1
```

可以看到，从 int 到 double 的转换保留了原值，但是从 long 到 float 或从 long 到 double 的转换可能会失去精度，这取决于这个值大到什么程度。因此，应注意，如果对计算很重要，就要容许精度的损失。

3.5.2 缩窄转换

"Java 语言规范"规定了 22 种基本类型的缩窄转换：

- short 到 byte 或 char 转换。
- char 到 byte 或 short 转换。
- int 到 byte、short 或 char 转换。
- long 到 byte、short、char 或 int 转换。
- float 到 byte、short、char、int 或 long 转换。
- double 到 byte、short、char、int、long 或 float 转换。

类似于加宽转换的是，缩窄转换也可能会导致精度的损失，甚至导致值大小的损失。缩窄转换比加宽转换更为复杂，本书中不打算进行讨论。重要的是，要记住：在执行缩窄之前，必须确保原始值小于目标类型的最大值。否则，会得到一个完全不同的值（数据大小丢失）。请看下面的例子：

```
System.out.println(Integer.MAX_VALUE);            //prints: 2147483647
double d1 = 1234567890.0;
System.out.println((int)d1);                      //prints: 1234567890
double d2 = 12345678909999999999999.0;
System.out.println((int)d2);                      //prints: 2147483647
```

由上可见，无须首先检查目标类型是否能够容纳该值，就可以得到与目标类型最大值相同的结果。剩下的不管差别有多大，将丢失殆尽。

在执行缩窄转换之前，请检查目标类型的最大值是否可以容纳原始值。

注意，char 类型与 byte 或 short 类型之间的转换更为复杂，因为 char 类型是无符号的数值类型，而 byte 和 short 类型是有符号的数值类型，所以有些信息可能已经损失掉，即使一个值看起来似乎适合目标类型。

3.5.3 转换方法

除了强制转换之外，每个基本类型都有一个对应的引用类型，称为包装器类（wrapper

class)。该类的方法可将该类型的值转换为任何其他基本类型(boolean 和 char 除外)。所有包装器类都属于 java.lang 包。列举如下：

- java.lang.Boolean。
- java.lang.Byte。
- java.lang.Character。
- java.lang.Short。
- java.lang.Integer。
- java.lang.Long。
- java.lang.Float。
- java.lang.Double。

除了 Boolean 类和 Character 类之外，每一种包装器类都对 java.lang.Number 抽象类加以扩展。这个抽象类具有以下抽象方法：

- byteValue()。
- shortValue()。
- intValue()。
- longValue()。
- floatValue()。
- doubleValue()。

这样的设计强制 Number 类的后代实现所有这些方法。这些方法得出结果与上面例子中的强制转换运算得到的结果相同。示例如下：

```
int i = 123456789;
double d = Integer.valueOf(i).doubleValue();
System.out.println(i - (int)d);                  //prints: 0

long l1 = 12345678L;
float f1 = Long.valueOf(l1).floatValue();
System.out.println(l1 - (long)f1);               //prints: 0

long l2 = 123456789L;
float f2 = Long.valueOf(l2).floatValue();
System.out.println(l2 - (long)f2);               //prints: -3

long l3 = 1234567891111111L;
double d3 = Long.valueOf(l3).doubleValue();
System.out.println(l3 - (long)d3);               //prints: 0

long l4 = 12345678999999999L;
double d4 = Long.valueOf(l4).doubleValue();
System.out.println(l4 - (long)d4);               //prints: -1

double d1 = 1234567890.0;
System.out.println(Double.valueOf(d1)
                          .intValue());          //prints: 1234567890

double d2 = 12345678909999999999999.0;
System.out.println(Double.valueOf(d2)
                          .intValue());          //prints: 2147483647
```

此外，每种包装器类都有一些方法，允许将数值的 String 形式转换为相应的基本数值类型或引用类型。例如：

```
byte b1 = Byte.parseByte("42");
System.out.println(b1);                          //prints: 42
Byte b2 = Byte.decode("42");
System.out.println(b2);                          //prints: 42

boolean b3 = Boolean.getBoolean("property");
System.out.println(b3);                          //prints: false
Boolean b4 = Boolean.valueOf("false");
System.out.println(b4);                          //prints: false

int i1 = Integer.parseInt("42");
System.out.println(i1);                          //prints: 42
Integer i2 = Integer.getInteger("property");
System.out.println(i2);                          //prints: null

double d1 = Double.parseDouble("3.14");
System.out.println(d1);                          //prints: 3.14
Double d2 = Double.valueOf("3.14");
System.out.println(d2);                          //prints: 3.14
```

上述示例中，应注意有两个方法接受的参数是 property。这两个方法以及其他包装器类中的类似方法将系统属性（如果存在的话）转换为相应的基本类型。

每个包装器类都有 toString(primitive value)静态方法，用于将基本类型值转换为其 String 表示形式。例如：

```
String s1 = Integer.toString(42);
System.out.println(s1);                          //prints: 42
String s2 = Double.toString(3.14);
System.out.println(s2);                          //prints: 3.14
```

包装器类还有许多其他有用的方法，可以将一种基本类型转换为另一种基本类型和不同的格式。因此，如果需要类似的转换，首先查看一下相应的包装器类。

3.6　基本类型和引用类型间的转换

将基本类型值转换为相应包装器类的对象称为装箱（boxing）。反之，从包装器类的对象到对应的基本类型值的转换称为拆箱（unboxing）。

3.6.1　装箱

基本类型的装箱可以自动完成，称为自动装箱（autoboxing）。也可以显式地使用 valueOf()静态方法（每种包装器类型中都可找到）来完成。示例如下：

```
int i1 = 42;
Integer i2 = i1;                                 //autoboxing
//Long l2 = i1;                                  //error
System.out.println(i2);                          //prints: 42

i2 = Integer.valueOf(i1);
System.out.println(i2);                          //prints: 42

Byte b = Byte.valueOf((byte)i1);
```

```
System.out.println(b);                          //prints: 42

Short s = Short.valueOf((short)i1);
System.out.println(s);                          //prints: 42

Long l = Long.valueOf(i1);
System.out.println(l);                          //prints: 42

Float f = Float.valueOf(i1);
System.out.println(f);                          //prints: 42.0

Double d = Double.valueOf(i1);
System.out.println(d);                          //prints: 42.0
```

注意，只有在将基本类型转换为相应的包装器类型时，才可能实现自动装箱。否则，编译器将产生错误。

对于 Byte 和 Short 包装器类的 valueOf()方法，其输入值需要强制转换。因为这个输入值是基本类型的缩窄，这在 3.5 节讨论过。

3.6.2　拆箱

在每个包装器类中实现的 Number 类的方法，可以用来实现拆箱。示例如下：

```
Integer i1 = Integer.valueOf(42);
int i2 = i1.intValue();
System.out.println(i2);                         //prints: 42

byte b = i1.byteValue();
System.out.println(b);                          //prints: 42

short s = i1.shortValue();
System.out.println(s);                          //prints: 42

long l = i1.longValue();
System.out.println(l);                          //prints: 42

float f = i1.floatValue();
System.out.println(f);                          //prints: 42.0

double d = i1.doubleValue();
System.out.println(d);                          //prints: 42.0

Long l1 = Long.valueOf(42L);
long l2 = l1;                                   //implicit unboxing
System.out.println(l2);                         //prints: 42

double d2 = l1;                                 //implicit unboxing
System.out.println(d2);                         //prints: 42

long l3 = i1;                                   //implicit unboxing
System.out.println(l3);                         //prints: 42

double d3 = i1;                                 //implicit unboxing
System.out.println(d3);                         //prints: 42
```

从上述示例的注释中可以看到，从包装器类型到对应的基本类型的转换不称为自动拆箱（auto-unboxing），而是称为隐式拆箱（implicit unboxing）。即使在不匹配的包装类型和基本类型之间，也可以使用隐式拆箱，这与自动装箱形成了对照。

本 章 小 结

通过本章，读者可以了解 Java 包的定义以及 Java 包在组织代码和类可访问性（包括 import 语句和访问修饰符）方面所起的作用，还可以熟悉引用类型：类、接口、数组和枚举。任何引用类型（包括 String 类型）的默认值都是 null。

读者还了解了引用类型是通过引用传递给方法的、如何使用 equals()方法，以及如何覆盖 equals()方法；还学习了保留和受限关键字的完整列表、this 和 super 这两个关键字的含义和用法。

本章最后描述了基本类型、包装类型和 String 字面值间的转换过程和转换方法。

第 4 章将讨论 Java 异常框架、受检型和未受检型（运行时）异常、try-catch-finally 块、throws 和 throw 语句，以及异常处理最佳实践操作。

第二部分　Java 主要构建单元

本书第二部分学习 Java 语言编程的主体部分。这一部分讨论的是 Java 主要成分和构件，以及算法和数据结构。这一部分将详细讨论 Java 的异常体系，也将研究 String 类和 I/O 流以及一些允许对文件加以管理的类。

本部分讨论和演示 Java 集合和三个主要接口——List、Set 和 Map，并解释泛型以及用于管理数组、对象和时间/日期值的实用程序类。这些类属于 Java 类库（JCL），对库中最为流行的包也予以讨论。编程专业人员中流行的第三方库弥补了 JCL 的不足。

本部分提供的材料用于引导对编程的方方面面加以讨论，如性能、并发处理和垃圾收集，这些都是 Java 设计的核心。这些材料再加上图形用户界面和数据库管理的专门章节，涵盖了任一功能强大的 Java 应用程序所具有的三个层面——前端、中间层和后端。其中，第11章讲述的网络协议和应用程序间通信方式，囊括了一个应用程序所能够具备的一切主要交互特性。

本部分包括以下各章。

第4章

异常处理

本书第1章简要介绍了异常方面的问题。本章将更系统地讨论这个问题。Java有两种类型的异常：受检型异常和非受检型异常。本章对两者都予以演示，并对两者的区别加以讨论。读者还将了解与异常处理相关的Java构件的语法以及应对（处理）异常的最佳实践操作。本章最后讨论的是断言语句，此语句可用于调试产品中的代码。

本章将涵盖以下主题：

- Java异常处理框架。
- 受检型异常和非受检型异常。
- try块、catch块和finally块。
- throws语句。
- throw语句。
- assert语句。
- 异常处理中最佳实践。

4.1 Java异常处理框架

正如第1章中所描述的那样，意想不到的情况可能导致Java虚拟机（JVM）创建并抛出一个异常对象。或者说，应用程序代码也会有这样的行为。如果在try块中抛出异常，则控制流将立即转到catch子句。看下面例子并思考其中的方法：

```
void method(String s){
    if(s.equals("abc")){
        System.out.println("Equals abc");
    } else {
        System.out.println("Not equal");
    }
}
```

如果输入参数值为null，有人可能希望看到输出Not equal。很不幸，事实并非如此。在s变量引用的一个对象上，s.equals("abc")表达式调用了equals()方法。但是，如果s变量为null，那么它不引用任何对象。看看接下来情况会怎样。运行以下代码：

```
try {
    method(null);
} catch (Exception ex){
    System.out.println(ex.getClass().getCanonicalName());
```

```
    //prints: java.lang.NullPointerException
    ex.printStackTrace(); //prints: see the screenshot
    if(ex instanceof NullPointerException){
        //do something
    } else {
        //do something else
    }
}
```

这段代码的输出如图 4-1 所示。

```
java.lang.NullPointerException
java.lang.NullPointerException
    at com.packt.learnjava.ch04_exceptions.Framework.method(Framework.java:12)
    at com.packt.learnjava.ch04_exceptions.Framework.catchException1(Framework.java:22)
    at com.packt.learnjava.ch04_exceptions.Framework.main(Framework.java:6)
```

图 4-1　异常演示代码

图 4-1 中的后 4 行内容称为栈跟踪（stack trace）。这个名称来自方法调用（作为一个栈）被存储在 JVM 内存中的方式：一个方法调用另一个方法，另一个方法再调用另一个方法，以此类推。在最内层的方法返回之后，栈也回退，返回的方法（栈帧）从栈中被删除。第 9 章将详细讨论 JVM 内存结构。异常发生时，所有栈内容（栈帧）都作为栈跟踪被返回。这种操作允许跟踪到产生问题的代码行。

在前面的代码中，根据异常类型的不同执行不同的代码块。在这个例子中，异常情况为 java.lang.NullPointerException。如果应用程序代码没有捕捉此异常，则此异常将通过被调用方法的栈一直传播到 JVM，JVM 再停止执行应用程序。为避免这种情况发生，可以捕获异常，再执行一些代码来恢复，从而消除异常。

Java 中，异常处理框架的目的是保护应用程序代码不受意外情况影响，并在可能的情况下进行恢复。下面的章节将对此加以更详细的剖析，并使用框架功能改写给定的示例。

4.2　受检型异常和非受检型异常

如果查阅 java.lang 包的 API 文档，会发现该包有 30 多个异常类和几十个错误类。这两组类都扩展了 java.lang.Throwable 类，并继承该类的所有方法，但没有添加其他方法。java.lang.Throwable 类最常用的方法如下：

- void printStackTrace()：输出方法调用的栈跟踪（栈帧）。
- StackTraceElement [] getStackTrace()：返回与 printStackTrace()相同的信息，并允许通过编程访问栈跟踪的任何帧。
- String getMessage()：获取信息。获取的信息中经常含有对产生异常或错误的原因所做的解释，属于用户友好型的解释。
- Throwable getCause()：获取 java.lang.Throwable 类的一个可选对象。这个可选对象是异常产生的最初原因（但是，代码的作者决定将其封装在另一个异常或错误中）。

所有错误都扩展了 java.lang.Error 类，该类又相应地扩展了 java.lang.Throwable 类。错误通常由 JVM 抛出。根据官方文档的描述，错误表示出现了一些严重问题，一个合理的应用程序不应该试图捕捉这些问题”。下面是几个例子：

- OutOfMemoryError：JVM 耗尽内存，无法使用垃圾收集清理内存时抛出。
- StackOverFlowError：分配给方法调用的栈的内存不足而无法存储另一个栈帧时抛出。
- NoClassDefFoundError：JVM 无法找到当前加载类所请求的类定义时抛出。

该框架作者设想的是，应用程序不能自动从这些错误中恢复。这个设想在很大程度上证明是正确的。程序员通常不会捕捉错误，原因在此。本书也不再对这些错误加以讨论。

另外，异常通常与应用程序特有的问题相关，通常不要求我们关闭应用程序予以恢复。程序员通常捕获错误并实现应用程序逻辑的另一种（导向主流程）的路径，或者至少在不关闭应用程序的情况下报告问题，原因即在于此。下面是几个例子：

- ArrayIndexOutOfBoundsException：代码试图使用等于或大于数组长度的索引来访问元素时抛出此异常（记住，数组第一个元素的索引值是 0，所以等于数组长度的索引超出索引范围）。
- ClassCastException：代码将与变量引用的对象无关的类或接口的一个引用加以转换时抛出此异常。
- NumberFormatException：代码试图将字符串转换为数值类型，但字符串却不包含必要的数字格式时抛出此异常。

所有异常都扩展了 java.lang.Exception 类，该类又相应地扩展了 java.lang.Throwable 类。代码通过捕获 java.lang.Exception 类的对象，就可捕获任何异常类型的对象，原因在此。这一点，在 4.1 节通过这种方式捕获了 java.lang.NullPointerException 已经做了演示。

诸多异常之中，有一个异常是 java.lang.RuntimeException。对其加以扩展的异常称为运行时异常（runtime exceptions）或非受检型异常（unchecked exceptions）。这样的异常已经提到了一些，如 NullPointerException、ArrayIndexOutOfBoundsException、ClassCastException 以及 NumberFormatException 等。这些异常为什么被称为运行时异常，原因很清楚。至于为什么称其为非受检型异常，读完下一段，原因就清楚了。

那些不以 java.lang.RuntimeException 异常作为祖先的异常称为受检型异常（checked exceptions）。这样命名的原因是编译器要确保（或检查）这些异常要么被捕获，要么被列在方法的 throws 子句中（参见 4.4 节）。这一设计迫使程序员有意识做出决定，要么捕获已受检的异常，要么通知客户此异常可能被抛出的方法，且必须由客户来处理。下面举的是一些受检型异常的例子：

- ClassNotFoundException：尝试用 Class 类的 forName()方法，通过字符串参数指定类名加载类时，在类找不到时抛出此异常。
- CloneNotSupportedException：代码试图克隆一个没有实现 Cloneable 接口的对象时抛出此异常。
- NoSuchMethodException：代码调用的方法不存在时抛出此异常。

并非所有异常都驻留在 java.lang 包中。其他许多包中也含有与该包支持的功能相关的异常。例如，有 java.util.MissingResourceException 运行时异常，也有 java.io.IOException 受检型异常。

没有谁强迫程序员去捕获异常，但程序员也经常去捕获运行时（未受检型）异常，以便更好地控制程序流，使应用程序的行为更加稳定，更具可预测性。顺便说一下，所有错误也都是运行时（未受检型）异常。但是，已经说过，通常不以编程的方式处理错误。因此，捕获 java.lang.Error 的后代没有任何意义。

4.3 try 块、catch 块和 finally 块

在 try 块中异常抛出时，控制流会被重定向到第一个 catch 子句。如果没有可以捕获异常的 catch 块（但此时 finally 块必须就位），异常就会一直向上传播，到达方法之外。如果有多个 catch 子句，编译器会强制你对这些子句加以排列，需将子类异常列于父类异常之前。例如：

```
void someMethod(String s){
    try {
        method(s);
    } catch (NullPointerException ex){
        //do something
    } catch (Exception ex){
        //do something else
    }
}
```

上例中，一个带有 NullPointerException 的 catch 块被放在一个带有 Exception 的块之前，因为 NullPointerException 扩展了 RuntimeException，而 RuntimeException 又相应地扩展了 Exception。甚至可以将上例按照如下代码来实现：

```
void someMethod(String s){
      try {
         method(s);
      } catch (NullPointerException ex){
         //do something
      } catch (RuntimeException ex){
         //do something else
      } catch (Exception ex){
         //do something different
      }
}
```

第一个 catch 子句只捕获 NullPointerException。扩展 RuntimeException 的其他异常将由第二个 catch 子句捕获。其余的异常类型（所有受检型异常）将由最后一个 catch 块捕获。注意，错误都不会被这些 catch 子句捕获。要想捕获错误，就应该给 Error（在任何位置）或 Throwable（上例中最后一个 catch 子句之后）添加 catch 子句。但是，程序员通常不这样做，而是允许错误一直传播到 JVM 中。

为每个异常类型指定一个 catch 块，这样的行为允许我们提供一个针对某个特定异常类型的处理方式。但是，如果在异常处理上不加区分，则可只用一个带有 Exception 基类的 catch 块来捕获所有的异常类型。示例如下：

```
void someMethod(String s){
    try {
        method(s);
    } catch (Exception ex){
        //do something
```

```
    }
}
```

如果没有一个子句捕获到异常，这个异常将进一步向上抛出。结果有两个：或者被其中一个调用方法中的 try-catch 语句处理，或者一直传播到应用程序代码之外。后一种情况下，JVM 将终止应用程序并退出。

添加一个 finally 块，不会改变被描述的行为。如果存在 finally 块，不管是否产生异常，finally 块始终会得以执行。finally 块通常用于释放资源：关闭数据库连接，关闭文件等。但如果资源实现了 Closeable 接口，那么最好使用 try-with-resources 语句。该语句允许自动释放资源。下面看看 Java 7 中该语句是如何运作的：

```
try (Connection conn = DriverManager.getConnection("dburl",
                                        "username", "password");
ResultSet rs = conn.createStatement()
                .executeQuery("select * from some_table")) {
while (rs.next()) {
   //process the retrieved data
   }
} catch (SQLException ex) {
   //Do something
   //The exception was probably caused by incorrect SQL statement
}
```

这个示例创建一个数据库连接，检索数据并处理数据，然后（调用 close()方法）关闭 conn 和 rs 对象。

Java 9 增强了 try-with-resources 语句的功能，允许在 try 块外部创建资源对象，然后在 try-with-resources 语句中使用这些对象。示例如下：

```
void method(Connection conn, ResultSet rs) {
      try (conn; rs) {
          while (rs.next()) {
                //process the retrieved data
          }
      } catch (SQLException ex) {
                //Do something
                //The exception was probably caused by incorrect SQL statement
      }
}
```

上述代码看起来要干净得多，但实际上程序员更喜欢在相同的上下文中创建和释放（关闭）资源。如果那也是首选，可考虑将 throws 语句与 try-with-resources 语句结合起来使用。

4.4　throws 语句

前例中使用了 try-with-resources 语句。这个例子可以重写一下，采用在同样上下文中创建的资源对象予以重写。示例如下：

```
Connection conn;
ResultSet rs;
try {
   conn = DriverManager.getConnection("dburl", "username", "password");
```

```
        rs = conn.createStatement().executeQuery("select * from some_table");
    } catch (SQLException e) {
        e.printStackTrace();
        return;
    }
    try (conn; rs) {
        while (rs.next()) {
            //process the retrieved data
        }
    } catch (SQLException ex) {
        //Do something
        //The exception was probably caused by incorrect SQL statement
    }
```

SQLException 异常必须被处理，因为它是一个受检型异常，在 getConnection()、createStatement()、executeQuery()和 next()方法中都使用 throws 子句加以声明。例如：

```
Statement createStatement() throws SQLException;
```

其意思是，方法的作者对方法的用户发出了警告：可能会抛出这样的异常，迫使用户要么捕获异常，要么在方法的 throws 子句中声明异常。在前面所举的例子中，选择了捕获异常，且不得不使用两个 try-catch 语句来完成。或者，也可以在 throws 子句中列出异常，从而有效地将异常处理的负担推给方法的用户，避免混乱。示例如下：

```
void throwsDemo() throws SQLException {
    Connection conn = DriverManager.getConnection("url","user","pass");
    ResultSet rs = conn.createStatement().executeQuery("select * ...");
    try (conn; rs) {
        while (rs.next()) {
            //process the retrieved data
        }
    } finally {}
}
```

这里去掉了 catch 子句。但是，Java 语法要求 try 块必须跟随一个 catch 块或 finally 块，所以添加了一个空 finally 块。

throws 子句允许但不要求列出非受检型异常。添加非受检型异常时，并不会强制方法的用户去处理非受检型异常。

最后，如果方法抛出多个不同的异常，则可以列出基本 Exception 异常类，而不用列出所有的异常类。那样的话，编译器也能正常编译，但那不是一种好的实践。因为那样做隐藏了方法的用户可能期望看到的某些特定异常的细节信息。

注意，方法主体中的代码能够抛出什么种类的异常，编译器不予检查。因此，可以在 throws 子句中列出任一异常，但可能引起不必要的开销。如果程序员搞错了，在 throws 子句中列出一个受检型异常，而这个异常实际上从未被方法抛出，那么方法的用户或许就为这个异常编写一个从未被执行过的 catch 块。

4.5 throw 语句

throw 语句允许抛出程序员认为必要的任何异常，甚至可以自创异常。要想创建受检型异常，就得扩展 java.lang.Exception 类。示例如下：

```
class MyCheckedException extends Exception{
   public MyCheckedException(String message){
      super(message);
   }
   //add code you need to have here
}
```

此外，要想创建非受检型异常，还应扩展 java.lang.RunitmeException 类。示例如下：

```
class MyUncheckedException extends RuntimeException{
   public MyUncheckedException(String message){
      super(message);
   }
   //add code you need to have here
}
```

注意这条注释：add code you need to have here（在此添加你所需的代码）。像对任何其他常规类一样，你可以向自定义的异常添加方法和属性，但是程序员很少这样做。最佳实践操作中，甚至明确建议避免使用异常来驱动业务逻辑。顾名思义，异常应该只包括例外的、非常罕见的情况。

但是，如果需要声明异常条件，则使用 throw 关键字和 new 运算符创建并触发异常对象的传播。例如：

```
throw new Exception("Something happend");
throw new RunitmeException("Something happened");
throw new MyCheckedException("Something happened");
throw new MyUncheckedException("Something happened");
```

甚至可以抛出 null，如下所示：

```
throw null;
```

上面语句的结果与下面语句的结果相同：

```
throw new NullPointerException();
```

在这两种情况下，非受检型异常 NullPointerException 的对象开始在系统中传播，直到被应用程序或 JVM 捕获为止。

4.6　assert 语句

即使应用程序已经部署到生产环境中，程序员时不时地需要知道代码中某一特定的状况是否会出现。与此同时，没有必要一直运行检查程序。此时，分支 assert 语句就派上用场了。例如：

```
public someMethod(String s){
    //any code goes here
    assert(assertSomething(x, y, z));
    //any code goes here
}
boolean assertSomething(int x, String y, double z){
    //do something and return boolean
```

```
}
```

上述代码中，assert()方法从 assertSomething()方法中获取输入。如果 assertSomething()方法返回 false，程序就停止执行。

assert()方法只有在 JVM 带-ea 选项运行时才会被执行。-ea 标志不应该在生产环境中使用，除非出于测试目的而临时使用，因为这个标志产生的开销会影响应用程序性能。

4.7 异常处理中最佳实践

应用程序能自动修订或处理问题时，受检型异常就是用在可恢复的情况下。实际上，这种情况并不经常发生。典型的情况是，捕获到异常时，应用程序记录下栈跟踪并中止当前操作。应用程序支持团队根据记录下的信息修改代码，以应对原因不明的情况，或者防止将来发生这种情况。

每个应用程序都与众不同，所以最佳实践操作取决于特定应用程序的要求、设计和上下文。一般来说，在开发领域里似乎达成了一致的意见，以避免使用受检型异常，并将其在应用程序代码中的传播最小化。除此之外，还有一些已经证明是行之有效的建议。列举如下：

- 始终捕获靠近源代码的所有受检型异常。
- 如果有疑问，也可以在源代码附近捕获非受检型异常。
- 尽可能在靠近源代码处处理异常，因为这个地方的上下文最详尽，也是根源所在。
- 除非迫不得已，否则不要抛出受检型异常。因为那样做的话，就强行为某种情况构建了额外的代码，而那种情况或许永远不会发生。
- 如果是必须，将受第三方检过的异常转换为非受检型异常，采取的手段就是将这些受检型异常当作 RuntimeException 再加上相应的消息，重新抛出。
- 除非迫不得已，否则不要创建自定义型异常。
- 除非迫不得已，否则不要使用异常处理机制来驱动业务逻辑。
- 使用消息系统自定义泛化的 RuntimeException，且可选使用 enum 类型，而不是使用异常类型来交代错误发生的原因。

本 章 小 结

本章中读者学习了 Java 异常处理的框架、两种异常类型——受检型和非受检型（运行时）异常，还学习了如何使用 try-catch-finally 语句和 throws 语句来处理异常。读者还了解了如何抛出异常以及如何自定义异常。最后，学习了异常处理中最佳实践。

第 5 章将详细讨论字符串及其处理，以及输入输出流和文件读写技术。

第5章

字符串、输入输出和文件

本章将更详细地向读者介绍String类的方法。还将讨论Java标准库和Apache Commons工具包项目中流行的字符串实用工具，概述Java输入输出流和java.io包中相关的类以及org.apache.commons.io包中的一些类。本章专辟一节用以描述文件管理类及其方法。

本章将涵盖以下主题：

- 字符串处理。
- I/O（输入输出）流。
- 文件管理。
- Apache的FileUtils和IOUtils实用工具。

5.1 字符串处理

在主流编程中，String或许是最流行的类了。在第1章中，曾经接触过这个类，学过其字面值和特有的性质——字符串不变性（string immutability）。本节将解释如何处理字符串：一是使用String类方法来处理；二是使用标准库中实用程序（工具）类来处理，特别是使用org.apache.commons.lang3包中的StringUtils类来处理。

5.1.1 String类处理方法

String类有70多个方法，支持对字符串的分析、修改、比较，支持将数值字面值转换为相应的字符串字面值。要想查看String类的所有方法，请参考网上Java API文档。

1. 字符串分析

length()方法返回字符串中的字符数。代码所下：

```
String s7 = "42";
System.out.println(s7.length());                 //prints: 2
System.out.println("0 0".length());              //prints: 3
```

当字符串长度（字符数）为0时，isEmpty()方法返回true：

```
System.out.println("".isEmpty());                //prints: true
System.out.println(" ".isEmpty());               //prints: false
```

indexOf()和lastIndexOf()方法返回字符串中指定的子字符串的位置。示例如下：

```
String s6 = "abc42t%";
```

```
System.out.println(s6.indexOf(s7));              //prints: 3
System.out.println(s6.indexOf("a"));             //prints: 0
System.out.println(s6.indexOf("xyz"));           //prints: -1
System.out.println("ababa".lastIndexOf("ba"));   //prints: 3
```

可以看出，字符串中的第一个字符的位置（索引）为 0。如果没有找到指定的子字符串，则索引为-1。

matches()方法将（作为参数被传递过来的）正则表达式应用于字符串。示例如下：

```
System.out.println("abc".matches("[a-z]+"));     //prints: true
System.out.println("ab1".matches("[a-z]+"));     //prints: false
```

上述例子中，表达式“[a-z]+”匹配一个或多个字母。正则表达式超出了本书的范围，可访问 https://www.regularexpressions.info 来了解。

2. 字符串比较

在第 3 章讨论过 equals()方法。这个方法只在两个 String 对象或字面值拼写完全相同时才返回 true。下面代码片段演示了 equals()方法的工作原理。示例如下：

```
String s1 = "abc";
String s2 = "abc";
String s3 = "acb";
System.out.println(s1.equals(s2));               //prints: true
System.out.println(s1.equals(s3));               //prints: false
System.out.println("abc".equals(s2));            //prints: true
System.out.println("abc".equals(s3));            //prints: false
```

String 类的另一个方法是 equalsIgnoreCase()，其工作原理类似，但是忽略字符大小写的不同。示例如下：

```
String s4 = "aBc";
String s5 = "Abc";
System.out.println(s4.equals(s5));               //prints: false
System.out.println(s4.equalsIgnoreCase(s5));     //prints: true
```

contentEquals()方法的作用类似于 equals()方法。示例如下：

```
String s1 = "abc";
String s2 = "abc";
System.out.println(s1.contentEquals(s2));        //prints: true
System.out.println("abc".contentEquals(s2));     //prints: true
```

两者的不同之处是，equals()方法检查两个值是否都由 String 类表示，而 contentEquals()只比较字符序列中的字符（内容）。字符序列可以由 String、StringBuilder、StringBuffer、CharBuffer 来表示，或由实现 CharSequence 接口的类来表示。尽管如此，如果两个序列包含相同的字符，contentEquals()方法将返回 true。而如果其中一个序列不是由 String 类创建的，equals()方法将返回 false。

如果 String 包含子字符串，contains()方法返回 true。示例如下：

```
String s6 = "abc42t%";
String s7 = "42";
String s8 = "xyz";
System.out.println(s6.contains(s7));             //prints: true
System.out.println(s6.contains(s8));             //prints: false
```

startsWith()方法和 endsWith()方法执行类似的检查，但只在字符串的开头或末尾执行。示例如下：

```
String s6 = "abc42t%";
String s7 = "42";

System.out.println(s6.startsWith(s7));          //prints: false
System.out.println(s6.startsWith("ab"));        //prints: true
System.out.println(s6.startsWith("42", 3));     //prints: true

System.out.println(s6.endsWith(s7));            //prints: false
System.out.println(s6.endsWith("t%"));          //prints: true
```

compareTo()方法和 compareToIgnoreCase()方法根据字符串中每个字符的 Unicode 值，按字典顺序比较字符串。如果字符串相等，则返回 0；如果第一个字符串小于（有一个较小的 Unicode 值）第二个字符串，则返回一个负整数；如果第一个字符串大于（有一个较大的 Unicode 值）第二个字符串，则返回一个正整数。例如：

```
String s4 = "aBc";
String s5 = "Abc";
System.out.println(s4.compareTo(s5));           //prints: 32
System.out.println(s4.compareToIgnoreCase(s5)); //prints: 0
System.out.println(s4.codePointAt(0));          //prints: 97
System.out.println(s5.codePointAt(0));          //prints: 65
```

从上述代码段中可以看到，compareTo()方法和 compareToIgnoreCase()方法是以组成字符串的字符的码点为基础的。字符串 s4 比字符串 s5 大 32 的原因是字符 a 的码点（97）比字符 A 的码点（65）大 32。

上述示例还显示出 codePointAt()方法返回的是指定位置字符串中字符的码点。本书 1.3.2 节对码点做了描述。

3. 字符串转换

substring()方法返回从指定位置（索引）开始的子字符串。示例如下：

```
System.out.println("42".substring(0));          //prints: 42
System.out.println("42".substring(1));          //prints: 2
System.out.println("42".substring(2));          //prints:
System.out.println("42".substring(3));          //error: index out of range: -1
String s6 = "abc42t%";
System.out.println(s6.substring(3));            //prints: 42t%
System.out.println(s6.substring(3, 5));         //prints: 42
```

format()方法使用被传入的第一个参数作为模板，并按顺序将余下的参数插入模板的相应位置。下面代码示例中，“Hey, Nick! Give me 2 apples, please!”这句话被打印了三次。具体如下：

```
String t = "Hey, %s! Give me %d apples, please!";
System.out.println(String.format(t, "Nick", 2));

String t1 = String.format(t, "Nick", 2);
System.out.println(t1);

System.out.println(String
        .format("Hey, %s! Give me %d apples, please!", "Nick", 2));
```

符号%s 和%d 称为格式说明符（format specifiers）。有多种格式说明符和一些标志符，这就允许程序员对结果进行精细控制。可以参阅 java.util.Formatter 类的 API 来了解更多信息。

concat()方法的工作原理与算术运算符（+）相同。示例如下：

```
String s7 = "42";
String s8 = "xyz";
String newStr1 = s7.concat(s8);
System.out.println(newStr1);                    //prints: 42xyz
String newStr2 = s7 + s8;
System.out.println(newStr2);                    //prints: 42xyz
```

下面的 join()方法作用与上述类似，但允许添加分隔符。示例如下：

```
String newStr1 = String.join(",", "abc", "xyz");
System.out.println(newStr1);                    //prints: abc,xyz

List<String> list = List.of("abc","xyz");
String newStr2 = String.join(",", list);
System.out.println(newStr2);                    //prints: abc,xyz
```

下面的一组方法 replace()、replaceFirst()和 replaceAll()，采用所提供的字符替换字符串中的某些字符。具体如下：

```
System.out.println("abcbc".replace("bc", "42"));           //prints: a4242
System.out.println("abcbc".replaceFirst("bc", "42"));      //prints: a42bc
System.out.println("ab11bcd".replaceAll("[a-z]+", "42"));  //prints: 421142
```

上述代码的第一行将"bc"的所有实例替换为"42"。第二行仅用"42"替换了"bc"的第一个实例。最后一行用"42"替换了与所提供的正则表达式相匹配的所有子字符串。

toLowerCase()方法和 toUpperCase()方法改变整个字符串的大小写，如下所示：

```
System.out.println("aBc".toLowerCase());        //prints: abc
System.out.println("aBc".toUpperCase());        //prints: ABC
```

split()方法使用所提供的字符作为分隔符，将字符串分成子字符串，如下所示：

```
String[] arr = "abcbc".split("b");
System.out.println(arr[0]);          //prints: a
System.out.println(arr[1]);          //prints: c
System.out.println(arr[2]);          //prints: c
```

有多个 valueOf()方法，可以将基本类型的值转换为字符串类型。例如：

```
float f = 23.42f;
String sf = String.valueOf(f);
System.out.println(sf);              //prints: 23.42
```

还有 getBytes()方法和 getChars()方法将字符串转换为对应类型的数组，而 chars()方法则创建了字符（字符码点）的 IntStream 流。第 14 章将讨论流方面的问题。

4. Java 11 中新增的处理方法

Java 11 在 String 类中引进了数种新方法。repeat()方法允许基于同一字符串的多个连接创建一个新的字符串值。代码如下：

```
System.out.println("ab".repeat(3));             //prints: ababab
System.out.println("ab".repeat(1));             //prints: ab
System.out.println("ab".repeat(0));             //prints:
```

如果字符串长度为 0 或只包含空格，则 isBlank()方法返回 true。例如：

```
System.out.println("".isBlank());                    //prints: true
System.out.println(" ".isBlank());                   //prints: true
System.out.println(" a ".isBlank());                 //prints: false
```

stripLeading()方法从字符串中删除前导空格，stripTrailing()方法删除尾随空格，而 strip()方法同时删除这两种空格，如下所示：

```
String sp = "  abc  ";
System.out.println("'" + sp + "'");                  //prints: '  abc  '
System.out.println("'" + sp.stripLeading() + "'");   //prints: 'abc '
System.out.println("'" + sp.stripTrailing() + "'");  //prints: '  abc'
System.out.println("'" + sp.strip() + "'");          //prints: 'abc'
```

最后，lines()方法通过使用行终止符中断字符串并返回随后出现那几行的 Stream<String>。行终止符是一个换行符\n（\u000a），或者是一个回车符\r（\u000d），或者是一个回车符紧接着一个换行符\r\n（\u000d\u000a）。例如：

```
String line = "Line 1\nLine 2\rLine 3\r\nLine 4";
line.lines().forEach(System.out::println);
```

上述代码的输出结果如图 5-1 所示。

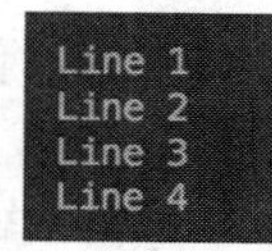

图 5-1　演示代码输出

第 14 章将讨论流方面的问题。

5.1.2　String 实用工具

除了 String 类之外，还有许多其他类具有处理 String 值的方法。其中最有用的是 org.apache.commons.lang3 包中的 StringUtils 类。org.apache.commons.lang3 包是 Apache Commons 项目的一部分，由 Apache Software Foundation（Apache 软件基金会）开源社区的程序员维护。第 7 章将详细讨论这个项目及其库。要在项目中使用这个工具包，需要在 pom.xml 文件中添加以下依赖项：

```
<dependency>
      <groupId>org.apache.commons</groupId>
      <artifactId>commons-lang3</artifactId>
      <version>3.8.1</version>
</dependency>
```

StringUtils 类是许多程序员的最爱。通过提供一些 null 安全的操作，StringUtils 类补充了 String 类的方法。具体如下：

- isBlank (CharSequence cs)：如果输入值是空格、空串（""）或 null，则返回 true。
- isNotBlank (CharSequence cs)：上列方法返回 true 时，此方法返回 false。
- isEmpty (CharSequence cs)：如果输入值为空串（""）或 null，返回 true。

- isNotEmpty (CharSequence cs)：上列方法返回 true 时，此方法返回 false。
- trim(String str)：从输入值中删除前导和尾随空格，并处理 null、空串（""）和空格。具体如下：

```
System.out.println("'" + StringUtils.trim(" x ") + "'");       //prints: 'x'
System.out.println(StringUtils.trim(null));                   //prints: null
System.out.println("'" + StringUtils.trim("") + "'");          //prints: ''
System.out.println("'" + StringUtils.trim(" ") + "'");         //prints: ''
```

- trimToNull (String str)：从输入值中删除前导和尾随空格，处理 null、空串（""）和空格。具体如下：

```
System.out.println("'" + StringUtils.trimToNull(" x ") + "'"); // 'x'
System.out.println(StringUtils.trimToNull(null));              //prints: null
System.out.println(StringUtils.trimToNull(""));                //prints: null
System.out.println(StringUtils.trimToNull(" "));               //prints: null
```

- trimToEmpty (String str)：从输入值中删除前导和尾随空格，处理 null、空串（""）和空格。具体如下：

```
System.out.println("'" + StringUtils.trimToEmpty(" x ") + "'");   // 'x'
System.out.println("'" + StringUtils.trimToEmpty(null) + "'");    // ''
System.out.println("'" + StringUtils.trimToEmpty("") + "'");      // ''
System.out.println("'" + StringUtils.trimToEmpty(" ") + "'");     // ''
```

- strip(String str)、stripToNull(String)、stripToEmpty()：产生的结果与上述几个 trim*(String str)方法相同。但这三种方法使用更广泛的空白定义（基于 Character.isWhitespace(int codepoint)），从而删除与 trim*(String str)方法相同的字符，还有更多功能。
- strip (String str, String stripChars)、stripAccents(String input)、stripAll (String...strs)、stripAll(String[] strs, String stripchar)、stripEnd(String str, String stripchar)、stripStart(String str, String stripchar)：从字符串或 String[]数组元素的特定部分删除特定字符。
- startsWith (CharSequence str, CharSequence prefix)、startsWithAny(CharSequence string, CharSequence...searchString)、startsWithIgnoreCase(CharSequence str, CharSequence prefix)，以及类似的几个 endsWith*()方法：检查字符串值是否以某个前缀（或后缀）开始（或结束）。
- indexOf、lastIndexOf、contains：以保障 null 安全的方式检查索引。
- indexOfAny、lastIndexOfAny、indexOfAnyBut、lastIndexOfAnyBut：返回索引。
- containsOnly、containsNone、containsAny：检查值中是否包含某些字符。
- substring、left、right、mid：以保障 null 安全的方式返回子字符串。
- substringBefore、substringAfter、substringBetween：从相对位置返回子字符串。
- split、join：（对应地）拆分或连接一个值。
- remove、delete：删除子字符串。
- replace、overlay：替换一个值。
- chomp、chop：去掉末尾。

- appendIfMissing：如果值不存在，则添加一个值。
- prependIfMissing：如果前缀不存在，就在 String 值的开头加上前缀。
- leftPad、rightPad、center、repeat：添加填充。
- upperCase、lowerCase、swapCase、capitalize、uncapitalize：改变大小写。
- countMatches：返回子字符串出现的次数。
- isWhiteSpace、isAsciiPrintable、isNumeric、isNumericSpace、isAlpha、isAlphaNumeric、isAlphaSpace、isAlphaNumericSpace：检查某些类型的字符是否存在。
- isAllLowerCase、isAllUpperCase：检查大小写。
- defaultString、defaultIfBlank、defaultIfEmpty：如果为 null，则返回默认值。
- rotate：使用循环移位来旋转字符。
- reverse、reverseDelimited：将字符或指定分隔字符的组反转过来。
- abbreviate、abbreviateMiddle：使用省略号或其他值来缩写值。
- difference：返回值中的差异。
- getLevenshteinDistance：返回将一个值转换为另一个值所需的更改数量。

由上可见，StringUtils 类拥有非常丰富的字符串分析、比较和转换方法集（未全部列出）。这些方法补充了 String 类的方法。

5.2　I/O 流

任何软件系统都必须接收和生成某种数据。这些数据可以被组织为一组独立的输入输出体系或数据流。流可以是有限的，也可以是无限的。程序可以从流中读取（数据），这样的流被称为输入流（input stream）；程序也可以向流中写出（数据），这样的流被称为输出流（output stream）。Java I/O 流要么基于字节，要么基于字符。意思是说，Java I/O 流的数据要么解释为原始字节，要么解释为字符。

java.io 包中含有类。这些类支持许多（但不是所有）可能的数据源。java.io 包的大部分类是围绕对文件、网络流和内存缓冲区的输入和输出构建的。java.io 包中不含有更多网络通信所需的类。这样的类属于 java.net、javax.net 和其他 Java 网络 API 包。只有在建立了网络源或目标（例如网络套接字）之后，程序才能使用 java.io 包的 InputStream 和 OutputStream 类读写数据。

java.nio 包中的类具有与 java.io 包中的类几乎相同的功能。但除此之外，java.nio 包中的类可以在非阻塞模式下工作，这在某些情况下可以显著提高性能。在第 15 章将讨论非阻塞处理。

5.2.1　流数据

程序能理解的数据都是二进制的（用 0 和 1 表示）。一次可以读取或写入一个字节的数据，也可以读取或写入多个字节的数组。这些字节可以保持二进制形式，也可以解释为字符。

第一种情况下，数据可以被 InputStream 和 OutputStream 类的后代读取为字节或字节数组。例如（如果类属于 java.io 包，则省略包名），这样的后代有 ByteArrayInputStream、ByteArrayOutputStream、FileInputStream、FileOutputStream、ObjectInputStream、ObjectOutputStream

等。至于使用哪一个取决于数据的源或目标。InputStream 和 OutputStream 类本身是抽象的，不能实例化。

第二种情况下，数据可以被解释为字符，这样的数据称为文本数据（text data），且具有基于 Reader 和 Writer 的面向字符的读写类，也属于抽象类。其子类有 CharArrayReader、CharArrayWriter、InputStreamReader、OutputStreamWriter、PipedReader、PipedWriter、StringReader 和 StringWriter。

可能已经注意到，上面列出的类很多是成对出现的。但是，并不是每个输入类都有相匹配的输出类。例如，有 PrintStream 和 PrintWriter 类支持输出到打印设备，但是没有相应的输入类，至少在名称上没有。有一个 java.util.Scanner 类，以已知的格式解析输入的文本。

还有一组配备了缓冲区的类，这些类通过每次读取或写入更大的数据块来帮助提高性能，特别是在对源或目标的访问需要花费很长时间的情况下。

在本节的其余部分，将回顾 java.io 包中的类以及其他包中一些流行的相关类。

5.2.2 InputStream 类及其子类

在 Java 类库中，InputStream 抽象类拥有以下直接实现：ByteArrayInputStream、FileInputStream、ObjectInputStream、PipedInputStream、SequenceInputStream、FilterInputStream 和 javax.sound.sample.AudioInputStream。

上述所有直接实现，要么按原样使用，要么覆盖 InputStream 类的下列方法。具体如下：

- int available()：返回可供读取的字节数。
- void close()：关闭流并释放资源。
- void mark(int readlimit)：标记流中的一个位置，并定义可以读取多少字节。
- boolean markSupported()：如果支持标记，则返回 true。
- static InputStream nullInputStream()：创建一个空流。
- int read()：读取流中的下一个字节。
- int read(byte[] b)：从流中读取数据到 b 缓冲区。
- int read(byte[] b, int off, int len)：从流中读取 len 或更少的字节到 b 缓冲区。
- byte[] readAllBytes()：从流中读取所有剩余的字节。
- int readNBytes(byte[] b, int off, int len)：在 off 偏移量处，将 len 或更少的字节读入 b 缓冲区。
- byte[] readNBytes(int len)：将 len 或更少的字节读入 b 缓冲区。
- void reset()：将读取位置重置为上次调用 mark()方法的位置。
- long skip(long n)：跳过流中 n 个或更少字节，返回跳过的实际字节数。
- long transferTo(OutputStream out)：从输入流中读取数据，然后按字节向所提供的输出流写入数据，返回实际传输的字节数。

其中，abstract int read()是唯一必须实现的方法，但此类的大多数后代也会覆盖许多其他方法。

1. ByteArrayInputStream

ByteArrayInputStream 类允许将字节数组作为输入流来读取。它由以下两个构造方法来创建类的对象，并定义用来读取字节输入流的缓冲区。具体如下：

- ByteArrayInputStream(byte[] buffer)。

- ByteArrayInputStream(byte[] buffer, int offset, int length)。

第二个构造方法除了允许设置缓冲区外，还允许设置缓冲区的偏移量和长度。看下例来了解一下这个类的用法。假设有一个带数据的 byte[]数组源：

```
byte[] bytesSource(){
    return new byte[]{42, 43, 44};
}
```

然后，可以写出下列编码：

```
byte[] buffer = bytesSource();
try(ByteArrayInputStream bais = new ByteArrayInputStream(buffer)){
    int data = bais.read();
    while(data != -1) {
        System.out.print(data + " "); //prints: 42 43 44
        data = bais.read();
    }
} catch (Exception ex){
    ex.printStackTrace();
}
```

bytesSource()方法生成字节数组，该数组填充缓冲区，缓冲区作为参数被传递到 ByteArrayInputStream 类的构造方法。然后，使用 read()方法逐字节读取产生的流，直到到达流的末尾（read()方法返回–1）。每个新字节都被打印出来（没有换行，后面有空格，因此所有读取的字节都显示在一行中，用空格隔开）。

上述代码通常以更紧凑的形式表达出来。具体如下：

```
byte[] buffer = bytesSource();
try(ByteArrayInputStream bais = new ByteArrayInputStream(buffer)){
    int data;
    while ((data = bais.read()) != -1) {
        System.out.print(data + " "); //prints: 42 43 44
    }
} catch (Exception ex){
    ex.printStackTrace();
}
```

这些字节要是不打印出来，还可用任何其他必要的方式加以处理，包括将这些字节解释为字符。例如：

```
byte[] buffer = bytesSource();
try(ByteArrayInputStream bais = new ByteArrayInputStream(buffer)){
    int data;
    while ((data = bais.read()) != -1) {
        System.out.print(((char)data) + " "); //prints: * + ,}
} catch (Exception ex){
    ex.printStackTrace();
}
```

但在这种情况下，最好使用 Reader 类中专门用于字符处理的类。这样的类，将在 5.2.4 节进行讨论。

2. FileInputStream

FileInputStream 类从文件系统的文件中获取数据，例如图像的原始字节。它有以下三个构造方法：

- FileInputStream(File file)。
- FileInputStream(String name)。
- FileInputStream(FileDescriptor fdObj)。

每个构造方法都打开被指定为参数的文件。上面第一个构造方法接受 File 对象，第二个构造方法接受文件系统中文件的路径，第三个构造方法接受文件描述符对象，该对象表示与文件系统中实际存在的文件所存在的连接。示例如下：

```
String filePath = "src/main/resources/hello.txt";
try(FileInputStream fis=new FileInputStream(filePath)){
    int data;
    while ((data = fis.read()) != -1) {
        System.out.print(((char)data) + " "); //prints: H e l l o !
    }
} catch (Exception ex){
    ex.printStackTrace();
}
```

在 src/main/resources 文件夹中创建了 hello.txt 文件。这个文件只有一行，即“hello!”。上面代码的输出结果如图 5-2 所示。

```
H e l l o !
```

图 5-2　示例代码输出

因为在 IDE 中运行这个例子，所以示例代码是在项目根目录中执行的。为找到代码执行的位置，总是可以将位置打印出来。示例如下：

```
File f = new File(".");                        //points to the current directory
System.out.println(f.getAbsolutePath());       //prints the directory path
```

从 hello.txt 文件中读取字节之后，出于演示目的，决定将每个 byte 都转换为 char，这样就可以看到代码确实是从指定的文件中读取的。但是处理文本文件，FileReader 类是更好的选择（很快就会讨论到）。若不进行类型转换，结果显示如下：

```
System.out.print((data) + " ");                //prints: 72 101 108 108 111 33
```

顺便说一下，因为 src/main/resources 文件夹是由 IDE（使用 Maven）放在类路径上的，所以放在其中的文件也可以通过类加载器访问。类加载器使用自身的 InputStream 实现来创建流。示例如下：

```
try(InputStream is =
        InputOutputStream.class.getResourceAsStream("/hello.txt")){
     int data;
    while ((data = is.read()) != -1) {
        System.out.print((data) + " ");          //prints: 72 101 108 108 111 33
    }
} catch (Exception ex){
      ex.printStackTrace();
}
```

上例中，InputOutputStream 类不是某个库中的类，只是用来运行示例的主类。

InputOutputStream.class.getResourceAsStream()结构允许使用与加载 InputOutputStream 类相同的类加载器加载。其目的是可以在类路径上找到一个文件并创建一个包含此文件内容的流。在 5.3 节还将介绍其他读取文件的方法。

3. ObjectInputStream

ObjectInputStream 类的方法集比任何其他 InputStream 实现的方法集都要大得多。因为前者是围绕读取对象字段的值构建的，对象字段可以是各种类型的。ObjectInputStream 为了能够从输入数据流中构造对象，要求对象必须是反序列化的（deserializable）。这就意味着这个对象首先必须是可序列化的（serializable），即可转换为字节流。通常，这样做的目的是通过网络传输对象。在目的地，序列化对象被反序列化，原始对象的值得以恢复。

基本类型和大多数 Java 类（包括 String 类和基本类型包装器）都是可序列化的。如果类具有自定义类型的字段，则必须实现 java.io.Serizalizable，使其可序列化。至于如何实现，这超出了本书的范围。到现在为止，使用的只是可序列化的类型。请看下面的类：

```
class SomeClass implements Serializable {
     private int field1 = 42;
     private String field2 = "abc";
}
```

必须让编译器知道这个类是可序列化的。否则，编译将失败。但首先在告知类是可序列化的之前，程序员要么检查所有字段并确保它们是可序列化的，要么实现了可序列化所需的方法。

在创建输入流并使用 ObjectInputStream 进行反序列化之前，需要先序列化对象。这里首先使用 ObjectOutputStream 和 FileOutputStream 来序列化对象并将其写入 someClass.bin 文件，原因在此。在 5.2.3 节中，将详细讨论这些类。接下来，使用 FileInputStream 读取文件，再使用 ObjectInputStream 来反序列化文件内容。具体如下：

```
String fileName = "someClass.bin";
try (ObjectOutputStream objectOutputStream =
            new ObjectOutputStream(new FileOutputStream(fileName));
     ObjectInputStream objectInputStream =
            new ObjectInputStream(new FileInputStream(fileName))){
     SomeClass obj = new SomeClass();
     objectOutputStream.writeObject(obj);
     SomeClass objRead = (SomeClass) objectInputStream.readObject();
     System.out.println(objRead.field1);               //prints: 42
     System.out.println(objRead.field2);               //prints: abc
} catch (Exception ex){
     ex.printStackTrace();
}
```

注意，必须先创建文件，然后运行上述代码。具体怎么操作，将在 5.3.1 节中展示。提醒一下，这里使用了 try-with-resources 语句，因为 InputStream 和 OutputStream 都实现了 Closeable 接口。

4. PipedInputStream

管道输入流具有非常特定的专门性，被用在线程之间的通信。一个线程从 PipedInputStream 对象读取数据，并将数据传递给另一个线程，另一个线程再将数据写入

PipedOutputStream 对象。例如：

```
PipedInputStream pis = new PipedInputStream();
PipedOutputStream pos = new PipedOutputStream(pis);
```

或者，当一个线程从 PipedOutputStream 对象读取数据，而另一个线程向 PipedInputStream 对象写入数据时，数据可以按相反的方向移动，如下所示：

```
PipedOutputStream pos = new PipedOutputStream();
PipedInputStream pis = new PipedInputStream(pos);
```

此领域从业者都熟悉“管道破裂”这一消息，表示提供数据的管道流已经停止运作。管道流也可以在没有任何连接的情况下先创建，过后再连接也不迟，如下所示：

```
PipedInputStream pis = new PipedInputStream();
PipedOutputStream pos = new PipedOutputStream();
pos.connect(pis);
```

例如，这里有两个类，分别由不同的线程来执行。首先是 PipedOutputWorker 类，表示如下：

```
class PipedOutputWorker implements Runnable{
      private PipedOutputStream pos;
      public PipedOutputWorker(PipedOutputStream pos) {
          this.pos = pos;
      }
      @Override
      public void run() {
          try {
              for(int i = 1; i < 4; i++){
                pos.write(i);
              }
              pos.close();
          } catch (Exception ex) {
              ex.printStackTrace();
          }
      }
}
```

PipedOutputWorker 类有 run()方法（因其实现了 Runnable 接口），该方法将三个数字 1、2 和 3 写入流中，然后关闭。现在再来看 PipedInputWorker 类，如下所示：

```
class PipedInputWorker implements Runnable{
    private PipedInputStream pis;
    public PipedInputWorker(PipedInputStream pis) {
        this.pis = pis;
    }
    @Override
    public void run() {
        try {
            int i;
            while((i = pis.read()) > -1){
                 System.out.print(i + " ");
            }
            pis.close();
        } catch (Exception ex) {
```

```
            ex.printStackTrace();
        }
    }
}
```

这个类也具有 run()方法（因其实现了 Runnable 接口），该方法从流中读取数据并打印出每个字节，一直打印到流的结尾处（用–1 表示）。现在，把这些管道连接起来，执行这些类的 run()方法。示例如下：

```
PipedOutputStream pos = new PipedOutputStream();
PipedInputStream pis = new PipedInputStream();
try {
    pos.connect(pis);
    new Thread(new PipedOutputWorker(pos)).start();
    new Thread(new PipedInputWorker(pis)).start();    //prints: 1 2 3
} catch (Exception ex) {
    ex.printStackTrace();
}
```

可以看到，任务对象被传递到 Thread 类的构造方法中。Thread 对象的 start()方法执行 Runnable 中的 run()方法。这里看到了预期的结果。PipedInputWorker 打印出被 PipedOutputWorker 写入管道流的所有字节。第 8 章将详细讨论线程问题。

5. SequenceInputStream

SequenceInputStream 类将输入流串联起来，而输入流被当作参数传递给构造方法。构造方法为下列任意一个：

- SequenceInputStream(InputStream s1, InputStream s2)。
- SequenceInputStream(Enumeration<InputStream> e)。

Enumeration 是类型的对象集合，具体类型如尖括号内所示，被称为泛型（generics），意思是类型 T 的类型（of type T）。SequenceInputStream 类从第一个输入的字符串读起，一直读到字符串结束，然后在结束处再从第二个输入的字符串读起，以此类推，一直读到流的最后结束处。例如，我们在 resources 文件夹里紧挨着 hello.txt 文件创建一个 howAreYou.txt 文件（内容为 How are you?）。SequenceInputStream 类可派上用场。具体如下：

```
try(FileInputStream fis1 =
                    new FileInputStream("src/main/resources/hello.txt");
    FileInputStream fis2 =
                    new FileInputStream("src/main/resources/howAreYou.txt");
    SequenceInputStream sis=new SequenceInputStream(fis1, fis2)){
    int i;
    while((i = sis.read()) > -1){
        System.out.print((char)i); //prints: Hello!How are you?
    }
} catch (Exception ex) {
     ex.printStackTrace();
}
```

类似地，当传入输入流的枚举时，每个流都被读取（在示例中也被打印），直到结尾。

6. FilterInputStream

FilterInputStream 类是围绕 InputStream 对象的一个包装器。这个类被作为构造方法中的一个参数传递给 InputStream 对象。下面是 FilterInputStream 类的构造方法和两个 read()

方法：

```
protected volatile InputStream in;
protected FilterInputStream(InputStream in) { this.in = in; }
public int read() throws IOException { return in.read(); }
public int read(byte b[]) throws IOException {
   return read(b, 0, b.length);
}
```

InputStream 类的所有其他方法都被类似地覆盖，功能被代理给指定的 in 属性的对象。由上可见，构造方法是受保护的，这表示只有子类可以访问。这样的设计对客户隐藏了流的实际源，并强制程序员使用任一 FilterInputStream 类的扩展，包括 BufferdInputStream、CheckedInputStream、DataInputStream、PushbackInputStream、javax.crypto.CipherInputStream、java.util.zip.DeflaterInputStream、java.util.zip.InflaterInputStream、java.security.DigestInputStream 或者 javax.swing.ProgressMonitorInputStream。此外，可以创建自定义扩展。但是，在创建自定义扩展之前，先查看列出的类，看看是否有符合需要的类。BufferedInputStream 类的使用如下所示：

```
try(FileInputStream fis =
          new FileInputStream("src/main/resources/hello.txt");
   FilterInputStream filter = new BufferedInputStream(fis)){
   int i;
   while((i = filter.read()) > -1){
        System.out.print((char)i); //prints: Hello!
   }
} catch (Exception ex) {
     ex.printStackTrace();
}
```

BufferedInputStream 类使用缓冲区来提高性能。当从流中跳过或读取字节时，内部缓冲区将自动从包含的输入流中填充尽可能多的字节。

CheckedInputStream 类添加正在读取的数据的校验和，允许使用 getChecksum()方法来验证输入数据的完整性。

DataInputStream 类以与机器无关的方式读取输入数据，并将数据解释为 Java 基本数据类型。

PushbackInputStream 类增加了使用 unread()方法回推读取数据的能力。当代码具有分析刚刚读取的数据并决定不读取数据的逻辑时，这种逻辑判断非常有用。因此可以在下一步重新读取数据。

javax.crypto.CipherInputStream 类向 read()方法添加一个 Cipher（密码）。如果 Cipher 初始化用于解密，则 javax.crypto.CipherInputStream 在返回之前将尝试解密数据。

java.util.zip.DeflaterInputStream 类以紧缩压缩格式压缩数据。

java.util.zip.InflaterInputStream 类以紧缩压缩格式解压数据。

java.security.DigestInputStream 类使用经过流的比特（b）来更新关联的消息摘要。on (boolean on)方法用以打开或关闭摘要函数。被计算出来的摘要可以使用 getMessageDigest()方法来获取。

javax.swing.ProgressMonitorInputStream 类提供了一个从 InputStream 读取进程的监视

器。可以使用 getProgressMonitor()方法来访问监视器对象。

7. javax.sound.sampled.AudioInputStream

AudioInputStream 类表示具有指定的音频格式和长度的输入流。这个类有以下两个构造方法：

- AudioInputStream (InputStream stream, AudioFormat format, long length)：接受音频数据流、请求的格式和样本帧的长度。
- AudioInputStream (TargetDataLine line)：接受指定的目标数据行。

javax.sound.sampled.AudioFormat 类描述音频格式的属性，如通道、编码、帧速率等。javax.sound.sampled.TargetDataLine 类具有 open()方法，以指定的格式打开行，read()方法从数据线的输入缓冲区读取音频数据。

还有一个类叫作 javax.sound.sampled.AudioSystem。其方法用以处理 AudioInputStream 对象，用以从音频文件、流或 URL 读取数据，再将数据写入音频文件，还用以将音频流转换为另一种音频格式。

5.2.3　OutputStream 类及其子类

OutputStream 类是与 InputStream 类相对应的类，用以写数据而不是读数据。此类是一个抽象类，在 Java 类库（JCL）中直接实现类，有 ByteArrayOutputStream、FilterOutputStream、ObjectOutputStream、PipedOutputStream 和 FileOutputStream。

其中，FilterOutputStream 的子类有 BufferedOutputStream、CheckedOutputStream、DataOutputStream、java.util.zip.DeflaterOutputStream、javax.crypto.CipherOutputStream、java.security.DigestOutputStream、java.util.zip.InflaterOutputStream 和 PrintStream。

所有这些类，要么按原样使用，要么覆盖 OutputStream 类的方法，这些方法有：

- void close()：关闭流并释放资源。
- void flush()：强制写出剩余的字节。
- static OutputStream nullOutputStream()：创建一个没写入任何内容的新 OutputStream。
- void write(byte[] b)：将提供的字节数组写入输出流。
- void write(byte[] b, int off, int len)：将所提供的字节数组的 len 个字节从 off 偏移量开始写入输出流。
- abstract void write(int b)：将提供的字节写入输出流。

唯一需要实现的方法是 abstract void write(int b)，但是 OutputStream 类后代中的大多数也会覆盖许多其他方法。

学习了 5.2.2 节中输入流之后，所有 OutputStream 的实现都会凭直觉熟悉得差不多，但 PrintStream 类除外。所以，在此只讨论 PrintStream 类。

PrintStream 类向另一个输出流添加了将数据以字符形式打印出来的功能。实际上，这个类已经用过很多次了。System 类有一个 PrintStream 类的对象，其公共静态属性被设置成 System.out。这说明每次使用 System.out 打印输出时，用的正是 PrintStream 类。示例如下：

```
System.out.println("Printing a line");
```

下面再看一个使用 PrintStream 类的例子：

```
String fileName = "output.txt";
```

```
try(FileOutputStream fos = new FileOutputStream(fileName);
    PrintStream ps = new PrintStream(fos)){
    ps.println("Hi there!");
} catch (Exception ex) {
    ex.printStackTrace();
}
```

由上可见，PrintStream 类接受 FileOutputStream 对象，并打印这个对象生成的字符。在这种情况下，这个类打印出由 FileOutputStream 写入这个文件中的所有字节。顺便说一下，不需要显式创建目标文件。如果目标文件不存在，将在 FileOutputStream 构造方法中自动予以创建。运行完上述代码，要是打开这个文件，将看到其中有一行："Hi there!"。

或者，可以使用另一个 PrintStream 构造方法获得相同的结果。该构造方法接受 File 对象。具体如下：

```
String fileName = "output.txt";
File file = new File(fileName);
try(PrintStream ps = new PrintStream(file)){
    ps.println("Hi there!");
} catch (Exception ex) {
    ex.printStackTrace();
}
```

可以使用 PrintStream 构造方法的第三种变体创建一个更简单的解决方案。该构造方法将文件名作为参数，示例如下：

```
String fileName = "output.txt";
try(PrintStream ps = new PrintStream(fileName)){
    ps.println("Hi there!");
} catch (Exception ex) {
    ex.printStackTrace();
}
```

上述最后两个示例都可行，因为 PrintStream 构造方法在后台使用 FileOutputStream 类。这与本节举的第一个展示 PrintStream 类用法的例子的操作一模一样。因此，PrintStream 类拥有多个构造方法，只是使用起来方便而已。但它们本质上都具有相同的功能，列举如下：

- PrintStream(File file)。
- PrintStream(File file, String csn)。
- PrintStream(String fileName)。
- PrintStream(String fileName, String csn)。
- PrintStream(OutputStream out)。
- PrintStream(OutputStream out, boolean autoFlush)。

有些构造方法还使用了 Charset 实例或者使用了其名称（String csn）。这样做，允许在 16 位 Unicode 代码单元序列和字节序列之间应用不同的映射。只需执行下面代码，就可以看到打印出的所有可用的字符集：

```
for (String chs : Charset.availableCharsets().keySet()) {
    System.out.println(chs);
}
```

其他构造方法接受 boolean autoFlush 作为参数。此参数（当为 true 时）表示：当写入数组或遇到行尾符号时，应自动刷新输出缓冲区。

一旦创建了 PrintStream 对象，就可使用这个类的有关方法。列举如下：

- void print(T value)：打印任何传入的基本类型 T 的值，不换行。
- void print(Object obj)：对传入的对象调用 toString()方法，在不换行的情况下打印结果。如果传入的对象为 null 就打印 null，而不生成 NullPointerException 异常。
- void println(T value)：打印任何传入的基本类型 T 的值并换行。
- void println(Object obj)：调用传入对象的 toString()方法，打印结果并换行。如果传入的对象为 null 则打印 null，而不生成 NullPointerException 异常。
- void println()：换到另一行。
- PrintStream printf(String format, Object... values)：用所提供的值替换格式字符串中的占位符，并将结果写入流。
- PrintStream printf(Locale l, String format, Object... args)：与上述方法相同，但使用所提供的 Locale 对象进行本地化。如果提供的 Locale 对象为 null，则不应用本地化。此方法的行为与前面的方法完全相同。
- PrintStream format(String format, Object... args)和 PrintStream format(Locale l, String format, Object... args)：功能与 PrintStream printf(String format, Object... values)和 PrintStream printf(Locale l, String format, Object... args)方法相同（已在列表中描述）。例如：

```
System.out.printf("Hi, %s!%n", "dear reader");          //prints: Hi, dear reader
System.out.format("Hi, %s!%n", "dear reader");          //prints: Hi, dear reader
```

上述示例中，%表示格式化规则。后面的符号 s 表示字符串值。这个位置上其他可能出现的符号可以是 d（十进制整数）、f（浮点数）等。符号 n 表示一个新行（与\n 转义字符相同）。格式规则很多。所有这些规则都在 java.util .Formatter 类文档中做了描述。

- PrintStream append(char c)、PrintStream append(CharSequence c)、PrintStream append(CharSequence c，int start，int end)：将提供的字符追加到流中。例如：

```
System.out.printf("Hi %s", "there").append("!\n");      //prints: Hi there!
System.out.printf("Hi ")
.append("one there!\n two", 4, 11);                     //prints: Hi one there!
```

至此，就讨论完了 OutputStream 的子类。现在，将注意力转向另一个类的层次结构，即 JCL 中的 Reader 类和 Writer 类及其子类。

5.2.4　Reader 类和 Writer 类及其子类

前面多次提到，Reader 类和 Writer 类的功能与 InputStream 类和 OutputStream 类非常相似，但是 Reader 类和 Writer 类专门用于文本处理。它们将流字节解释为字符，并具有自己独立的 InputStream 和 OutputStream 类层次结构。这样的层次结构可以将流字节作为字符处理，而不需 Reader 类和 Writer 类或及其子类。在前面描述 InputStream 和 OutputStream 类的小节中，已经看到了这样的例子。然而，使用 Reader 类和 Writer 类会使文本处理更简单，代码更容易阅读。

1. Reader 类及其子类

Reader 类是一个抽象类，以字符的形式读取流。这个类是 InputStream 的一个模拟，具有以下方法：

- abstract void close()：关闭流和其他使用的资源。
- void mark(int readAheadLimit)：标记流中的当前位置。
- boolean markSupported()：如果流支持 mark()操作，则返回 true。
- static Reader nullReader()：创建一个不读取任何字符的空 Reader。
- int read()：读取一个字符。
- int read(char[] buf)：将字符读入所提供的 buf 数组并返回读取的字符数。
- abstract int read(char[] buf, int off, int len)：从 off 索引开始将 len 个字符读入数组。
- int read(CharBuffer target)：尝试将字符读入所提供的目标缓冲区。
- boolean ready()：当流准备读取时返回 true。
- void reset()：重置标记。但是，并不是所有的流都支持这个操作。有些流支持，有些流不支持。
- long skip(long n)：尝试跳过 n 个字符。返回跳过的字符数。
- long transferTo(Writer out)：从这个 Reader 处读取所有字符，并将这些字符写入所提供的 Writer 对象。

可以看到，唯一需要实现的方法是两个抽象方法 read()和 close()。尽管如此，该类的许多子类也会覆盖其他方法，有时是为了获得更好的性能或不同的功能。JCL 中的 Reader 子类包括 CharArrayReader、InputStreamReader、PipedReader、StringReader、BufferedReader 和 FilterReader。BufferedReader 类有一个 LineNumberReader 子类，而 FilterReader 类有一个 PushbackReader 子类。

2. Writer 类及其子类

抽象类 Writer 向字符流写入数据。这个类与 OutputStream 类似，具有以下方法：

- Writer append(char c)：将所提供的字符追加到流中。
- Writer append(CharSequence c)：将所提供的字符序列追加到流中。
- Writer append(CharSequence c, int start, int end)：将所提供的字符序列的子序列追加到流中。
- abstract void close()：刷新和关闭流及相关的系统资源。
- abstract void flush()：刷新流。
- static Writer nullWriter()：创建一个新的 Writer 对象，该对象丢弃所有字符。
- void write(char[] c)：写一个 c 字符数组。
- abstract void write(char[] c, int off, int len)：从 off 索引开始，写一个 c 字符数组的 len 个元素。
- void write(int c)：写一个字符。
- void write(String str)：写入所提供的字符串。
- void write(String str, int off, int len)：从 off 索引开始，从所提供的 str 字符串中写入一个 len 长度的子字符串。

可以看到，有三个抽象方法：write(char[], int, int)、flush()和 close()，必须由 Writer 类的子类实现。这些子类通常还覆盖其他方法。

JCL 中的 Writer 子类有很多，包括 CharArrayWriter、OutputStreamWriter、PipedWriter、StringWriter、BufferedWriter、FilterWriter 和 PrintWriter。OutputStreamWriter 类有一个 FileWriter 子类。

5.2.5 java.io 包中其他类

java.io 包中，其他类如下：

- Console：允许与基于字符的控制台设备交互，该设备与当前 JVM 实例相关联。
- StreamTokenizer：获取一个输入流并将其解析为令牌。
- ObjectStreamClass：类的可序列化描述符。
- ObjectStreamField：可序列化类中可序列化字段的描述。
- RandomAccessFile：允许对文件进行随机读写，但对其讨论超出了本书的范围。
- File：允许创建和管理文件和目录，将在 5.3 节中进行描述。

1. Console 类

有多种方法可以创建和运行执行应用程序的 JVM 实例。如果从命令行启动 JVM，将自动打开控制台窗口。这个窗口允许通过键盘在显示屏上打字。但是，JVM 也可以由后台进程启动。在这种情况下，不会创建控制台窗口。

要以编程方式检查是否存在控制台，可以调用 System.console()静态方法。如果没有可用的控制台设备，则调用该方法将返回 null。否则，该方法将返回 Console 类的一个对象，该对象允许与控制台设备和应用程序用户进行交互。

下面创建一个 ConsoleDemo 类。示例如下：

```
package com.packt.learnjava.ch05_stringsIoStreams;
import java.io.Console;
public class ConsoleDemo {
    public static void main(String... args) {
        Console console = System.console();
        System.out.println(console);
    }
}
```

如果按照常规从 IDE 运行上述类，输出结果如图 5-3 所示。

图 5-3　ConsoleDemo 类的输出 1

这是因为 JVM 不是从命令行启动的。为从命令行运行，将应用程序加以编译，并在项目的根目录中执行 Maven 的 mvn clean package 命令，创建一个.jar 文件。这样做会删除 target 文件夹，然后重新创建 target 文件夹，并将所有.java 文件编译为 target 文件夹中相应的.class 文件，然后将这些.class 文件归档到 learnjava-1.0- snap.jar 文件中。

现在，可以从相同的项目根目录下启动 ConsoleDemo 应用程序，使用的命令如下：

```
java -cp ./target/learnjava-1.0-SNAPSHOT.jar
```

```
                          com.packt.learnjava.ch05_stringsIoStreams.ConsoleDemo
```

上述命令用两行显示，因为页面宽度不够。但如果想运行，要确保在一行中输入上述命令。执行结果如图 5-4 所示。

```
java.io.Console@33c7353a
```

图 5-4　ConsoleDemo 类的输出 2

这表明现在拥有 Console 类对象了。下面来看看用这个类能做些什么。Console 类具有以下方法：

- String readLine()：等待用户按下 Enter（回车键）并从控制台读取文本行。
- String readLine(String format, Object... args)：显示提示消息（所提供的格式获取占位符后所生成的消息，而这些占位符又被所提供的参数所替换），等待用户按下 Enter 键，并从控制台读取一行文本。如果没有提供参数 args，则将格式显示为提示信息。
- char[] readPassword()：执行与 readLine()方法相同的功能，但不回显输入的字符。
- char[] readPassword(String format, Object... args)：执行与 readLine()方法相同的功能，但不回显输入的字符。

下面的例子演示的是上述方法。具体如下：

```
Console console = System.console();

String line = console.readLine();
System.out.println("Entered 1: " + line);
line = console.readLine("Enter something 2: ");
System.out.println("Entered 2: " + line);
line = console.readLine("Enter some%s", "thing 3: ");
System.out.println("Entered 3: " + line);

char[] password = console.readPassword();
System.out.println("Entered 4: " + new String(password));
password = console.readPassword("Enter password 5: ");
System.out.println("Entered 5: " + new String(password));
password = console.readPassword("Enter pass%s", "word 6: ");
System.out.println("Entered 6: " + new String(password));
```

上述代码的输出结果如图 5-5 所示。

```
abc
Entered 1: abc
Enter something 2: xyz
Entered 2: xyz
Enter something 3: 123
Entered 3: 123

Entered 4: abc
Enter password 5:
Entered 5: xyz
Enter password 6:
Entered 6: 123
```

图 5-5　示例代码的输出

Console 类还有一组方法，可以与刚才演示的方法一起使用。列举如下：

- Console format(String format, Object... args)：用所提供的 args 值替换所提供的 format 字符串中的占位符，并显示结果。
- Console printf(String format, Object... args)：具有与 format()方法相同的行为。

举例说明如下：

```
String line = console.format("Enter some%s", "thing:").readLine();
```

上例与下面一行产生的结果相同：

```
String line = console.readLine("Enter some%s", "thing:");
```

Console 类中，最后三个方法如下：

- PrintWriter writer()：创建与这个控制台相关联的 PrintWriter 对象，用于生成字符的输出流。
- Reader reader()：创建与这个控制台相关联的 Reader 对象，用于读取字符输入流。
- void flush()：刷新控制台并强制将一切缓冲的输出立即写出。

上述方法示例如下：

```
try (Reader reader = console.reader()){
      char[] chars = new char[10];
      System.out.print("Enter something: ");
      reader.read(chars);
      System.out.print("Entered: " + new String(chars));
} catch (IOException e) {
      e.printStackTrace();

}

PrintWriter out = console.writer();
out.println("Hello!");

console.flush()
```

上述代码的运行结果如图 5-6 所示。

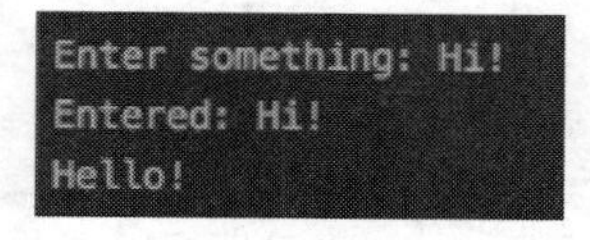

图 5-6　示例代码的输出

Reader 和 PrintWriter 还可以用来创建本节中讨论的其他输入流和输出流。

2. StreamTokenizer 类

StreamTokenizer 类用来解析输入流并生成令牌。其 StreamTokenizer(Reader r)构造方法接受 Reader 对象，该对象就是令牌源。每次在 StreamTokenizer 对象上调用 int nextToken()方法时，都会发生以下情况：

（1）解析下一个令牌。

（2）StreamTokenizer 实例字段 ttype 由表示令牌类型的值填充。具体如下：

- ttype 值可以是任一整数常量，如 TT_WORD、TT_NUMBER、TT_EOL（行尾）或

TT_EOF（流尾）。

- 如果 ttype 值是 TT_WORD，StreamTokenizer 实例字段 sval 将由令牌的 String 值填充。
- 如果 ttype 值是 TT_NUMBER，则 StreamTokenizer 实例字段 nval 将由令牌的 double 值填充。

（3）StreamTokenizer 实例的 lineno()方法返回当前行号。

在讨论 StreamTokenizer 类的其他方法之前，先看一个示例。假设在项目的 resources 文件夹中有一个 token.txt 文件，其中包含以下 4 行文本：

```
There
happened
42
events.
```

下面代码读取这个文件，并将其内容解析为令牌。示例如下：

```
String filePath = "src/main/resources/tokens.txt";
try(FileReader fr = new FileReader(filePath);
    BufferedReader br = new BufferedReader(fr)){
      StreamTokenizer st = new StreamTokenizer(br);
      st.eolIsSignificant(true);
      st.commentChar('e');
      System.out.println("Line " + st.lineno() + ":");
      int i;
      while ((i = st.nextToken()) != StreamTokenizer.TT_EOF) {
      switch (i) {
          case StreamTokenizer.TT_EOL:
              System.out.println("\nLine " + st.lineno() + ":");
              break;
          case StreamTokenizer.TT_WORD:
              System.out.println("TT_WORD => " + st.sval);
              break;
          case StreamTokenizer.TT_NUMBER:
              System.out.println("TT_NUMBER => " + st.nval);
              break;
          default:
          System.out.println("Unexpected => " + st.ttype);
      }
    }
} catch (Exception ex){
      ex.printStackTrace();
}
```

运行这段代码，结果如图 5-7 所示。

```
Line 1:
TT_WORD => Th

Line 2:
TT_WORD => happ

Line 3:
TT_NUMBER => 42.0

Line 4:
```

图 5-7　示例代码的输出

这里用了 BufferedReader 类，这是提高效率的一个很好的实践。但是在前面的例子中，可以很容易地避免下面情况的发生：

```
FileReader fr = new FileReader(filePath);
StreamTokenizer st = new StreamTokenizer(fr);
```

结果不会发生变化。这里还用到了三种方法，还没有描述过。具体如下：

- void eolIsSignificant(boolean flag)：表明是否应该将行尾作为令牌处理。
- void commentChar(int ch)：表明哪个字符开始进行注释，从而忽略这一行的其余部分。
- int lineno()：返回当前行号。

使用 StreamTokenizer 对象，下列方法可得到调用：

- void lowerCaseMode(boolean fl)：表明单词标记是否应该小写。
- void ordinaryChar(int ch)、void ordinaryChars(int low, int hi)：表示一个特定的字符或必须作为普通字符处理的字符范围（不是注释字符、单词组件、字符串分隔符、空格或数字字符）。
- void parseNumbers()：表示具有双精度浮点数格式的单词标记必须被解释为一个数字，而不是一个单词。
- void pushBack()：强制 nextToken()方法返回 ttype 字段的当前值。
- void quoteChar(int ch)：表示所提供的字符必须被解释为字符串值的开头和结尾，必须按原样接受（作为引用）。
- void resetSyntax()：重置这个 StreamTokenizer 的语法表，令所有字符都成为普通字符。
- void slashSlashComments(boolean flag)：表示必须识别 C++风格的注释。
- void slashStarComments(boolean flag)：表示必须识别 C 风格的注释。
- String toString()：返回令牌的字符串表示形式和行号。
- void whitespaceChars(int low, int hi)：表示必须被解释为空格的字符范围。
- void wordChars(int low, int hi)：表示必须被解释为单词的字符范围。

由上可见，使用上述丰富的方法可以对文本解释进行微调。

3. ObjectStreamClass 类与 ObjectStreamField 类

ObjectStreamClass 类和 ObjectStreamField 类都提供了对 JVM 中加载类的序列化数据进行访问的功能。可以使用下列任一查找方法来找到/创建 ObjectStreamClass 对象：

- static ObjectStreamClass lookup(Class cl)：查找可序列化类的描述符。
- static ObjectStreamClass lookupAny(Class cl)：查找任何类的描述符，无论其是否可序列化。

找到可序列化类 ObjectStreamClass（实现了 Serializable 接口）之后，就可以使用该类访问 ObjectStreamField 对象。每个对象都包含关于一个序列化字段的信息。如果该类不可序列化，则不存在与任何字段相关联的 ObjectStreamField 对象。

举例说明。下面这个方法，用来显示从 ObjectStreamClass 对象和 ObjectStreamField 对象所获得的信息。示例如下：

```
void printInfo(ObjectStreamClass osc) {
    System.out.println(osc.forClass());
    System.out.println("Class name: " + osc.getName());
```

```
        System.out.println("SerialVersionUID: " + osc.getSerialVersionUID());
        ObjectStreamField[] fields = osc.getFields();
        System.out.println("Serialized fields:");
        for (ObjectStreamField osf : fields) {
            System.out.println(osf.getName() + ": ");
            System.out.println("\t" + osf.getType());
            System.out.println("\t" + osf.getTypeCode());
            System.out.println("\t" + osf.getTypeString());
        }
    }
```

为演示这个方法的运作原理，创建了一个可序列化的 Person1 类，如下所示：

```
package com.packt.learnjava.ch05_stringsIoStreams;
import java.io.Serializable;
public class Person1 implements Serializable {
    private int age;
    private String name;
    public Person1(int age, String name) {
        this.age = age;
        this.name = name;
    }
}
```

这里之所以没有添加方法，是因为只有对象状态是可序列化的，而方法不可序列化。现在运行以下代码：

```
ObjectStreamClass osc1 = ObjectStreamClass.lookup(Person1.class);
printInfo (osc1);
```

代码运行结果如图 5-8 所示。

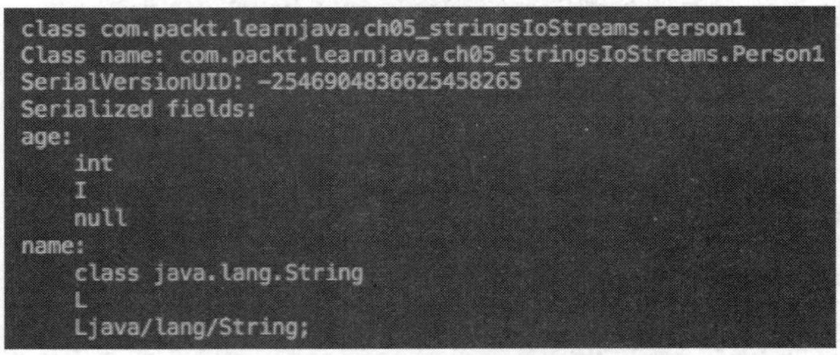

```
class com.packt.learnjava.ch05_stringsIoStreams.Person1
Class name: com.packt.learnjava.ch05_stringsIoStreams.Person1
SerialVersionUID: -2546904836625458265
Serialized fields:
age:
    int
    I
    null
name:
    class java.lang.String
    L
    Ljava/lang/String;
```

图 5-8　示例代码的输出

由上可见，有关类名、所有字段名和字段类型的信息显示出来了。还有另外两个方法，可以使用 ObjectStreamField 对象加以调用。列举如下：

- boolean isPrimitive()：如果该字段具有基本类型，则返回 true。
- boolean isUnshared()：如果该字段是非共享的（私有的或只能从同一个包予以访问），则返回 true。

现在，创建一个非序列化的 Person2 类：

```
package com.packt.learnjava.ch05_stringsIoStreams;
public class Person2 {
    private int age;
    private String name;
```

```
    public Person2(int age, String name) {
        this.age = age;
        this.name = name;
    }
}
```

这一次，运行仅仅查找类的代码。演示如下：

```
ObjectStreamClass osc2 = ObjectStreamClass.lookup(Person2.class);
System.out.println("osc2: " + osc2); //prints: null
```

正如预期的那样，使用 lookup()方法不能找到非序列化的对象。为找到一个非序列化的对象，需要使用 lookupAny()方法：

```
ObjectStreamClass osc3 = ObjectStreamClass.lookupAny(Person2.class);
printInfo(osc3);
```

运行上例，输出结果如图 5-9 所示。

```
class com.packt.learnjava.ch05_stringsIoStreams.Person2
Class name: com.packt.learnjava.ch05_stringsIoStreams.Person2
SerialVersionUID: 0
Serialized fields:
```

图 5-9　示例代码的输出

从一个非序列化的对象中能够提取类的信息，但不能提取字段的信息。

5.2.6　java.util.Scanner 类

java.util.Scanner 类通常用于读取键盘的输入，但也可以从任何对象读取文本，前提是这些对象实现了 Readable 接口，而该接口只有 int read(CharBuffer buffer)方法。这个类通过分隔符（默认分隔符是空格）将输入值分隔为一个个令牌。这些令牌以不同的方法予以处理。

例如，可以从 System.in（标准输入流）中读取输入。典型情况下，这个输入为键盘输入。具体如下：

```
Scanner sc = new Scanner(System.in);
System.out.print("Enter something: ");
while(sc.hasNext()){
      String line = sc.nextLine();
      if("end".equals(line)){
         System.exit(0);
      }
      System.out.println(line);
}
```

此输入接受多行（按 Enter 键，结束一行），直到输入 end 结束输入，如图 5-10 所示。

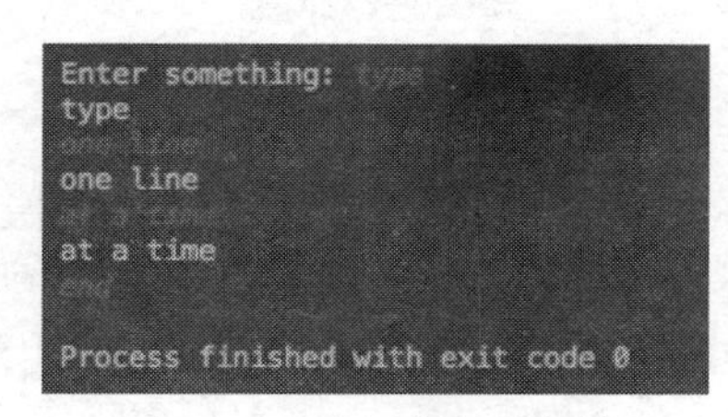

图 5-10　示例代码的输出

再者，Scanner 可从文件中读取行：

```
String filePath = "src/main/resources/tokens.txt";
try(Scanner sc = new Scanner(new File(filePath))){
    while(sc.hasNextLine()){
        System.out.println(sc.nextLine());
    }
} catch (Exception ex){
      ex.printStackTrace();
}
```

由上可见，这里又用到了 tokens.txt 文件。输出结果如图 5-11 所示。

图 5-11 示例代码的输出

为了演示 Scanner 使用分隔符如何分隔输入，运行以下代码：

```
String input = "One two three";
Scanner sc = new Scanner(input);
while(sc.hasNext()){
    System.out.println(sc.next());
}
```

输出结果如图 5-12 所示。

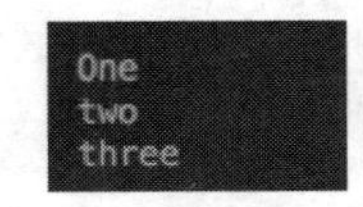

图 5-12 示例代码的输出

若要使用另外一个分隔符，可以将其加以设置。示例如下：

```
String input = "One,two,three";
Scanner sc = new Scanner(input).useDelimiter(",");
while(sc.hasNext()){
      System.out.println(sc.next());
}
```

输出结果与图 5-12 相同，如图 5-13 所示。

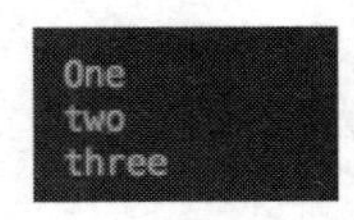

图 5-13 示例代码的输出

也可以使用正则表达式来提取令牌，但这个主题超出了本书的范围。Scanner 类具有许多其他方法，这些方法令这个类的用法适用于各种源和所需的结果。findInLine()、findWithinHorizon()、skip()和 findAll()方法不使用分隔符，只是力图与所提供的模式相匹配。若想了解更多信息，参阅 Scanner 文档。

5.3 文件管理

前面已经用到一些方法，借助 JCL 来查找、创建、读取和写入文件。这样做是为了演示支持输入输出流的代码。本节中将更详尽地讨论如何使用 JCL 来管理文件。

java.io 包中的 File 类代表了底层文件系统。File 类的对象可以用以下任一构造方法来创建：

- File(String pathname)：根据所提供的路径名创建一个新 File 实例。
- File(String parent, String child)：根据所提供的父路径名和子路径名创建一个新的 File 实例。
- File(File parent, String child)：根据所提供的父 File 对象和子路径名创建一个新的 File 实例。
- File(URI uri)：基于所提供的代表路径名的 URI 对象创建一个新的 File 实例。

讨论创建和删除文件的同时，还将看到一些构造方法用法方面的示例。

5.3.1 创建和删除文件和目录

要在文件系统中创建文件或目录，首先需要使用上面列出的构造方法来创建新的 File 对象。例如，假设文件名是 FileName.txt，可以用 new File("FileName.txt")创建 File 对象。如果创建的文件在一个目录中，要么必须在文件名（当它被传递到构造方法中时）前面添加一个路径，要么必须使用其他三个构造方法中的一个。例如：

```
String path = "demo1" + File.separator + "demo2" + File.separator;
String fileName = "FileName.txt";
File f = new File(path + fileName);
```

注意，这里用到了 File.separator，而不是斜杠符号（/）或（\），因为 File.separator 返回特定于平台的斜杠符号。下面是另一个 File 构造方法用法的例子：

```
String path = "demo1" + File.separator + "demo2" + File.separator;
String fileName = "FileName.txt";
File f = new File(path, fileName);
```

还可以使用另一个构造方法，如下所示：

```
String path = "demo1" + File.separator + "demo2" + File.separator;
String fileName = "FileName.txt";
File f = new File(new File(path), fileName);
```

然而，如果更喜欢用（或必须用）统一资源标识符（URI），就可以像下面这样构建一个 File 对象。

```
String path = "demo1" + File.separator + "demo2" + File.separator;
String fileName = "FileName.txt";
URI uri = new File(path + fileName).toURI();
File f = new File(uri);
```

接下来，在新创建的 File 对象上，可调用下列任一方法：

- boolean createNewFile()：如果具有此名称的文件还不存在，则创建一个新文件并返回 true；否则返回 false。

- static File createTempFile(String prefix, String suffix)：在临时文件目录中创建文件。
- static File createTempFile(String prefix, String suffix, File directory)：创建目录。所提供的前缀和后缀用于生成目录名。

如果欲创建的文件必须放在一个目录中，而该目录又不存在，则首先必须使用下列任一方法创建路径。该方法要在 File 对象上调用，而这个 File 对象代表文件系统路径。方法列举如下：

- boolean mkdir()：使用所提供的名称创建目录。
- boolean mkdirs()：使用所提供的名称创建目录，包括任一必需的但尚不存在的父目录。

在查看代码示例之前，需要解释一下 delete()方法的运作原理。

- boolean delete()：删除文件或空目录。这意味着它可以删除文件，但不是所有目录，如下所示：

```
String path = "demo1" + File.separator + "demo2" + File.separator;
String fileName = "FileName.txt";
File f = new File(path + fileName);
f.delete();
```

下面通过例子来看看如何克服这个限制：

```
String path = "demo1" + File.separator + "demo2" + File.separator;
String fileName = "FileName.txt";
File f = new File(path + fileName);
try {
   new File(path).mkdirs();
   f.createNewFile();
   f.delete();
   path = StringUtils.substringBeforeLast(path, File.separator);
   while (new File(path).delete()) {
      path = StringUtils.substringBeforeLast(path,
               File.separator);
   }
} catch (Exception e) {
   e.printStackTrace();
}
```

上例创建并删除一个文件和所有相关目录。注意一下 org.apache.commons.lang3. StringUtils 类的用法。已经在 5.1.2 节中讨论过这个类的用法。这个类允许从路径中删除刚刚删除的目录，并继续执行此操作，直到删除所有嵌套目录并最后删除顶层目录。

5.3.2　列出文件和目录

下列方法可用于列出目录以及目录中的文件：

- String[] list()：返回目录中文件和目录的名称。
- File[] listFiles()：返回目录中代表文件和目录的 File 对象。
- static File[] listRoots()：列出可用的文件系统的根路径。

为演示上述方法，假设已经创建了目录和其中的两个文件。示例如下：

```
String path1 = "demo1" + File.separator;
String path2 = "demo2" + File.separator;
String path = path1 + path2;
```

```
File f1 = new File(path + "file1.txt");
File f2 = new File(path + "file2.txt");
File dir1 = new File(path1);
File dir = new File(path);
dir.mkdirs();
f1.createNewFile();
f2.createNewFile();
```

之后，就能运行以下代码了。示例如下：

```
System.out.print("\ndir1.list(): ");
for(String d: dir1.list()){
   System.out.print(d + " ");
}
System.out.print("\ndir1.listFiles(): ");
for(File f: dir1.listFiles()){
   System.out.print(f + " ");
}
System.out.print("\ndir.list(): ");
for(String d: dir.list()){
   System.out.print(d + " ");
}
System.out.print("\ndir.listFiles(): ");
for(File f: dir.listFiles()){
   System.out.print(f + " ");
}
System.out.print("\nFile.listRoots(): ");
for(File f: File.listRoots()){
   System.out.print(f + " ");
}
```

输出结果如图 5-14 所示。

```
dir1.list(): demo2
dir1.listFiles(): demo1/demo2
dir.list(): file1.txt file2.txt
dir.listFiles(): demo1/demo2/file1.txt demo1/demo2/file2.txt
File.listRoots(): /
```

图 5-14　示例代码的输出

添加以下过滤器，可改进演示的方法。这样，只列出与过滤器匹配的文件和目录，如下所示：

- String[] list(FilenameFilter filter)。
- File[] listFiles(FileFilter filter)。
- File[] listFiles(FilenameFilter filter)。

然而，关于文件过滤器的讨论超出了本书的范围。

5.4　Apache 的 FileUtils 和 IOUtils 实用工具

与 JCL 同样流行的是 Apache Commons 项目。这个项目提供了许多库，弥补了 JCL 功能的不足。org.apache.commons.io 包中的类包含在以下根包和子包中。列举如下：

- org.apache.commons.io 根包，含有一些实用工具类。它们带有用于公共任务的静态方法，例如在 5.4.1 节和 5.4.2 节中分别描述了流行的 FileUtils 类和 IOUtils 类。

- org.apache.commons.io.input 包，含有支持输入的类，比如 XmlStreamReader 或 ReversedLinesFileReader。这样的类以 InputStream 实现和 Reader 实现为基础。
- org.apache.commons.io.output 包，含有支持输出的类，比如 XmlStreamWriter 或 StringBuilderWriter。这样的类以 OutputStream 实现和 Writer 实现为基础。
- org.apache.common.io.filefilter 包，含有作为文件过滤器的类，如 DirectoryFileFilter 或 RegexFileFilter。
- org.apache.commons.io.comparator 包，含有文件 java.util.Comparator 的各种实现，如 NameFileComparator。
- org.apache.commons.io.serialization 包，提供了一个框架来控制类的反序列化。
- org.apache.commons.io.monitor 包，允许监视文件系统并检查目录或文件的创建、更新或删除。可以将 FileAlterationMonitor 对象作为线程启动，并创建 FileAlterationObserver 对象。该对象在指定的时间间隔内检查文件系统中的更改。

更多信息请参考 Apache Commons 项目文档（https://commons.apache.org）。

5.4.1　FileUtils 类

org.apache.commons.io.FileUtils 类很流行，允许对人们可能需要的文件执行所有可能的操作。列举如下：

- 写入文件。
- 从文件中读取数据。
- 创建一个包含父目录的目录。
- 复制文件和目录。
- 删除文件和目录。
- 转换 URL。
- 按过滤器和扩展名列出文件和目录。
- 比较文件内容。
- 获取文件最后更改日期。
- 计算校验和。

如果打算以编程的方式管理文件和目录，那么有必要研究一下这个类。研究的手段是访问 Apache Commons 项目网站，学习这个类的文档。

5.4.2　IOUtils 类

org.apache.commons.io.IOUtils 是另一个非常有用的实用工具类，提供了以下通用的 IO 流操作方法：

- closeQuietly()方法，关闭流，忽略空值和异常。
- toXxx()/read()方法，从流中读取数据。
- write()方法，将数据写入流。
- copy()方法，将所有数据从一个流复制到另一个流。
- contentEquals()方法，用于比较两个流的内容。

这个类中读取流数据的所有方法都是内部缓冲型的。因此，没有必要使用 BufferedInputStream 类或 BufferedReader 类。所有 copy()方法都在幕后使用了 copyLarge()方法，大大提高了这些方法的性能和效率。

这个类对于管理 I/O 流是必不可少的。有关这个类及其方法的更多信息，可访问 Apache Commons 项目网站。

本章小结

本章讨论了 String 类的方法。这些方法允许分析字符串、比较字符串和转换字符串。此外还讨论了 JCL 和 Apache Commons 项目中流行的字符串实用工具。本章用两大节专门讨论了输入输出流，以及 JCL 和 Apache Commons 项目所支持的类。本章讨论了文件管理类及其方法，还用具体的代码示例予以演示。

第 6 章将讲解 Java 集合框架及其三个主要接口：List、Set 和 Map，包括对泛型的讨论和演示，还将讨论用于管理数组、对象以及时间/日期值的实用工具类。

第6章 数据结构、泛型和流行实用工具

本章讲述 Java 集合框架及其三个主要接口：List、Set 和 Map，还包括对泛型的讨论和演示。在 Java 集合的上下文中，也将讨论 equals()方法和 hashCode()方法，还在相应的章节用以讨论对数组、对象、时间和日期值加以管理的实用工具类。

本章将涵盖以下主题：

- List 接口、Set 接口和 Map 接口。
- Collections 实用工具。
- Arrays 实用工具。
- Objects 实用工具。
- java.time 包。

6.1 List 接口、Set 接口和 Map 接口

Java 集合框架（collections framework）由实现集合数据结构的类和接口组成。集合与数组相似，两者皆可保存对象的引用，并且将它们作为一组加以管理。其不同之处在于，数组在使用之前需要定义容量，而集合可以根据需要自动增加规模和减小规模，只需向集合添加或删除对象引用，集合就会相应地更改自身的大小。另一个不同之处在于集合的元素不能是 short、int 或 double 等基本类型。如果需要存储这种类型值，则元素必须使用相应的包装器类型，如 Short、Integer 或 Double 等。

Java 集合支持存储和访问集合中元素的各种算法，如列表、唯一集、字典（Java 中称为映射）、堆栈（stack）、队列（queue），以及其他算法。Java 集合框架的所有类和接口都属于 java.util 包。该包中含有以下类型：

- 扩展 Collection 的接口：List、Set 和 Queue 等，这只列举出最为流行的几个。
- 实现上列接口的类：ArrayList、HashSet、Stack、LinkedList 等。
- Map 接口及其子接口：ConcurrentMap、SortedMap，这是其中的两个。
- 实现 Map 接口的类：HashMap、HashTable 和 TreeMap，这三个是最常用的类。

讨论 java.util 包中所有类和接口可以专门写一本书。因此，本节将简要叙述三个主要接口：List、Set 和 Map，以及每个接口的一个实现类，分别为 Arraylist、HashSet 和 HashMap。这里从 List 接口和 Set 接口共享的方法开始讲。List 和 Set 之间的主要区别是 Set 不允许元素的重复。另一个区别是 List 保留了元素的顺序，并允许对元素加以排序。

要想标识集合中的元素，可以使用 equals()方法。为了提高性能，实现 Set 接口的类通常使用 hashCode()方法。它允许快速计算一个整数，称为散列值（hash value）或散列码（hash code）。对每个元素来说，该整数在大多数情况下是（但不总是）唯一的。具有相同散列值的元素被放置在同一个桶（bucket）中。要确定集合中是否已经存在某个值，检查内部哈希表并查看这样一个值是否已被使用就够了。如果不存在，则新元素是唯一的；如果存在，则可以使用 equals()方法将新元素与具有相同散列值的每个元素进行比较。这样的过程比将一个新元素与集合中的每个元素逐个进行比较要快得多。

这就是经常看到类的名称带有 Hash 前缀的原因所在。这表示该类使用了散列值，因此元素必须实现 hashCode()方法。在执行此操作时，必须确保该方法得以实现，以便每当 equals()方法为两个对象返回 true 时，hashCode()方法返回的这两个对象的散列值也相等。否则，刚刚讲过的所有使用散列值的算法都将不起作用。

下面先简单谈一下泛型，再讨论 java.util 包中的接口。

6.1.1　泛型

经常在下列声明中看到泛型的身影：

```
List<String> list = new ArrayList<String>();
Set<Integer> set = new HashSet<Integer>();
```

上述示例中，泛型（generics）是由尖括号包围起来的元素类型声明的。由上可见，泛型是冗余的，因为它在赋值语句的左边和右边重复出现。这就是 Java 允许用空的尖括号（<>）替换右边泛型的原因所在。这里的尖括号称为菱形（diamond），如下所示：

```
List<String> list = new ArrayList<>();
Set<Integer> set = new HashSet<>();
```

泛型告知编译器有关集合元素的预期类型。通过这种方式，编译器可以检查程序员试图添加到集合中的元素是否属于兼容类型。例如：

```
List<String> list = new ArrayList<>();
list.add("abc");
list.add(42);                  //compilation error
```

这样做有助于避免运行时错误，也提示程序员（因为 IDE 在程序员编写代码的同时编译代码）对集合元素有可能进行什么样的操作。

还有其他类型的泛型，如下所示：

- <? extends T>：表示类型为 T 或 T 的子类型，其中 T 为类型，被用作集合的泛型。
- <? super T>：表示类型为 T 或 T 的任何基（父）类，其中 T 为类型，被用作集合的泛型。

至此，下面开始看看如何创建类的对象，这个类实现了 List 接口或 Set 接口。换句话说，可以初始化 List 或 Set 类型的变量。为了演示这两个接口的方法，将使用两个类：ArrayList（实现了 List）和 HashSet（实现了 Set）。

6.1.2　如何对 List 和 Set 初始化

自 Java 9 以来，List 和 Set 接口添加了 of()静态工厂方法，可用于初始化集合。列举如下：

- of()：返回一个空集合。
- of(E…e)：返回一个集合，其中包含调用期间传入的所有元素。这些元素以逗号分隔的列表或数组的形式进行传递。

举几个例子：

```
//Collection<String> coll = List.of("s1", null);        //不允许 null 值
Collection<String> coll = List.of("s1", "s1", "s2");
//coll.add("s3");                                        //不允许添加元素
//coll.remove("s1");                                     //不允许删除元素
//((List<String>) coll).set(1, "s3");                    //不允许修改元素
System.out.println(coll);                                //prints: [s1, s1, s2]

//coll = Set.of("s3", "s3", "s4");                       //不允许重复元素
//coll = Set.of("s2", "s3", null);                       //不允许 null 值
coll = Set.of("s3", "s4");
System.out.println(coll);                                //prints: [s3, s4]

//coll.add("s5");                                        //不允许添加元素
//coll.remove("s2");                                     //不允许删除元素
```

可以预料到的是，Set 的工厂方法不允许重复元素，因此用注释去掉了这一行（否则，前面的示例将在该行停止运行）。人们不怎么期望看到的是，不能有 null 元素，并且在使用 of()方法初始化集合之后不能添加、删除、修改集合的元素。这就是用注释去掉了前面例子中一些行的原因。如果需要在初始化集合之后添加元素，就必须使用构造方法或其他一些实用程序对集合初始化，因这两者创建的是可修改的集合（很快就会看到 Arrays.asList()的实例）。

Collection 接口提供了两种方法，用于将元素添加到实现 Collection 的对象（List 和 Set 的父接口）中。列举如下：

- boolean add(E e)：尝试将提供的元素 e 添加到集合中。如果成功，则返回 true；如果无法完成，则返回 false（例如，当 Set 中已经存在这样的元素时）。
- boolean addAll(Collection < ? extends E> c)：尝试将所提供集合中的所有元素添加到集合中。如果至少添加了一个元素，则返回 true；如果无法向集合添加元素，则返回 false（例如，当所提供的集合 c 中所有元素都已经存在于 Set 中时）。

对 add()方法的使用，举一个例子：

```
List<String> list1 = new ArrayList<>();
list1.add("s1");
list1.add("s1");
System.out.println(list1);                  //prints: [s1, s1]

Set<String> set1 = new HashSet<>();
set1.add("s1");
set1.add("s1");
System.out.println(set1);                   //prints: [s1]
```

对 addAll()方法的使用，举一个例子：

```
List<String> list1 = new ArrayList<>();
list1.add("s1");
list1.add("s1");
```

```
System.out.println(list1);                        //prints: [s1, s1]

List<String> list2 = new ArrayList<>();
list2.addAll(list1);
System.out.println(list2);                        //prints: [s1, s1]

Set<String> set = new HashSet<>();
set.addAll(list1);
System.out.println(set);                          //prints: [s1]
```

关于 add()和 addAll()方法的功能，举一个例子：

```
List<String> list1 = new ArrayList<>();
list1.add("s1");
list1.add("s1");
System.out.println(list1);                        //prints: [s1, s1]

List<String> list2 = new ArrayList<>();
list2.addAll(list1);
System.out.println(list2);                        //prints: [s1, s1]

Set<String> set = new HashSet<>();
set.addAll(list1);
System.out.println(set);                          //prints: [s1]

Set<String> set1 = new HashSet<>();
set1.add("s1");

Set<String> set2 = new HashSet<>();
set2.add("s1");
set2.add("s2");

System.out.println(set1.addAll(set2));            //prints: true
System.out.println(set1);                         //prints: [s1, s2]
```

注意，上面代码片段里最后一个示例中，尽管没有添加所有元素，set1.addAll(set2)方法是如何返回 true 的？至于 add()和 addAll()方法返回 false 的情况，请看以下示例：

```
Set<String> set = new HashSet<>();
System.out.println(set.add("s1"));                //prints: true
System.out.println(set.add("s1"));                //prints: false
System.out.println(set);                          //prints: [s1]

Set<String> set1 = new HashSet<>();
set1.add("s1");
set1.add("s2");

Set<String> set2 = new HashSet<>();
set2.add("s1");
set2.add("s2");

System.out.println(set1.addAll(set2));            //prints: false
System.out.println(set1);                         //prints: [s1, s2]
```

ArrayList 类和 HashSet 类也具有接受集合的构造方法。示例如下：

```
Collection<String> list1 = List.of("s1", "s1", "s2");
System.out.println(list1);                        //prints: [s1, s1, s2]

List<String> list2 = new ArrayList<>(list1);
System.out.println(list2);                        //prints: [s1, s1, s2]
```

```
Set<String> set = new HashSet<>(list1);
System.out.println(set);                           //prints: [s1, s2]

List<String> list3 = new ArrayList<>(set);
System.out.println(list3);                         //prints: [s1, s2]
```

现在，了解了集合是如何被初始化的。接下来学习 List 和 Set 接口中的其他方法。

6.1.3 java.lang.Iterable 接口

Collection 接口扩展了 java.lang.Iterable 接口，这表示那些直接或间接实现了 Collection 接口的类也实现了 java.lang.Iterable 接口。Iterable 接口有三个方法，如下所示：

- Iterator<T> iterator()：返回实现 java.util.Iterator 接口的类对象。此方法允许在 for 语句中使用集合。例如：

```
Iterable<String> list = List.of("s1", "s2", "s3");
System.out.println(list);                          //prints: [s1, s2, s3]
for(String e: list){
   System.out.print(e + " ");                      //prints: s1 s2 s3
}
```

- default void forEach (Consumer<? super T> function)：将所提供的 Consumer 类型的函数应用于集合的每个元素，直到处理完所有元素或函数抛出异常为止。关于函数，将在第 13 章讨论。现在，只举一个例子：

```
Iterable<String> list = List.of("s1", "s2", "s3");
System.out.println(list);                          //prints: [s1, s2, s3]
list.forEach(e -> System.out.print(e + " "));//prints: s1 s2 s3
```

- default Spliterator<T> splititerator()：返回实现 java.util.Spliterator 接口的类的对象。此方法主要用于实现允许并行处理的方法，这超出了本书的范围。

6.1.4 Collection 接口

如前所述，List 接口和 Set 接口扩展了 Collection 接口，即 Collection 接口的所有方法都由 List 和 Set 继承。方法列举如下：

- boolean add(E e)：尝试向集合添加一个元素。
- boolean addAll(Collection<? extends E> c)：尝试添加所提供集合中的所有元素。
- boolean equals(Object o)：将集合与提供的对象 o 进行比较。如果所提供的对象不是集合，则该方法返回 false。否则，该方法将集合的组合与所提供集合的组合（作为对象 o）进行比较。就 List 而言，该方法还比较了元素的顺序。举几个例子阐述如下：

```
Collection<String> list1 = List.of("s1", "s2", "s3");
System.out.println(list1);                         //prints: [s1, s2, s3]

Collection<String> list2 = List.of("s1", "s2", "s3");
System.out.println(list2);                         //prints: [s1, s2, s3]

System.out.println(list1.equals(list2));           //prints: true

Collection<String> list3 = List.of("s2", "s1", "s3");
System.out.println(list3);                         //prints: [s2, s1, s3]
```

```
System.out.println(list1.equals(list3));      //prints: false

Collection<String> set1 = Set.of("s1", "s2", "s3");
System.out.println(set1);                     //prints: [s2, s3, s1] 或不同的顺序

Collection<String> set2 = Set.of("s2", "s1", "s3");
System.out.println(set2);                     //prints: [s2, s1, s3] 或不同的顺序

System.out.println(set1.equals(set2));        //prints: true

Collection<String> set3 = Set.of("s4", "s1", "s3");
System.out.println(set3);                     //prints: [s4, s1, s3]或不同的顺序

System.out.println(set1.equals(set3));        //prints: false
```

- int hashCode()：返回集合的散列值。集合为某个需要 hashCode()方法实现的集合的元素时，使用该方法。
- boolean isEmpty()：如果集合没有任何元素，则返回 true。
- int size()：返回集合的元素数。当 isEmpty()方法返回 true 时，该方法返回 0。
- void clear()：从集合中移除所有元素。调用此方法后，isEmpty()方法返回 true，size()方法返回 0。
- boolean contains(Object o)：如果集合包含给定的对象 o，则返回 true。若让此方法正确运作，集合的每个元素和给定的对象都必须实现 equals()方法。对于 Set 而言，还应该实现 hashCode()方法。
- boolean containsAll(Collection<?> c)：如果集合包含给定集合中的所有元素，则返回 true。若让此方法正确运作，集合的每个元素和给定的集合中的每个元素都必须实现 equals()方法。对于 Set 而言，还应该实现 hashCode()方法。
- boolean remove(Object o)：尝试从该集合中删除指定的元素。如果该元素存在，则返回 true。若让此方法正确运作，集合的每个元素和所提供的对象都必须实现 equals()方法。对于 Set 而言，还应该实现 hashCode()方法。
- boolean removeAll(Collection<?> c)：尝试从集合中删除所指定集合 c 中的所有元素。与 addAll()方法类似，如果删除了至少一个元素，该方法将返回 true；否则，返回 false。若让此方法正确运作，集合的每个元素和所提供的集合中每个元素都必须实现 equals()方法。对于 Set 而言，应该实现 hashCode()方法。
- default boolean removeIf(Predicate<? super E> filter)：尝试从集合中删除满足给定谓词的所有元素。谓词是一个函数，将在第 13 章中予以描述。如果至少删除一个元素，则返回 true。
- boolean retainAll(Collection<?> c)：尝试在集合中仅保留所提供的集合中包含的元素。与 addAll()方法类似，如果保留了至少一个元素，该方法将返回 true；否则，返回 false。若让此方法正确运作，集合的每个元素和所提供的集合中每个元素都必须实现 equals()方法。对于 Set 而言，应该实现 hashCode()方法。
- Object[] toArray()、T[] toArray(T[] a)：将集合转换为数组。
- default T[] toArray(IntFunction<T[]> generator)：使用所提供的函数将集合转换为数组。关于函数，将在第 13 章中加以说明。

- default Stream<E> stream()：返回 Stream 对象（关于流的问题将在第 14 章中讨论）。
- default Stream<E> parallelStream()：返回一个可能为并行的 Stream 对象（关于流的问题将在第 14 章中讨论）。

6.1.5 List 接口

List 接口有几个其他方法。这些方法不属于其任何父接口，如下所示。

- of()：静态工厂方法。这在 6.1.2 节中描述过。
- void add(int index, E element)：将所提供的元素插入列表中指定的位置。
- static List<E> copyOf(Collection<E> coll)：返回一个不可修改的列表，其中包含给定集合 coll 中的元素，并保留元素的顺序。下面的代码演示了该方法的功能：

```
Collection<String> list = List.of("s1", "s2", "s3");
System.out.println(list);                    //prints: [s1, s2, s3]

List<String> list1 = List.copyOf(list);
//list1.add("s4");                           //run-time error
//list1.set(1, "s5");                        //run-time error
//list1.remove("s1");                        //run-time error

Set<String> set = new HashSet<>();
System.out.println(set.add("s1"));
System.out.println(set);                     //prints: [s1]

Set<String> set1 = Set.copyOf(set);
//set1.add("s2");                            //run-time error
//set1.remove("s1");                         //run-time error

Set<String> set2 = Set.copyOf(list);
System.out.println(set2);                    //prints: [s1, s2, s3]
```

- E get(int index)：返回列表中指定位置的元素。
- List<E> subList(int fromIndex, int toIndex)：提取在 fromIndex（包含）和 toIndex（不包含）之间的子列表。
- int indexOf(Object o)：返回列表中指定元素的第一个索引（位置）。列表中的第一个元素的索引（位置）为 0。
- int lastIndexOf(Object o)：返回列表中指定元素的最后一个索引（位置）。列表中的最后一个元素的索引（位置）等于 list.size()–1。
- E remove(int index)：移除列表中位于指定位置的元素，返回被移除的元素。
- E set(int index, E element)：替换位于列表中指定位置的元素，返回被替换的元素。
- default void replaceAll(UnaryOperator<E> operator)：通过应用为将每个元素所提供的函数来转换列表。关于 UnaryOperator()函数，将在第 13 章中讨论。
- ListIterator<E> listIterator()：返回允许向后遍历列表的 ListIterator 对象。
- ListIterator<E> listIterator(int index)：返回一个 ListIterator 对象，该对象允许向后遍历子列表（从提供的位置开始）。例如：

```
List<String> list = List.of("s1", "s2", "s3");
ListIterator<String> li = list.listIterator();
while(li.hasNext()){
    System.out.print(li.next() + " ");         //prints: s1 s2 s3
```

```
}
while(li.hasPrevious()){
    System.out.print(li.previous() + " ");    //prints: s3 s2 s1
}
ListIterator<String> li1 = list.listIterator(1);
while(li1.hasNext()){
    System.out.print(li1.next() + " ");       //prints: s2 s3
}
ListIterator<String> li2 = list.listIterator(1);
while(li2.hasPrevious()){
    System.out.print(li2.previous() + " ");   //prints: s1
}
```

- default void sort(Comparator<? super E> c)：根据所提供的比较器生成的顺序对列表加以排序。例如：

```
List<String> list = new ArrayList<>();
list.add("S2");
list.add("s3");
list.add("s1");
System.out.println(list);                   //prints: [S2, s3, s1]

list.sort(String.CASE_INSENSITIVE_ORDER);
System.out.println(list);                   //prints: [s1, S2, s3]

//list.add(null);                           //causes NullPointerException
list.sort(Comparator.naturalOrder());
System.out.println(list);                   //prints: [S2, s1, s3]

list.sort(Comparator.reverseOrder());
System.out.println(list);                   //prints: [s3, s1, S2]

list.add(null);
list.sort(Comparator.nullsFirst(Comparator.naturalOrder()));
System.out.println(list);                   //prints: [null, S2, s1, s3]

list.sort(Comparator.nullsLast(Comparator.naturalOrder()));
System.out.println(list);                   //prints: [S2, s1, s3, null]

Comparator<String> comparator = (s1, s2) ->s1 == null ? -1 : s1.compareTo(s2);
list.sort(comparator);
System.out.println(list);                   //prints: [null, S2, s1, s3]
```

主要有两种方法对列表加以排序。列举如下：

- 使用 Comparable 接口实现，称为自然顺序（natural order）。
- 使用 Comparator 接口实现。

Comparable 接口只有一个 compareTo()方法。在前面示例中，曾实现了 Comparator 接口，它是基于 String 类所实现的 Comparable 接口。可以看到，这个实现提供了与 Comparator.nullsFirst(Comparator.naturalOrder())相同的排序顺序。这种实现称为函数式编程，函数式编程将在第 13 章中详细讨论。

6.1.6 Set 接口

Set 接口具有的方法，不属于其任何父接口。列举如下：

- of()：静态工厂方法。在 6.1.2 节中已描述过。

- static Set<E> copyOf(Collection<E> coll)：返回不可修改的 Set，此 Set 中包含给定 Collection 中的元素。它与 6.1.5 节描述的 static <E> List<E> copyOf(Collection<E> coll)方法的运作方式相同。

6.1.7 Map 接口

Map 接口具有很多方法，这些方法与 List 和 Set 的方法类似。列举如下：

- int size()。
- void clear()。
- int hashCode()。
- boolean isEmpty()。
- boolean equals(Object o)。
- default void forEach(BiConsumer<K,V> action)。
- 静态工厂方法，如 of()、of(K k, V v)、of(K k1, V v1, K k2, V v2)以及很多其他方法。

然而，Map 接口并不扩展 Iterable、Collection 或任何其他接口。设计 Map 接口的目的是能够通过键存储值。每个键都是唯一的，而多个相等的值可以用同一个映射中的不同键存储。键与值的组合构成一个 Entry。这个 Entry 是 Map 的内部接口。值对象和键对象都必须实现 equals()方法。键对象还必须实现 hashCode()方法。

Map 接口的许多方法具有与 List 和 Set 接口中完全相同的签名和功能，因此就不在这里重复讲解了，而只是浏览一下针对 Map 接口的方法。列举如下：

- V get(Object key)：根据所提供的键获取值。如果不存在这样的键，则返回 null。
- Set<K> keySet()：从映射中获取所有的键。
- Collection<V> values()：从映射中获取所有的值。
- boolean containsKey(Object key)：如果所提供的键存在于映射中，则返回 true。
- boolean containsValue(Object value)：如果所提供的值存在于映射中，则返回 true。
- V put(K key, V value)：将键及其值添加到映射中，返回以键存储的值。
- void putAll(Map<K,V> m)：添加从所提供的映射中复制所有键-值对。
- default V putIfAbsent(K key, V value)：如果所提供的键尚未被所提供映射使用，则将所提供的键和值存储到此映射中。返回映射给所提供键（现存的键或新键）的值。
- V remove(Object key)：从映射中删除键和值。如果不存在这样的键或者值为空，则返回值或 null。
- default boolean remove(Object key, Object value)：如果键-值对存在于映射中，则从映射中删除该键-值对。
- default V replace(K key, V value)：如果所提供的键当前被映射到所提供的值，则替换该值。若所提供的值被替换，返回旧值；否则，返回 null。
- default boolean replace(K key, V oldValue, V newValue)：如果所提供的键当前被映射到 oldValue，则用所提供的 newValue 替换 oldValue 值。如果 oldValue 被替换，则返回 true；否则，返回 false。
- default void replaceAll(BiFunction<K,V,V> function)：将所提供的函数应用于映射中

的每个键-值对，并用结果替换键-值对，或者在不可能的情况下抛出异常。

- Set<Map.Entry<K,V>> entrySet()：作为 Map.Entry 的对象，返回所有键-值对的集合。
- default V getOrDefault(Object key, V defaultValue)：返回映射到所提供键的值。如果映射没有所提供的键，则返回 defaultValue。
- static Map.Entry<K,V> entry(K key, V value)：返回不可修改的 Map.Entry 对象，其中包含所提供的键和值。
- static Map<K,V> copy(Map<K,V> map)：将所提供的 Map 转换为不可修改的 Map。

就本书涵盖的内容而言，下面的 Map 方法太过于复杂了。所以我们只是提一提而不予深究，以求内容的完整性。这些方法允许组合或计算多个值，并将值聚合到 Map 中现有的单个值中或创建一个新值。列举如下：

- default V merge(K key, V value, BiFunction<V,V,V> remappingFunction)：如果所提供的键-值对存在且值不为空，则使用所提供的函数计算新值。如果新计算的值为空，则删除键-值对；如果所提供的键-值对不存在或值为空，则所提供的非空值将替换当前值。该方法可用于多个值的聚合。例如，可以用于连接 String 值：map.merge(key, value, String::concat)。其中，String::concat 的含义将在第 13 章中予以解释。
- default V compute(K key, BiFunction<K,V,V> remappingFunction)：使用所提供的函数计算一个新值。
- default V computeIfAbsent(K key, Function<K,V> mappingFunction)：仅当所提供的键未与值关联或值为 null 时，才使用所提供的函数计算一个新值。
- default V computeIfPresent(K key, BiFunction<K,V,V> remappingFunction)：仅当所提供的键已与值关联且该值不为 null 时，才使用所提供的函数计算一个新值。

最后一组 computing 和 merging 方法很少使用。到目前为止，最常用的方法是 V put(K key, V value)方法和 V get(Object key)方法。这两个方法允许使用存储键-值对的主 Map 函数，并使用键来获取值。Set<K> keySet()方法通常用于遍历映射的键-值对，尽管 entrySet()方法用来做这件事儿似乎更为自然。例如：

```
Map<Integer, String> map = Map.of(1, "s1", 2, "s2", 3, "s3");

for(Integer key: map.keySet()){
    System.out.print(key + ", " + map.get(key) + ", ");
                                          //prints: 3, s3, 2, s2, 1, s1,
}
for(Map.Entry e: map.entrySet()){
    System.out.print(e.getKey() + ", " + e.getValue() + ", ");
                                          //prints: 2, s2, 3, s3, 1, s1,
}
```

上述代码示例中，第一个 for 循环使用更广泛的方法通过遍历键来访问映射的键-值对。第二个 for 循环用来遍历条目集。在我们看来，这样做更为自然。注意，打印出来的值的顺序与将它们放入映射中的顺序不同。因为自 Java 9 以来，不可修改的集合，即 of()工厂方法产生的集合，增加了 Set 元素顺序的随机性。这种方法在不同的代码执行间会更改元素的顺序。这样的设计，其目的是确保程序员不依赖于 Set 元素的某种顺序，因为这样的顺序对于集合来说是得不到保证的。

6.1.8 不可修改的集合

注意，of()工厂方法生成的集合，过去在 Java 9 中被称作不可改变的（immutable），而在 Java 10 中被称作不可修改的（unmodifiable）。这是因为“不可变”意味着不能更改其中任何内容，而实际上，如果集合元素是可修改的对象，那就可以加以改变。例如，构建一个 Person1 类的对象集合，如下所示：

```
class Person1 {
    private int age;
    private String name;
    public Person1(int age, String name) {
        this.age = age;
        this.name = name == null ? "" : name;
    }
    public void setName(String name){ this.name = name; }
    @Override
    public String toString() {
        return "Person{age=" + age +
                          ", name=" + name + "}";
    }
}
```

为简单起见，这里创建只有一个元素的列表，然后尝试修改元素。示例如下：

```
Person1 p1 = new Person1(45, "Bill");
List<Person1> list = List.of(p1);
//list.add(new Person1(22, "Bob"));
//UnsupportedOperationException
System.out.println(list);              //prints: [Person{age=45, name=Bill}]
p1.setName("Kelly");
System.out.println(list);              //prints: [Person{age=45, name=Kelly}]
```

由上可见，虽然不可能将元素添加到由 of()工厂方法创建的列表中，但是如果对元素的引用存在于列表之外，列表中的元素仍然是可以修改的。

6.2 Collections 实用工具

有两个带有静态方法的类，很流行也很有用，用以处理集合。列举如下：

- java.util.Collections。
- org.apache.commons.collections4.CollectionUtils。

称之为静态方法，意思是说这两个类不依赖于对象状态。因此，也称其为无状态方法（stateless methods）或实用工具方法（utilities methods）。

6.2.1 java.util.Collections 类

用于管理集合的 Collections 类中有许多方法，用以对集合加以分析、排序和比较。共有 70 多个方法，这里不可能都讨论到，而是着眼于主流开发人员最常用的方法。列举如下：

- static copy(List<T> dest, List<T> src)：将 src 列表中的元素复制到 dest 列表中，并保留元素顺序和元素在列表中的位置。目标 dest 列表的大小必须等于或大于 src 列表的大小，否则会引发运行时异常。下面举一个例子，说明此方法的用法：

```
List<String> list1 = Arrays.asList("s1","s2");
List<String> list2 = Arrays.asList("s3", "s4", "s5");
Collections.copy(list2, list1);
System.out.println(list2);                    //prints: [s1, s2, s5]
```

- static void sort(List<T> list)：根据每个元素所实现的 compareTo(T)方法（称为自然排序法）对列表进行排序。只接受实现了 Comparable 接口的元素列表，注意 Comparable 接口需要实现 compareTo(T)方法。下例中，使用了 List<String>，因为 String 类实现了 Comparable。具体如下：

```
//List<String> list = List.of("a", "X", "10", "20", "1", "2");
List<String> list = Arrays.asList("a", "X", "10", "20", "1", "2");
Collections.sort(list);
System.out.println(list);                     //prints: [1, 10, 2, 20, X, a]
```

注意，不应使用 List.of()方法来创建列表，因为那样创建的列表是不可修改的，并且其中的顺序也不能更改。看看随后生成的顺序：数字先出现，然后是大写字母，最后是小写字母。这是因为 String 类的 compareTo()方法使用字符的码点来建立顺序。示例代码如下：

```
List<String> list = Arrays.asList("a", "X", "10", "20", "1", "2");
Collections.sort(list);
System.out.println(list);            //prints: [1, 10, 2, 20, X, a]
list.forEach(s -> {
    for(int i = 0; i < s.length(); i++){
       System.out.print(" " + Character.codePointAt(s, i));
    }
    if(!s.equals("a")) {
        System.out.print(",");       //prints: 49, 49 48, 50, 50 48, 88, 97
    }
});
```

由上可见，顺序由组成字符串的字符的码点来确定。

- static void sort(List<T> list, Comparator<T> comparator)：无论 List 元素是否实现了 Comparable 接口，都会根据所提供的 Comparator 对象对列表的顺序进行排序。例如，对组成 Person 类的对象列表进行排序。具体如下：

```
class Person {
   private int age;
   private String name;
   public Person(int age, String name) {
      this.age = age;
      this.name = name == null ? "" : name;
   }
   public int getAge() { return this.age; }
   public String getName() { return this.name; }
   @Override
   public String toString() {
      return "Person{name=" + name + ", age=" + age + "}";
   }
}
```

下面用 Comparator 类来给 Person 对象列表排序。具体如下：

```
class ComparePersons implements Comparator<Person> {
    public int compare(Person p1, Person p2){
        int result = p1.getName().compareTo(p2.getName());
        if (result != 0) { return result; }
        return p1.age - p2.getAge();
    }
}
```

现在，可以使用 Person 类和 ComparePersons 类了。具体如下：

```
List<Person> persons = Arrays.asList(new Person(23, "Jack"),
              new Person(30, "Bob"), new Person(15, "Bob"));
Collections.sort(persons, new ComparePersons());
System.out.println(persons);                  //prints: [Person{name=Bob, age=15},
                                              //Person{name=Bob, age=30},
                                              //Person{name=Jack, age=23}]
```

前面已经提过，Collections 类中还有很多实用工具。所以，建议读者至少浏览一遍 Collections 类的文档，了解其所有功能。

6.2.2　org.apache.commons.collections4.CollectionUtils 类

Apache Commons 项目中的 org.apache.commons.collections4.CollectionUtils 类包含有静态无状态方法。这些方法补充了 java.util.Collections 类的方法，有助于搜索、处理和比较 Java 集合。

要使用这个类，需要将以下依赖项添加到 Maven 的 pom.xml 配置文件中。

```
<dependency>
    <groupId>org.apache.commons</groupId>
    <artifactId>commons-collections4</artifactId>
    <version>4.1</version>
</dependency>
```

这个类中已经具有很多方法了，但随着时间的推移，更多的方法或许会添加进来。这些实用工具是在 Collections 方法之外创建的，因此它们更加复杂和微妙，不适合本书的讨论范围。为了了解 CollectionUtils 类中可用的方法，这里将这些方法按功能分成组，并做简短描述。列举如下：

- 从集合中获取一个元素的方法。
- 向集合添加一个元素或一组元素的方法。
- 将可迭代元素合并到集合中的方法。
- 删除（或保留）满足（或不满足）条件的元素的方法。
- 比较两个集合的方法。
- 转换集合的方法。
- 从集合中选择，以及过滤集合的方法。
- 生成两个集合的并集、交集或差集的方法。
- 创建不可变空集合的方法。
- 检查集合大小和空值的方法。
- 还有一个方法，可以反转数组。

最后一个方法应属于数组处理的实用工具类，也是即将讨论的。

6.3　Arrays 实用工具

有两个带有静态方法的类，很流行也很有用，用以处理数组。列举如下：

- java.util.Arrays。
- org.apache.commons.lang3.ArrayUtils。

下面分别简要讨论一下这两个类。

6.3.1　java.util.Arrays 类

前面已经多次用过 java.util.Arrays 类，它是数组管理中主要实用工具类。因为 asList(T⋯ a)方法的使用，这个实用工具类曾一度非常流行。这个类是创建和初始化集合最紧凑的方式。例如：

```
List<String> list = Arrays.asList("s0", "s1");
Set<String> set = new HashSet<>(Arrays.asList("s0", "s1");
```

这仍然是创建可修改列表的流行方式，前面也用过。然而，在引入 List.of()工厂方法之后，Arrays 类受欢迎的程度就明显下降了。

可是如果需要管理数组，那么 Arrays 类可能就很管用了。这个类包含 160 多个方法，其中的大多数都使用不同的参数和数组类型重载。如果按方法名对它们进行分组，可分成 21 个组。如果进一步按功能对它们进行分组，那么只有 10 组将涵盖 Arrays 类的所有功能。列举如下：

- asList()：根据所提供的数组或用逗号分隔的参数列表来创建 ArrayList 对象。
- binarySearch()：搜索数组或只搜索数组的指定部分（通过索引的范围）。
- compare()、mismatch()、equals()和 deepEquals()：比较两个数组或其中一部分（根据索引的范围）。
- copyOf()和 copyOfRange()：复制所有数组或只复制其中指定的部分（由索引的范围决定）。
- hashcode()和 deepHashCode()：根据所提供的数组生成散列码值。
- toString()和 deepToString()：返回数组的字符串表示形式。
- fill()、setAll()、parallelPrefix()和 parallelSetAll()：设置数组中每个元素或由索引指定范围的元素的值（固定的值或由所提供的函数生成的值）。
- sort()和 parallelSort()：对数组的元素或数组的一部分进行排序（由索引的范围指定）。
- splititerator()：返回 Splititerator 对象，用于并行处理数组或数组的一部分（由索引的范围指定）。
- stream()：生成数组元素或其中一些元素的流（由索引的范围指定）。参见第 14 章。

上述所列方法都很有用，但是应该关注 equals(a1, a2)方法和 deepEquals(a1, a2)方法。若比较数组，这两个方法尤其有用，因为数组对象不能实现 equals()自定义方法，而是使用 Object 类的实现（仅比较引用）。equals(a1, a2)方法和 deepEquals(a1, a2)方法不仅仅允许比较 a1 和 a2 引用，而且还使用 equals()方法来比较元素。下面代码演示了这些方法的工作原理。具体如下：

```
String[] arr1 = {"s1", "s2"};
String[] arr2 = {"s1", "s2"};
System.out.println(arr1.equals(arr2));                 //prints: false
System.out.println(Arrays.equals(arr1, arr2));         //prints: true
System.out.println(Arrays.deepEquals(arr1, arr2));     //prints: true

String[][] arr3 = {{"s1", "s2"}};
String[][] arr4 = {{"s1", "s2"}};
System.out.println(arr3.equals(arr4));                 //prints: false
System.out.println(Arrays.equals(arr3, arr4));         //prints: false
System.out.println(Arrays.deepEquals(arr3, arr4));     //prints: true
```

可以看到，当一个数组的每个元素都等于另一个数组中位于相同位置的元素时，每次比较两个相等的数组，Arrays.deepEquals()返回 true，而 Arrays.equals()方法执行相同的操作，但针对的只是一维数组。

6.3.2 org.apache.commons.lang3. ArrayUtils 类

org.apache.commons.lang3.ArrayUtils 类是对 java.util.Arrays 类的补充。补充有两点：一是向数组管理工具包添加新方法；二是在可能抛出 NullPointerException 的情况下增添对 null 的处理能力。要使用这个类，需要将以下依赖项添加到 Maven 的 pom.xml 配置文件中。

```
<dependency>
    <groupId>org.apache.commons</groupId>
    <artifactId>commons-lang3</artifactId>
    <version>3.8.1</version>
</dependency>
```

ArrayUtils 类大约有 300 个重载方法，可以汇集到 12 个组中。列举如下：

- add()、addAll()和 insert()：向数组中添加元素。
- clone()：克隆一个数组，类似于 Arrays 类的 copyOf()方法和 java.lang.System 的 arraycopy()方法。
- getLength()：返回数组长度或 0（数组本身为 null 时）。
- hashCode()：计算数组的散列值，包括嵌套数组。
- contains()、indexOf()和 lastIndexOf()：搜索数组。
- isSorted()、isEmpty()和 isNotEmpty()：检查数组并处理 null。
- isSameLength()和 isSameType()：比较数组。
- nullToEmpty()：将 null 数组转换为空数组。
- remove()、removeAll()、removeElement()、removeElements()和 removeAllOccurances()：删除某些或所有元素。
- reverse()、shift()、shuffle()、swap()：改变数组元素的顺序。
- subarray()：根据索引的范围提取数组的一部分。
- toMap()、toObject()、toPrimitive()、toString()、toStringArray()：将数组转换为另一种类型并处理空值。

6.4　Objects 实用工具

本节介绍下面两个实用工具类：

- java.util.Objects。
- org.apache.commons.lang3.ObjectUtils。

这两个实用工具类在创建类时特别有用，因此主要关注与此任务相关的方法。

6.4.1　java.util.Objects 类

Objects 类只有 17 个方法，且都是静态的。下面看看其中几个方法如何应被用到 Person 类。假设这个类是集合的一个元素，那就意味着这个类必须实现 equals()方法和 hashCode()方法。示例如下：

```
class Person {
   private int age;
   private String name;
   public Person(int age, String name) {
      this.age = age;
      this.name = name;
   }
   public int getAge(){ return this.age; }
   public String getName(){ return this.name; }
   @Override
   public boolean equals(Object o) {
      if (this == o) return true;
      if (o == null) return false;
      if(!(o instanceof Person)) return false;
      Person person = (Person)o;
      return age == person.getAge() &&
         Objects.equals(name, person.getName());
   }
   @Override
   public int hashCode(){
      return Objects.hash(age, name);
   }
}
```

注意，这里没有检查属性 name 是否为 null，因为 Object.equals()在任何参数都为 null 时不会中断。Object.equals()只做比较对象的工作。如果其中只有一个为 null，则返回 false。如果两者都为 null，则返回 true。

使用 Object.equals()是实现 equals()方法的一种安全方式。但是，如果需要比较的对象可能是数组，最好使用 Objects.deepEquals()方法。因为 Objects.deepEquals()方法不仅像 Object.equals()方法那样处理 null，而且还比较所有数组元素的值，哪怕数组是多维的。具体如下：

```
String[][] x1 = {{"a","b"},{"x","y"}};
String[][] x2 = {{"a","b"},{"x","y"}};
String[][] y = {{"a","b"},{"y","y"}};
```

```
System.out.println(Objects.equals(x1, x2));           //prints: false
System.out.println(Objects.equals(x1, y));            //prints: false
System.out.println(Objects.deepEquals(x1, x2));       //prints: true
System.out.println(Objects.deepEquals(x1, y));        //prints: false
```

Objects.hash()方法也处理 null 值。需要记住的一件重要事情，就是 equals()方法中比较的属性列表必须匹配作为参数传递给 Objects.hash()的属性列表。否则，两个相等的 Person 对象将具有不同的散列值，这使得基于散列的集合不能正确运作。

另一点值得注意的是，还有另一个与散列相关的 Objects.hashCode()方法，只接受一个参数。但是它生成的值不等于只包含一个参数的 Objects.hash()生成的值。例如：

```
System.out.println(Objects.hash(42) == Objects.hashCode(42));
                                                       //prints: false
System.out.println(Objects.hash("abc") == Objects.hashCode("abc"));
                                                       //prints: false
```

要避免出现这种警告，那就始终使用 Objects.hash()方法。还有一种混乱有可能出现。示例代码如下：

```
System.out.println(Objects.hash(null));               //prints: 0
System.out.println(Objects.hashCode(null));           //prints: 0
System.out.println(Objects.hash(0));                  //prints: 31
System.out.println(Objects.hashCode(0));              //prints: 0
```

由上可见，Objects.hashCode()方法为 null 和 0 时，生成相同的散列值。这对于一些基于散列值的算法可能会产生问题。

static <T> int compare (T a, T b, Comparator<T> c)是另一个流行的方法，返回 0（如果参数相等），否则返回 c.compare(a, b)的结果。这个方法对于实现 Comparable 接口（为自定义对象的排序建立自然顺序）非常有用。例如：

```
class Person implements Comparable<Person> {
    private int age;
    private String name;
    public Person(int age, String name) {
        this.age = age;
        this.name = name;
    }
    public int getAge(){ return this.age; }
    public String getName(){ return this.name; }
    @Override
    public int compareTo(Person p){
        int result = Objects.compare(name, p.getName(),
                                     Comparator.naturalOrder());
        if (result != 0) {
            return result;
        }
        return Objects.compare(age, p.getAge(),
                                     Comparator.naturalOrder());
    }
}
```

以这种方式，你可以通过设置 Comparator.reverseOrder()值，或者通过添加 Comparator.nullFirst()或 Comparator.nullLast()，轻松地更改排序的算法。

此外，6.2.1 节中用到的 Comparator 实现，可以通过使用 Objects.compare()变得更加灵活。例如：

```
class ComparePersons implements Comparator<Person> {
   public int compare(Person p1, Person p2){
   int result = Objects.compare(p1.getName(), p2.getName(),
                                        Comparator.naturalOrder());
   if (result != 0) {
      return result;
   }
   return Objects.compare(p1.getAge(), p2.getAge(),
                                        Comparator.naturalOrder());
   }
}
```

最后一点，下面讨论 Objects 类的最后两个方法。这两个方法生成对象的字符串表达，需要在对象上调用 toString()方法但不确定对象引用是否为空时，这两个方法便唾手可得了。例如：

```
List<String> list = Arrays.asList("s1", null);
for(String e: list){
   //String s = e.toString(); //NullPointerException
}
```

上述示例中，每个元素的确切值是已知的。但是想象一下，列表要作为参数传递给方法，那就要强制写出代码。例如：

```
void someMethod(List<String> list){
   for(String e: list){
      String s = e == null ? "null" : e.toString();
   }
}
```

看起来，这没有什么大不了的。但是，这样的代码写了十几次后，程序员自然而然就会想到可以用某种实用方法来完成这一切。此时，Objects 类的两个方法该派上用场了，如下所示：

- static String toString(Object o)：当参数值不为空时，返回调用 toString()的结果；当参数值为空时，返回 null。
- static String toString(Object o, String nullDefault)：当第一个参数值不为空时，返回调用 toString()的结果；当第一个参数值为空时，返回第二个参数 nullDefault 值。

下面代码对这两种方法加以演示。具体如下：

```
List<String> list = Arrays.asList("s1", null);
for(String e: list){
   String s = Objects.toString(e);
   System.out.print(s + " ");                //prints: s1 null
}
for(String e: list){
   String s = Objects.toString(e, "element was null");
   System.out.print(s + " ");                //prints: s1 element was null
}
```

在撰写本书时，Objects 类有 17 个方法。建议熟悉这些方法，避免自己埋头编写实用程序，做无用功，全然不知你编写的程序有现成的。

6.4.2 org.apache.commons.lang3.ObjectUtils 类

6.4.1 节的最后一句话也适用于 Apache Commons 工具库的 org.apache.commons.lang3. ObjectUtils 类，它是对 java.util.Objects 类方法的补充（6.4.1 节做过说明）。本书的内容和篇幅不容许详细讨论 ObjectUtils 类的所有方法，因此将根据其相关功能加以分组，并做简要介绍。要想使用这个类，需要将以下依赖项添加到 Maven 的 pom.xml 配置文件中。

```
<dependency>
    <groupId>org.apache.commons</groupId>
    <artifactId>commons-lang3</artifactId>
    <version>3.8.1</version>
</dependency>
```

ObjectUtils 类的所有方法可以分成 7 组，如下所示：

- 对象克隆的方法。
- 支持对两个对象加以比较的方法。
- notEqual()方法，用于比较两个对象不相等，其中一个或两个对象都可能为 null。
- 几个 identityToString()方法，生成所提供对象的字符串表示形式，如同 toString()生成的结果。toString()是 Object 基类的默认方法，并且可以将其附加到另一个对象上。
- allNotNull()和 anyNotNull()方法，用于分析对象数组是否为 null。
- firstNonNull()和 defaultIfNull()方法，用于分析对象数组并返回第一个非空对象或默认值。
- max()、min()、mid()和 mode()方法，分析对象数组并返回其中与方法名称相对应的一个值。

6.5 java.time 包

java.time 包及其子包中含有很多类。引进该包是为了替代其他（早期的包）处理日期和时间的类。新类是线程安全的（因此更适合多线程处理），而且更重要的是新类的设计更具一致性，更易于理解。此外，新的实现遵循国际标准化组织（ISO）规定的日期和时间格式，但也允许使用任何其他自定义格式。

下面主要对 5 个类予以说明，同时演示其用法。列举如下：

- java.time.LocalDate。
- java.time.LocalTime。
- java.time.LocalDateTime。
- java.time.Period。
- java.time.Duration。

上述所有类和 java.time 包及其子包的其他类，都具有各种丰富的功能，涵盖所有实际情况。但这里不打算全部加以讨论，只介绍基本的类和最流行的用法示例。

6.5.1 LocalDate 类

LocalDate 类不含时间，表示符合 ISO 8601 格式（YYYY-MM- DD）日期。例如：

```
System.out.println(LocalDate.now()); //prints: 2019-03-04
```

这是本书写到此时的当前日期。这个值取自计算机时钟。类似地，可以使用 static now(ZoneId zone)方法获取其他时区的当前日期。可以使用静态 ZoneId.of(String zoneId)方法构造 ZoneId 对象。其中，zoneId 是 ZonId.getAvailableZoneIds()方法返回的 String 值。代码如下：

```
Set<String> zoneIds = ZoneId.getAvailableZoneIds();
for(String zoneId: zoneIds){
    System.out.println(zoneId);
}
```

上述代码可打印近 600 个时区 ID。下面是其中的一部分：

```
Asia/Aden
Etc/GMT+9
Africa/Nairobi
America/Marigot
Pacific/Honolulu
Australia/Hobart
Europe/London
America/Indiana/Petersburg
Asia/Yerevan
Europe/Brussels
Asia/Tokyo
```

若使用 Asia/Tokyo 时区，代码如下：

```
ZoneId zoneId = ZoneId.of("Asia/Tokyo");
System.out.println(LocalDate.now(zoneId));    //prints: 2019-03-05
```

LocalDate 的一个对象可以表示过去或将来的任何日期。还可以使用下面一些方法，列举如下：

- LocalDate parse(CharSequence text)：从 ISO 8601 格式（YYYY-MM-DD）的一个字符串中构建日期对象。
- LocalDate parse(CharSequence text, DateTimeFormatter formatter)：从字符串构建日期对象，其格式由 DateTimeFormatter 对象指定，该对象具有丰富的模式系统和许多预定义的格式。列举部分如下：
  - BASIC_ISO_DATE，例如：20111203。
  - ISO_LOCAL_DATE ISO，例如：2011-12-03。
  - ISO_OFFSET_DATE，例如：2011-12-03+01:00。
  - ISO_DATE，例如：2011-12-03+01:00; 2011-12-03。
  - ISO_LOCAL_TIME，例如：10:15:30。
  - ISO_OFFSET_TIME，例如：10:15:30+01:00。
  - ISO_TIME，例如：10:15:30+01:00; 10:15:30。
  - ISO_LOCAL_DATE_TIME，例如：2011-12-03T10:15:30。
- LocalDate of(int year, int month, int dayOfMonth)：用年、月和日构建一个日期对象。
- LocalDate of(int year, Month month, int dayOfMonth)：用年、月（使用枚举常量）和日构建一个日期对象。

- LocalDate ofYearDay(int year, int dayOfYear)：用年和年中的日构建一个日期对象。

对上列方法予以演示，代码如下：

```
LocalDate lc1 = LocalDate.parse("2020-02-23");
System.out.println(lc1);                     //prints: 2020-02-23

LocalDate lc2 =
          LocalDate.parse("20200223", DateTimeFormatter.BASIC_ISO_DATE);
System.out.println(lc2);                     //prints: 2020-02-23

DateTimeFormatter formatter = DateTimeFormatter.ofPattern("dd/MM/yyyy");
LocalDate lc3 = LocalDate.parse("23/02/2020", formatter);
System.out.println(lc3);                     //prints: 2020-02-23

LocalDate lc4 = LocalDate.of(2020, 2, 23);
System.out.println(lc4);                     //prints: 2020-02-23

LocalDate lc5 = LocalDate.of(2020, Month.FEBRUARY, 23);
System.out.println(lc5);                     //prints: 2020-02-23

LocalDate lc6 = LocalDate.ofYearDay(2020, 54);
System.out.println(lc6);                     //prints: 2020-02-23
```

LocalDate 对象可以提供各种值。例如：

```
LocalDate lc = LocalDate.parse("2020-02-23");
System.out.println(lc);                      //prints: 2020-02-23
System.out.println(lc.getYear());            //prints: 2020
System.out.println(lc.getMonth());           //prints: FEBRUARY
System.out.println(lc.getMonthValue());      //prints: 2
System.out.println(lc.getDayOfMonth());      //prints: 23
System.out.println(lc.getDayOfWeek());       //prints: SUNDAY
System.out.println(lc.isLeapYear());         //prints: true
System.out.println(lc.lengthOfMonth());      //prints: 29
System.out.println(lc.lengthOfYear());       //prints: 366
```

LocalDate 对象可被修改，如下所示：

```
LocalDate lc = LocalDate.parse("2020-02-23");
System.out.println(lc.withYear(2021));       //prints: 2021-02-23
System.out.println(lc.withMonth(5));         //prints: 2020-05-23
System.out.println(lc.withDayOfMonth(5));    //prints: 2020-02-05
System.out.println(lc.withDayOfYear(53));    //prints: 2020-02-22
System.out.println(lc.plusDays(10));         //prints: 2020-03-04
System.out.println(lc.plusMonths(2));        //prints: 2020-04-23
System.out.println(lc.plusYears(2));         //prints: 2022-02-23
System.out.println(lc.minusDays(10));        //prints: 2020-02-13
System.out.println(lc.minusMonths(2));       //prints: 2019-12-23
System.out.println(lc.minusYears(2));        //prints: 2018-02-23
```

LocalDate 对象可被比较，如下所示：

```
LocalDate lc1 = LocalDate.parse("2020-02-23");
LocalDate lc2 = LocalDate.parse("2020-02-22");
System.out.println(lc1.isAfter(lc2));        //prints: true
System.out.println(lc1.isBefore(lc2));       //prints: false
```

LocalDate 类中还有许多其他有用的方法。如果必须与日期打交道，建议阅读这个类的 API，以及 java.time 包及其子包中其他类的 API。

6.5.2　LocalTime 类

LocalTime 类含有时间，但不含日期。其方法类似于 LocalDate 类的方法。如何创建 LocalTime 类的对象？示例如下：

```
System.out.println(LocalTime.now());          //prints: 21:15:46.360904

ZoneId zoneId = ZoneId.of("Asia/Tokyo");
System.out.println(LocalTime.now(zoneId));    //prints: 12:15:46.364378

LocalTime lt1 = LocalTime.parse("20:23:12");
System.out.println(lt1);                      //prints: 20:23:12

LocalTime lt2 = LocalTime.of(20, 23, 12);
System.out.println(lt2);                      //prints: 20:23:12
```

时间值的每个分量都可以从 LocalTime 对象中提取，如下所示：

```
LocalTime lt2 = LocalTime.of(20, 23, 12);
System.out.println(lt2);                      //prints: 20:23:12

System.out.println(lt2.getHour());            //prints: 20
System.out.println(lt2.getMinute());          //prints: 23
System.out.println(lt2.getSecond());          //prints: 12
System.out.println(lt2.getNano());            //prints: 0
```

LocalTime 类的对象可被修改。例如：

```
LocalTime lt2 = LocalTime.of(20, 23, 12);
System.out.println(lt2.withHour(3));          //prints: 03:23:12
System.out.println(lt2.withMinute(10));       //prints: 20:10:12
System.out.println(lt2.withSecond(15));       //prints: 20:23:15
System.out.println(lt2.withNano(300));        //prints: 20:23:12.000000300
System.out.println(lt2.plusHours(10));        //prints: 06:23:12
System.out.println(lt2.plusMinutes(2));       //prints: 20:25:12
System.out.println(lt2.plusSeconds(2));       //prints: 20:23:14
System.out.println(lt2.plusNanos(200));       //prints: 20:23:12.000000200
System.out.println(lt2.minusHours(10));       //prints: 10:23:12
System.out.println(lt2.minusMinutes(2));      //prints: 20:21:12
System.out.println(lt2.minusSeconds(2));      //prints: 20:23:10
System.out.println(lt2.minusNanos(200));      //prints: 20:23:11.999999800
```

LocalTime 类的两个对象也可以进行比较。例如：

```
LocalTime lt2 = LocalTime.of(20, 23, 12);
LocalTime lt4 = LocalTime.parse("20:25:12");
System.out.println(lt2.isAfter(lt4));         //prints: false
System.out.println(lt2.isBefore(lt4));        //prints: true
```

LocalTime 类中还有许多其他有用的方法。如果必须跟时间打交道，建议阅读这个类的 API，以及 java.time 包及其子包中其他类的 API。

6.5.3　LocalDateTime 类

LocalDateTime 类同时含有日期和时间，并具有 LocalDate 和 LocalTime 类所有方法。因此，就不在此重复解释了。下面只展示一下如何创建 LocalDateTime 类的对象。示例如下：

```
System.out.println(LocalDateTime.now());
                                            //prints: 2019-03-04T21:59:00.142804
ZoneId zoneId = ZoneId.of("Asia/Tokyo");
System.out.println(LocalDateTime.now(zoneId));
                                            //prints: 2019-03-05T12:59:00.146038
LocalDateTime ldt1 = LocalDateTime.parse("2020-02-23T20:23:12");
System.out.println(ldt1);                   //prints: 2020-02-23T20:23:12
DateTimeFormatter formatter =
        DateTimeFormatter.ofPattern("dd/MM/yyyy HH:mm:ss");
LocalDateTime ldt2 =
        LocalDateTime.parse("23/02/2020 20:23:12", formatter);
System.out.println(ldt2);                   //prints: 2020-02-23T20:23:12
LocalDateTime ldt3 = LocalDateTime.of(2020, 2, 23, 20, 23, 12);
System.out.println(ldt3);                   //prints: 2020-02-23T20:23:12
LocalDateTime ldt4 =
        LocalDateTime.of(2020, Month.FEBRUARY, 23, 20, 23, 12);
System.out.println(ldt4);                   //prints: 2020-02-23T20:23:12

LocalDate ld = LocalDate.of(2020, 2, 23);
LocalTime lt = LocalTime.of(20, 23, 12);
LocalDateTime ldt5 = LocalDateTime.of(ld, lt);
System.out.println(ldt5);                   //prints: 2020-02-23T20:23:12
```

LocalDateTime 类中还具有许多其他有用的方法。如果必须跟日期打交道，建议阅读这个类的 API，以及 java.time 包及其子包中其他类的 API。

6.5.4 Period 类和 Duration 类

设计 java.time.Period 类和 java.time.Duration 类的目的就是要包含一定的时间量。例如：

- Period 对象包含以年、月和天为单位的时间量。
- Duration 对象包含以小时、分钟、秒和纳秒为单位的时间量。

下面的代码中采用 LocalDateTime 类演示了这两个类的创建和用法。但是，LocalDate 类（用于 Period）和 LocalTime 类（用于 Duration）中也存在相同的方法。具体如下：

```
LocalDateTime ldt1 = LocalDateTime.parse("2020-02-23T20:23:12");
LocalDateTime ldt2 = ldt1.plus(Period.ofYears(2));
System.out.println(ldt2);                   //prints: 2022-02-23T20:23:12
```

以下方法运行方式相同：

```
LocalDateTime ldt = LocalDateTime.parse("2020-02-23T20:23:12");
ldt.minus(Period.ofYears(2));
ldt.plus(Period.ofMonths(2));
ldt.minus(Period.ofMonths(2));
ldt.plus(Period.ofWeeks(2));
ldt.minus(Period.ofWeeks(2));
ldt.plus(Period.ofDays(2));
ldt.minus(Period.ofDays(2));
ldt.plus(Duration.ofHours(2));
ldt.minus(Duration.ofHours(2));
ldt.plus(Duration.ofMinutes(2));
ldt.minus(Duration.ofMinutes(2));
ldt.plus(Duration.ofMillis(2));
ldt.minus(Duration.ofMillis(2));
```

还有其他一些创建和使用 Period 对象的方法。例如：

```
LocalDate ld1 = LocalDate.parse("2020-02-23");
LocalDate ld2 = LocalDate.parse("2020-03-25");
Period period = Period.between(ld1, ld2);
System.out.println(period.getDays());        //prints: 2
System.out.println(period.getMonths());      //prints: 1
System.out.println(period.getYears());       //prints: 0
System.out.println(period.toTotalMonths());  //prints: 1
period = Period.between(ld2, ld1);
System.out.println(period.getDays());        //prints: -2
```

Duration 对象的创建和使用，操作类似。示例如下：

```
LocalTime lt1 = LocalTime.parse("10:23:12");
LocalTime lt2 = LocalTime.parse("20:23:14");
Duration duration = Duration.between(lt1, lt2);
System.out.println(duration.toDays());        //prints: 0
System.out.println(duration.toHours());       //prints: 10
System.out.println(duration.toMinutes());     //prints: 600
System.out.println(duration.toSeconds());     //prints: 36002
System.out.println(duration.getSeconds());    //prints: 36002
System.out.println(duration.toNanos());       //prints: 36002000000000
System.out.println(duration.getNano());       //prints: 0
```

在 Period 和 Duration 类中还含有许多其他有用的方法。如果必须跟日期打交道，建议阅读这个类的 API，以及 java.time 包及其子包中其他类的 API。

本 章 小 结

本章向读者介绍了 Java 集合框架及其三个主要接口：List、Set 和 Map。讨论了这三个接口，并用其中一个实现类演示了这三个接口的方法。还对泛型做了解释和演示。equals()方法和 hashCode()方法必须予以实现，目的就是让对象能够被 Java 集合正确地处理。

实用工具类 Collections 和 CollectionUtils 具有许多有用的方法，用以处理集合，并用实例加以演示。同时，以同样的方式讨论了 Arrays、ArrayUtils、Objects 和 ObjectUtils 类。java.time 包中类的方法用以管理时间和日期值，并以具体而实用的代码段加以演示。

第 7 章将对 Java 类库和一些外部库做概述，包括那些支持测试的库。具体来说，将探索 org.junit、org.mockito、org.apache.log4j、org.slf4j 和 org.apache.commons 包及其子包中的类。

第7章

Java 标准库和外部库

Java 标准库也称 Java 类库（JCL）。不使用 Java 标准库，就无法编写 Java 程序。要想编程获得成功，熟谙标准库至关重要。可以说，标准库跟 Java 语言本身的知识同样重要。

还有一些非标准库，不包含在 Java 开发工具包（JDK）中，故称外部库（external libraries）或第三方库（third-party libraries）。很长时间以来，其中有一些外部库已经成为程序员工具包中永久的成员了。

要跟踪这些库中所有可用的功能，并非易事。集成开发环境（IDE）能够给出提示，介绍这门语言具有什么可能性，但无法对尚未导入的包具有什么功能给出建议。唯一自动导入的包是 java.lang 包。

本章的目的是为读者概述最为流行的 JCL 包和外部库的功能。

本章将涵盖以下主题：

- Java 类库（JCL）。
- java.lang 包。
- java.util 包。
- java.time 包。
- java.io 包和 java.nio 包。
- java.sql 包和 javax.sql 包。
- java.net 包。
- java.lang.Math 类和 java.math 包。
- java.awt 包、javax.swing 包和 javafx 包。
- Java 外部库。
- org.junit 包。
- org.mockito 包。
- org. apache.log4j 包和 org.slf4j 包。
- org.apache.commons 包。

7.1 Java 类库

Java 类库（JCL）是包的一个集合，用以实现 Java 语言。简单来说，JCL 是 JDK 中可用的.class 文件集合。一旦安装 Java，就将这些包也一并安装进去，成为 Java 的一部分，并可使用 JCL 类作为构建块来构建应用程序代码。这些构建块负责完成许多底层开发工作。JCL 的丰富性和易用性极大地促进了 Java 的流行。

无须向 pom.xml 文件添加依赖项，就可导入 JCL 包为你所用。因为 Maven 自动将 JCL 添加到类路径，这就是标准库和外部库的区别。如果需要在 Maven 的 pom.xml 配置文件中添加一个库（通常是.jar 文件）作为依赖项，那么这个库就是外部库。否则，就是 Java 标准库或 JCL。

有一些 JCL 包名以 java 开头。从传统意义而言，这样的包被称为 Java 核心包（core Java packages），而那些以 javax 开头的包则被称为“扩展”包。这样做可能是因为“扩展”被认为是可选的，甚至可能是独立于 JDK 而发布的。有人也曾尝试将以前的扩展库提升为核心包。但是，需要将包名从 java 更改为 javax，这将破坏已经使用 javax 包的应用程序。因此，这个想法就不了了之，核心和扩展之间的区别就逐渐消失了。

如果查看 Oracle 官方网站上发布的 Java API，将会看到，上面作为标准包列出的不仅有 java 包和 javax 包，而且还有 jdk、com.sun、org.xml 包以及其他一些包。这些额外包主要被工具程序或其他专门的应用程序使用。本书中，主要将注意力放在主流 Java 编程上，所以只讨论 java 包和 javax 包。

7.1.1 java.lang 包

这个包处于最为基础的地位，不需要导入即可使用。JVM 作者的决定是将其自动导入。这个包中含有最常用的 JCL 类。列举如下：

- Object 类：所有 Java 类的基类。
- Class 类：运行时携带每个加载类的元数据。
- String、StringBuffer 和 StringBuilder 类：支持使用字符串的操作。
- 所有基本类型的包装器类，包括 Byte、Boolean、Short、Character、Integer、Long、Float 和 Double 等。
- Number 类：（上列所有）数值基本类型的包装器类的基类，Boolean 类除外。
- System 类：提供了对重要的系统操作和标准的输入输出的访问（本书每个代码示例中都用过 System.out 对象）。
- Runtime 类：提供对执行环境的访问。
- Thread 类和 Runnable 接口：创建 Java 线程的基础类型。
- Iterable 接口：用于迭代语句。
- Math 类：为基本的数值操作提供了方法。
- Throwable 类：所有异常类的基类。
- Error 类：一种异常类，其所有子类都用于传达不应被应用程序捕获的系统错误。
- Exception 类：该类及其直系子类表示受检型异常。
- RuntimeException 类：该类及其子类表示非受检型异常，也称作运行时异常。
- ClassLoader 类：读取.class 文件并将其装入（载入）内存。此类还可以用来构建定制的类加载器。
- Process 类和 ProcessBuilder 类：允许创建其他 JVM 进程。
- 许多其他有用的类和接口。

7.1.2 java.util 包

java.util 包中大部分成员用于支持 Java 集合。列举如下：

- Collection 接口：此为许多集合接口的基础接口。它声明了管理集合元素所需的所有基本方法，如 size()、add()、remove()、contains()、stream()等方法。它还扩展了 java.lang.Iterable 接口并继承其方法，包括 iterator()和 forEach()。这意味着 Collection 接口的实现或其任一子接口（如 List、Set、Queue、Deque 等）的实现；也可用在迭代语句中，包括 ArrayList、LinkedList、HashSet、AbstractQueue、ArrayDeque 等。
- Map 接口及实现 Map 接口的类：HashMap、TreeMap 等。
- Collections 类：提供许多静态方法来分析、操作和转换集合。
- 许多其他集合接口、类和相关的实用工具。

在第 6 章已经讨论了 Java 集合，还见过 Java 集合的用例。java.util 包中还含有其他有用的类。例如：

- Objects：提供各种与对象相关的实用工具方法，其中一些已经在第 6 章中介绍过。
- Arrays：包含大约 160 个用于操作数组的静态方法，其中一些已经在第 6 章中讨论过。
- Formatter：允许对任何基本类型、String、Date 等进行格式化。已经在第 6 章中使用实例演示过其用法。
- Optional、OptionalInt、OptionalLong 和 OptionalDouble：通过包装实际值（可能是 null，也可能不是 null），这些类有助于避免产生 NullPointerException。
- Properties：有助于读取和创建用于应用程序配置及类似用途的键-值对。
- Random：通过生成伪随机数来补充 java.lang.Math.random()方法。
- StringTokeneizer：将 String 对象分解为被指定的分隔符分隔开的标记（tokens）。
- StringJoiner：构建被指定的分隔符分隔开的字符序列，或在可选的情况下构建被指定的前缀和后缀包围起来的字符序列。
- 许多其他有用的实用工具类，包括支持国际化标准的类和支持 base64 编码与解码的类。

7.1.3 java.time 包

java.time 包中含有用于管理日期、时间、时段和持续时间的类。部分列举如下：

- Month：枚举。
- DayOfWeek：枚举。
- Clock 类：使用时区返回当前时刻、日期和时间。
- Duration 类和 Period 类：表示并比较不同时间单位中的时间量。
- LocalDate 类、LocalTime 类和 LocalDateTime 类：表示不带时区的日期和时间。
- ZonedDateTime 类：表示带时区的日期-时间组合。
- ZoneId 类：标识时区，如 America/Chicago。
- java.time.format.DateTimeFormatter 类：允许按照 ISO 格式显示日期和时间，如 YYYY-MM-DD 模式及类似的格式。
- 其他一些支持日期和时间操作的类。

在第 6 章中讨论了其中大部分的类。

7.1.4　java.io 包和 java.nio 包

java.io 包和 java.nio 包中包含类和接口，支持使用流、序列化和文件系统来读写数据。这两个包的区别如下：

- java.io 包中的类允许在没有缓存的情况下读写数据（在第 5 章中讨论过），而 java.nio 包中的类则创建一个缓冲区，允许沿着填充的缓冲区来回移动。
- java.io 包中的类能阻塞流，直到所有的数据被读或写完毕，而 java.nio 包中的类在非阻塞方式下被实现（在第 15 章中将讨论非阻塞方式）。

7.1.5　java.sql 包和 javax.sql 包

这两个包构成了 Java 数据库连接（JDBC）的 API，该 API 允许访问和处理存储在数据源（通常是关系数据库）中的数据。javax.sql 包是对 java.sql 包的补充，提供了以下支持：

- DataSource 接口：DriverManager 类的可选性替代。
- 连接和语句池。
- 分布式事务。
- 行集。

在第 10 章中将讨论这些包，并用代码示例予以演示。

7.1.6　java.net 包

java.net 包中的类在两个级别上支持应用程序网络编程。列举如下：

- 底层网络，基于：
  - IP 地址。
  - 套接字，基本的双向数据通信机制。
  - 各种网络接口。
- 高级网络，基于：
  - 统一资源标识符（URI）。
  - 统一资源定位符（URL）。
  - 连接到 URL 指向的资源。

在第 11 章中将讨论这个包，并用一些代码示例予以演示。

7.1.7　java.lang.Math 类和 java.math 包

java.lang.Math 中含有执行基本数值操作的方法。例如，计算两个数值的最小值和最大值、绝对值、初等指数、对数、平方根、三角函数，以及许多其他数学操作。

java.math 包补充了 Java 基本类型和 java.lang 包中的包装类。java.math 包允许使用 BigDecimal 和 BigInteger 类处理更大的数字。

7.1.8　java.awt 包、javax.swing 包和 javafx 包

支持为桌面应用程序构建图形用户界面（GUI）的第一个 Java 库是 java.awt 包中的抽

象窗口工具包（AWT）。java.awt 包为执行平台的本机系统提供了一个接口，允许创建和管理窗口、布局和事件。它还具有基本的 GUI 组件（如文本字段、按钮和菜单），提供对系统托盘的访问，并允许启动 Web 浏览器从 Java 代码向客户机发送电子邮件。它对本地代码具有强烈的依赖性，使基于 AWT 的 GUI 在不同的平台上呈现出不同的模样。

1997 年，Sun 和 Netscape 公司引入了 Java 基础类（Java Foundation Classes），后来称为 Swing，并将这些类放在 javax.swing 包中。使用 Swing 构建的 GUI 组件能够模拟一些本机平台的外观和风格，但也允许插入不依赖于其所运行平台的外观和风格。javax.swing 包通过添加选项卡面板、滚动窗格、表格和列表扩展了 GUI 所具有的组件列表。Swing 组件被称为轻量级（lightweight）组件，因为它们不依赖于本机代码，并且完全用 Java 实现。

2007 年，Sun 公司宣布推出 JavaFX。JavaFX 最终成为跨多种不同设备创建和交付桌面应用程序的软件平台。它旨在取代 Swing 成为 Java SE 的标准 GUI 库。JavaFX 框架位于以 javafx 开头的包中，支持所有主要的桌面操作系统（DOS）和多种移动 OS，包括 Symbian OS、Windows Mobile 和一些专属的实时 OS。

JavaFX 增添了对平滑动画、Web 视图、音频和视频回放的支持，还为基于层叠样式表（CSS）的 GUI 开发人员的集成环境提供样式支持。尽管如此，Swing 拥有更多的组件和第三方库。所以使用 JavaFX 需要创建自定义组件和管件系统，而这样的管件系统早就在 Swing 中得以实现。尽管 JavaFX 被推荐为桌面 GUI 实现的首选，但在可预见的未来，Swing 仍将是 Java 的一部分。因此，可以继续使用 Swing，但如果可能，最好转向 JavaFX。

在第 12 章中将讨论 JavaFX，并以一些代码示例予以演示。

7.2 Java 外部库

最常用的第三方非 JCL 库中，库的明细列表不同，库的个数也不一样，从 20 个到 100 个不等。本节将讨论在此类大多数明细列表中都涵盖的库，这些库皆为开源项目。

7.2.1 org.junit 包

org.junit 包是一个名为 JUnit 的开源测试框架中的根包。org.junit 包可以在 pom.xml 中使用依赖项添加到项目中。

```
<dependency>
    <groupId>junit</groupId>
    <artifactId>junit</artifactId>
    <version>4.12</version>
    <scope>test</scope>
</dependency>
```

上述 dependency 标签中的 scope 值告诉 Maven：只有在测试代码将要运行时，才能将库 .jar 文件包含进来，而不是将其包含到应用程序的产品 .jar 文件中。依赖项就位后，才能创建测试。可以自己写代码，也可以让 IDE 帮写代码。后者的步骤如下：

（1）右击要测试的类名。

（2）选择 Go To。

（3）选择 Test。

（4）单击 Create New Test（创建新测试）。

（5）选中要测试的类的方法的复选框。

（6）使用@Test 注解为生成的测试方法编写代码。

（7）如果需要，添加带有@Before 和@After 注解的方法。

假设有以下类：

```
public class SomeClass {
    public int multiplyByTwo(int i){
        return i * 2;
    }
}
```

如果按照前面列出的步骤做，将在 test 源代码树下创建下面的测试类：

```
import org.junit.Test;
public class SomeClassTest {
    @Test
    public void multiplyByTwo() {
    }
}
```

现在，可以实现 void multiplyByTwo()方法。具体如下：

```
@Test
public void multiplyByTwo() {
    SomeClass someClass = new SomeClass();
    int result = someClass.multiplyByTwo(2);
    Assert.assertEquals(4, result);
}
```

单元（unit）是可以测试的最少量代码段，故名单元。最佳实践操作中，将方法纳入最小可测试单元，所以单元测试通常测试的是方法。

7.2.2　org.mockito 包

单元测试经常面临很多问题，其中之一是需要测试某一方法。这一方法使用了第三方库、数据源或其他类方法的方法。测试过程中，希望控制所有输入，以便能够预测被测试代码所能达到的预期结果。这时，模拟或模仿对象行为的技术就派上用场了。这里的对象指的是跟测试代码进行交互的对象。

开源框架 Mockito（org.mockito 的根包名）正是为此应运而生——允许创建模拟对象（mock objects），而且用起来相当简单、直观。下面是一个简单的实践操作。假设需要测试 SomeClass 类的另一个方法：

```
public class SomeClass {
    public int multiplyByTwoTheValueFromSomeOtherClass(
                            SomeOtherClass  someOtherClass){
        return someOtherClass.getValue() * 2;
    }
}
```

要测试这个方法，需要确保 getValue()方法返回某个值，所以要模拟这个方法。为达此目的，采取如下步骤：

（1）向 Maven 配置文件 pom.xml 添加一个依赖项。具体如下：

```
<dependency>
    <groupId>org.mockito</groupId>
    <artifactId>mockito-core</artifactId>
    <version>2.23.4</version>
    <scope>test</scope>
</dependency>
```

（2）对需要模拟的类调用 Mockito .mock()方法。操作如下：

```
SomeOtherClass mo = Mockito.mock(SomeOtherClass.class);
```

（3）设置需要从一个方法返回的值：

```
Mockito.when(mo.getValue()).thenReturn(5);
```

（4）现在，可以把模拟对象作为一个参数传递到测试的方法中，这个方法会调用模拟方法。具体如下：

```
SomeClass someClass = new SomeClass();
int result = someClass.multiplyByTwoTheValueFromSomeOtherClass(mo);
```

（5）模拟方法返回预定义的结果：

```
Assert.assertEquals(10, result);
```

（6）执行以上步骤后，测试方法如下：

```
@Test
public void multiplyByTwoTheValueFromSomeOtherClass() {
    SomeOtherClass mo = Mockito.mock(SomeOtherClass.class);
    Mockito.when(mo.getValue()).thenReturn(5);

    SomeClass someClass = new SomeClass();
    int result =
              someClass.multiplyByTwoTheValueFromSomeOtherClass(mo);
    Assert.assertEquals(10, result);
}
```

Mockito 有一定的局限性。例如，不能模拟静态方法和私有方法。否则，可靠地预测所使用的第三方类产生的结果，并以此来分离正在测试的代码，这样的做法就相当棒了。

7.2.3　org.apache.log4j 包和 org.slf4j 包

本书自始至终使用 System.out 显示结果。例如在现实的应用中可以这样做，并将输出重定向到一个文件，以供日后分析之用。这样的操作进行一段时间后，就会注意到，对于每个输出，需要更多的详细信息，例如每个语句的日期和时间，以及生成日志语句的类名。随着代码量的增加，会发现最好把输出从不同的子系统或包发送到不同的文件，或者关闭一些消息。而随着一切工作如预期进行，在检测到重大问题并需要关于代码行为的更详细信息时，可将关闭的消息打开。同时，也不希望日志文件增大，变得不受控制。

自己编写代码来完成上述一切是可行的。但是，有几个框架可以基于配置文件的设置来完成这一切。这些设置可以在每次需要更改日志记录行为时予以更改。两个最流行的框架可用于此目的，分别是 log4j（发音为 LOG-FOUR-JAY）和 slf4j（发音为 S-L- F-FOUR-JAY）。

事实上，这两个框架并非竞争对手。slf4j 框架是一个外观（facade），它提供了对底层实际日志框架的统一访问，其中一个框架有可能是 log4j。这样的外观在库开发期间特别有用，因为程序员事先不知道所用到的库的应用程序会使用哪种日志框架。使用 slf4j 来编写代码，程序员以后有权配置代码，允许其使用任何日志系统。

因此，如果代码只由团队开发的应用程序使用，那么使用 log4j 就足够了。否则，考虑使用 slf4j。

与任何第三方库一样，log4j 框架在使用前必须在 Maven 配置文件 pom.xml 中添加相应的依赖项。

```
<dependency>
    <groupId>org.apache.logging.log4j</groupId>
    <artifactId>log4j-api</artifactId>
    <version>2.11.1</version>
</dependency>
<dependency>
    <groupId>org.apache.logging.log4j</groupId>
    <artifactId>log4j-core</artifactId>
    <version>2.11.1</version>
</dependency>
```

举例来说，这个框架可以这样使用。具体如下：

```
import org.apache.logging.log4j.LogManager;
import org.apache.logging.log4j.Logger;
public class SomeClass {
    static final Logger logger =
            LogManager.getLogger(SomeClass.class.getName());
    public int multiplyByTwoTheValueFromSomeOtherClass(SomeOtherClass
                                                       someOtherClass){
        if(someOtherClass == null){
            logger.error("The parameter should not be null");
            System.exit(1);
        }
        return someOtherClass.getValue() * 2;
    }
  public static void main(String... args){
     new SomeClass().multiplyByTwoTheValueFromSomeOtherClass(null);
  }
}
```

如果运行上述 main()方法，结果会如下：

```
18:34:07.672 [main] ERROR SomeClass - The parameter should not be null
Process finished with exit code 1
```

可以看到，如果没有向项目添加 log4j 特定的配置文件，log4j 将在 DefaultConfiguration 类中提供默认配置。默认配置如下：

（1）日志消息将转到控制台。

（2）消息的模式是“%d{HH:mm:ss.SSS} [%t] %-5level %logger{36} - %msg%n”。

（3）日志记录的级别将是 Level.ERROR（其他级别包括 OFF、FATAL、WARN、INFO、DEBUG、TRACE 和 ALL）。

通过将 log4j2.xml 文件添加到 resources 文件夹（Maven 将其放在类路径上），并添加以下内容，可以获得相同的结果。示例如下：

```
<?xml version="1.0" encoding="UTF-8"?>
<Configuration status="WARN">
    <Appenders>
        <Console name="Console" target="SYSTEM_OUT">
            <PatternLayout pattern="%d{HH:mm:ss.SSS} [%t] %-5level
                                          %logger{36} - %msg%n"/>
        </Console>
    </Appenders>
    <Loggers>
          <Root level="error">
                <AppenderRef ref="Console"/>
          </Root>
    </Loggers>
</Configuration>
```

如果这样还不满意，那么可以更改配置，将不同级别的消息记录到不同的文件中，等等。可以阅读 log4j 文档（https://logging.apache.org）加以了解。

7.2.4 org.apache.commons 包

org.apache.commons 包是另一个流行的库，是作为一个项目来开发的。这个项目名为 Apache Commons。这个项目由 Apache 软件基金会（Apache Software Foundation）的程序员开源社区来维护。这个基金会是在 1999 年由 Apache Group（Apache 集团）组建的。自 1993 年以来，Apache Group 围绕 Apache HTTP 服务器的开发而发展壮大。Apache HTTP 服务器是一个开源的跨平台 Web 服务器,自 1996 年 4 月以来一直是最为流行的 Web 服务器。

Apache Commons 项目包括以下三个部分：

- Commons Sandbox：用于 Java 组件开发工作场所。你可以在那里工作，为开源工作出份力。
- Commons Dormant：组件库，目前处在非活跃状态。你可以使用那里的代码，但是必须自己构建组件，因为那些组件以后可能不会发布了。
- Commons Proper：可循环使用的 Java 组件。这些组件是 org.apache.commons 库的实际组成部分。

在第 5 章曾讨论了 org.apache.commons.io 包。在下面的小节中，只讨论 Commons Proper 中三个最流行的包。列举如下：

- org.apache.commons.lang3。
- org.apache.commons.collections4。
- org.apache.commons.codec.binary。

在 org.apache.commons 包中还有更多的包，其中含有成千上万个类。这些类易于使用，可助你一臂之力，令你编写出的代码更高雅、更有效。

1. lang 包和 lang3 包

org.apache.commons.lang3 包实际上是 org.apache.commons.lang 包的第 3 版。作出决定来创建新版本的包，考虑到这样的事实：第 3 版中做出的更改不向下兼容，也就意味着现存的应用程序如果是使用先前版本 org.apache.commons.lang 包编写的话，更新到第 3 版后或许会停止运行。但在大多数主流编程中，在 import（导入）语句中加个 3（作为迁移到新版本的方式）通常不会出现任何中断的情况。

根据其文档说明，org.apache.commons.lang3 包“提供了高度可重用的静态实用方法，主要考虑为 java.lang 类增值”。以下几个例子值得注意：

- ArrayUtils 类：允许搜索和操作数组。在第 6 章中讨论过该类，并予以演示。
- ClassUtils 类：提供有关类的一些元数据。
- ObjectUtils 类：检查对象数组是否为 null，比较对象，并以保障 null 安全的方式计算对象数组的中值和最小/最大值。在第 6 章中讨论过该类，并予以演示。
- SystemUtils 类：提供有关执行环境的信息。
- ThreadUtils 类：查找有关当前正在运行线程的信息。
- Validate 类：验证个体的值和集合并加以比较，检查空值，进行匹配，并执行许多其他验证项。
- RandomStringUtils 类：从各种字符集的字符中生成字符串对象。
- StringUtils 类：该类在第 5 章中讨论过。

2. collections4 包

虽然 org.apache.commons.collections4 包中的内容表面上看起来与 org.apache.commons.collections 包（为此包的第 3 版）中的内容很相似，但迁移到第 4 版可能不像在 import 语句中添加“4”那么简单。第 4 版本中删除了过时的类，添加了与以前版本不兼容的泛型和其他特性。

必须得花费很大的力气才能找到哪个集合类型或集合实用程序在这个包或其子包中不存在。下面只是此包中包含的特性和实用工具的一个高级别列表：

- Bag 接口，用于每个对象具有多个副本的集合。
- 十几个实现 Bag 接口的类。例如，如何使用 HashBag 类，代码如下：

```
Bag<String> bag = new HashBag<>();
bag.add("one", 4);
System.out.println(bag);                          //prints: [4:one]
bag.remove("one", 1);
System.out.println(bag);                          //prints: [3:one]
System.out.println(bag.getCount("one"));          //prints: 3
```

- BagUtils 类，用于转换基于 Bag 的集合。
- BidiMap 接口，用于双向映射。该接口不仅允许按其键检索值，还允许按其值检索键。BidiMap 接口具有数个实现。例如：

```
BidiMap<Integer, String> bidi = new TreeBidiMap<>();
bidi.put(2, "two");
bidi.put(3, "three");
System.out.println(bidi);                         //prints: {2=two, 3=three}
System.out.println(bidi.inverseBidiMap());        //prints: {three=3, two=2}
System.out.println(bidi.get(3));                  //prints: three
System.out.println(bidi.getKey("three"));         //prints: 3
bidi.removeValue("three");
System.out.println(bidi);                         //prints: {2=two}
```

• MapIterator 接口，提供简单和快速的映射迭代。例如：

```
IterableMap<Integer, String> map =
                    new HashedMap<>(Map.of(1, "one", 2, "two"));
MapIterator it = map.mapIterator();
while (it.hasNext()) {
    Object key = it.next();
    Object value = it.getValue();
    System.out.print(key + ", " + value + ", "); //prints:2, two, 1, one,
    if(((Integer)key) == 2){
         it.setValue("three");
    }
}
System.out.println("\n" + map); //prints: {2=three, 1=one}
```

• 有序的映射和集合，使元素保持一定的顺序，跟 List 的操作一样。例如：

```
OrderedMap<Integer, String> map = new LinkedMap<>();
map.put(4, "four");
map.put(7, "seven");
map.put(12, "twelve");
System.out.println(map.firstKey());              //prints: 4
System.out.println(map.nextKey(2));              //prints: null
System.out.println(map.nextKey(7));              //prints: 12
System.out.println(map.nextKey(4));              //prints: 7
```

• 引用映射，其键和/或值可以被垃圾收集器删除。
• Comparator 接口的各种实现。
• Iterator 接口的各种实现。
• 将数组和枚举转换为集合的类。
• 允许测试或创建集合的并集、交集和闭包的实用工具类。
• CollectionUtils、ListUtils、MapUtils、MultiMapUtils、MultiSetUtils、QueueUtils、SetUtils 和许多其他特定于接口的实用工具类。

3. codec.binary 包

org.apache.commons.codec.binary 包提供了对 Base64、Base32、二进制和十六进制字符串编码与解码的支持。编码很有必要，目的是确保跨越不同系统发送的数据不会因为不同协议中对字符范围的限制而在中途被更改。此外，一些系统将发送的数据解释为控制字符（例如调制解调器）。

下面代码片段演示了这个包中 Base64 类的基本编码和解码能力：

```
String encodedStr =
            new String(Base64.encodeBase64("Hello, World!".getBytes()));
System.out.println(encodedStr);                  //prints: SGVsbG8sIFdvcmxkIQ==

System.out.println(Base64.isBase64(encodedStr));     //prints: true

String decodedStr =
            new String(Base64.decodeBase64(encodedStr.getBytes()));
System.out.println(decodedStr);                  //prints: Hello, World!
```

本 章 小 结

本章概述了 JCL 中最为流行的包的功能，这些包包括 java.lang、java.util、java.time、java.io、java.nio、java.sql、javax.sql、java.net、java.lang.math、java.math、java.awt、javax.swing 和 javafx。

最为流行的外部库，以一些包为代表，包括 org.junit、org.mockito、org.apache.log4j、org.slf4j 和 org.apache.commons。这些包有助于读者避免在类中自编代码，而这些代码的功能已经存在，只需直接导入，开箱即用。

第 8 章将讨论 Java 线程并演示其用法，还将解释并行处理和并发处理之间的区别。将演示如何创建线程，以及如何执行、监视和终止线程。这部分很有用，不仅对那些打算编写多线程处理代码的读者很有用，而且对那些希望提高自己对 JVM 工作原理理解的人也很有用。这方面内容也是第 8 章的主题。

第8章

多线程和并发处理

本章将讨论提高 Java 应用程序性能的一些方式。这些方式通过使用线程来并行处理数据。将解释 Java 线程的概念，并对其用法予以演示。本章还将讨论并行处理和并发处理的不同，以及如何避免对共享资源做并发修改而导致不可预测的结果。

本章将涵盖以下主题：

- 线程与进程对比。
- 用户线程与守护线程对比。
- Thread 类的扩展。
- Runnable 接口的实现。
- Thread 类的扩展与 Runnable 接口的实现对比。
- 线程池的使用。
- 如何从线程获得结果。
- 并行处理与并发处理对比。
- 相同资源的并发修改。

8.1 线程与进程对比

Java 有两种执行单元——进程和线程。尽管应用程序可以使用 java.lang.ProcessBuilder 来创建另一个进程，但通常一个进程（process）代表整个 JVM。然而，由于多进程的情况不在本书讨论范围内，这里重点讨论第二种执行单元，即线程（thread）。线程类似于进程，但与其他线程的隔离程度较低，执行时所需的资源更少。

一个进程可以有多个线程运行，且至少有一个线程称为主线程（main thread）——启动应用程序的线程。在这里展示的每个示例中都用到主线程。线程可以共享资源，包括内存和打开的文件，从而提高效率。但这也带来了更高的风险，即可能出现意想不到的相互干扰，甚至阻碍程序的执行。此时，编程技能该出场了，对并发技术的理解也提到了议事日程。

8.2 用户线程与守护线程对比

有一种特殊的线程叫守护线程（daemon）。

daemon 一词起源于古希腊，意思是“自然界中介于神与人之间的神力或超自然力”，以及“一种内在的或伴随的精神或鼓舞人心的力量”。

在计算机科学中，daemon 一词的用法平淡无奇，用来指“作为后台进程运行的计算机程序，而不是在交互式用户直接控制下运行的计算机程序”。正是出于这种说法，Java 中有了两种类型的线程。列举如下：

- 用户线程（默认）：由应用程序启动（主线程就是这样一个例子）。
- 守护线程：在后台运行，支持用户线程活动。

由上可知，在最后一个用户线程退出之后，所有守护线程立即退出，或者在一个异常未得到处理之后被 JVM 终止。

8.3　Thread 类的扩展

创建线程的一种方法是扩展 java.lang.Thread 类，并覆盖其 run()方法。例如：

```
class MyThread extends Thread {
    private String parameter;
    public MyThread(String parameter) {
        this.parameter = parameter;
    }
    public void run() {
        while(!"exit".equals(parameter)){
            System.out.println((isDaemon() ? "daemon" : " user") +
                " thread " + this.getName() + "(id=" + this.getId() +
                                  ") parameter: " + parameter);
            pauseOneSecond();
        }
        System.out.println((isDaemon() ? "daemon" : " user") +
            " thread " + this.getName() + "(id=" + this.getId() +
                                  ") parameter: " + parameter);
    }
    public void setParameter(String parameter) {
        this.parameter = parameter;
    }
}
```

如果未覆盖 run()方法，则线程不执行任何操作。在上述例子中，只要 parameter 不等于字符串 exit，线程就每秒打印一次线程名称及其他属性。否则，线程退出。关于 pauseOneSecond()方法，具体展示如下：

```
private static void pauseOneSecond(){
    try {
        TimeUnit.SECONDS.sleep(1);
    } catch (InterruptedException e) {
        e.printStackTrace();
    }
}
```

现在，可以使用 MyThread 类运行两个线程——用户线程和守护线程。示例如下：

```
public static void main(String... args) {
```

```
    MyThread thr1 = new MyThread("One");
    thr1.start();
    MyThread thr2 = new MyThread("Two");
    thr2.setDaemon(true);
    thr2.start();
    pauseOneSecond();
    thr1.setParameter("exit");
    pauseOneSecond();
    System.out.println("Main thread exists");
}
```

由上可见，主线程创建了另外两个线程，暂停一秒，在用户线程上设置参数 exit，再暂停一秒，最后退出（main()方法执行退出操作）。

运行上述代码，会看到如图 8-1 所示的结果。其中，线程 id 在不同的操作系统中可能不同。

```
daemon thread Thread-1(id=14) parameter: Two
  user thread Thread-0(id=13) parameter: One
daemon thread Thread-1(id=14) parameter: Two
  user thread Thread-0(id=13) parameter: exit
Main thread exists
```

图 8-1　MyThread 类运行结果

图 8-1 显示出，守护线程在最后一个用户线程（示例中是 Main 线程）退出时自动退出。

8.4　Runnable 接口的实现

创建线程的第二种方法是实现 java.lang.Runnable 接口。下面演示的是这样一个类。这个类的功能与 MyThread 类几乎完全相同。示例如下：

```
class MyRunnable implements Runnable {
    private String parameter, name;
    public MyRunnable(String name) {
         this.name = name;
    }
    public void run() {
        while(!"exit".equals(parameter)){
            System.out.println("thread " + this.name +
                                  ", parameter: " + parameter);
            pauseOneSecond();
        }
        System.out.println("thread " + this.name +
                                  ", parameter: " + parameter);
    }
    public void setParameter(String parameter) {
        this.parameter = parameter;
    }
}
```

Runnable 接口没有 isDaemon()方法、getId()方法或任何其他开箱即用的方法。MyRunnable 类可以是实现 Runnable 接口的任何类，因此不能打印线程是否为守护线程。这就是为什么这里添加了 name 属性。添加 name 属性后，就可以标识线程了。

可以使用 MyRunnable 类来创建类似于使用 MyThread 类所创建的线程。示例如下：

```
public static void main(String... args) {
    MyRunnable myRunnable1 = new MyRunnable("One");
    MyRunnable myRunnable2 = new MyRunnable("Two");
    Thread thr1 = new Thread(myRunnable1);
    thr1.start();
    Thread thr2 = new Thread(myRunnable2);
    thr2.setDaemon(true);
    thr2.start();
    pauseOneSecond();
    myRunnable1.setParameter("exit");
    pauseOneSecond();
    System.out.println("Main thread exists");
}
```

MyRunnable 类的行为类似于 MyThread 类的行为，如图 8-2 所示。

```
thread Two, parameter: null
thread One, parameter: null
thread Two, parameter: null
thread One, parameter: exit
Main thread exists
```

图 8-2　MyRunnable 类运行结果

在最后一个用户线程退出后，守护线程（命名为 Two）退出——这与 MyThread 类运行情况一模一样。

8.5　Thread 类的扩展与 Runnable 接口的实现对比

实现 Runnable 的好处是允许扩展另一个类（在某些情况下是唯一可能的选择）。如果希望向现有类添加类似线程的行为，实现 Runnable 尤其能派上用场。Runnable 的实现在用法上更具灵活性，但是与扩展 Thread 类相比，在功能上没有什么不同。

Thread 类有多个构造方法，允许设置线程名及其所属的线程组。在多线程并行运行的情况下，对线程进行分组有助于管理线程。Thread 类还有几个方法，可提供有关线程状态、属性的信息，并允许控制 Thread 类的行为。

可以看出，线程的 ID 是自动生成的，不能更改，但可以在线程终止后重用。另外，多个线程可以被设置成相同的名称。

还可以通过编程为线程设置优先级，优先级的值可以设置在 Thread.MIN_PRIORITY 和 Thread.MAX_PRIORITY 之间。值越大，允许线程运行的时间就越长，这个线程的优先级就越高。如果没有设置，则优先级的值默认为 Thread.NORM_PRIORITY。

线程的状态可具有下列任一值：

- NEW：一个线程还没有启动时。
- RUNNABLE：执行一个线程时。
- BLOCKED：线程阻塞并等待监视器锁时。
- WAITING：一个线程无限期地等待另一个线程执行特定的操作时。
- TIMED_WAITING：一个线程在等待另一个线程执行一个操作时，等待时间最长为指定的时间。

- TERMINATED：线程退出时。

线程以及就线程而言的任何对象也可以使用java.lang.Object基类的wait()方法、notify()方法和notifyAll()方法来"相互交谈"。但是，线程行为的这一特性超出了本书的范围。

8.6 线程池的使用

每个线程都需要资源——CPU和内存。这意味着必须控制线程的数量，其中一种控制方式就是创建固定数量的线程——线程池。此外，创建对象会招致开销，这笔开销对某些应用程序来说可能数量可观。

本节要探究的Executor接口及其实现都定义在java.util.concurrent包中。这些接口封装了线程管理并令时间最小化。这里的时间是指应用程序开发员编写与线程生命周期相关的代码所花费的时间。

java.util.concurrent包中定义了3个Executor接口。列举如下：

- Executor基本接口：只有一个void execute(Runnable r)方法。
- ExecutorService接口：扩展了Executor并添加了4组方法来管理工作线程和Executor本身的生命周期。列举如下：
  - submit()方法：将一个Runnable或Callable对象放入队列中执行（Callable允许工作线程返回一个值），返回一个Future接口的对象，该对象可用于访问Callable返回的值，并管理工作线程的状态。
  - invokeAll()方法：用于将Callable接口对象集合放入队列中执行。所有工作线程完成时返回Future对象的List（还有一个重载的invokeAll()方法，带有超时参数）。
  - invokeAny()方法：用于将Callable接口对象集合放入队列中执行。返回任一工作线程的一个Future对象，且该对象已经完成（还有一个重载的invokeAny()方法，带超时参数）。
  - 其他一些方法：管理工作线程状态和服务本身。列举如下：
    - shutdown()：防止新工作线程提交到服务。
    - shutdownNow()：中断每个未完成的工作线程。应该编写一个工作线程，并以此来定期检查自身的状态（例如，使用Thread.currentThread().isInterrupt()）并优雅地自我关闭。否则，即使调用了shutdownNow()，工作线程也将继续运行。
    - isShutdown()：检查执行器的关闭是否已经启动。
    - awaitTermination(long timeout, TimeUnit timeUnit)：一直等待，直到所有工作线程在请求关闭之后完成执行，或者直到超时发生，或者直到当前线程被中断（无论哪一个先发生）。
    - isTerminated()：检查启动关闭后是否所有工作线程都已完成。除非首先调用shutdown()或shutdownNow()，否则它永远不会返回true。
- ScheduledExecutorService接口：扩展了ExecutorService接口，并添加了允许调度工作线程执行（一次性和周期性执行）的方法。

可以使用java.util.concurrent.ThreadPoolExecutor或java.util.concurrent.ScheduledThread-

PoolExecutor 类创建基于线程池的 ExecutorService 实现。还有一个 java.util.concurrent. Executors 工厂类，包含了大多数实践应用情况。因此，为了创建工作线程池而自编代码之前，我们强烈建议研究一下 java.util.concurrent.Executors 类的工厂方法，看看是否有现成的。列举如下：

- newCachedThreadPool()方法：创建一个线程池，并根据需要添加一个新线程，除非之前创建了一个空闲线程。已空闲 60 s 的线程将从池中删除。
- newSingleThreadExecutor()方法：创建一个 ExecutorService（池）实例，该实例按顺序执行工作线程。
- newSingleThreadScheduledExecutor()方法：创建一个单线程执行器，可以在给定的延迟之后调度运行，或者定期执行。
- newFixedThreadPool(int nThreads)方法：创建一个重新使用固定数量工作线程的线程池。所有工作线程仍在执行时如果提交一个新任务，那么这个新任务将被放入队列，直到出现可用的工作线程为止。
- newScheduledThreadPool(int nThreads)方法：创建一个固定容量的线程池，可以在给定的延迟之后调度运行，或者定期执行。
- newWorkStealingThreadPool(int nThreads)方法：创建一个线程池，该线程池使用了 ForkJoinPool 使用的工作窃取算法。当工作线程生成其他线程时（例如在递归算法中），这样做就特别有用。这个方法还适用于指定的 CPU 数量，可以将数量设置成高于或低于计算机上实际 CPU 的数量。

工作窃取算法

工作窃取算法（working-stealing）允许已经完成所分配任务的线程帮助仍然忙于所分配任务的其他任务。具体例子请参见 Oracle Java 官方文档中对 Fork/Join 实现的描述。

上述方法都有重载版本，允许传入一个 ThreadFactory，而 ThreadFactory 在需要时被用来创建一个新线程。看看下面示例代码中 ThreadFactory 是如何运作的。运行另一个版本的 MyRunnable 类：

```
class MyRunnable implements Runnable {
    private String name;
    public MyRunnable(String name) {
        this.name = name;
    }
    public void run() {
        try {
            while (true) {
                System.out.println(this.name + " is working...");
                TimeUnit.SECONDS.sleep(1);
            }
        }catch (InterruptedException e) {
           System.out.println(this.name + " was interrupted\n" +
               this.name + " Thread.currentThread().isInterrupted()="
                           + Thread.currentThread().isInterrupted());
        }
```

```
    }
}
```

不能再用 parameter 属性告诉线程停止执行了，因为线程的生命周期现在将由 Executor Service 控制，其执行方式是调用 interrupt()线程方法。另外，请注意，这里创建的线程有一个无限循环，所以在强制执行（通过调用 interrupt()方法）之前，这个线程永远不会停止执行。那就来编写代码，完成以下工作：

（1）创建一个由三个线程组成的池。

（2）确保池不接受更多线程。

（3）等待一段固定的时间，让所有线程完成各自的任务。

（4）停止（中断）没有完成任务的线程。

（5）退出。

以下代码执行上述列表中描述的所有操作。具体如下：

```
ExecutorService pool = Executors.newCachedThreadPool();
String[] names = {"One", "Two", "Three"};
for (int i = 0; i < names.length; i++) {
    pool.execute(new MyRunnable(names[i]));
}
System.out.println("Before shutdown: isShutdown()=" + pool.isShutdown()
                                 + ", isTerminated()=" + pool.isTerminated());
pool.shutdown();    //New threads cannot be added to the pool
//pool.execute(new MyRunnable("Four")); //RejectedExecutionException
System.out.println("After shutdown: isShutdown()=" + pool.isShutdown()
                               + ", isTerminated()=" + pool.isTerminated());
try {
    long timeout = 100;
    TimeUnit timeUnit = TimeUnit.MILLISECONDS;
    System.out.println("Waiting all threads completion for "
                                + timeout + " " + timeUnit + "...");
    //Blocks until timeout, or all threads complete execution
    //or the current thread is interrupted, whichever happens first
    boolean isTerminated = pool.awaitTermination(timeout, timeUnit);
    System.out.println("isTerminated()=" + isTerminated);
    if (!isTerminated) {
        System.out.println("Calling shutdownNow()...");
        List<Runnable> list = pool.shutdownNow();
        System.out.println(list.size() + " threads running");
        isTerminated = pool.awaitTermination(timeout, timeUnit);
        if (!isTerminated) {
            System.out.println("Some threads are still running");
        }
        System.out.println("Exiting");
    }
} catch (InterruptedException ex) {
    ex.printStackTrace();
}
```

在调用 pool.shutdown()之后，尝试向池中添加另一个线程会生成 java.util.concurrent. RejectedExecutionException 异常。

执行上述代码后，结果如图 8-3 所示。

```
One is working...
Three is working...
Two is working...
Before shutdown: isShutdown()=false, isTerminated()=false
After shutdown: isShutdown()=true, isTerminated()=false
Waiting all threads completion for 100 MILLISECONDS...
isTerminated()=false
Calling shutdownNow()...
0 threads running
One was interrupted
One Thread.currentThread().isInterrupted()=false
Two was interrupted
Two Thread.currentThread().isInterrupted()=false
Three was interrupted
Three Thread.currentThread().isInterrupted()=false
Exiting
```

图 8-3　示例代码运行结果 1

注意，图 8-3 中的 Thread.currentThread().isInterrupted()=false 消息。线程被中断了。这是因为线程产生了 InterruptedException 异常。那么，为什么 isInterrupted()方法返回 false 呢？因为线程状态在收到中断消息后立即被清除。现在提起这一点，因为这是某些程序员犯的错。例如，如果主线程监视 MyRunnable 线程并在这个线程上调用 isInterrupted()方法，返回值将是 false。线程被中断后，这样会产生误导。

因此，在另一个线程可能正在监视 MyRunnable 线程的情况下，MyRunnable 的实现必须做如下更改（注意在 catch 块中如何调用 interrupt()方法）：

```
class MyRunnable implements Runnable {
    private String name;
    public MyRunnable(String name) {
        this.name = name;
    }
    public void run() {
        try {
            while (true) {
                System.out.println(this.name + " is working...");
                TimeUnit.SECONDS.sleep(1);
            }
        } catch (InterruptedException e) {
            Thread.currentThread().interrupt();
            System.out.println(this.name + " was interrupted\n" +
                this.name + " Thread.currentThread().isInterrupted()="
                + Thread.currentThread().isInterrupted());
        }
    }
}
```

现在，再次使用相同的 ExecutorService 池运行这个线程，结果如图 8-4 所示。

```
Two is working...
Three is working...
One is working...
Before shutdown: isShutdown()=false, isTerminated()=false
After shutdown: isShutdown()=true, isTerminated()=false
Waiting all threads completion for 100 MILLISECONDS...
isTerminated()=false
Calling shutdownNow()...
0 threads running
Two was interrupted
Two Thread.currentThread().isInterrupted()=true
One was interrupted
One Thread.currentThread().isInterrupted()=true
Three was interrupted
Three Thread.currentThread().isInterrupted()=true
Exiting
```

图 8-4　示例代码运行结果 2

由此可见，现在 isInterrupted()方法返回值为 true，与所发生的情况相对应。公平地说，在许多应用程序中，一旦线程被中断，就不能再检查其状态了。但是，设置正确的状态在实践操作中很管用，特别在创建线程的高等级代码不是你编写的情况下。

在所举的例子中，使用了缓存的线程池，该线程池根据需要创建一个新线程。或者在可用的情况下，重新使用已经用过的线程，但前提是这些被用过的线程已经完成了各自的任务，被返回到池中执行新的任务。我们不担心创建的线程过多，因为做演示用的应用程序中，最多有 3 个工作线程，而且运行时间都很短。

但是，如果应用程序对可能需要的工作线程没有一个固定的限制数或没有一个好方法来预测一个线程可能需要多少内存或可能执行多长时间，那么设置一个工作线程的上限数就可阻止意想不到的应用程序性能的退化、内存的耗尽或被工作线程使用的任何其他资源的消耗。如果线程行为极其不可预测，则单个线程池可能是唯一的解决方案，可以选择使用自定义线程池执行器。在多数情况下，在应用程序的需求和代码的复杂性之间，一个又好又实用的折中方案就是设计一个固定容量的线程池执行器（在本节靠前部分，我们列出了可用 Executors 工厂类创建出的所有可能的线程池类型）。

将池的容量设置得太低可能会剥夺应用程序有效利用可用资源的机会。因此，在选择池的容量之前，最好花一些时间监视应用程序，以确定应用程序行为的特性。实际上，为适应和利用代码或执行环境中发生的变化，在应用程序生命周期中必须重复“部署-监视-调整”这一循环。

要考虑的第一个特性是系统中 CPU 的数量，这样线程池容量至少可以与 CPU 总数相当。之后，可以监视应用程序，并查看每个线程占用的 CPU 时间以及使用其他资源（比如 I/O 操作）的时间。如果空闲 CPU 时间能比得上线程总执行时间，那么可以按以下比率增加池的容量：空闲 CPU 时间除以总执行时间。但是，这在另一种资源（磁盘或数据库）没有构成线程之间争用的主要因素的情况下才可以。在后者的情况，可以使用资源而不是 CPU 作为描述因素。

假设应用程序的工作线程不太大或执行时间不太长，且属于在相当短时间内能完成工作的典型工作线程中的主流线程，则可以通过增加（向上取整的）比率来增加池的容量。这个比率是所期望的响应时间与一个线程使用 CPU（或另一个最被争用的资源）的时间比。其意思是，在所期望的响应时间相同的情况下，一个线程使用 CPU（或另一个被并发访问的资源）越少，池的容量应该越大。如果被争用的资源自身有能力提高并发访问量（像数据库中的连接池），可考虑首先利用好这个特征。

如果在不同的环境下所需同时运行的线程数在运行时发生变化，那么还可动态设置池的容量，并创建一个具有新容量的新池（在所有线程完成后关闭旧池）。在添加或删除可用资源之后，可能还需要重新计算新池的容量。例如，可以根据当前可用 CPU 的数量，使用 Runtime.getRuntime().availableProcessors()方法以编程方式调整池的容量。

JDK 附带了现成的线程池执行器的所有实现，如果没有一个都能满足特定应用程序的需要，那首先要尽力使用 java.util.concurrent.ThreadPoolExecutor 类，其中含有多个重载的构造方法。若行不通，再从头编写线程管理代码。

现在来了解一下这个类的一些功能。下面列举的是选项数量最多的构造方法：

```
ThreadPoolExecutor (int corePoolSize,
```

```
int maximumPoolSize,
long keepAliveTime,
TimeUnit unit,
BlockingQueue<Runnable> workQueue,
ThreadFactory threadFactory,
RejectedExecutionHandler handler)
```

上述构造方法的选项参数列举如下：

- corePoolSize：要保留在池中的线程数。哪怕线程是空闲的，也要保留。除非使用 true 值调用 allowCoreThreadTimeOut(boolean value)方法，线程才可能不在池中保留。
- maximumPoolSize：池中允许的最大线程数。
- keepAliveTime：当线程数大于内核时，多余的空闲线程在终止前等待新任务所需的最大时间量。
- unit：keepAliveTime 参数的时间单位。
- workQueue：任务执行前保存任务的队列。此队列只包含 execute()方法提交的 Runnable 对象。
- threadFactory：执行器创建新线程时使用的工厂。
- handle：执行受阻时所使用的处理程序。受阻的原因是线程的边界和队列的容量都已达到极限。

创建 ThreadPoolExecutor 对象之后，还可以使用相应的 setter()来设置其他构造方法参数，但 workQueue 参数除外，从而允许对现有池特性进行更灵活的动态调整。

8.7　如何从线程获得结果

到目前为止，举的例子中使用了 ExecutorService 接口的 execute()方法来启动线程。事实上，这个方法来自 Executor 基接口。同时，ExecutorService 接口还有其他方法（8.6 节中已列出），可以启动线程并返回线程执行的结果。

线程执行结果返回的是 Future 类型的对象。Future 是一个接口，具有如下方法：

- V get()：阻塞，直到线程结束，返回结果（如果可以得到结果的话）。
- V get(long timeout, TimeUnit unit)：阻塞，直到线程结束或所提供的超时结束，返回结果（如果可以得到结果的话）。
- boolean isDone()：如果线程已经完成，则返回 true。
- boolean cancel(boolean mayInterruptIfRunning)：试图取消线程的执行。如果成功，则返回 true；如果在调用方法时线程已经正常完成，则返回 false。
- boolean isCancelled()：如果线程的执行在正常完成之前被取消，则返回 true。

在 get()方法描述中，使用了“如果可以得到结果的话”这一评论性话语，意思是说原则上，结果并不总是可以得到的，甚至在调用不带参数的 get()方法时也是如此。这完全取决用于生成 Future 对象的方法。返回 Future 对象的是 ExecutorService，其所有方法列表如下：

- Future<?> submit(Runnable task)：提交线程（任务）以供执行；返回表示任务的 Future；被返回的 Future 对象的 get()方法返回 null。例如，使用 MyRunnable 类，运行时间只有 100 ms。具体如下：

```
class MyRunnable implements Runnable {
    private String name;
    public MyRunnable(String name) {
        this.name = name;
    }
    public void run() {
        try {
            System.out.println(this.name + " is working...");
            TimeUnit.MILLISECONDS.sleep(100);
            System.out.println(this.name + " is done");
        } catch (InterruptedException e) {
            Thread.currentThread().interrupt();
            System.out.println(this.name + " was interrupted\n" +
                this.name + " Thread.currentThread().isInterrupted()="
                        + Thread.currentThread().isInterrupted());
        }
    }
}
```

以 8.6 节中的代码示例为基础，创建一个方法，用以在必要时关闭池并终止所有线程。具体如下：

```
void shutdownAndTerminate(ExecutorService pool){
    try {
        long timeout = 100;
        TimeUnit timeUnit = TimeUnit.MILLISECONDS;
        System.out.println("Waiting all threads completion for "
                            + timeout + " " + timeUnit + "...");
        //Blocks until timeout or all threads complete execution
        //or the current thread is interrupted
        //whichever happens first
        boolean isTerminated =
                    pool.awaitTermination(timeout, timeUnit);
        System.out.println("isTerminated()=" + isTerminated);
        if (!isTerminated) {
            System.out.println("Calling shutdownNow()...");
            List<Runnable> list = pool.shutdownNow();
            System.out.println(list.size() + " threads running");
            isTerminated = pool.awaitTermination(timeout, timeUnit);
            if (!isTerminated) {
                System.out.println("Some threads are still running");
            }
            System.out.println("Exiting");
        }
    } catch (InterruptedException ex) {
        ex.printStackTrace();
    }
}
```

用上述 finally 块中的 shutdownAndTerminate()方法，目的是确保不落下任何正在运行的线程。要执行的代码如下：

```
ExecutorService pool = Executors.newSingleThreadExecutor();

Future future = pool.submit(new MyRunnable("One"));
System.out.println(future.isDone());            //prints: false
```

```
System.out.println(future.isCancelled());        //prints: false
try{
    System.out.println(future.get());            //prints: null
    System.out.println(future.isDone());         //prints: true
    System.out.println(future.isCancelled());    //prints: false
} catch (Exception ex){
    ex.printStackTrace();
} finally {
    shutdownAndTerminate(pool);
}
```

运行上述代码，会看到如图 8-5 所示的结果。

```
false
false
One is working...
One is done
null
true
false
Waiting all threads completion for 100 MILLISECONDS...
isTerminated()=false
Calling shutdownNow()...
0 threads running
Exiting
```

图 8-5　示例代码运行结果 3

不出所料，Future 对象的 get()方法返回 null，因为 Runnable 的 run()方法不返回任何结果。从返回的 Future 中只能得到任务是否完成的信息。

- Future<T> submit(Runnable task, T result)：提交线程（任务）以供执行；返回表示任务的 Future，其中包含所提供的结果。例如，使用以下类作为结果：

```
class Result {
    private String name;
    private double result;
    public Result(String name, double result) {
        this.name = name;
        this.result = result;
    }
    @Override
    public String toString() {
        return "Result{name=" + name +
                ", result=" + result + "}";
    }
}
```

下面代码演示了 Future 如何返回默认值，而 Future 则是由 submit()方法返回的。演示如下：

```
ExecutorService pool = Executors.newSingleThreadExecutor();
Future<Result> future = pool.submit(new MyRunnable("Two"),
                                        new Result("Two", 42.));
System.out.println(future.isDone());            //prints: false
System.out.println(future.isCancelled());       //prints: false
try{
    System.out.println(future.get());           //prints: null
    System.out.println(future.isDone());           //prints: true
    System.out.println(future.isCancelled());        //prints: false
```

```
} catch (Exception ex){
ex.printStackTrace();
} finally {
    shutdownAndTerminate(pool);
}
```

如果执行上述代码，输出结果将如图 8-6 所示。

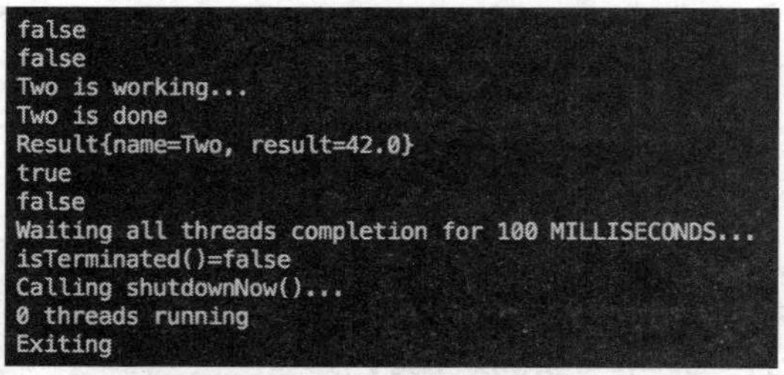

```
false
false
Two is working...
Two is done
Result{name=Two, result=42.0}
true
false
Waiting all threads completion for 100 MILLISECONDS...
isTerminated()=false
Calling shutdownNow()...
0 threads running
Exiting
```

图 8-6　示例代码运行结果 4

不出所料，Future 的 get()方法将返回作为参数传入的对象。

- Future<T> submit(Callable<T> task)：提交线程（任务）以供执行；返回一个表示任务的 Future，其中包含 Callable 接口的 V call()方法生成和返回的结果。V call()方法是 Callable 接口的唯一方法。例如：

```
class MyCallable implements Callable {
     private String name;
     public MyCallable(String name) {
         this.name = name;
     }
     public Result call() {
         try {
              System.out.println(this.name + " is working...");
              TimeUnit.MILLISECONDS.sleep(100);
              System.out.println(this.name + " is done");
              return new Result(name, 42.42);
         } catch (InterruptedException e) {
              Thread.currentThread().interrupt();
              System.out.println(this.name + " was interrupted\n" +
                  this.name + " Thread.currentThread().isInterrupted()="
                  + Thread.currentThread().isInterrupted());
         }
         return null;
}
```

上述代码的运行结果如图 8-7 所示。

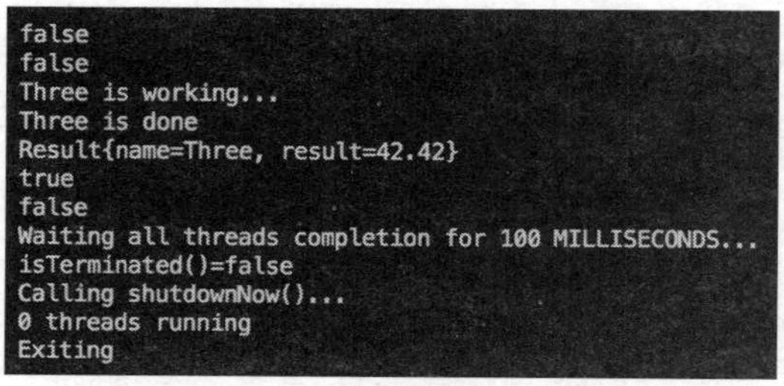

```
false
false
Three is working...
Three is done
Result{name=Three, result=42.42}
true
false
Waiting all threads completion for 100 MILLISECONDS...
isTerminated()=false
Calling shutdownNow()...
0 threads running
Exiting
```

图 8-7　示例代码运行结果 5

可以看到，Future 的 get()方法返回 MyCallable 类的 call()方法所生成的值。

- List<Future<T>> invokeAll(Collection<Callable<T>> tasks)：执行集合所提供的所有 Callable 任务，返回一个 Future 列表，其中包含执行的 Callable 对象所生成的结果。
- List<Future<T>> invokeAll(Collection<Callable<T>> tasks, long timeout, TimeUnit unit)：执行集合所提供的所有 Callable 任务，返回一个 Future 列表（其中包含已执行的 Callable 对象生成的结果），或超时过期（以先发生的情况为准）。
- T invokeAny(Collection<Callable<T>> tasks)：执行集合所提供的所有 Callable 任务，返回已成功完成（意思是没有抛出异常）的一个结果（如果有的话）。
- T invokeAny(Collection<Callable<T>> tasks, long timeout, TimeUnit unit)：执行集合所提供的所有 Callable 任务；返回已成功完成任务（意思是没有抛出异常）的结果，如果在所提供的超时过期之前该结果可用。

由上可见，有许多方法从线程获得结果。选择的方法取决于应用程序的特定需求。

8.8　并行处理与并发处理对比

一听到工作线程同时执行，就自然而然认为这些线程实际上按照编程要求并行运行。只有在研究了这样系统的底层之后，才会意识到：只有当每个线程分别由不同的 CPU 执行时，才有可能实现并行处理，否则，它们在时间上共享同样的处理能力。之所以感觉这些线程在同时运作，是因为它们使用很短的时间段——那是日常生活中使用的时间单位的一小部分。当线程共享同一资源时，在计算机科学中称为并发处理。

8.9　相同资源的并发修改

两个或多个线程修改一个值，而在其他线程要读取这个值，这是对并发访问诸多问题之一的最一般性的描述。还有更多难以描述的问题，包括线程干扰（thread interference）和内存一致性（memory consistency）之类的错误。这两个错误都会在看似良好的代码片段中产生意想不到的结果。本节将对这样的情况予以演示，讨论避免此类错误的方法。

乍一看，解决方案似乎相当简洁明了：一次只允许一个线程修改/访问资源，不就万事大吉了吗？但是，如果访问需要很长时间，就会产生瓶颈，这会消除多线程并行工作的优势。或者，如果一个线程在等待访问另一个资源时阻塞了对一个资源的访问，而第二个线程在等待访问第一个资源时阻塞了对第二个资源的访问，那就会产生一个问题，被称为死锁（deadlock）。有两个非常简单的例子说明程序员在使用多线程时可能遇到的挑战。

首先，为再现一个问题（这个问题是对同一个值进行并发修改时引起的），定义一个 Calculator 接口，如下所示：

```
interface Calculator {
    String getDescription();
    double calculate(int i);
}
```

这里使用 getDescription()方法来捕获实现的描述。第一个实现如下：

```
class CalculatorNoSync implements Calculator{
    private double prop;
    private String description = "Without synchronization";
    public String getDescription(){ return description; }
    public double calculate(int i){
        try {
            this.prop = 2.0 * i;
            TimeUnit.MILLISECONDS.sleep(i);
            return Math.sqrt(this.prop);
        } catch (InterruptedException e) {
            Thread.currentThread().interrupt();
            System.out.println("Calculator was interrupted");
        }
        return 0.0;
    }
}
```

可以看到，calculate()方法为 prop 属性指定了一个新值，然后执行其他操作（通过调用 sleep()方法模拟），然后计算赋给 prop 属性值的平方根。“非同步”（without synchronization）描述阐明了这样一个事实：每次调用 calculate()方法时，prop 属性的值都在变化——没有任何协调或同步（synchronization），就像线程之间在并发修改相同资源而进行协调时所调用的那样。

现在，要在两个线程之间共享这个对象，那就意味着该 prop 属性将得以更新，且被并发使用。因此，有必要对 prop 属性进行某种类型的线程同步操作，但是作者认为第一个实现不需要这样操作。

执行每一个要创建的 Calculator 实现时，要使用方法。该方法如下：

```
void invokeAllCallables(Calculator c){
    System.out.println("\n" + c.getDescription() + ":");
    ExecutorService pool = Executors.newFixedThreadPool(2);
    List<Callable<Result>> tasks = List.of(new MyCallable("One", c),
                                           new MyCallable("Two", c));
    try{
        List<Future<Result>> futures = pool.invokeAll(tasks);
        List<Result> results = new ArrayList<>();
        while (results.size() < futures.size()){
            TimeUnit.MILLISECONDS.sleep(5);
            for(Future future: futures){
                if(future.isDone()){
                    results.add((Result)future.get());
                }
            }
        }
        for(Result result: results){
            System.out.println(result);
        }
    } catch (Exception ex){
        ex.printStackTrace();
    } finally {
        shutdownAndTerminate(pool);
    }
}
```

可见，上述方法完成了以下工作：

- 打印被传入的 Calculator 实现的描述。
- 为两个线程创建一个固定容量的池。
- 创建一个具有两个 Callable 任务的列表，即下面 MyCallable 类的对象：

```
class MyCallable implements Callable<Result> {
    private String name;
    private Calculator calculator;
    public MyCallable(String name, Calculator calculator) {
        this.name = name;
        this.calculator = calculator;
    }
    public Result call() {
        double sum = 0.0;
        for(int i = 1; i < 20; i++){
            sum += calculator.calculate(i);
        }
        return new Result(name, sum);
    }
}
```

- 将任务列表传递给池中的 invokeAll()方法，其中每个任务都通过调用 call()方法执行。每个 call()方法将被传入的 Calculator 对象的 calculate()方法应用 1,2,3,…,19 中的 19 个数字中的每一个，并汇总结果。结果之和连同 MyCallable 对象的名称一起被返回到 Result 对象中。
- 每个 Result 对象最终会被返回到一个 Future 对象中。
- 随后，invokeAllCallables()方法在 Future 对象的列表上迭代；如果任务已经完成，则检查每个对象。每当任务完成时，结果就被添加到 List<Result> results 中。
- 所有任务完成后，invokeAllCallables()方法将打印 List<Result> results 中的所有元素并终止池。

图 8-8 表示的是从 invokeAllCallables(new CalculatorNoSync())方法的某次运行中所得到的结果。

```
Without synchronization:
Result{name=One, result=81.43661054438327}
Result{name=Two, result=83.13051012374216}
Waiting all threads completion for 100 MILLISECONDS...
isTerminated()=false
Calling shutdownNow()...
0 threads running
Exiting
```

图 8-8　示例代码运行结果 6

每次运行前面的代码，实际数字都会略有不同，但是任务 One 的结果永远不等于任务 Two 的结果。这是因为设置 prop 字段的值和在 calculate()方法中返回其平方根需要一段时间，而在这段时间，其他线程可能为 prop 分配了不同的值。这就是线程干扰的问题所在。

有多种方法可以解决这个问题。这里以原子变量开始，将原子变量作为并发访问属性的方式。这种并发访问属于线程安全型访问。接下来，将演示线程同步的两种方法。

8.9.1　原子变量

原子变量（atomic variable）是一个能够被更新的变量，但只有其当前值跟预期值匹配时才能被更新。这意味着如果 prop 值被另一个线程更改，这个 prop 值就不应该被使用了。

java.util.concurrent.atomic 包中含有 10 多个支持这种逻辑的类，如 AtomicBoolean、AtomicInteger、AtomicReference 以及 AtomicIntegerArray 等。每个类都有许多方法，可用于不同的同步需求。可查看网上 API 文档，了解每一个类的用法。这里只演示每个类中都包含的两个方法，具体如下：

- V get()：返回当前值。
- boolean compareAndSet(V expectedValue, V newValue)：如果当前值等于（用运算符==表示）expectedValue，则将当前值设置为 newValue。如果成功，则返回 true；如果实际值不等于预期值，则返回 false。

使用这两种方法来并发访问 Calculator 对象的 prop 属性之际，如何使用 AtomicReference 类来解决线程的干扰问题？具体如下：

```
class CalculatorAtomicRef implements Calculator {
    private AtomicReference<Double> prop = new AtomicReference<>(0.0);
    private String description = "Using AtomicReference";
    public String getDescription(){ return description; }
    public double calculate(int i){
        try {
            Double currentValue = prop.get();
            TimeUnit.MILLISECONDS.sleep(i);
            boolean b = this.prop.compareAndSet(currentValue, 2.0 * i);
            //System.out.println(b); //prints: true for one thread
                                     //and false for another thread
            return Math.sqrt(this.prop.get());
        } catch (InterruptedException e) {
             Thread.currentThread().interrupt();
             System.out.println("Calculator was interrupted");
        }
        return 0.0;
    }
}
```

可见，线程处于睡眠状态时，上述代码确保 prop 属性的 currentValue 不会改变。运行 invokeAllCallables(new CalculatorAtomicRef())时生成的消息如图 8-9 所示。

```
Using AtomicReference:
Result{name=One, result=80.88430683757149}
Result{name=Two, result=80.88430683757149}
Waiting all threads completion for 100 MILLISECONDS...
isTerminated()=false
Calling shutdownNow()...
0 threads running
Exiting
```

图 8-9　示例代码运行结果 7

至此，线程产生的结果是相同的。

下面列出 java.util.concurrent 包中的类，这些类都提供了同步支持。具体如下：

- Semaphore：限制可以访问一个资源的线程数量。

- CountDownLatch：允许一个或多个线程等待，直到其他线程中执行的一组操作完成为止。
- CyclicBarrier：允许一组线程彼此等待，直到到达一个公共屏障点为止。
- Phaser：提供了一种更灵活的屏障形式，可用于控制多个线程之间的阶段性计算。
- Exchanger：允许两个线程在一个集合点交换对象。这在一些管道设计中非常有用。

8.9.2　同步方法

解决线程干扰问题的另一方式就是使用同步方法。Calculator 接口的另一个实现使用了这种方法来解决线程干扰问题。具体如下：

```
class CalculatorSyncMethod implements Calculator {
    private double prop;
    private String description = "Using synchronized method";
    public String getDescription(){ return description; }
    synchronized public double calculate(int i){
        try {
            this.prop = 2.0 * i;
            TimeUnit.MILLISECONDS.sleep(i);
            return Math.sqrt(this.prop);
        } catch (InterruptedException e) {
            Thread.currentThread().interrupt();
            System.out.println("Calculator was interrupted");
        }
        return 0.0;
    }
}
```

这里只是在 calculate()方法前添加了关键字 synchronized。现在，如果再次运行 invokeAllCallables(new CalculatorSyncMethod())，两个线程的结果总是相同的，如图 8-10 所示。

```
Using synchronized method:
Result{name=One, result=80.88430683757149}
Result{name=Two, result=80.88430683757149}
Waiting all threads completion for 100 MILLISECONDS...
isTerminated()=false
Calling shutdownNow()...
0 threads running
Exiting
```

图 8-10　示例代码运行结果 8

这是因为在当前线程（已经进入 synchronized()方法的线程）退出同步方法之前，其他线程不能进入同步方法。这可能是最简单的解决方案，但是如果方法需要很长时间去执行，那么这种方法可能会导致性能下降。在这种情况下，可以使用同步块来解决。在原子操作中，同步块包裹的只是几行代码。

8.9.3　同步块

同步块（synchronized block）的例子如下，用来解决线程的干扰问题：

```
class CalculatorSyncBlock implements Calculator {
    private double prop;
    private String description = "Using synchronized block";
```

```
    public String getDescription(){
        return description;
    }
    public double calculate(int i){
        try {
            //there may be some other code here
            synchronized (this) {
               this.prop = 2.0 * i;
               TimeUnit.MILLISECONDS.sleep(i);
               return Math.sqrt(this.prop);
            }
            } catch (InterruptedException e) {
                Thread.currentThread().interrupt();
                System.out.println("Calculator was interrupted");
            }
            return 0.0;
        }
    }
```

由上可见，同步块获取了 this 对象上的一个锁，这个锁由两个线程共享，并且仅在线程退出该块之后才将之释放。在上面的演示代码中，块包含了方法的所有代码，因此在性能上没有区别。但是，想象一下这个方法中有更多的代码会怎样（我们作的注释是 there may be some other code here，意思是“这里可能有一些其他代码”）。如果是这种情况，那么代码的同步部分就更小，因此成为瓶颈的机会就更少。

运行 invokeAllCallables(new CalculatorSyncBlock())方法，结果将如图 8-11 所示。

```
Using synchronized block:
Result{name=One, result=80.88430683757149}
Result{name=Two, result=80.88430683757149}
Waiting all threads completion for 100 MILLISECONDS...
isTerminated()=false
Calling shutdownNow()...
0 threads running
Exiting
```

图 8-11　示例代码运行结果 9

可见，这个结果与前两个示例的结果完全相同。在 java.util.concurrent.locks 包中，需求不同，锁也不同；锁不同，锁的行为也不同。这些功能在包中都是预先装配好了的。

Java 中的每个对象都从基本对象继承 wait()、notify()和 notifyAll()方法。这些方法也可用于控制线程的行为及其对锁的访问。

8.9.4　并发集合

解决并发性的另一种方法是使用 java.util.concurrent 包中的线程安全型集合。在选择使用哪个集合之前，请先阅读 Java 文档，看看应用程序是否可以接受集合的限制。以下是这些集合的列表以及一些建议：

- ConcurrentHashMap<K,V>：支持检索的完全并发性，支持对高期望并发性的更新。当并发性需求非常高，且需要允许对写操作进行锁定，但不需要锁定元素时，可使用此集合。
- ConcurrentLinkedQueue<E>：基于链式节点的线程安全型队列。采用有效的非阻塞算法。

- ConcurrentLinkedDeque<E>：基于链式节点的并发队列。当多个线程共享对公共集合的访问时，ConcurrentLinkedQueque 和 ConcurrentLinkedDeque 都是合适的选择。
- ConcurrentSkipListMap<K,V>：一个并发的 ConcurrentNavigableMap 接口的实现。
- ConcurrentSkipListSet<E>：基于 ConcurrentSkipListMap 的一个并发的 NavigableSet 实现。按照 Javadoc 里的描述，ConcurrentSkipListSet 和 ConcurrentSkipListMap 类"为包含、添加和删除操作及其变体提供了预期的 log(n)平均时间代价。升序视图及其迭代器比降序视图及其迭代器快"。当需要以某种顺序快速遍历元素时，可以使用这两个类。
- CopyOnWriteArrayList<E>：ArrayList 的线程安全型变体，其中所有的修改操作（如 add、set 等）都是通过创建底层数组的新副本来实现的。按照 Javadoc 里的描述，"CopyOnWriteArrayList 类通常开销太大，但当遍历操作的数量远远超过修改操作时，这个类可能比可替代品更有效。当不能或不想同步遍历，但又需要排除并发线程之间的干扰时，这个类很有用"。当不需要在不同位置添加新元素，不需要排序时，就可使用这个类。否则，可使用 ConcurrentSkipListSet。
- CopyOnWriteArraySet<E>：一个集合，其所有的操作都使用一个内部 CopyOnWrite ArrayList。
- PriorityBlockingQueue：当一个自然顺序是可接受的，需要快速往队列尾部添加元素和快速从队列头部删除元素时，选择此集合更好一些。阻塞（blocking）意味着队列在检索元素时等待变为非空，在存储元素时等待队列中的空间可用。
- ArrayBlockingQueue、LinkedBlockingQueue 和 LinkedBlockingDeque：有固定大小的（有界的）队列，其他队列是无界的。

应该使用这些以及与指南类似的特性和建议，但是，需要在实现功能之前和之后执行全面的测试和性能度量。为演示这些集合的部分功能，这里使用 CopyOnWriteArrayList<E> 类。首先，来看看在试图并发修改 ArrayList 时，ArrayList 的表现如何。具体如下：

```
List<String> list = Arrays.asList("One", "Two");
System.out.println(list);
try {
    for (String e : list) {
        System.out.println(e);          //prints: One
        list.add("Three");              //UnsupportedOperationException
    }
} catch (Exception ex) {
   ex.printStackTrace();
}
System.out.println(list);               //prints: [One, Two]
```

不出所料，在对列表进行迭代时尝试修改列表，产生了异常。列表仍然保持未被修改状态。下面，在相同的情况下，使用 CopyOnWriteArrayList<E>类。示例如下：

```
List<String> list =
              new CopyOnWriteArrayList<>(Arrays.asList("One", "Two"));
System.out.println(list);
try {
    for (String e : list) {
        System.out.print(e + " ");    //prints: One Two
```

```
            list.add("Three");            //adds element Three
        }
    } catch (Exception ex) {
        ex.printStackTrace();
    }
    System.out.println("\n" + list);      //prints: [One, Two, Three, Three]
```

这段代码产生的结果如图 8-12 所示。

图 8-12　示例代码运行结果 10

由上可见，这个列表得到了修改，没有出现异常，但却不是当前迭代的副本。需要时，这样的表现行为可加以利用。

8.9.5 内存一致性错误的处理

在多线程环境中，内存一致性错误可能有多种形式和原因。这些错误的形式和原因在 java.util.concurrent 包的 Javadoc 中有详细的讨论。这里，只提一提最常见的情况，它是由缺乏可见性引起的。

当一个线程更改一个属性值时，另一个线程可能不会立即看到所做的更改，而又不能对基本类型使用 synchronized 关键字。在这种情况下，可以考虑对属性使用 volatile 关键字。这个关键字可以保证不同线程之间读写的可见性。

并发操作出现的问题并不容易解决，因此越来越多的开发人员现在采取更加激进的方法就不足为奇了。他们更喜欢在一组无状态操作中处理数据，而不是去管理对象状态。在第 13 章和第 14 章将看到此类代码的示例。Java 以及许多现代编程语言和计算机系统似乎都在朝这个方向发展。

本 章 小 结

本章讨论了多线程处理，以及如何组织多线程处理和如何避免共享资源的并发修改导致的不可预测的结果。这里向读者展示了如何创建线程并使用线程池来执行线程，同时还对如何从成功完成的线程中提取结果予以演示，并讨论了并行处理和并发处理的区别。

第 9 章将带领读者去更深入理解 JVM 及其结构和进程，并详细讨论防止内存溢出的垃圾收集过程。最后，读者将了解 Java 应用程序执行的结构、JVM 内部的 Java 进程、垃圾收集以及 JVM 的一般性工作方式。

第9章

JVM 结构和垃圾收集

本章向读者简要介绍 JVM（Java 虚拟机）的结构和行为。这些结构和行为可能比想象的更为复杂。

JVM 只是根据编码逻辑执行指令。JVM 查找应用程序请求的.class 文件并将其加载到内存中，对其加以验证，解释字节码（也就是说，将字节码翻译成特定平台的二进制代码），并将生成的二进制代码传递给中央处理器（或多个处理器）执行。除了应用程序线程外，JVM 还使用多个服务线程。其中一个服务线程被称为垃圾收集（GC），执行的是一个重要任务，即释放未被使用对象的内存。

学完本章，读者会更好地理解 Java 应用程序执行机制、JVM 内部的 Java 进程、GC 以及 JVM 的工作方式。

本章将涵盖以下主题：

- Java 应用程序的执行。
- Java 进程。
- JVM 结构。
- 垃圾收集。

9.1 Java 应用程序的执行

在深入了解 JVM 的工作原理之前，先回顾一下如何运行应用程序。记住，以下说法具有相同的含义：

- 运行/执行/启动主类。
- 运行/执行/启动主方法。
- 运行/执行/启动/开始应用程序。
- 运行/执行/启动/开始 JVM 或 Java 进程。

还有多种方法可以运行应用程序。在第 1 章已经展示了如何使用 IntelliJ IDEA 运行 main(String[])方法。本章会重复一些已经讲过的内容，还要加进其他一些有所变化的内容，或许对读者有所帮助。

9.1.1 使用 IDE

任何 IDE 都允许运行 main()方法。在 IntelliJ IDEA 中，可以通过三种方式来实现。列举如下：

• 单击 main()方法名称旁边的三角符号，如图 9-1 所示。

图 9-1　MyAllication 类代码

• 使用三角符号至少执行一次 main()方法后，类名将被添加到下拉菜单中（在顶部那一行，三角形的左侧），如图 9-2 所示。

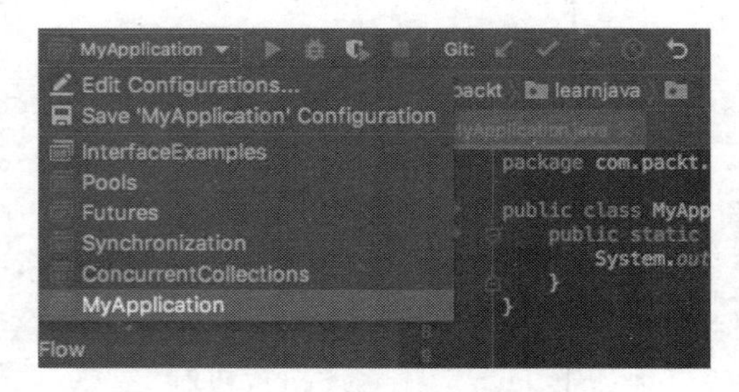

图 9-2　执行过的程序被添加到列表中

选中这个类名，单击菜单右侧的三角符号，如图 9-3 所示。

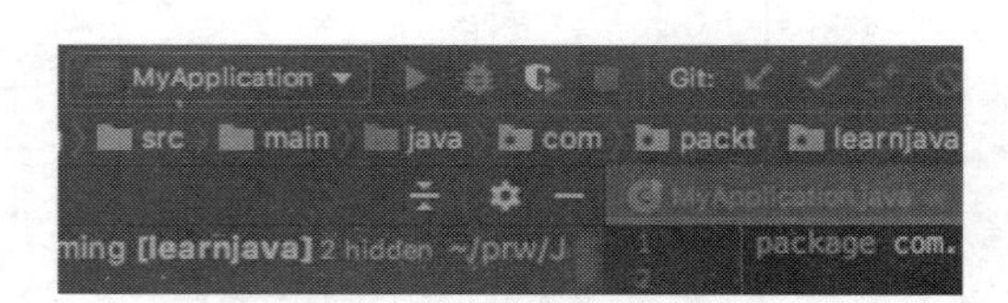

图 9-3　执行选中的程序

• 打开 Run 菜单，选择类的名称。有多个不同的项可选，如图 9-4 所示。

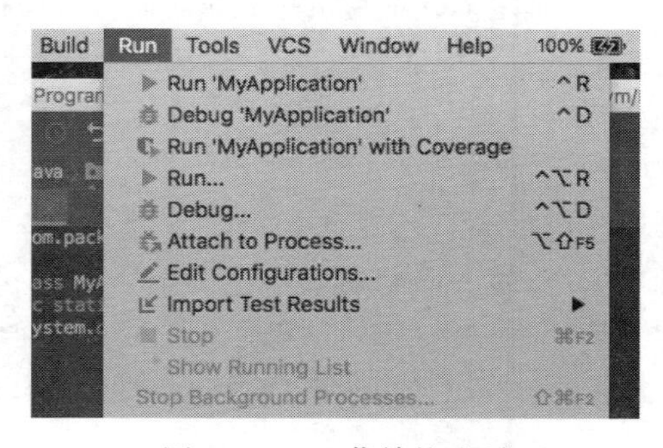

图 9-4　Run 菜单的选项

图 9-4 中，还有 Edit Configurations（编辑配置项）选项，用来设置运行开始时传递给 main()方法的 Program arguments（程序参数）以及其他一些选项，如图 9-5 所示。

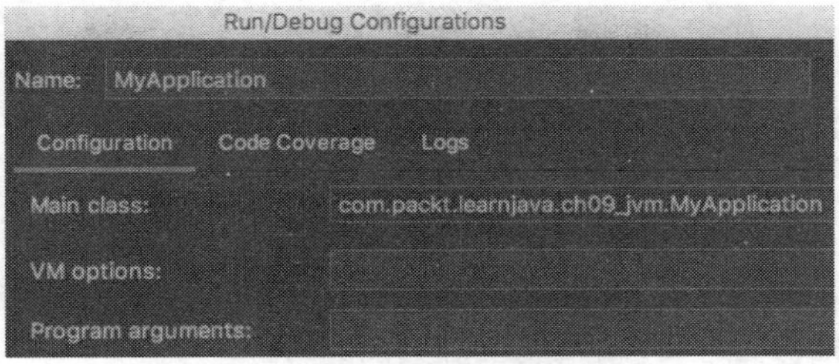

图 9-5　设置 VM 等参数选项

VM options（VM 选项）字段允许设置 java 命令选项。例如，如果输入-Xlog:gc，IDE 将形成以下 java 命令：

```
java -Xlog:gc -cp . com.packt.learnjava.ch09_jvm.MyApplication
```

-Xlog:gc 选项要求显示 GC 日志。9.4 节将使用这个选项演示 GC 是如何工作的。-cp . 选项（cp 代表 classpath，即类路径）表示该类位于文件树的一个文件夹中，这个文件树始于当前目录(输入命令的目录)。在这个示例中，.class 文件位于 com/packt/learnjava/ch09_jvm 文件夹中，其中 com 是当前目录的子文件夹。类路径可能包含多个位置，JVM 在这些位置上查找应用程序执行所需的.class 文件。

对这个示例，可以设置 VM options 参数为如图 9-6 所示的样子。Program arguments 字段用来设置 java 命令中的参数。例如，在这个字段中输入 one two three，如图 9-6 所示。

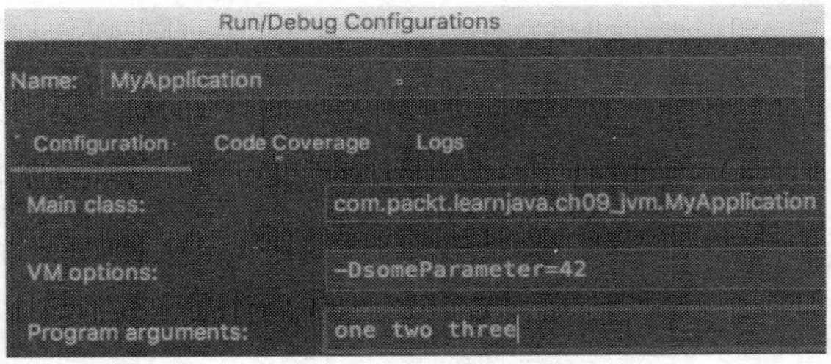

图 9-6　设置 Java VM 选项和命令行参数

这样的设置生成的 java 命令如下所示：

```
java -DsomeParameter=42 -cp . \
        com.packt.learnjava.ch09_jvm.MyApplication one two three
```

可以在 main()方法中读取这些参数。示例如下：

```
public static void main(String... args){
    System.out.println("Hello, world!");      //prints: Hello, world!
    for(String arg: args){
         System.out.print(arg + " ");         //prints: one two three
    }
    String p = System.getProperty("someParameter");
    System.out.println("\n" + p);             //prints: 42
}
```

在 Edit Configurations 屏幕上，另一个可能的设置是 Environment variables（环境变量）字段，如图 9-7 所示。

图 9-7 设置环境变量 1

这是设置环境变量的方式，令其能够用 System.getenv()从应用程序中被访问。例如，将环境变量 x 和 y 分别设置为 42 和 43，如图 9-8 所示。

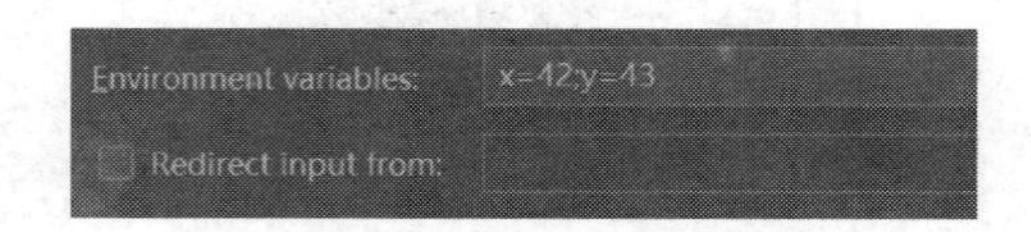

图 9-8 设置环境变量 2

如图 9-8 所示，不仅可以在 main()方法中读取 x 和 y 的值，还可以在应用程序的任何地方使用 System.getenv("varName")方法读取 x 和 y 的值。在这里所举的例子中，可以获取 x 和 y 的值。具体如下：

```
String p = System.getenv("x");
System.out.println(p);                //prints: 42
p = System.getenv("y");
System.out.println(p);                //prints: 43
```

在 Edit Configurations 屏幕上还可以设置 java 命令的其他参数。建议花些时间研究一下这个屏幕上的所有选项。

9.1.2 从命令行运行类

下面，从命令行上运行 MyApplication。提醒一下，主类的样子如下：

```
package com.packt.learnjava.ch09_jvm;
public class MyApplication {
    public static void main(String... args){
        System.out.println("Hello, world!");        //prints: Hello, world!
        for(String arg: args){
            0.print(arg + " ");                     //prints all arguments
        }
       String p = System.getProperty("someParameter");
       System.out.println("\n" + p);                //prints someParameter set
       //as VM option -D
    }
}
```

首先，必须使用 javac 命令来编译主类。命令行如下（假设在项目的根目录中打开终端窗口，即在 pom.xml 驻留的文件夹中打开终端窗口）：

```
javac src/main/java/com/packt/learnjava/ch09_jvm/MyApplication.java
```

这是针对 Linux 类型平台的。在 Windows 平台上，命令相似，具体如下：

```
javac src\main\java\com\packt\learnjava\ch09_jvm\MyApplication.java
```

编译后的 MyApplication.class 文件与 MyApplication.java 放在同一个文件夹中。现在，用 java 命令执行编译后的类：

```
java -DsomeParameter=42 -cp src/main/java com.packt.learnjava.ch09_jvm. MyAppli-
cation one two three
```

注意，-cp 指向 src/main/java 文件夹（路径相对于当前文件夹）。这个文件夹是主类所在的包启动的地方。运行结果如图 9-9 所示。

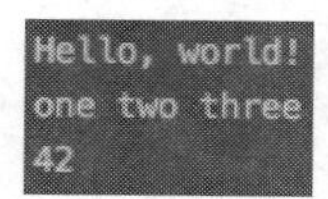

图 9-9　MyApplication.java 运行结果

如果应用程序使用位于不同文件夹中的其他.class 文件，则可以在-cp 选项后面列出这些文件夹的所有路径（相对于当前文件夹），并使用冒号（:）分隔。例如：

```
java -cp src/main/java:someOtherFolder/folder \
              com.packt.learnjava.ch09_jvm.MyApplication
```

注意，使用-cp 选项列出的文件夹中可以包含任意数量的.class 文件。这样，JVM 就可以找到所需的文件。例如，在 com.package.learnjava.ch09_jvm 中创建一个子包 example，其中包含 ExampleClass 类。示例如下：

```
package com.packt.learnjava.ch09_jvm.example;
public class ExampleClass {
    public static int multiplyByTwo(int i){
       return 2 * i;
    }
}
```

现在，将 ExampleClass 类用在 MyApplication 类中：

```
package com.packt.learnjava.ch09_jvm;
import com.packt.learnjava.ch09_jvm.example.ExampleClass;
public class MyApplication {
    public static void main(String... args){
       System.out.println("Hello, world!"); //prints: Hello, world!
       for(String arg: args){
           System.out.print(arg + " ");
       }
       String p = System.getProperty("someParameter");
       System.out.println("\n" + p); //prints someParameter value
       int i = ExampleClass.multiplyByTwo(2);
       System.out.println(i);
    }
}
```

这里使用与前面相同的 javac 命令编译 MyApplication 类。示例如下：

```
javac src/main/java/com/packt/learnjava/ch09_jvm/MyApplication.java
```

结果发生了错误，如图 9-10 所示。

```
import com.packt.learnjava.ch09_jvm.example.ExampleClass;
                                            ^
src/main/java/com/packt/learnjava/ch09_jvm/MyApplication.java:14: error: cannot find symbol
        int i = ExampleClass.multiplyByTwo(2);
                ^
  symbol:   variable ExampleClass
  location: class MyApplication
2 errors
```

图 9-10　编译错误

这说明编译器找不到 ExampleClass.class 文件。首先需要编译这个类文件，并将其放到类路径中。具体如下：

```
javac src/main/java/com/packt/learnjava/ch09_jvm/example/ExampleClass. java
javac -cp src/main/java  src/main/java/com/packt/learnjava/ch09_jvm/ MyApplica-
tion.java
```

由上可见，将 ExampleClass.class 的位置添加到类路径中，具体位置是 src/main/java。然后就可以执行 MyApplication.class 了。示例如下：

```
java -cp src/main/java  com.packt.learnjava.ch09_jvm.MyApplication
```

运行结果如图 9-11 所示。

图 9-11　正确运行结果

没有必要列出 Java 类库（JCL）中的类所在的文件夹，因为 JVM 知道在哪里可以找到这些类。

9.1.3　从命令行运行 JAR 文件

将编译后的.class 文件保存在一个文件夹中并不方便，特别是当同一框架的许多编译后的文件属于不同的包，并且作为一个库分发时更是如此。在这种情况下，编译后的.class 文件通常归档在.jar 文件中。这种归档文件的格式与.zip 文件的格式相同。唯一的区别是.jar 文件还包含一个清单文件，其中包含描述归档的元数据（至于"清单"，将在 9.1.4 节详细讨论）。

为演示.jar 文件的用法，这里创建两个.jar 文件：一个包含 ExampleClass.class 文件；另一个包含 MyApplication.class 文件。所使用的命令如下：

```
cd src/main/java
jar -cf myapp.jar com/packt/learnjava/ch09_jvm/MyApplication.class
jar -cf example.jar \
        com/packt/learnjava/ch09_jvm/example/ExampleClass.class
```

注意，需要在.class 文件包开始的文件夹中运行 jar 命令。

现在可以运行应用程序了，命令如下：

```
java -cp myapp.jar:example.jar \
     com.packt.learnjava.ch09_jvm.MyApplication
```

.jar 文件位于当前文件夹中。如果要想从另一个文件夹执行应用程序（回到根目录，命令为 cd ../../..），命令应该如下：

```
java -cp src/main/java/myapp.jar:src/main/java/example.jar \
                              com.packt.learnjava.ch09_jvm.MyApplication
```

注意，每个.jar 文件都必须单独列在类路径上。仅仅指定所有.jar 文件驻留的文件夹（如同.class 文件所驻留的文件夹）是不够的。如果该文件夹只含有.jar 文件，则所有这样的文件都能包含在类路径中。具体如下：

```
java -cp src/main/java/* com.packt.learnjava.ch09_jvm.MyApplication
```

由上可见，必须在文件夹名后添加通配符。

9.1.4　从命令行运行可执行的 JAR 文件

不在命令行中指定主类名，这是可行的。取而代之，可以创建一个可执行的.jar 文件。做法是将主类（需要运行的类，里面包含 main 方法）名称放入清单文件中。以下是具体的操作步骤。

（1）创建一个文本文件 manifest.txt（名称实际并不重要，但名起好了会令意图清晰明了），其中包含下面一行：

```
Main-Class: com.package.javapath.ch04demo.MyApplication
```

冒号（:）后面必须有一个空格，并且必须在末尾跟一个不可见的换行符。因此，要确保按下了 Enter 键，且光标已经跳到下一行开始处。

（2）执行命令：

```
cd src/main/java
jar -cfm myapp.jar manifest.txt  com/packt/learnjava/ch09_jvm/*.class  \
com/packt/learnjava/ch09_jvm/example/*.class
```

注意，jar 命令选项（fm）的顺序和文件（myapp.jar manifest.txt）的顺序必须保持一致，因为 f 代表 jar 命令将创建的文件，m 代表清单源文件。如果将选项设置为 mf，那么文件顺序必须是 manifest.txt myapp.jar。

（3）现在，可以使用以下命令运行应用程序了：

```
java -jar myapp.jar
```

另一种创建可执行.jar 文件的方法要简单得多。具体如下：

```
jar cfe myjar.jar com.packt.learnjava.ch09_jvm.MyApplication \
                    com/packt/learnjava/ch09_jvm/*.class      \
                    com/packt/learnjava/ch09_jvm/example/*.class
```

此命令自动生成具有指定的主类名称的清单，其中选项 c 表示创建新存档(create a new archive),选项 f 表示存档文件名(archive file name),选项 e 表示应用程序入口点(application entry point)。

9.2　Java 进程

JVM 对 Java 语言和源代码一无所知。JVM 只知道如何读取字节码：从.class 文件中读取字节码和其他信息，将字节码转换（解释）为针对当前平台（JVM 正在运行的平台）的二进制代码指令序列，并将生成的二进制代码传递给执行二进制代码的微处理器。在谈到这种转换时，程序员通常将其称为 Java 进程(Java process),或者仅仅称其为进程(process)。

JVM 通常被称为 JVM 实例（JVM instance）。这是因为每次执行 java 命令时，都会启动一个新的 JVM 实例，用于将特定的应用程序作为一个单独的进程运行，并使用分配给自己的内存（内存大小设置为默认值或作为命令选项被传入）。在这个 Java 进程中，运行着多个线程，每个线程都拥有分配给它的内存。一些线程是由 JVM 创建的服务线程，另一些线程是由应用程序创建和控制的应用程序线程。

这就是 JVM 执行编译代码的全貌。但是，如果仔细查看并阅读 JVM 规范，就会发现与 JVM 相关的单词 process 也用于描述 JVM 内部进程。JVM 规范中标识了 JVM 中运行的其他几个进程，除了类加载进程（class loading process）之外，其他几个进程程序员通常不会提到。

那是因为大多数时候，都能成功地编写和执行 Java 程序，而不需要了解任何 JVM 内部进程。但偶尔有些时候，对 JVM 内部运行机制的一般性理解有助于确定某些问题的根源。本节中，将简短讨论一下 JVM 内部的所有进程，原因即在于此。在接下来的几节中，将详细讨论 JVM 的内存结构及其功能的其他特征，这对程序员或许会有所帮助。

有两个子系统将 JVM 所有的内部进程运行起来。列举如下：

- 类加载器（Classloader）：读取.class 文件，并用与类相关数据填充 JVM 内存中的方法区域，包括：
  - 静态字段。
  - 方法字节码。
  - 描述类的元数据。
- 执行引擎（Execution engine）：使用以下代码执行字节码。
  - 对象实例化的堆区域。
  - Java 和本机方法栈，用于跟踪所调用的方法。
  - 回收内存的垃圾收集进程。

在 JVM 主进程中运行的进程，列举如下：

- 类加载器执行的进程：
  - 类的加载。
  - 类的链接。
  - 类的初始化。
- 执行引擎所执行的进程：
  - 类的实例化。
  - 方法执行。
  - 垃圾收集。
  - 应用程序终止。

JVM 体系结构

JVM 体系结构可以描述为两个子系统：类加载器和执行引擎。它们使用运行时数据内存区域（如方法区域、堆和应用程序线程栈）来运行服务进程和应用程序线程。线程是轻量级进程，需要分配的资源比 JVM 执行进程更少。

上述列举的内容可能给人的印象是，这些进程是按顺序执行的。从某种程度来说，这种印象没错，比如只涉及一个类时。在加载一个类之前，不可能对该类执行任何操作。方法的执行只能在前面所有的进程都完成之后才开始。然而，GC 不会在对象停止使用之后立即执行（请参阅 9.4 节）。此外，应用程序可能在发生未处理异常或其他错误时退出。

只有类加载器进程受 JVM 规范的控制。执行引擎的实现在很大程度上掌握在各个供应商的手里。这个实现是以语言语义为基础的，也是以性能目标为基础的。这些性能目标是由这个实现的作者设定的。

执行引擎的进程处于不受 JVM 规范控制的范围。可以指导 JVM 供应商对实现进行决策的有常识，有传统，有已知的和得到验证的解决方案，还有 Java 语言规范，但没有单一的规范章程。好消息是，最为流行的 JVM 都使用相似的解决方案，或者至少从高层次来看是那样的。

将此铭记于心，下面开始更详细地逐个讨论刚才列出的 7 种进程。

9.2.1 类的加载

根据 JVM 规范，加载阶段包括按文件名查找.class 文件（位于类路径中列出的位置），并在内存中创建其表示形式。

第一个要加载的类是在命令行中传递的类，其中包含 main(String[])方法。类加载器读取.class 文件，加以解析，并将静态字段和方法字节码装入方法区域。类加载器还为描述该类的 java.lang.Class 创建一个实例。然后，类加载器链接该类（请参阅 9.2.2 节内容），为该类初始化（请参阅 9.2.3 节内容），然后将该类传递给执行引擎以运行其字节码。

main(String[])方法是应用程序的入口。如果它调用另一个类的方法，则必须在类路径上找到那个类，并加载、初始化那个类，只有这样才能执行那个类的方法。如果这个刚加载的方法调用了另一个类的方法，那么也必须找到、加载并初始化那个类。以此类推。这就是 Java 应用程序启动和运行的方式。

main (String[])方法

每个类都可能具有一个 main(String[])方法，而且常常如此。这样的方法用于独立地运行类，将这个类当作测试或演示用的独立应用程序来运行。这样的方法并不能使这个类成为主类。只有在 java 命令行或.jar 文件清单中标识这个类时，这个类才会成为主类。

下面继续讨论加载过程。

如果查看一下 java.lang.Class 中的 API，则找不到公共构造方法。类加载器自动创建 Class 的实例。顺便说一下，这个实例与 getClass()方法返回的实例是一样的。可以在任何 Java 对象上调用 getClass()方法。

Class 的实例不带类静态数据（在方法区域中得以维护），也不带状态值（存在于对象中，在执行期间被创建）。Class 的实例也不包含方法字节码（也存储在方法区域中）。取而代之，Class 的实例提供了描述这个类的元数据——这个类的名称、包、字段、构造方法、方法签名等。元数据不仅对 JVM 有用，对应用程序也有用。

类加载器在内存中创建的并由执行引擎维护的所有数据都称为类型的二进制表示（binary representation of the type）。

如果.class 文件有错误或不符合某种格式，则过程将终止。这意味着加载过程已经执行了对所加载类的格式和字节码的某些验证。在下一个被称为类的链接（class linking）的进程开始时，将进行更多的验证。

下面是加载进程的高级别描述。加载进程中执行三个任务：

- 查找和读取.class 文件。
- 根据内部数据结构将.class 文件解析为方法区域。
- 使用类元数据创建一个 java.lang.Class 实例。

9.2.2　类的链接

根据 JVM 规范，这种链接需要解析被加载的类的引用，所以类的方法可以被执行。

下面是链接进程的高级别描述。链接进程中执行如下三个任务。

1. 验证类或接口的二进制表示形式

虽然 JVM 可以适度期望.class 文件是由 Java 编译器生成的，并且所有指令都满足语言的约束和要求，但根本无法保证所加载的文件是由已知的编译器实现生成的或由编译器生成的。

这就是为什么链接过程的第一步是验证。验证确保类的二进制表示在结构上是正确的。这有三层意思：

- 每个方法调用的参数都与方法描述符兼容。
- return 指令匹配其方法的返回类型。
- 根据 JVM 供应商的不同执行其他一些检查和验证。

2. 方法区域中静态字段的准备

成功完成验证后，将在方法区域中创建接口或类（静态）变量，并将其初始化为符合其类型的默认值。其他接口或类的初始化，如程序员指定的显式赋值和静态初始化块，则延迟到被称为类的初始化（class initialization）的进程（请参阅 9.2.3 节内容）。

3. 将符号引用解析为指向方法区域的具体引用

如果加载的字节码引用其他方法、接口或类，则符号引用被解析为指向方法区域的具体引用，这由解析过程完成。如果被引用的接口和类尚未加载，则类加载器将查找它们并根据需要予以加载。

9.2.3　类的初始化

根据 JVM 规范，初始化是通过执行类初始化方法来完成的。也就是在执行程序员定义的初始化（在静态块和静态赋值中）时，完成初始化，除非在另一个类的请求下这个类已经被初始化。

这个陈述的最后一部分非常重要，因为类可能会被不同的（已加载的）方法多次请求，而且 JVM 进程由不同的线程执行，可以并发地访问同一个类。所以，需要在不同线程之间进行协调（coordination），也称为同步（synchronization）。这将使 JVM 的实现变得异常复杂。

9.2.4　类的实例化

这一步可能永远不会发生。从技术上讲，由 new 操作符触发的实例化过程是执行的第一步。如果 main(String[])方法（它是静态的）只使用其他类的静态方法，则可能不会发生实例化。将实例化过程从执行中分离出来是合理的，原因在于此。

除此之外，实例化还有非常具体的任务。列举如下：

- 为堆区域中的对象（其状态）分配内存。
- 将实例字段初始化为默认值。
- 为 Java 和本机方法创建线程堆栈。

当第一个方法（不是构造方法）准备好执行时，执行就开始了。为每个应用程序线程都创建一个专用的运行时栈，其中每个方法调用都在栈帧（stack frame）中被捕获。例如，如果发生异常，调用 printStackTrace()方法时就可从当前栈帧中获取数据。

9.2.5 方法执行

当 main(String[])方法开始执行时，将创建第一个应用程序线程，被称为主线程（main thread）。主线程能够创建其他应用程序线程。

执行引擎读取和解释字节码，并将二进制代码发送到微处理器执行。执行引擎还维护每个方法被调用的次数和频率的总值。如果总值超过某个阈值，执行引擎将用到一个编译器，这个编译器称为即时编译器（JIT）。这个编译器将方法字节码编译成本机代码。这样，下次调用该方法时，即时编译器就做好了准备，不再需要解释了。这极大地提高了代码性能。

当前正在执行的指令和下一条指令的地址都保存在程序计数器（PC）寄存器中。每个线程都有自己专用的 PC 寄存器。它还可以提高性能并跟踪执行情况。

9.2.6 垃圾收集

垃圾收集器（GC）运行一个进程。该进程用于标识出不再被引用且可以从内存中删除的对象。Java 有一个静态方法 System.gc()，使用它可以通过编程方式触发 GC，但是不能保证立即执行。每个 GC 周期都会影响应用程序的性能，因此 JVM 必须在内存可用性和足够快地执行字节码的能力之间保持平衡。

9.2.7 应用程序终止

有多种途径能够通过编程终止应用程序（以及停止或退出 JVM）。列举如下：

- 没有错误状态码的正常终止。
- 由未处理的异常导致非正常终止。
- 强制编程退出（带错误状态码或不带错误状态码）。

如果没有发生异常和无限循环，main(String[])方法将使用一个 return 语句结束，或在其最后一个语句执行之后结束。一旦发生这种情况，主应用程序线程将控制流传递给 JVM，JVM 也会停止执行。那结果就皆大欢喜了。现实生活中许多应用程序都乐此不疲。除了那些演示异常或无限循环的例子外，大多数示例都会成功退出。

然而，Java 应用程序也可以通过其他方式退出，其中有些方式也很优雅，但有些也不那么优雅。如果主应用程序线程创建了子线程，或者换句话说，程序员编写了生成其他线程的代码，那么即使是优雅地退出，也可能不太容易。这完全取决于所创建的子线程的类型。

如果其中某个线程是用户线程（默认情况），那么即使在主线程退出之后，JVM 实例也会继续运行。只有在所有用户线程都完成之后，JVM 实例才会停止。主线程也可能请求用户子线程结束运行。但在主线程退出之前，JVM 将继续运行。这表示应用程序仍然在运行。

但是，如果所有子线程都是守护线程，或者没有子线程在运行，则 JVM 实例在主应用程序线程退出时立即停止运行。

在发生异常的情况下，应用程序如何退出取决于代码设计。在第 4 章中讨论异常处理中的最佳实践时，已触及这个问题。如果线程在 main (String[])的 try-catch 块或者类似的高层方法的 try-catch 块中捕获到所有异常，那就由应用程序（以及编写代码的程序员）决定如何进行下去才是最佳方案——力图改变输入数据和重复生成异常的代码块，力图记录错误并继续下去，或者退出。

另外，如果异常未得到处理并传播到 JVM 代码中，则线程（在异常发生的地方）将停止执行并退出。接下来会发生什么，取决于线程的类型和一些其他条件。以下是四种可能的选择：

- 如果没有其他线程，JVM 将停止执行并返回错误代码和堆栈跟踪。
- 如果发生未处理异常的线程不是主线程，其他线程（如果存在）将继续运行。
- 如果主线程抛出了一个未处理的异常，子线程（如果存在）还是守护线程，那么子线程也会退出。
- 如果至少有一个用户子线程，JVM 将继续运行，直到所有用户线程退出为止。

还有一些可以通过编程强制应用程序停止的途径。用到的方法如下：

- System.exit (0)。
- Runtime.getRuntime().exit (0)。
- Runtime.getRuntime().halt (0)。

所有这些方法都迫使 JVM 停止执行任何线程，并使用作为参数传入的状态码（在所举的示例中是 0）退出。列举如下：

- 0 表示正常终止。
- 非零值表示异常终止。

如果 Java 命令是由某个脚本或另一系统启动的，则状态码的值可用于有关下一步操作决策的自动化处理。但这已超出了应用程序和 Java 代码的范围。

前两个方法具有相同的功能，因为 System.exit()的实现方式就是如此：

```
public static void exit(int status) {
    Runtime.getRuntime().exit(status);
}
```

要在 IDE 中查看源代码，只需单击方法即可。

当某些线程调用 Runtime 或 System 类的 exit()方法，或 Runtime 类的 halt()方法时，JVM 将退出，安全管理器允许退出或停止操作。exit()和 halt()的区别在于，halt()强制 JVM 立即退出，而 exit()执行可用 Runtime.addShutdownHook()方法设置的附加操作。但是对于这些，主流程序员都很少使用。

9.3　JVM 结构

JVM 结构可以根据内存中运行时数据结构以及使用运行时数据的两个子系统（类加载器和执行引擎）予以描述。

9.3.1　运行时数据区

JVM 内存的每个运行时数据区域都属于以下两个范畴之一：

- 共享区。具体如下：
  - 方法区：类元数据、静态字段和方法字节码。
  - 堆区：对象（状态）。
- 非共享区，专门用于特定应用程序线程。具体如下：
  - Java 栈：当前帧和调用者帧，每个帧保存 Java（非本地）方法调用的状态。列举如下：
    - 局部变量的值。
    - 方法参数值。
    - 用于中间计算的操作数的值（操作数栈）。
    - 方法返回值（如果有的话）。
  - PC 寄存器：下一条要执行的指令。
  - 本机方法栈：本机方法调用的状态。

前面已经提到，程序员在使用引用类型时必须小心。除非对象需要修改，否则不要修改对象本身。在多线程应用程序中，如果一个对象的引用可以在线程之间传递，则必须格外小心，因为存在并发修改相同数据的可能性。不过，从好的方面来看，这样一个共享区域能够用作而且经常用作线程之间通信的方法。

9.3.2　类加载器

类加载器执行以下三个功能：

- 读取.class 文件。
- 填充方法区域。
- 初始化未由程序员初始化的静态字段。

9.3.3　执行引擎

执行引擎功能如下：

- 实例化堆区域中的对象。
- 使用程序员编写的初始化器初始化静态字段和实例字段。
- 在 Java 栈中添加/删除帧。
- 用下一条执行指令来更新 PC（程序计数器）寄存器。
- 维护本机方法栈。

- 记录方法调用的总数，并编译流行的方法调用。
- 终结对象。
- 运行垃圾收集。
- 终止应用程序。

9.4　垃圾收集

内存自动管理是 JVM 的一个重要功能，减轻程序员工作量，不需要通过编程来管理内存。在 Java 中，清理内存并允许内存被重新使用的过程称为垃圾收集（garbage collection）。

9.4.1　响应时间、吞吐量和全局停顿

GC 影响两个主要的应用程序特性的有效性——响应性（responsiveness）和吞吐量（throughput）。具体如下：

- 响应时间：这是一种衡量，衡量应用程序对请求的响应（带来必要的数据）速度。例如，网站返回页面的速度，或者桌面应用程序响应事件的速度。响应时间越短，用户体验性越好。
- 吞吐量：应用程序在单位时间内能够完成的工作量。例如，Web 应用程序可以服务于多少请求，或者数据库可以支持多少事务。这个数字越大，应用程序产生的潜在价值就越大，能够支持的用户请求越多。

同时，GC 需要移动数据。这在允许数据处理的同时，是不可能完成的任务，因为引用将会发生变化。这就是为什么 GC 需要在一段时间内偶尔停止应用程序线程的执行，这被称为全局停顿（stop-the-world）。这样的时间段越长，GC 执行任务的速度就越快，应用程序冻结持续的时间也就越长。这样的数字增大到一定程度，就会影响应用程序的响应时间和吞吐量。

幸运的是，可以使用 Java 命令选项调优 GC 的行为，但这超出了本书讨论的范围。这里只聚焦于 GC 检查堆中对象的主要活动的高级视图，并删除在任何线程堆栈中都未被引用的对象。

9.4.2　对象寿命和世代

基本的 GC 算法用于确定每个对象存在多长时间。寿命（age）这一术语指对象存活的收集周期数。JVM 启动时，堆是空的，被分成三部分：

- 年轻代。
- 老年（或高龄）代。
- 庞大区域：用于存放对象，对象的大小等于（或大于）一个标准区域的 50%。

年轻代有三个区域：

- Eden 空间。
- 幸存者 0 (S0)。
- 幸存者 1 (S1)。

新创建的对象被放置在 Eden 空间中。这个空间被填满时，一个小 GC 进程随即启动，删除未被引用和循环引用的对象，并将其他对象移动到 S1 区域。在下一小回收（minor collection）期间，S0 和 S1 交换角色。被引用的对象从 Eden 和 S1 移动到 S0。

在每次小回收中，达到一定寿命的对象被移动到老年代区。该算法的结果是，老年代包含了寿命大于一定年龄的对象。这个区大于年轻代区。正因为如此，这个区垃圾收集的代价更高，而且不像年轻代区垃圾收集那样频繁。但是，这个区最终将被检查（在几次小回收之后）。未被引用的对象要删除，并对内存进行碎片整理。这种对老年代的清理被看作是一次大回收（major collection）。

9.4.3　全局停顿无法避免时

对老年代中一些对象的收集具有并发性，而有些收集则具有暂停性，用的是全局停顿（stop-the-world）。步骤如下。

（1）初始标记：标记幸存者区域（根区域），这些区域可能引用了老年代中的对象。这是暂停行为，用的是全局停顿。

（2）扫描：搜索幸存者区域以查找对老年代的引用。这是在应用程序继续运行的同时并发完成的。

（3）并发标记：在整个堆上标记存活对象。这是在应用程序继续运行的同时并发完成的。

（4）再标记：完成存活对象的标记。这是暂停行为，用的是全局停顿。

（5）清理：计算存活对象的寿命并释放区域（使用全局停顿），并将存活对象返回到空闲列表中。这是并发完成的。

上述序列中可能会穿插进年轻代的移除，因为大多数对象都是短命的，通过增加频率来扫描年轻代更容易释放大量内存。还有一个混合阶段（G1 收集了在年轻代和老年代中已经大多被标记为垃圾的区域时）和庞大区域分配（将大型对象移动到巨大区域或从巨大区域移除时）。

为了有助于 GC 调优，JVM 为垃圾收集器、堆大小和运行时编译器提供了与平台相关的默认选择。幸运的是，JVM 供应商一直在改进和调优 GC 进程，所以大多数应用程序都能很好地处理默认的 GC 行为。

本 章 小 结

本章中，读者学习了如何使用 IDE 或命令行执行 Java 应用程序。现在，应该能够编写自己的应用程序并以最适合的方式在给定环境下启动。了解了 JVM 的结构及其过程——类加载、链接、初始化、执行、垃圾收集和应用程序终止，应该能更好地控制应用程序的执行，JVM 的性能和当前状态就变得透明了。

第 10 章中将讨论并演示如何从 Java 应用程序中管理数据库中的数据——插入、读取、更新和删除数据。还要简要介绍 SQL 和基本数据库操作：如何连接到数据库、如何创建数据库结构、如何使用 SQL 编写数据库表达式，以及如何执行数据库表达式等。

第10章

数据库数据管理

本章讨论并演示如何使用Java应用程序来管理数据库中的数据，也就是数据的插入、读取、更新和删除。这里将介绍结构化查询语言（SQL）和基本数据库操作，包括如何连接到数据库、如何创建数据库结构、如何使用SQL编写数据库表达式以及如何执行这些数据库表达式等。

本章将涵盖以下主题：

- 创建数据库。
- 创建数据库结构。
- 连接到数据库。
- 关闭连接。
- 数据的CRUD（添加、读取、更新、删除）操作。

10.1 创建数据库

Java数据库连接（JDBC）是Java的一种功能，用以访问和修改数据库中的数据。它由JDBC API（包括3个包，即java.sql、javax.sql和java.transaction.xa）以及特定于数据库的类所支持。它实现了供数据库访问的一个接口，这个接口称为数据库驱动程序（database driver），由每个数据库供应商提供。

使用JDBC意味着要编写Java代码来管理数据库中的数据，使用的是JDBC API的接口和类以及特定于数据库的驱动程序。该驱动程序知道如何与特定的数据库建立连接。使用此连接，应用程序可以发出用SQL编写的请求。

顺理成章的是，这里所指的仅仅是SQL可理解的数据库，其被称为关系型或表格式数据库管理系统（DBMS），这种系统构成了当前使用的DBMS中的绝大部分——尽管也可使用另一些系统（例如，导航数据库和NoSQL）来替代。

java.sql包和javax.sql包属于Java平台标准版。javax.sql包中含有支持语句池、分布式事务和行集的DataSource接口。

数据库的创建，涉及以下8个步骤：

（1）按照供应商的说明安装数据库。

（2）创建数据库用户、数据库、模式、表、视图、存储过程，以及支持应用程序的数据模型所需的任何其他内容。

（3）使用特定于数据库的驱动程序将对.jar 文件的依赖项添加到应用程序。

（4）从应用程序连接到数据库。

（5）构建 SQL 语句。

（6）执行 SQL 语句。

（7）根据你所编写的应用程序的需要使用执行的结果。

（8）释放（即关闭）数据库连接和进程中打开的任何其他资源。

第（1）～（3）步在数据库安装期间和应用程序运行之前只执行一次。第（4）～（8）步由应用程序根据需要重复执行。实际上，对于相同的数据库连接，第（5）～（7）步可能重复多次。

示例中使用 PostgreSQL 数据库。首先，需要自己使用特定于数据库的指令执行第（1）～（3）步。为演示之需，这里使用以下命令来创建数据库：

```
create user student SUPERUSER;
create database learnjava owner student;
```

上述命令创建一个 student 用户，该用户是超级用户，可以管理数据库的所有特性，同时还让 student 用户成为 learnjava 数据库的所有者。这里将使用 student 用户在 Java 代码中访问和管理数据。实际上，出于安全考虑，应用程序不允许创建或更改数据库表和数据库结构的其他特性。

此外，可以创建另一个被称为模式（schema）的逻辑层，该逻辑层能够拥有自己的用户群和权限集，这样做在实践中效果良好。通过这种方式，可以隔离同一数据库中的多个模式，并且每个用户（其中一个是你所编写的应用程序）只能访问特定的模式。在企业这一级别，常见的做法是为数据库模式创建同义词，这样应用程序就不会直接访问原始结构。出于简洁性考虑，本书没有这样做。

10.2　创建数据库结构

数据库创建完之后，使用下面 3 条 SQL 语句就可创建和更改数据库结构。这样的操作是通过数据库实体完成。实体包括表、函数或约束等。列举如下：

- 使用 CREATE 语句创建数据库实体。
- 使用 ALTER 语句更改数据库实体。
- 使用 DROP 语句删除数据库实体。

还有各种 SQL 语句允许查询每个数据库实体。这些语句是特定于数据库的，通常只在数据库控制台中使用。例如，在 PostgreSQL 控制台中，\d <table>用来描述一个表，而\dt 列出所有表。可参阅数据库文档，获取更详尽的信息。

要创建一个表，可以执行以下 SQL 语句：

```
CREATE TABLE tablename ( column1 type1, column2 type2, ... );
```

对于可以使用的表名、列名和值类型的限制，取决于特定的数据库。例如，在 PostgreSQL 中创建 person 表，命令如下：

```
CREATE table person (
   id SERIAL PRIMARY KEY,
```

```
    first_name VARCHAR NOT NULL,
    last_name VARCHAR NOT NULL,
    dob DATE NOT NULL );
```

关键字 SERIAL 表示该字段是一个连续整数，由数据库在每次创建一条新记录时生成。用于生成连续整数的其他选项有 SMALLSERIAL 和 BIGSERIAL。它们的大小和取值范围不同。例如：

SMALLSERIAL：2 字节，范围为 1～32 767；

SERIAL：4 字节，范围为 1～2 147 483 647；

BIGSERIAL：8 字节，范围为 1～922 337 2036 854 775 807。

关键字 PRIMARY KEY 表示该列是记录的唯一标识符，并且很可能在检索中使用。数据库为每个主键创建索引，以加快检索速度。索引是一种数据结构，有助于加快表中数据的检索速度，而不必检查每个表记录。索引可以包含表的一列或多列。如果请求表的描述，将看到所有现存的索引。

或者，可以使用 first_name、last_name 和 dob 的组合创建复合式 PRIMARY KEY 关键字。示例如下：

```
CREATE table person (
    first_name VARCHAR NOT NULL,
    last_name VARCHAR NOT NULL,
    dob DATE NOT NULL,
    PRIMARY KEY (first_name, last_name, dob) );
```

然而，很有可能存在两个相同的名字的人，并且在同一天出生。

NOT NULL 关键字对字段施加约束，字段值不能为空。每次尝试创建带有空字段的新记录或从现有记录中删除值时，数据库都会产生错误。这里没有设置 VARCHAR 类型列的大小，因此允许这些列存储任意长度字符串的值。

与这样一条记录相匹配的 Java 对象，可以用下面的 Person 类表示：

```
public class Person {
    private int id;
    private LocalDate dob;
    private String firstName, lastName;
    public Person(String firstName, String lastName, LocalDate dob) {
        if (dob == null) {
            throw new RuntimeException("Date of birth cannot be null");
        }
        this.dob = dob;
        this.firstName = firstName == null ? "" : firstName;
        this.lastName = lastName == null ? "" : lastName;
    }
    public Person(int id, String firstName,
                      String lastName, LocalDate dob) {
        this(firstName, lastName, dob);
        this.id = id;
    }
    public int getId() { return id; }
    public LocalDate getDob() { return dob; }
    public String getFirstName() { return firstName;}
    public String getLastName() { return lastName; }
```

```
}
```

或许注意到，Person 类中有两个构造方法：一个带 id 字段的和一个不带 id 字段的。使用接受 id 的构造方法构建一个基于现有记录的对象，而使用另一个构造方法在插入新记录之前来创建一个对象。

表创建后，可以用 DROP 命令删除：

```
DROP table person;
```

还可以用 SQL 的 ALTER 命令来更改现有的表。例如，可以添加一个地址列。具体如下：

```
ALTER table person add column address VARCHAR;
```

如果不确定是否已经存在这样的列，可以添加 IF EXISTS 或 IF NOT EXISTS：

```
ALTER table person add column IF NOT EXISTS address VARCHAR;
```

然而，这种操作的可能性只存在于 PostgreSQL 9.6 及其后续版本中。数据库表创建过程中，需要考虑的另一个重要事项就是是否必须再添加一个索引（除了 PRIMARY KEY 之外）。例如，可以添加如下索引，允许在不区分大小写的情况下搜索名（first_name）和姓（last_name）。具体如下：

```
CREATE index idx_names on person ((lower(first_name), lower(last_name));
```

如果搜索速度提高了，保留索引；如果搜索速度没有提高，可以删除索引。操作如下：

```
DROP index idx_names;
```

之所以要删除索引，是因为有一个索引，就会有额外的写入和存储空间的开销。如果需要，也可以从表中删除列。操作如下：

```
ALTER table person DROP column address;
```

在所举的示例中，遵循的是 PostgreSQL 的命名规范。如果使用另一个数据库，建议查找其命名规范并加以遵循，以便所创建的名称与自动创建的名称保持一致。

10.3　连接到数据库

到目前为止，已使用控制台执行了 SQL 语句。同样的语句也可在 Java 代码中使用 JDBC API 来执行。可是，表只需创建一次，因此编写一个程序，只执行一次，意义不大。

然而，数据管理是另一回事。所以从现在开始，将使用 Java 代码来操作数据库中的数据。为此，需要首先向 pom.xml 文件添加以下依赖项：

```
<dependency>
    <groupId>org.postgresql</groupId>
    <artifactId>postgresql</artifactId>
    <version>42.2.2</version>
</dependency>
```

这跟已安装的 PostgreSQL 9.6 版相匹配。现在，可以用 Java 代码创建一个数据库连接了。代码如下：

```
String URL = "jdbc:postgresql://localhost/learnjava";
Properties prop = new Properties();
prop.put( "user", "student" );
//prop.put( "password", "secretPass123" );
try {
    Connection conn = DriverManager.getConnection(URL, prop);
} catch (SQLException ex) {
    ex.printStackTrace();
}
```

上述代码只是一个示例，演示的是如何使用 java.sql.DriverManager 类来创建连接。prop.put("password", "secretPass123")语句演示了如何使用 java.util.Properties 类为连接提供密码。但是，创建 student 用户时没有设置密码，所以不需要这个语句。

可以将许多其他值传递给 DriverManager，用以配置连接行为。传入属性的键名对于所有主要数据库都是相同的，但其中一些键名是特定于数据库的。因此，需要阅读数据库供应商的文档说明，以了解更多细节。

如果只传递 user 和 password，可以使用重载的 DriverManager.getConnection(String url, String user, String password)版本。对密码进行加密是一种很好的做法，但这里不打算演示如何对密码加密，在互联网上有很多指南供参考。

连接到数据库的另一种方法是使用 javax.sql.DataSource 接口。它的实现包含在与数据库驱动程序相同的.jar 文件中。在 PostgreSQL 中，有两个类能够实现 DataSource 接口。列举如下：

- org.postgresql.ds.PGSimpleDataSource。
- org.postgresq l.ds.PGConnectionPoolDataSource。

可以使用这两个类来代替 DriverManager。使用 PGSimpleDataSource 类来创建数据库连接。举例如下：

```
PGSimpleDataSource source = new PGSimpleDataSource();
source.setServerName("localhost");
source.setDatabaseName("learnjava");
source.setUser("student");
//source.setPassword("password");
source.setLoginTimeout(10);
try {
    Connection conn = source.getConnection();
} catch (SQLException ex) {
    ex.printStackTrace();
}
```

使用 PGConnectionPoolDataSource 类可在内存中创建连接池对象。举例如下：

```
PGConnectionPoolDataSource source = new PGConnectionPoolDataSource();
source.setServerName("localhost");
source.setDatabaseName("learnjava");
source.setUser("student");
//source.setPassword("password");
source.setLoginTimeout(10);
try {
    PooledConnection conn = source.getPooledConnection();
    Set<Connection> pool = new HashSet<>();
```

```
    for(int i = 0; i < 10; i++){
        pool.add(conn.getConnection())
    }
} catch (SQLException ex) {
    ex.printStackTrace();
}
```

这是首选方法，因为创建 Connection 对象需要时间。这种方式允许预先创建 Connection 对象，然后在需要时重新使用被创建的对象。若不再需要这种连接，可将其返回到池中供重新使用。连接池大小和其他参数可以在配置文件中设置（例如在 PostgreSQL 的 postgresql.conf 文件中设置）。

不需要自己管理连接池。有一些成熟的框架可以替你管理，如 HikariCP (https://brettwooldridge.github.io/HikariCP)、Vibur (http://www.vibur.org)和 Commons DBCP (https://commons.apache.org/proper/commons-dbcp)等。这些框架既可靠又易于使用。

无论选择哪种方法来创建数据库连接，都可将其隐藏在 getConnection()方法中，并以相同的方式在所展示的代码示例中使用。获得 Connection 类的对象后，就可以访问数据库来添加、读取、删除或修改存储的数据了。

10.4 关闭连接

保持数据库连接处于活跃状态需要大量的资源，如内存和 CPU 等。因此，在不需要时关闭连接并释放所分配的资源，这个想法很不错。在使用连接池的情况下，连接对象关闭后被返回到池中，消耗的资源就比较少了。

在 Java 7 之前，通过在 finally 块中调用 close()方法关闭连接，代码如下：

```
try {
    Connection conn = getConnection();
    //这里使用 conn 对象
} finally {
    if(conn != null){
        try {
            conn.close();
        } catch (SQLException e) {
            e.printStackTrace();
        }
    }
}
```

无论 try 块是否抛出异常，finally 块内的代码总会被执行。但从 Java 7 以来，使用 try-with-resources 结构可以自动关闭任何实现 java.lang.AutoCloseable 接口或 java.io.Closeable 接口的对象。java.sql.Connection 实现了 AutoCloseable 接口。上述代码段可以重写，如下所示：

```
try (Connection conn = getConnection()) {
    //这里使用 conn 对象
} catch(SQLException ex) {
    ex.printStackTrace();
}
```

使用 catch 子句很有必要，因为 AutoCloseable 资源抛出了 java.sql.SQLException。

10.5 数据的 CRUD 操作

有 4 种 SQL 语句，可以读取或操作数据库中的数据，如下所示：

- INSERT 语句，向数据库中添加数据。
- SELECT 语句，从数据库中读取数据。
- UPDATE 语句，更改数据库中的数据。
- DELETE 语句，从数据库中删除数据。

上述语句中可添加一个或多个不同的子句，用以标识受请求的数据（例如 WHERE 子句）和必须被返回的结果的顺序（例如 ORDER 子句）。

JDBC 连接用 java.sql.Connection 来表示，此连接含有几个创建 3 种类型对象所需的方法。这些对象允许你执行 SQL 语句，而这些语句为数据库端提供了不同的功能。这样的语句列举如下：

- java.sql.Statement：只是将语句发送到数据库服务器去执行。
- java.sql.PreparedStatement：在数据库服务器上用某个执行路径来缓存语句。具体的做法就是允许此语句以有效的方式使用不同的参数多次加以执行。
- java.sql.CallableStatement：执行数据库中的存储过程。

本节就如何在 Java 代码中实现上述操作做一概述。最佳实践是，在以编程方式使用 SQL 语句之前，在数据库控制台中先测试一下该语句。

10.5.1 INSERT 语句

INSERT 语句在数据库中创建（添加）数据。其格式如下：

```
INSERT into table_name (column1, column2, column3,...)
                values (value1, value2, value3,...);
```

或者，当需要添加多个记录时，可以使用以下格式：

```
INSERT into table_name (column1, column2, column3,...)
             values (value1, value2, value3,... ),
                    (value21, value22, value23,...),
                     ...;
```

10.5.2 SELECT 语句

SELECT 语句的格式如下：

```
SELECT column_name, column_name FROM table_name
                              WHERE some_column = some_value;
```

或者，当需要选择所有列时，可以使用以下格式：

```
SELECT * from table_name WHERE some_column=some_value;
```

对于 WHERE 子句而言，更具一般性的定义如下：

```
WHERE column_name operator value
```

其中，operator 为运算符。具体如下：

- =，相等。
- <>，不相等。在某些 SQL 版本中使用的是!=。
- >，大于。
- <，小于。
- >=，大于或等于。
- <=，小于或等于。
- IN，为列指定多个可能的值。
- LIKE，指定查找模式。
- BEWTEEN，指定一个列中值的包含范围。

此结构中 column_name operator value 可以使用 AND 和 OR 逻辑运算符组合，并用括号( )进行分组。

例如，下面方法从 person 表中取出所有的 first_name 值（由空格字符分隔）：

```
String selectAllFirstNames() {
    String result = "";
    Connection conn = getConnection();
    try (conn; Statement st = conn.createStatement()) {
          ResultSet rs = st.executeQuery("select first_name from person");
          while (rs.next()) {
               result += rs.getString(1) + " ";
          }
    } catch (SQLException ex) {
          ex.printStackTrace();
    }
    return result;
}
```

ResultSet 接口的 getString(int position)方法从位置 1（SELECT 语句中给出的第一个列）提取 String 值。所有基本类型都有类似的 getter()方法，如 getInt(int position)、getByte(int position)等。

使用列名从 ResultSet 对象中提取值，也是可行的。在前面所举的例子中，使用列名应该是 getString("first_name")。对 SELECT 语句的使用如下形式时，这种获取值的方法特别有用：

```
select * from person;
```

但要记住，使用列名从 ResultSet 对象中提取值，效率较低，不过在性能上差异很小。这样的操作多次出现时，其重要性得以凸显。只有经过实际度量和测试的过程，才能显示出这样的差异对你的应用程序是否有影响。使用列名提取值特别具有吸引力，因为这样的操作令代码的可读性更佳。在应用程序维护中，这样做最终是有保障的。

ResultSet 接口中还有许多其他有用的方法。如果编写的应用程序从数据库读取数据，强烈建议阅读有关 SELECT 语句和 ResultSet 接口的官方文档。

10.5.3　UPDATE 语句

数据可以通过 UPDATE 语句加以修改。具体如下：

```
UPDATE table_name SET column1=value1,column2=value2,... WHERE clause;
```

可以使用此语句将其中一条记录的 first_name 从原值 John 改为新值 Jim。操作如下：

```
update person set first_name = 'Jim' where last_name = 'Adams';
```

如果没有 WHERE 子句，表中的所有记录都将受到影响。

10.5.4 DELETE 语句

要从表中删除记录，使用 DELETE 语句，如下所示：

```
DELETE FROM table_name WHERE clause;
```

如果不带 WHERE 子句，则删除表的所有记录。对 person 表而言，可以使用以下 SQL 语句删除所有记录：

```
delete from person;
```

此外，下面的语句只删除名字是 Jim 的记录：

```
delete from person where first_name = 'Jim';
```

10.5.5 使用 Statement 接口

java.sql.Statement 接口提供了以下执行 SQL 语句的方法。

- boolean execute(String sql)：如果被执行的语句返回的是使用 java.sql.Statement 接口的 ResultSet getResultSet()方法能够获取的数据（在 java.sql.ResultSet 对象中），则该方法返回 true；如果被执行的语句不返回数据（对于 INSERT 语句或 UPDATE 语句而言）且随后对 java.sql.Statement 接口的 int getUpdateCount()方法的调用返回受影响的行数，则该方法返回 false。
- ResultSet executeQuery(String sql)：以 java.sql.ResultSet 对象的形式返回数据（与此方法一起使用的 SQL 语句通常是一个 SELECT 语句）。java.sql.Statement 接口的 ResultSet getResultSet()方法不返回数据，而 java.sql.Statement 接口的 int getUpdate Count()方法返回–1。
- int executeUpdate(String sql)：返回受影响的行数（被执行的 SQL 语句应该是 UPDATE 语句或 DELETE 语句）。java.sql.Statement 接口的 int getUpdateCount()方法返回相同的数值。随后对 java.sql.Statement 接口的 ResultSet getResultSet()方法的调用返回 null。

至于这三种方法如何处理 INSERT、SELECT、UPDATE 和 DELETE 语句，下面将分别予以演示。

1. execute(String sql)方法

下面尝试执行每个语句，先从 INSERT 语句开始。具体如下：

```
String sql = "insert into person (first_name, last_name, dob) " +
                              "values ('Bill', 'Grey', '1980-01-27')";
Connection conn = getConnection();
try (conn; Statement st = conn.createStatement()) {
    System.out.println(st.execute(sql));                //prints: false
    System.out.println(st.getResultSet() == null);      //prints: true
    System.out.println(st.getUpdateCount());            //prints: 1
} catch (SQLException ex) {
```

```
    ex.printStackTrace();
}
System.out.println(selectAllFirstNames());           //prints: Bill
```

上述代码向 person 表添加了一条新记录。返回 false 值，表示执行的语句没有返回数据，这就是 getResultSet()方法返回 null 的原因。但是 getUpdateCount()方法返回 1，因为有 1 条记录受到了影响（被添加）。selectAllFirstNames()方法证明：预期的记录被插入。

现在执行 SELECT 语句。具体如下：

```
String sql = "select first_name from person";
Connection conn = getConnection();
try (conn; Statement st = conn.createStatement()) {
    System.out.println(st.execute(sql));                //prints: true
    ResultSet rs = st.getResultSet();
    System.out.println(rs == null);                     //prints: false
    System.out.println(st.getUpdateCount());            //prints: -1
    while (rs.next()) {
        System.out.println(rs.getString(1) + " ");      //prints: Bill
    }
} catch (SQLException ex) {
    ex.printStackTrace();
}
```

上述代码从 person 表中选择所有的名字。返回 true 值，表示被执行的语句返回了数据。这就是 getResultSet()方法没有返回 null 而是返回了 ResultSet 对象的原因所在。getUpdateCount()方法返回–1，因为没有任何记录受到影响（被更改）。由于 person 表只有一条记录，ResultSet 对象只包含一个结果，rs.getString(1)返回 Bill。

下面的代码使用 UPDATE 语句将 person 表所有记录中的 first_name 改为 Adam：

```
String sql = "update person set first_name = 'Adam'";
Connection conn = getConnection();
try (conn; Statement st = conn.createStatement()) {
    System.out.println(st.execute(sql));                //prints: false
    System.out.println(st.getResultSet() == null);      //prints: true
    System.out.println(st.getUpdateCount());            //prints: 1
} catch (SQLException ex) {
    ex.printStackTrace();
}
System.out.println(selectAllFirstNames());              //prints: Adam
```

在上述代码中，返回了 false 值，表示被执行的语句没有返回任何数据。这就是 getResultSet()方法返回 null 的原因。但是 getUpdateCount()方法返回 1，因为有 1 条记录受到了影响（被更改），person 表只有 1 条记录。selectAllFirstNames()方法证明：记录得到了预期的更改。

执行 DELETE 语句，从 person 表中删除了所有记录。演示如下：

```
String sql = "delete from person";
Connection conn = getConnection();
try (conn; Statement st = conn.createStatement()) {
    System.out.println(st.execute(sql));                //prints: false
    System.out.println(st.getResultSet() == null);      //prints: true
    System.out.println(st.getUpdateCount());            //prints: 1
} catch (SQLException ex) {
```

```
    ex.printStackTrace();
}
System.out.println(selectAllFirstNames());              //prints:
```

在上述代码中，返回了 false 值，表示被执行的语句没有返回任何数据。这就是 getResultSet()方法返回 null 的原因。但是 getUpdateCount()方法返回 1，因为只有 1 条记录受到影响（被删除），因为 person 表中只有 1 条记录。selectAllFirstNames()方法证明：person 表中没有任何记录。

2. executeQuery(String sql)方法

本节将尝试执行在“execute(String sql)方法”一节中演示 execute()方法时用过的语句（作为查询）。先从 INSERT 语句开始，具体如下：

```
String sql = "insert into person (first_name, last_name, dob) " +
                              "values ('Bill', 'Grey', '1980-01-27')";
Connection conn = getConnection();
try (conn; Statement st = conn.createStatement()) {
    st.executeQuery(sql);                         //PSQLException
} catch (SQLException ex) {
     ex.printStackTrace();                        //prints: stack trace
}
System.out.println(selectAllFirstNames());       //prints: Bill
```

上面的代码生成一个异常，显示的消息是“No results were returned by the query”（查询无结果返回），因为 executeQuery()方法期望执行 SELECT 语句。不过，selectAllFirstNames()方法证明：预期的记录被插入。

现在执行 SELECT 语句，如下所示：

```
String sql = "select first_name from person";
Connection conn = getConnection();
try (conn; Statement st = conn.createStatement()) {
    ResultSet rs1 = st.executeQuery(sql);
    System.out.println(rs1 == null);               //prints: false
    ResultSet rs2 = st.getResultSet();
    System.out.println(rs2 == null);               //prints: false
    System.out.println(st.getUpdateCount());       //prints: -1
    while (rs1.next()) {
         System.out.println(rs1.getString(1));     //prints: Bill
    }
    while (rs2.next()) {
        System.out.println(rs2.getString(1));      //prints:
    }
} catch (SQLException ex) {
    ex.printStackTrace();
}
```

上述代码从 person 表中选择所有的名字。返回 false 值，表明 executeQuery()总是返回 ResultSet 对象，甚至在 person 表中不存在任何记录时也是如此。可见，似乎有两种方法可以从被执行的语句中获得结果。但是，rs2 对象没有数据。因此，在使用 executeQuery()方法时，请确保你的数据是从 ResultSet 对象中获取的。

下面执行一条 UPDATE 语句：

```
String sql = "update person set first_name = 'Adam'";
Connection conn = getConnection();
```

```
try (conn; Statement st = conn.createStatement()) {
    st.executeQuery(sql);                              //PSQLException
} catch (SQLException ex) {                            //prints: stack trace
    ex.printStackTrace();
}
System.out.println(selectAllFirstNames());             //prints: Adam
```

上面的代码生成一个异常，显示的消息是“No results were returned by the query”（查询无结果返回），因为 executeQuery()方法期望执行 SELECT 语句。selectAllFirstNames()方法证明：记录得到了预期的更改。

执行 DELETE 语句，会得到相同的异常。具体如下：

```
String sql = "delete from person";
Connection conn = getConnection();
try (conn; Statement st = conn.createStatement()) {
    st.executeQuery(sql);                              //PSQLException
} catch (SQLException ex) {
    ex.printStackTrace();                              //prints: stack trace
}
System.out.println(selectAllFirstNames());             //prints:
```

不过，selectAllFirstNames()方法证明：person 表中所有记录都被删除了。

这里所做的演示表明，executeQuery()应该只用于 SELECT 语句。executeQuery()方法的优点是：当用于 SELECT 语句时，即使没有选择数据，也会返回一个非 null 的 ResultSet 对象。这就简化了代码，因为不需要检查返回值是否为 null 了。

3. executeUpdate(String sql)方法

下面先用 INSERT 语句演示 executeUpdate()方法。具体如下：

```
String sql = "insert into person (first_name, last_name, dob) " +
                                "values ('Bill', 'Grey', '1980-01-27')";
Connection conn = getConnection();
try (conn; Statement st = conn.createStatement()) {
    System.out.println(st.executeUpdate(sql));  //prints: 1
    System.out.println(st.getResultSet());      //prints: null
    System.out.println(st.getUpdateCount());    //prints: 1
} catch (SQLException ex) {
    ex.printStackTrace();
}
System.out.println(selectAllFirstNames());      //prints: Bill
```

可以看到，executeUpdate()方法返回受影响的行数（在本例中是插入的）。调用 int getUpdateCount()方法返回相同的值，而 ResultSet getResultSet()方法返回 null。SelectAllFirstNames()方法证明：预期的记录被插入。

executeUpdate()方法不能用于执行 SELECT 语句。示例如下：

```
String sql = "select first_name from person";
Connection conn = getConnection();
try (conn; Statement st = conn.createStatement()) {
      st.executeUpdate(sql);                    //PSQLException
} catch (SQLException ex) {
      ex.printStackTrace();                     //prints: stack trace
}
```

异常发生了，显示的消息是“A result was returned when none was expected”（不期望返回结果时，返回了结果）。

另外，UPDATE 语句是由 executeUpdate()方法执行的，一切正常。具体如下：

```
String sql = "update person set first_name = 'Adam'";
Connection conn = getConnection();
try (conn; Statement st = conn.createStatement()) {
      System.out.println(st.executeUpdate(sql));  //prints: 1
      System.out.println(st.getResultSet());      //prints: null
      System.out.println(st.getUpdateCount());    //prints: 1
} catch (SQLException ex) {
      ex.printStackTrace();
}
System.out.println(selectAllFirstNames());        //prints: Adam
```

executeUpdate()方法的作用是返回受影响的行数（在本例中是更新的），与 int getUpdateCount()方法返回的值相同，而 ResultSet getResultSet()方法返回 null。selectAllFirstNames()方法证明：预期的记录得以更新。

DELETE 语句产生类似的结果。具体如下：

```
String sql = "delete from person";
Connection conn = getConnection();
try (conn; Statement st = conn.createStatement()) {
     System.out.println(st.executeUpdate(sql));  //prints: 1
     System.out.println(st.getResultSet());      //prints: null
     System.out.println(st.getUpdateCount());    //prints: 1
} catch (SQLException ex) {
     ex.printStackTrace();
}
System.out.println(selectAllFirstNames());       //prints:
```

到目前为止，读者或许已经意识到：executeUpdate()方法更适合插入、更新和删除语句。

10.5.6　使用 PreparedStatement 接口

PreparedStatement 是 Statement 的子接口。这表明可以在使用 Statement 的任何地方使用这个子接口。区别在于 PreparedStatement 被缓存到数据库中，而不是每次调用时才加以编译。这样，对于不同的输入值，PreparedStatement 可以多次有效地执行。与 Statement 类似，PreparedStatement 由 Connection 对象的 prepareStatement()方法创建。

由于可以使用相同的 SQL 语句来创建 Statement 和 PreparedStatement，因此最佳的思路是对任何多次调用的 SQL 语句都使用 PreparedStatement。因为在数据库端 PreparedStatement 的性能要好于 Statement 接口性能。要做到这一点，只需要修改前面代码示例中的这两行代码：

```
try (conn; Statement st = conn.createStatement()) {
   ResultSet rs = st.executeQuery(sql);
```

使用 PreparedStatement 类，代码如下：

```
try (conn; PreparedStatement st = conn.prepareStatement(sql)) {
   ResultSet rs = st.executeQuery();
```

要创建带有参数的 PreparedStatement 类，可以使用问号符号（?）替换输入值。例如，可以创建以下方法：

```
List<Person> selectPersonsByFirstName(String searchName) {
    List<Person> list = new ArrayList<>();
    Connection conn = getConnection();
    String sql = "select * from person where first_name = ?";
    try (conn; PreparedStatement st = conn.prepareStatement(sql)) {
        st.setString(1, searchName);
        ResultSet rs = st.executeQuery();
        while (rs.next()) {
            list.add(new Person(rs.getInt("id"),
                        rs.getString("first_name"),
                        rs.getString("last_name"),
                        rs.getDate("dob").toLocalDate()));
        }
    } catch (SQLException ex) {
        ex.printStackTrace();
    }
    return list;
}
```

数据库将 PreparedStatement 类编译为模板，存储下来，不予执行。应用程序稍后要使用这个类时，参数值被传递给模板，模板可以立即执行，而不需要付出编译的开销，因为这个类已经完成编译了。

预编译语句的另一个优点是可以更好地防止 SQL 注入攻击，因为各种值是使用不同的协议传入的，模板不是基于外部输入的。

如果预编译语句只使用一次，可能比常规语句慢，但是差别可以忽略不计。如果有疑虑，可测试一下性能，看看其是否适合你编写的应用程序——增加了安全性，可能物有所值。

10.5.7　使用 CallableStatement 接口

CallableStatement 接口（扩展了 PreparedStatement 接口）可用于执行存储过程，尽管有些数据库允许使用 Statement 或 PreparedStatement 接口调用存储过程。CallableStatement 对象是由 prepareCall()方法创建的，具有三种类型的参数。列举如下：

- IN：输入的值。
- OUT：输出结果的值。
- IN OUT：输入或输出值。

IN 参数可以像 PreparedStatement 的参数一样设置，而 OUT 参数必须通过 Callable Statement 的 registerOutParameter()方法注册。

需注意的是，以编程方式从 Java 中执行存储过程是标准化程度最低的领域之一。例如，PostgreSQL 不直接支持存储过程，但是可以将存储过程作为函数予以调用，并通过将 OUT 参数解释为返回值来修改函数。另外，Oracle 也允许函数使用 OUT 参数。

数据库函数和存储过程之间存在一些区别，但这些区别只能作为一般准则，而不能作为正式定义。具体如下：

- 函数有一个返回值，但不允许有 OUT 参数（某些数据库除外）。函数可以在 SQL 语句中使用。

- 存储过程没有返回值(某些数据库除外),但允许有OUT参数(对于大多数数据库),并且可以使用JDBC CallableStatement接口执行。

至于如何执行存储过程，可以参考数据库文档来了解。

由于存储过程要加以编译并存储在数据库服务器上,因此CallableStatement的execute()方法对于相同的SQL语句比Statement或PreparedStatement接口的相应方法执行得更好。这就是很多Java代码有时会被一个或多个存储过程所替代的原因之一,这些存储过程甚至包括业务逻辑。然而，对于每种情况和每个问题，都不存在正确答案。所以，对于测试的价值和你正编写的代码的清楚度,除了重复你已熟悉的说法,我们无法给出任何具体化的建议。

例如，调用随PostgreSQL附带安装的replace(string origText, from substr1, to substr2)函数。此函数搜索第一个参数（string origText），并使用第三个参数（string substr2）提供的字符串替换第一个参数中所有子字符串，且这些子字符串都与第二个参数（from substr1）相匹配。下面的Java方法使用CallableStatement来执行这个函数。具体如下:

```
String replace(String origText, String substr1, String substr2) {
    String result = "";
    String sql = "{ ? = call replace(?, ?, ? ) }";
    Connection conn = getConnection();
    try (conn; CallableStatement st = conn.prepareCall(sql)) {
          st.registerOutParameter(1, Types.VARCHAR);
          st.setString(2, origText);
          st.setString(3, substr1);
          st.setString(4, substr2);
          st.execute();
          result = st.getString(1);
    } catch (Exception ex){
        ex.printStackTrace();
    }
    return result;
}
```

现在，可以这样调用该方法:

```
String result = replace("That is original text",
                "original text", "the result");
System.out.println(result);              //prints: That is the result
```

存储过程可以没有任何参数，也可以只有IN参数，还可以只有OUT参数，或者IN和OUT两者同时都有。结果可以是一个值或多个值，也可以是一个ResultSet对象。可以在数据库文档中查到创建函数的SQL语法。

本章小结

本章讨论并演示了如何从Java应用程序中添加、读取、更新和删除数据库中的数据，简要介绍了用SQL如何创建数据库及其结构、如何修改数据库，以及如何使用Statement、PreparedStatement和CallableStatement执行SQL语句。

第11章中将描述和讨论最流行的网络协议，并对其用法加以演示，还要学习如何使用最新的Java HTTP客户端API实现客户-服务器通信，还要讨论网络协议（包括TCP、UDP和URL）以及它们在Java中是如何实现的。

第11章

网络编程

本章中，将描述和讨论最流行的网络协议，包括用户数据报协议（UDP）、传输控制协议（TCP）、超文本传输协议（HTTP）和 WebSocket（网络套接字）；介绍 Java 类库（JCL）对这些协议的支持；并演示如何使用这些协议，以及如何用 Java 代码实现客户机–服务器通信；简单介绍基于统一资源定位器（URL）的通信和最新的 Java HTTP 客户端 API。

本章将涵盖以下主题：

- 网络协议。
- 基于 UDP 的通信。
- 基于 TCP 的通信。
- UDP 与 TCP 对比。
- 基于 URL 的通信。
- 使用 HTTP 2 客户端 API。

11.1 网络协议

网络编程是一片广袤的领域。互联网协议（IP）是一个套件，由四个层级组成，每个层级都有十几个协议。列举如下：

- 链路层（link layer）：客户端物理性连接到主机时所使用的一组协议。其中三个核心协议包括地址解析协议（ARP）、反向地址解析协议（RARP）和邻居发现协议（NDP）。
- 网际层（internet layer）：用于将网络数据包从原始主机传输到目标主机（由 IP 地址指定）的一组互连方法、协议和规范。这一层的核心协议是互联网协议第 4 版（IPv4）和互联网协议第 6 版（IPv6）。IPv6 指定了一种新的数据包格式，并为点式 IP 地址分配了 128 位，而 IPv4 则是 32 位。下面是 IPv4 地址的一个示例：10011010.00010111.11111110.00010001，其 IP 地址为 154.23.254.17。
- 传输层（transport layer）：主机与主机间通信服务的组，包括 TCP（也称为 TCP/IP）和 UDP（很快会讨论到）。该组中的其他协议包括数据报拥塞控制协议（DCCP）和流控制传输协议（SCTP）。
- 应用层（application layer）：通信网络中主机使用的一组协议和接口方法，包括

Telnet、文件传输协议（FTP）、域名系统（DNS）、简单邮件传输协议（SMTP）、轻量级目录访问协议（LDAP）、超文本传输协议（HTTP）、安全型超文本传输协议（HTTPS）和安全外壳（SSH）。

链路层为最底层，由网际层使用，而网际层又由传输层使用。最后，应用层使用这个传输层来支持协议的实现。

出于安全原因，Java 不提供对链路层和网际层协议的访问。这表示 Java 不允许创建自定义传输协议。例如，不允许创建替代性的 TCP/IP。这就是在本章中我们只对传输层（TCP 和 UDP）和应用层（HTTP）的协议进行概述的原因所在。我们将解释并演示 Java 如何支持这两个层级的协议，以及 Java 应用程序如何对这种支持加以利用。

Java 使用 java.net 包中的类支持 TCP 和 UDP 协议，HTTP 协议可以在 Java 应用程序中使用 java.net.http 包中的类来实现（它是随 Java 11 引入的）。

在 Java 中，TCP 和 UDP 都可以使用套接字（socket）来实现。套接字采用 IP 地址和端口号的组合加以标识，用以表示两个应用程序之间的连接。因为 UDP 比 TCP 稍微简单一些，所以先从 UDP 开始讨论。

11.2　基于 UDP 的通信

UDP 是戴维・P・里德（David P. Reed）在 1980 年设计出来的。此协议允许应用程序使用简单的无连接通信模型发送消息，消息被称作数据报（datagrams），并使用最小的协议机制（如校验和）实现数据的完整性。此协议没有握手对话，因此不能确保消息传递到位或消息顺序原封不动。此协议适用于那些宁愿丢弃消息或混淆消息顺序也不愿等待重传的情况。

数据报由 java.net.DatagramPacket 类表示。可以使用 6 个构造方法中的一个来创建该类的对象。以下两个构造方法是其中最常用的：

- DatagramPacket(byte[] buffer, int length)：这个构造方法创建一个数据报包，用于接收数据包。buffer 保存传入的数据报，length 是要读取的字节数。
- DatagramPacket(byte[] buffer, int length, InetAddress address, int port)：创建一个数据报包，用于发送数据包。buffer 保存数据包数据，length 保存数据包数据长度，address 保存目标 IP 地址，port 保存目标端口号。

一旦构建完成，DatagramPacket 对象将公开以下方法，这些方法可用于从对象中提取数据或设置/获取对象的属性。列举如下：

- void setAddress(InetAddress iaddr)：设置目标 IP 地址。
- InetAddress getAddress()：返回目标或源 IP 地址。
- void setData(byte[] buf)：设置数据缓冲区。
- void setData(byte[] buf, int offset, int length)：设置数据缓冲区、数据偏移量和长度。
- void setLength(int length)：设置数据包的长度。
- byte[] getData()：返回数据缓冲区。
- int getLength()：返回将要发送或接收的数据包的长度。
- int getOffset()：返回将要发送或接收的数据的偏移量。

- void setPort(int port)：设置目标端口号。
- int getPort()：返回要发送或接收数据的端口号。

一旦创建了 DatagramPacket 对象，就能够使用 DatagramSocket 类发送或接收这个对象。该类表示用于发送和接收数据报包的无连接套接字。可以使用 6 个构造方法中的一个创建该类的对象，但其中有 3 个构造方法是最常用的。列举如下：

- DatagramSocket()：创建一个数据报套接字，并将其绑定到本地主机上任何可用的端口。典型情况下，这个构造方法用于创建一个发送套接字，因为目标地址（和端口）可以在包中设置（参阅前面的 DatagramPacket 构造方法和方法）。
- DatagramSocket(int port)：创建一个数据报套接字，并将其绑定到本地主机上指定的端口。任何本地机器地址（称为通配符地址）足够好时，就用这个构造方法来创建一个接收套接字。
- DatagramSocket(int port, InetAddress address)：创建一个数据报套接字，并将其绑定到指定的端口和指定的本地地址。本地端口必须为 0～65 535。当需要绑定特定的本地机器地址时，就用这个构造方法来创建一个接收套接字。

DatagramSocket 对象有两个方法是最常用的，用来发送和接收消息（或数据包）。列举如下：

- void send(DatagramPacket p)：发送指定的数据包。
- void receive(DatagramPacket p)：通过用接收到的数据填充指定的 DatagramPacket 对象的缓冲区来接收数据包。指定的 DatagramPacket 对象还包含发送方机器的 IP 地址和端口号。

举例说明。收到消息后，UDP 消息接收器退出。代码如下：

```
public class UdpReceiver {
    public static void main(String[] args){
        try(DatagramSocket ds = new DatagramSocket(3333)){
            DatagramPacket dp = new DatagramPacket(new byte[16], 16);
            ds.receive(dp);
            for(byte b: dp.getData()){
                System.out.print(Character.toString(b));
            }
        } catch (Exception ex){
            ex.printStackTrace();
        }
    }
}
```

可见，接收方正在监听端口 3333 上本地机任何地址上的文本消息（将每字节解释为一个字符）。接收方只使用 16 字节的缓冲区。一旦缓冲区被接收到的数据填满，接收方就打印其内容并退出。

关于 UDP 消息发送器，举一个例子：

```
public class UdpSender {
    public static void main(String[] args) {
        try(DatagramSocket ds = new DatagramSocket()){
            String msg = "Hi, there! How are you?";
            InetAddress address = InetAddress.getByName("127.0.0.1");
```

```
                DatagramPacket dp = new DatagramPacket(msg.getBytes(),
                msg.length(), address, 3333);
                ds.send(dp);
            }catch (Exception ex){
                ex.printStackTrace();
            }
        }
    }
```

可见，发送方使用消息、本地机地址和与接收方使用的相同的端口构建了一个数据包。构建好的数据包发送完毕后，发送方退出。

现在，可以运行发送方了。但是，如果没有运行接收方，就没有人接收消息，所以先启动接收方。接收方在端口 3333 上侦听，但是没有消息传来，因此，接收方处于等待状态。接下来，运行发送方，接收方则有消息显示出来，如图 11-1 所示。

```
Hi, there! How a
```

图 11-1　接收方显示的消息 1

由于缓冲区比消息的容量小，所以只接收了部分消息，消息的其余部分丢失了。此时，可以创建一个无限循环，让接收方无限运行下去。代码如下：

```
while(true){
    ds.receive(dp);
    for(byte b: dp.getData()){
        System.out.print(Character.toString(b));
    }
    System.out.println();
}
```

这样做可以多次运行发送方。如果运行发送方三次，接收方会打印出消息来。消息如图 11-2 所示。

```
Hi, there! How a
Hi, there! How a
Hi, there! How a
```

图 11-2　接收方显示的消息 2

由上可见，三次运行所发送的消息都已收到。然而，接收方只捕获每个消息的前 16 个字节。

现在，让接收缓冲区大于消息的容量：

```
DatagramPacket dp = new DatagramPacket(new byte[30], 30)
```

如果现在发送同样的消息，结果会如图 11-3 所示。

```
Hi, there! How are you?□□□□□□□
```

图 11-3　接收方显示的消息 3

为避免处理空的缓冲区元素，可以使用 DatagramPacket 类的 getLength()方法。这个方法返回的是缓冲区元素的实际数量，缓冲区元素中填充的是消息。代码如下：

```
int i = 1;
for(byte b: dp.getData()){
    System.out.print(Character.toString(b));
    if(i++ == dp.getLength()){
        break;
    }
}
```

上述代码的输出结果如图 11-4 所示。

```
Hi, there! How are you?
```

图 11-4　示例代码输出结果

这就是 UDP 的基本思路。即使没有套接字在一个地址和端口上“侦听”，发送方也将消息发送到这个地址和端口。在发送消息之前，发送方不需要建立任何类型的连接，这使得 UDP 比 TCP 速度更快、量级更轻。TCP 要求首先要建立连接。通过这种方式，TCP 将消息的发送提升到另一个可靠性级别——确保目标存在，并确保消息能被传递出去。

11.3　基于 TCP 的通信

TCP 由美国国防高级研究计划局（DARPA）在 20 世纪 70 年代设计出来，用于高级研究计划局网络（ARPANET）。TCP 是 IP 的补充，因此也称为 TCP/IP。关于 TCP，即使按其名称，也表明此协议提供了可靠的（即验错的或受控的）数据传输。TCP 允许在 IP 网络中有序地传输字节，广泛用于网络、电子邮件、安全外壳和文件传输。

使用 TCP/IP 的应用程序甚至意识不到套接字和传输细节之间发生的所有握手行为，例如网络拥塞、流量负载平衡、重复，甚至一些 IP 数据包的丢失。传输层底层协议的实现检测这些问题、重发数据，重建发送的数据包顺序，并使网络拥塞最小化。

与 UDP 形成鲜明对比的是，基于 TCP/IP 的通信以牺牲交付周期为代价，专注于准确的交付。这就是为什么这种通信不用于实时应用程序，如 IP 上的语音。这种实时应用程序需要可靠的交付和正确的顺序排序。然而，如果每一比特都需要以被发送时的顺序准确传输到位，那么 TCP/IP 是不可替代的。

为支持此类行为，TCP/IP 通信在整个通信过程中维护一个会话。会话由客户机地址和端口加以标识。每个会话都用服务器上一个表中条目来表示。这个条目中包含关于会话的所有元数据：客户机 IP 地址和端口、连接状态和缓冲区参数。但是，这些细节通常对应用程序开发人员是隐藏的。所以，就不在此展开讨论了。取而代之，将注意力转向 Java 代码。

与 UDP 类似，Java 中 TCP/IP 的实现使用了套接字。但是，与实现 UDP 的 java.net.DatagramSocket 类不同，基于 TCP/IP 的套接字由 java.net.ServerSocket 类和 java.net.Socket 类来表示，并允许在两个应用程序之间发送和接收消息，其中一个应用程序是服务器，另一个应用程序是客户机。

ServerSocket 类和 Socket 类完成非常相似的工作。唯一的区别是 ServerSocket 类具有 accept()方法，该方法“接受”来自客户机的请求。这意味着服务器必须启动起来，并且首先做好接收请求的准备。接着，客户机发起连接。具体来说，客户机创建自己的套接字，用以发送连接请求（来自 Socket 类的构造方法）。服务器随即接受请求并创建一个本地套接字，用以连接到远程套接字（在客户端）。

连接建立后，可以使用第 5 章中描述的 I/O 流进行数据传输。Socket 对象有 getOutputStream()方法和 getInputStream()方法，它们提供了对套接字数据流的访问。本地计算机上 java.io.OutputStream 对象的数据，看起来是来自远程计算机上 java.io.InputStream 对象的数据。

下面仔细研究一下 java.net.ServerSocket 类和 java.net.Socket 类，然后运行几个示例来讨论这两个类的用法。

11.3.1　java.net.ServerSocket 类

java.net.ServerSocket 类有以下 4 个构造方法：

- ServerSocket()：创建一个不绑定到特定地址和端口的服务器套接字对象。此构造方法需要使用 bind()方法绑定套接字。
- ServerSocket(int port)：创建一个绑定到指定端口的服务器套接字对象。端口值必须为 0～65 535。如果端口号被指定为 0，表示需要自动绑定端口号。默认情况下，传入连接的最大队列长度为 50。
- ServerSocket(int port, int backlog)：提供了与 ServerSocket(int port)构造方法相同的功能，允许使用 backlog 参数来设置传入连接的最大队列长度。
- ServerSocket(int port, int backlog, InetAddress bindAddr)：创建一个类似于上一个构造方法的服务器套接字对象，绑定到所提供的 IP 地址。当 bindAddr 值为 null 时，此构造方法将默认接受任何或所有本地地址上的连接。

ServerSocket 类有 4 个方法是最常用的，对于建立套接字的连接必不可少。列举如下：

- void bind(SocketAddress endpoint)：将 ServerSocket 对象绑定到特定的 IP 地址和端口。如果所提供的地址为 null，系统自动获取一个端口和一个有效的本地地址。该端口和地址在后面可以使用 getLocalPort()、getLocalSocketAddress()和 getInetAddress()方法来获取。此外，如果构造方法在没有任何参数的情况下创建了 ServerSocket 对象，那么需要在建立连接之前调用这个方法或下面的 bind()方法。
- void bind(SocketAddress endpoint, int backlog)：与上述方法类似，backlog 参数是套接字上挂起的连接的最大数量（即队列的大小）。如果 backlog 值小于或等于 0，将使用特定于实现的默认值。
- void setSoTimeout(int timeout)：在调用 accept()方法后，设置套接字等待客户机的时间值（以毫秒为单位）。如果客户端没有调用并且超时过期，将抛出 java.net.SocketTimeoutException 异常。但是 ServerSocket 对象仍然有效，可以重用。timeout 值为 0，可解释为无限超时（accept()方法阻塞，直到客户端调用为止）。
- Socket accept()：该方法发生阻塞，直到客户端调用或超时时间（如果设置的话）过期为止。

该类的其他方法允许设置或获取 Socket 对象的其他属性，还可用于更好地动态管理套接字连接。可以参考该类的网络文档，更详细地了解一些可用的选项。

使用 ServerSocket 类，可以完成服务器的实现。代码如下：

```
public class TcpServer {
    public static void main(String[] args){
        try(Socket s = new ServerSocket(3333).accept();
            DataInputStream dis = new DataInputStream(s.getInputStream());
            DataOutputStream dout =
                        new DataOutputStream(s.getOutputStream());
            BufferedReader console =
                     new BufferedReader(new InputStreamReader(System.in))){
            while(true){
                String msg = dis.readUTF();
                System.out.println("Client said: " + msg);
                if("end".equalsIgnoreCase(msg)){
                    break;
                }
                System.out.print("Say something: ");
                msg = console.readLine();
                dout.writeUTF(msg);
                dout.flush();
                if("end".equalsIgnoreCase(msg)){
                    break;
                }
            }
        } catch(Exception ex) {
            ex.printStackTrace();
        }
    }
}
```

下面过一遍上述代码。在 try-with-resources 语句中，根据新创建的套接字创建 Socket、DataInputStream 和 DataOutputStream 对象，并使用 BufferedReader 对象从控制台（这里将使用控制台来输入数据）读取用户输入。在创建套接字时，accept()方法会阻塞，直到客户机尝试连接到本地服务器的 3333 端口为止。

接下来，代码进入一个无限循环。首先，代码读取客户机发送的字节，而且字节作为 Unicode 字符串的形式来发送，这个字符串使用 DataInputStream 的 readUTF()方法以修改后的 UTF-8 格式加以编码。打印的结果以“Client said:”作为前缀。如果接收到的消息是 end，则代码退出循环，服务器的程序退出。如果消息不是 end，那么控制台将显示“Say something:”的提示信息，readLine()方法将发生阻塞，直到用户输入一些内容并按 Enter 键为止。

服务器从屏幕获取输入，并使用 writeUTF()方法将获取的输入作为 Unicode 字符串写入输出流。如前所述，服务器的输出流连接到客户机的输入流。如果客户机从输入流读取数据，客户机就接收到服务器发送的消息。如果发送的消息是 end，则服务器退出循环及程序。如果不是，则再次执行循环体。

所描述的算法有一个前提，就是假设客户机仅在发送或接收 end 消息时才退出。否则，如果客户机随后试图向服务器发送消息，则会产生异常。这演示了已经提到的 UDP 和 TCP

之间的区别——TCP 所基于的会话建立在服务器和客户机套接字之间。如果一方放弃，另一方会立即遇到错误。

至于 TCP 客户机的实现，下面举例说明。

11.3.2 java.net.Socket 类

到目前，读者应该很熟悉 java.net.Socket 类了，因为在上述示例中使用这个类来访问连接的套接字的输入流和输出流。现在，系统地审查一下 Socket 类，并探索如何使用这个类来创建 TCP 客户机。Socket 类有以下几个构造方法：

- Socket()：创建一个未连接的套接字。此构造方法使用 connect()方法建立这个套接字与服务器上套接字的连接。
- Socket(String host, int port)：创建一个套接字，并将其连接到 host 服务器上所提供的端口。如果抛出异常，则不建立到服务器的连接；否则，可以开始向服务器发送数据。
- Socket(InetAddress address, int port)：运作方式与上述构造方法类似，不同的是主机是通过 InetAddress 对象提供的。
- Socket(String host, int port, InetAddress localAddr, int localPort)：运作方式与上述构造方法类似，不同的是此构造方法也允许将套接字绑定到所提供的本地地址和端口（如果程序在具有多个 IP 地址的机器上运行）。如果所提供的 localAddr 值为 null，则选择任何本地地址。或者，如果所提供的 localPort 值为 null，那么系统将在绑定操作中获取一个空闲端口。
- Socket(InetAddress address, int port, InetAddress localAddr, int localPort)：运作方式与上一个构造方法类似，不同的是本地地址通过 InetAddress 对象提供。

Socket 类的两个方法已经用过。具体如下：

- InputStream getInputStream()：返回一个表示源（远程套接字）的对象，并将数据带进（输入）程序（本地套接字）。
- OutputStream getOutputStream()：返回一个表示源（本地套接字）的对象，并将数据发送（输出数据）到远程套接字。

现在，仔细查看一下 TCP 客户机代码。代码如下：

```
public class TcpClient {
    public static void main(String[] args) {
        try(Socket s = new Socket("localhost",3333);
            DataInputStream dis = new DataInputStream(s.getInputStream());
            DataOutputStream dout =
                          new DataOutputStream(s.getOutputStream());
            BufferedReader console =
                      new BufferedReader(new InputStreamReader(System.in))){
            String prompt = "Say something: ";
            System.out.print(prompt);
            String msg;
            while ((msg = console.readLine()) != null) {
                dout.writeUTF( msg);
                dout.flush();
                if (msg.equalsIgnoreCase("end")) {
```

```
                    break;
                }
                msg = dis.readUTF();
                System.out.println("Server said: " +msg);
                if (msg.equalsIgnoreCase("end")) {
                    break;
                }
                System.out.print(prompt);
            }
        } catch(Exception ex){
            ex.printStackTrace();
        }
    }
}
```

这里的 TcpClient 代码与前面我们看到的 TcpServer 代码几乎完全相同。唯一的也是主要的区别在于 new Socket("localhost", 3333)构造方法试图立即与“localhost:3333”服务器建立连接。因此，此构造方法期望 localhost 服务器已经启动且在监听 3333 端口。其余部分与服务器代码相同。

因此，需要使用 ServerSocket 类的唯一原因，就是允许运行服务器等待客户机连接。其他一切都可以使用 Socket 类来完成。Socket 类的其他方法允许设置或获取套接字对象的其他属性，还可用于更好地动态管理套接字连接。可以阅读该类的网络文档，以更详细地了解一些可用的选项。

11.3.3　示例程序的运行

下面运行 TcpServer 和 TcpClient 程序。如果先启动 TcpClient，就会收到带有拒绝连接消息的 java.net.ConnectException。因此，要先启动 TcpServer 程序。TcpServer 程序启动时，不显示任何消息，而只是等待客户连接。再启动 TcpClient 程序，会在屏幕上看到消息，消息如图 11-5 所示。

```
Say something:
```

图 11-5　客户端输出结果 1

输入 Hello!，然后按 Enter 键，结果如图 11-6 所示。

```
Say something: Hello!
```

图 11-6　客户端输出结果 2

现在来看看服务器端屏幕，结果如图 11-7 所示。

```
Client said: Hello!
Say something:
```

图 11-7　服务器端输出结果 1

在服务器端的界面中输入 Hi!，然后按 Enter 键，结果如图 11-8 所示。

```
Client said: Hello!
Say something: Hi!
```

图 11-8　服务器端输出结果 2

在客户端界面会看到输出消息，结果如图 11-9 所示。

```
Say something: Hello!
Server said: Hi!
Say something:
```

图 11-9　客户端输出结果 3

这个对话可以一直继续下去，直到服务器或客户机发送 end 消息为止。让客户机来输入 end，然后退出，结果如图 11-10 所示。

```
Say something: Hello!
Server said: Hi!
Say something: end

Process finished with exit code 0
```

图 11-10　客户端输出结果 4

最后，服务器退出，结果如图 11-11 所示。

```
Client said: Hello!
Say something: Hi!
Client said: end

Process finished with exit code 0
```

图 11-11　服务器端输出结果 3

针对 TCP 的讨论所做的演示至此画上了一个句号。下面简单说说 UDP 和 TCP 之间的区别。

11.4　UDP 与 TCP 对比

UDP 和 TCP 的区别列举如下：

- UDP 只是发送数据，不管数据接收器是否启动和运行。这就是 UDP 比许多其他使用多播分布的客户端更适合发送数据的原因所在。另外，TCP 需要首先建立客户机和服务器之间的连接。TCP 客户端发送一个特殊的控制消息，服务器接收这个消息，再以确认来响应。然后客户机向服务器发送一条消息，该消息对服务器的确认予以确认。只有经过这样一番操作之后，客户机和服务器之间的数据传输才具有可能性。
- TCP 或保证消息传递，或引发错误，而 UDP 不予保证，数据包可能丢失。
- TCP 保证在发送时保持消息的顺序，而 UDP 不予保证。

- 这些保证产生的结果，就是 TCP 比 UDP 速度更慢。
- 此外，协议要求报头与数据包一起发送。TCP 数据包的报头大小是 20 字节，而数据报包则是 8 字节。UDP 报头包含长度、源端口、目的端口和校验和，而 TCP 报头除了 UDP 报头内容外，还包含序列号、Ack 编号、数据偏移、保留、控制位、窗口、紧急指针、选项和填充。
- 有一些不同的应用程序协议是基于 TCP 或 UDP 的。基于 TCP 的协议有 HTTP、HTTPS、Telnet、FTP 和 SMTP。基于 UDP 的协议有动态主机配置协议（DHCP）、DNS、简单网络管理协议（SNMP）、普通文件传输协议（TFTP）、引导协议（BOOTP）和早期版本的网络文件系统（NFS）。

可以用一句话概括 UDP 和 TCP 之间的区别，就是 UDP 比 TCP 速度更快，量级更轻，但可靠性更低。跟生活中许多事情一样，必须为额外的服务支付更高的价格。但是，并不是所有情况下都需要这些服务，所以考虑一下手头的任务，并根据应用程序的需求来决定使用哪种协议。

11.5 基于 URL 的通信

现在，几乎每个人都知道 URL 的概念。那些在计算机或智能手机上使用浏览器的人，每天都会看到 URL。本节简要介绍 URL 的不同组成部分，并演示如何以编程方式使用 URL 从网站（或文件）请求数据或向网站发送（发布）数据。

11.5.1 URL 语法

一般来说，URL 语法符合统一资源标识符（URI）的语法。其格式如下：

```
scheme:[//authority]path[?query][#fragment]
```

其中，方括号表示组件是可选的。这说明一个 URI 至少包含 scheme:path。scheme 部分可以是 http、https、ftp、mailto、file、data 或其他值。path 部分由一系列斜线（/）分隔的路径段组成。下面是一个只包含 scheme 和 path 的 URL 示例：

```
file:src/main/resources/hello.txt
```

上面的 URL 指向本地文件系统上的一个文件，该文件与使用这个 URL 的目录相对。我们很快就会对其运行过程加以演示。

path 部分可以是空的，但那样 URL 看起来无用。然而，空路径通常与 authority 一起使用，格式如下：

```
[userinfo@]host[:port]
```

authority 唯一需要的部分是 host，可以是 IP 地址（例如，137.254.120.50），也可以是域名（例如，oracle.com）。

userinfo 部分通常与 scheme 部分的 mailto 值一起使用，所以 userinfo@host 表示一个电子邮件地址。

如果省略 port 部分，则使用默认值。例如，如果 scheme 值是 http，那么默认端口值是 80；如果 scheme 值是 https，那么默认端口值就是 443。

URL 的一个可选部分 query 是由分隔符（&）分隔的键-值对序列。具体如下：

```
key1=value1&key2=value2
```

最后，可选的部分 fragment 是 HTML 文档中某个节的标识符。因此，浏览器可以滚动使该节可见。

需要指出的是，在 Oracle 的网络文档中，使用的术语略有不同。例如：

- scheme 用 protocol 表示。
- fragment 用 reference 表示。
- path[?query][#fragment]用 file 表示。
- host[:port]path[?query][#fragment]用 resource 表示。

因此，从 Oracle 文档的角度来看，URL 由 protocol 和 resource 值组成。下面来看看 URL 在 Java 中的编程用法。

11.5.2 java.net.URL 类

在 Java 中，URL 由 java .net.URL 类的对象表示，该类有 6 个构造方法。列举如下：

- URL(String spec)：从作为字符串的 URL 中创建一个 URL 对象。
- URL(String protocol, String host, String file)：根据所提供的 protocol、host 和 file（path 和 query）的值以及基于所提供的协议值的默认端口号创建 URL 对象。
- URL(String protocol, String host, int port, String path)：根据提供的 protocol、host 和 file（path 和 query）的值来创建 URL 对象。端口值为–1，表示需要根据所提供的协议值使用默认端口号。
- URL(String protocol, String host, int port, String file, URLStreamHandler handler)：其作用与上一个构造方法相同，还允许传入特定协议处理程序的对象。前面所有构造方法都自动加载默认的处理程序。
- URL(URL context, String spec)：创建一个 URL 对象，该对象扩展了所提供的 URL 对象，或者使用所提供的 spec 值覆盖其组件，该值是 URL 或其部分组件的字符串表示。例如，如果模式同时出现在两个参数中，spec 中的模式值将覆盖 context 中的模式值以及其他值。
- URL(URL context, String spec, URLStreamHandler handler)：其作用与上一个构造方法相同，还允许传入特定协议处理程序的对象。

一旦创建完 URL 对象，URL 对象就允许获取底层 URL 的各个部分的值。InputStream openStream()方法提供对从 URL 接收的数据流的访问。实际上，InputStream openStream()方法是作为 openConnection.getInputStream()被实现的。URL 类的 URLConnection openConnection()方法返回一个 URLConnection 对象，其中有许多方法提供了关于 URL 连接的详细信息，包括允许向 URL 发送数据的 getOutputStream()方法。

看一下代码示例。首先从 hello.txt 文件读取数据。这个文件是第 5 章中创建的一个本地文件，只包含一行："Hello!"。下面的代码用来读取这个文件。具体如下：

```
try {
    URL url = new URL("file:src/main/resources/hello.txt");
    System.out.println(url.getPath());    //src/main/resources/hello.txt
```

```
        System.out.println(url.getFile());     //src/main/resources/hello.txt
        try(InputStream is = url.openStream()){
            int data = is.read();
            while(data != -1){
                System.out.print((char) data); //prints: Hello!
                data = is.read();
            }
        }
    } catch (Exception e) {
        e.printStackTrace();
    }
```

上述代码中，使用的 URL 是 file:src/main/resources/hello.txt。这个 URL 是基于相对于程序执行位置的文件路径的。程序在项目的根目录下执行。首先，来演示 getPath()方法和 getFile()方法。返回的值是相同的，因为 URL 的 query 部分没有值。否则，getFile()方法也会将 query 部分包含进去的。这一点在随后的代码中会看到。

上述代码的其余部分从文件打开一个数据输入流，并将输入的字节打印为字符。注释中给出了输出结果。

下面演示 Java 代码如何从指向互联网上某个源的 URL 中读取数据。用一个 Java 关键字来调用谷歌（Google）搜索引擎：

```
try {
    URL url = new URL("https://www.google.com/search?q=Java&num=10");
    System.out.println(url.getPath());   //prints: /search
    System.out.println(url.getFile());   //prints: /search?q=Java&num=10
    URLConnection conn = url.openConnection();
    conn.setRequestProperty("Accept", "text/html");
    conn.setRequestProperty("Connection", "close");
    conn.setRequestProperty("Accept-Language", "en-US");
    conn.setRequestProperty("User-Agent", "Mozilla/5.0");
    try(InputStream is = conn.getInputStream();
        BufferedReader br = new BufferedReader(new InputStreamReader(is))){
        String line;
        while ((line = br.readLine()) != null){
            System.out.println(line);
        }
    }
} catch (Exception e) {
    e.printStackTrace();
}
```

在此，使用的 URL 是 https://www.google.com/search?q=Java&num=10，在某些研究和实验之后指定请求的属性。此 URL 的有效性无法保证，所以如果没有返回与所描述的相符的数据，大可不必惊讶。此外，此 URL 为实时搜索，所以结果可能随时发生变化。

上述代码还演示了 getPath()方法和 getFile()方法返回值的区别。可以在上述代码示例的注释中查看详情。

与使用文件 URL 的示例相比，上述谷歌搜索示例中使用了 URLConnection 对象，因为需要设置请求报头字段。具体如下：

- Accept 告诉服务器调用者请求（理解）内容的类型。
- Connection 告诉服务器，收到响应后连接将被关闭。

- Accept-Language 告诉服务器调用者请求（理解）的语言。
- User-Agent 告诉服务器关于调用者的信息。否则，谷歌搜索引擎（www.google.com）将使用 403（禁止访问）HTTP 代码加以响应。

上面示例中的其余代码只是从来自 URL 的数据输入流（HTML 代码）中读取数据，然后逐行打印。这里捕获到结果（从屏幕复制），将其粘贴到在线 HTML 格式化程序（https://jsonformatter.org/html-pretty-print）中，再予以运行，结果如图 11-12 所示。

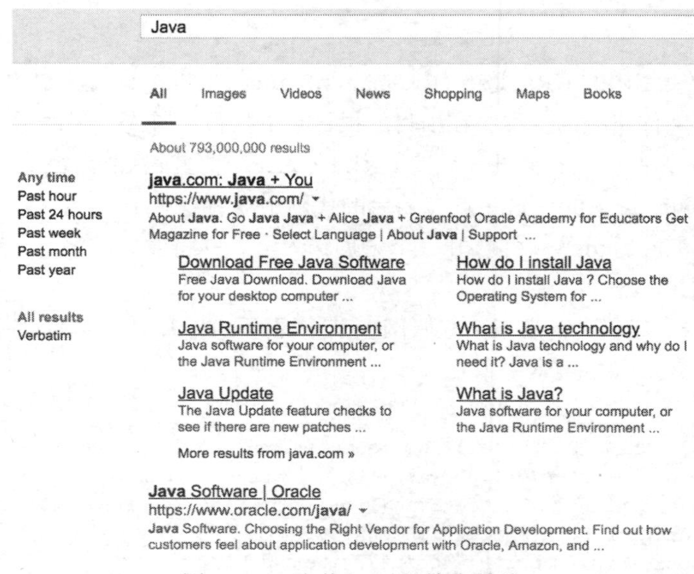

图 11-12　查找 Java 的输出结果

由上可见，除左上角没有显示带有被返回的 HTML 的谷歌图像之外，图 11-12 看起来就像一个带有搜索结果的典型页面。类似地，可以将数据发送（发布）到 URL。代码如下：

```
try {
    URL url = new URL("http://localhost:3333/something");
    URLConnection conn = url.openConnection();
    //conn.setRequestProperty("Method", "POST");
    //conn.setRequestProperty("User-Agent", "Java client");
    conn.setDoOutput(true);
    OutputStreamWriter osw =
            new OutputStreamWriter(conn.getOutputStream());
    osw.write("parameter1=value1&parameter2=value2");
    osw.flush();
    osw.close();
    BufferedReader br =
          new BufferedReader(new InputStreamReader(conn.getInputStream()));
    String line;
    while ((line = br.readLine()) != null) {
        System.out.println(line);
    }
    br.close();
} catch (Exception e) {
    e.printStackTrace();
}
```

上述代码期望服务器运行在 localhost 服务器的 3333 端口上。它可以使用“/something”路径处理 POST 请求。如果服务器没有检查方法（是 POST，还是其他 HTTP 方法？），也没有检查 User-Agent 值，那么就不需要指定任何方法。所以，用注释将设置取消，并将其保留在那里，只是为了演示在需要时如何设置这些值和类似的值。

需要注意的是，这里使用 setDoOutput()方法表示输出必须得发送出去。默认情况下，输出被设置为 false。然后，让输出流将查询参数发送到服务器。

上述代码的另一个重要方面是，必须在打开输入流之前关闭输出流。否则，输出流的内容将不会被发送到服务器。虽然显式地进行了这样的操作，但更好的方法是使用 try-with-resources 块。这个块确保了 close()方法的调用，即使块中任意地方会引发异常。

上面示例的改进版，如下所示：

```
try {
    URL url = new URL("http://localhost:3333/something");
    URLConnection conn = url.openConnection();
    //conn.setRequestProperty("Method", "POST");
    //conn.setRequestProperty("User-Agent", "Java client");
    conn.setDoOutput(true);
    try(OutputStreamWriter osw =
             new OutputStreamWriter(conn.getOutputStream())){
         osw.write("parameter1=value1&parameter2=value2");
         osw.flush();
    }
    try(BufferedReader br =
         new BufferedReader(new InputStreamReader(conn.getInputStream()))){
        String line;
        while ((line = br.readLine()) != null) {
          System.out.println(line);
        }
    }
} catch (Exception ex) {
    ex.printStackTrace();
}
```

为演示这个示例是如何工作的，这里还创建了一个简单的服务器，用以监听 localhost 的 3333 端口，并分配一个处理程序来处理“/something”路径所带来的所有请求。具体如下：

```
public static void main(String[] args) throws Exception {
    HttpServer server = HttpServer.create(new InetSocketAddress(3333),0);
    server.createContext("/something", new PostHandler());
    server.setExecutor(null);
    server.start();
}
static class PostHandler implements HttpHandler {
    public void handle(HttpExchange exch) {
        System.out.println(exch.getRequestURI()); //prints: /something
        System.out.println(exch.getHttpContext().getPath());///something
        try(BufferedReader in = new BufferedReader(
            new InputStreamReader(exch.getRequestBody()));
            OutputStream os = exch.getResponseBody()){
            System.out.println("Received as body:");
            in.lines().forEach(l -> System.out.println("  " + l));
            String confirm = "Got it! Thanks.";
```

```
            exch.sendResponseHeaders(200, confirm.length());
            os.write(confirm.getBytes());
          } catch (Exception ex){
            ex.printStackTrace();
          }
      }
  }
```

为了实现服务器，使用了 JCL 附带的 com.sun.net.httpserver 包中的类。为了演示 URL 没有带参数，这里打印出 URI 和路径，两者都具有相同的“/something”值。参数来自请求主体。

处理完请求后，服务器发回消息“Got it! Thanks.”。下面看看运作过程。先运行服务器，开始监听端口 3333 并阻塞，直到带有“/something”路径的请求到来为止。再执行客户端，并在服务器端屏幕上观察输出情况，如图 11-13 所示。

```
/something
/something
Received as body:
  parameter1=value1&parameter2=value2
```

图 11-13　服务器端输出结果 4

可以看到，服务器成功地接收了参数（或任何其他消息）。现在，服务器可以对接收到的消息加以解析，并根据需要予以使用。查看客户端屏幕，会看到输出情况，如图 11-14 所示。

```
Got it! Thanks.

Process finished with exit code 0
```

图 11-14　客户端输出结果 5

这意味着客户端收到来自服务器的消息并按预期退出。请注意，示例中的服务器不是自动退出的，而是手动关闭的。

URL 和 URLConnection 类的其他方法允许设置/获取其他属性，并可用于客户机–服务器通信的动态管理。在 java.net 包中还有 HttpUrlConnection 类（以及其他类），简化并增强了基于 URL 的通信。可以阅读 java.net 包中的网络文档，以更好地理解可用的选项。

11.6　使用 HTTP 2 客户端 API

HTTP 客户端 API 是随 Java 9 作为 jdk.incubator.http 包中的孵化型 API 而引入的。在 Java 11 中，HTTP 客户端 API 被标准化并转移到 java.net.http 包中，它是 URLConnection API 的一个内容更为丰富、使用起来更容易的替代品。除了所有与连接相关的基本功能之外，HTTP 客户端 API 借助 CompletableFuture 提供非阻塞式（异步）请求和响应，并支持 HTTP 1.1 和 HTTP 2。HTTP 2 为 HTTP 添加了以下新功能：

- 能够以二进制格式而不是文本格式发送数据。二进制格式的解析效率更高，更紧凑，更不易出现各种错误。

- 完全是多路复用的，因此允许使用一个连接并发地发送多个请求和响应。
- 使用报头压缩，因此减少了开销。
- 如果客户机表明支持 HTTP 2，HTTP 2 会允许服务器将响应推入客户机缓存。

该包中含有下面一些类：

- HttpClient：用于同步和异步发送请求和接收响应。可以使用带有默认设置的 static newHttpClient()方法或使用 HttpClient.Builder 类（由 static newBuilder()方法返回）创建实例，同时这个类允许你自定义客户端配置。HttpClient 实例一旦创建，就无法改变，可以多次使用。
- HttpRequest：创建并表示一个带有目标 URI、请求报头和其他相关信息的 HTTP 请求。可以使用 HttpRequest.Builder 类（由静态 newBuilder()方法返回）创建实例。实例一旦创建，就无法改变，可以多次发送数据。
- HttpRequest.BodyPublisher：从某个源（如字符串、文件、输入流或字节数组）发布消息体（为 POST、PUT 和 DELETE 方法）。
- HttpResponse：表示客户端在一个 HTTP 请求发送完后收到的 HTTP 响应。响应内容包含源 URI、报头、消息正文以及其他相关信息。实例创建后，可以多次予以查询。
- HttpResponse.BodyHandler：一个接收响应并返回 HttpResponse.BodySubscriber 的实例的函数式接口。HttpResponse.BodySubscriber 可以处理响应体。
- HttpResponse.BodySubscriber：接收响应体（按字节）并将其转换为字符串、文件或某种类型。

HttpRequest.BodyPublisher、HttpResponse.BodyHandler 和 HttpResponse.BodySubscriber 这三个类是创建相应类的实例工厂类。例如，BodyHandler.ofString()创建一个 BodyHandler 实例，该实例将响应体字节处理为字符串，而 BodyHandler.ofFile()方法创建一个 BodyHandler 实例，该实例将响应体保存在一个文件中。

可阅读 java.net.http 包中的网络文档来了解更多关于上述这些以及其他相关类和接口的信息。接下来，将讨论一些 HTTP API 用法示例。

11.6.1　阻塞 HTTP 请求

下面的代码是一个简单的 HTTP 客户端例子，向 HTTP 服务器发送 GET 请求。具体如下：

```
HttpClient httpClient = HttpClient.newBuilder()
        .version(HttpClient.Version.HTTP_2)        //default
        .build();
HttpRequest req = HttpRequest.newBuilder()
        .uri(URI.create("http://localhost:3333/something"))
        .GET()                                     //default
        .build();
try {
    HttpResponse<String> resp =
            httpClient.send(req, BodyHandlers.ofString());
    System.out.println("Response: " +
    resp.statusCode() + " : " + resp.body());
```

```
} catch (Exception ex) {
    ex.printStackTrace();
}
```

这里创建了一个生成器来配置 HttpClient 实例。然而，由于只是使用默认设置，可以用下面的代码实现相同的结果：

```
HttpClient httpClient = HttpClient.newHttpClient();
```

为了演示客户机的功能，这里使用了已经使用过的 UrlServer 类。提示一下，下面就是这个类处理客户请求的过程并做出响应“Got it! Thanks.”。具体如下：

```
try(BufferedReader in = new BufferedReader(
                        new InputStreamReader(exch.getRequestBody()));
    OutputStream os = exch.getResponseBody()){
    System.out.println("Received as body:");
    in.lines().forEach(l -> System.out.println(" " + l));
    String confirm = "Got it! Thanks.";
    exch.sendResponseHeaders(200, confirm.length());
    os.write(confirm.getBytes());
    System.out.println();
} catch (Exception ex){
    ex.printStackTrace();
}
```

启动这个服务器并运行上述客户端代码，服务器将在屏幕上打印出消息。消息如图 11-15 所示。

```
Received as body:
```

图 11-15　服务器端输出结果 5

客户机没有发送消息，因为客户机使用了 HTTP 的 GET 方法。然而，服务器做出响应，客户机屏幕显示出信息来，消息如图 11-16 所示。

```
Response: 200 : Got it! Thanks.
```

图 11-16　客户端输出结果 6

HttpClient 类的 send()方法被阻塞，直到响应从服务器返回为止。

使用 HTTP POST、PUT 或 DELETE 方法会产生类似的结果。现在，运行以下代码：

```
HttpClient httpClient = HttpClient.newBuilder()
        .version(Version.HTTP_2)      //default
        .build();
HttpRequest req = HttpRequest.newBuilder()
        .uri(URI.create("http://localhost:3333/something"))
        .POST(BodyPublishers.ofString("Hi there!"))
        .build();
try {
    HttpResponse<String> resp =
            httpClient.send(req, BodyHandlers.ofString());
    System.out.println("Response: " +
    resp.statusCode() + " : " + resp.body());
```

```
    } catch (Exception ex) {
        ex.printStackTrace();
    }
```

由上可见，这一次客户机发布消息“Hi There!”，服务器屏幕显示出消息，消息如图 11-17 所示。

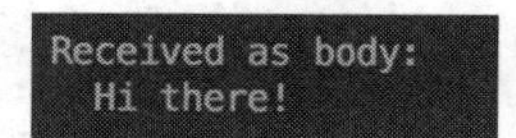

图 11-17　服务器端输出结果 6

HttpClient 类的 send()方法被阻塞，直到相同的响应从服务器返回为止，如图 11-18 所示。

图 11-18　客户端输出结果 7

到目前为止，所演示的功能与 11.5 节中看到的基于 URL 的通信没有太大的差别。现在，使用 URL 流中不具备的 HttpClient()方法。

11.6.2　非阻塞（异步）HTTP 请求

HttpClient 类的 sendAsync()方法允许在非阻塞的情况下向服务器发送消息。为了演示这个类的工作原理，执行下列代码：

```
HttpClient httpClient = HttpClient.newHttpClient();
HttpRequest req = HttpRequest.newBuilder()
        .uri(URI.create("http://localhost:3333/something"))
        .GET() // default
        .build();
CompletableFuture<Void> cf = httpClient
        .sendAsync(req, BodyHandlers.ofString())
        .thenAccept(resp -> System.out.println("Response: " +
                    resp.statusCode() + " : " + resp.body()));
System.out.println("The request was sent asynchronously...");
try {
      System.out.println("CompletableFuture get: " +
                          cf.get(5, TimeUnit.SECONDS));
} catch (Exception ex) {
     ex.printStackTrace();
}
System.out.println("Exit the client...");
```

与使用 send()方法（返回的是 HttpResponse 对象）的示例相比，sendAsync()方法返回 CompletableFuture<HttpResponse>类的一个实例。如果阅读 CompletableFuture<T>类中的文档，将看到这个类实现了 java.util.concurrent.CompletionStage 接口。这个接口提供了许多可以链接的方法，并允许设置各种功能来处理响应。

为了让读者有所了解，这里列出几个 CompletionStage 接口中声明的方法，其中包括 acceptEither()、acceptEitherAsync()、acceptEitherAsync()、applyToEither()、applyToEither Async()、applyToEitherAsync()、handle()、handleAsync()、handleAsync()、runAfterBoth()、 runAfterBothAsync()、runAfterBothAsync()和 runAfterEither()等。

第 13 章将讨论函数以及如何将函数作为参数来传递。现在，只是提一提：resp -> System.out.println("Response: " + resp.statusCode() + " : " + resp.body())结构表示的功能与下列方法表示的功能相同。具体如下：

```
void method(HttpResponse resp){
    System.out.println("Response: " +
                                 resp.statusCode() + " : " + resp.body());
}
```

thenAccept()方法将传入的功能应用于链的前一个方法返回的结果。

返回 CompletableFuture<Void>实例后，上述代码打印出“The request was sent asynchronously...”消息，并在 CompletableFuture<Void>对象的 get()方法上阻塞此消息。该方法有一个重载版本 get(long timeout, TimeUnit unit)，其有两个参数：TimeUnit unit 和 long timeout。这两个参数指定了方法等待任务完成的时间，这个任务是用 CompletableFuture<Void>对象表示的。在所举的示例中，这个任务向服务器发送消息并获取响应（并使用提供的函数处理响应）。如果任务没有在分配的时间内完成，则会中断 get()方法（并在 catch 块中打印栈跟踪）。

“Exit the client...”消息应该在 5 s 内（在所举的例子中）或者在 get()方法返回之后出现在屏幕上。如果运行客户端，则服务器的屏幕再次显示出消息，消息带有阻塞 HTTP 的 GET 请求，消息如图 11-19 所示。

```
Received as body:
```

图 11-19　服务器端输出结果 7

客户端界面显示的消息如图 11-20 所示。

```
The request was sent asynchronously...
Response: 200 : Got it! Thanks.
CompletableFuture get: null
Exit the client...
```

图 11-20　客户端输出结果 8

由上可见，在响应从服务器返回之前，“The request was sent asynchronously...”消息就显示了。这是异步调用的要点。向服务器发送了请求后，客户机可以继续随意执行其他操作。传入的函数将应用于服务器响应。同时，可以传递 CompletableFuture<Void>对象，并在任何时候调用这个对象来获得结果。在所举的例子中，结果是 Void。因此，get()方法只是表明任务已经完成。

已经清楚服务器会返回消息，因此可以通过使用 CompletionStage 接口的另一种方法来利用这一点。这里选择了 thenApply()方法，它接受一个返回值的函数：

```
CompletableFuture<String> cf = httpClient
                    .sendAsync(req, BodyHandlers.ofString())
                    .thenApply(resp -> "Server responded: " + resp.body());
```

现在，get()方法返回 resp -> "Server responded: " + resp.body()函数生成的值，因此这个方法应该返回服务器消息体。运行这段代码，结果如图 11-21 所示。

```
The request was sent asynchronously...
CompletableFuture get: Server responded: Got it! Thanks.
Exit the client...
```

图 11-21　客户端输出结果 9

现在，get()方法按照预期返回服务器的消息，消息由函数表示，并作为参数传递给 thenApply()方法。

类似地，可以使用 HTTP POST、PUT 或 DELETE 方法来发送消息。演示如下：

```
HttpClient httpClient = HttpClient.newHttpClient();
HttpRequest req = HttpRequest.newBuilder()
          .uri(URI.create("http://localhost:3333/something"))
          .POST(BodyPublishers.ofString("Hi there!"))
          .build();
CompletableFuture<String> cf = httpClient
          .sendAsync(req, BodyHandlers.ofString())
          .thenApply(resp -> "Server responded: " + resp.body());
System.out.println("The request was sent asynchronously...");
try {
     System.out.println("CompletableFuture get: " +
                                  cf.get(5, TimeUnit.SECONDS));
} catch (Exception ex) {
    ex.printStackTrace();
}
System.out.println("Exit the client...");
```

与前一个例子的唯一区别是，服务器现在显示接收到的客户端消息，如图 11-22 所示。

```
Received as body:
  Hi there!
```

图 11-22　服务器端输出结果 8

客户端屏幕显示的消息与 GET 方法的情况相同，如图 11-23 所示。

```
The request was sent asynchronously...
CompletableFuture get: Server responded: Got it! Thanks.
Exit the client...
```

图 11-23　客户端输出结果 10

异步请求的优点是可以快速发送请求，而不需要等待每个请求的完成。HTTP 2 通过多路复用来支持这一点。例如，发送如下三个请求：

```
HttpClient httpClient = HttpClient.newHttpClient();
List<CompletableFuture<String>> cfs = new ArrayList<>();
List<String> nums = List.of("1", "2", "3");
for(String num: nums){
    HttpRequest req = HttpRequest.newBuilder()
           .uri(URI.create("http://localhost:3333/something"))
           .POST(BodyPublishers.ofString("Hi! My name is " + num + "."))
           .build();
    CompletableFuture<String> cf = httpClient
           .sendAsync(req, BodyHandlers.ofString())
```

```
            .thenApply(rsp -> "Server responded to msg " + num + ": "
                     + rsp.statusCode() + " : " + rsp.body());
    cfs.add(cf);
}
System.out.println("The requests were sent asynchronously...");
try {
    for(CompletableFuture<String> cf: cfs){
         System.out.println("CompletableFuture get: " +
                                   cf.get(5, TimeUnit.SECONDS));
    }
} catch (Exception ex) {
    ex.printStackTrace();
}
System.out.println("Exit the client...");
```

服务器屏幕显示出消息，如图 11-24 所示。

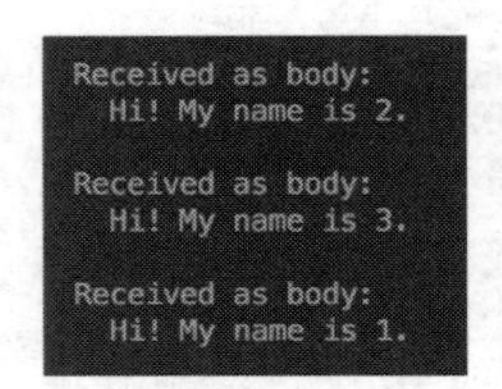

图 11-24　服务器端输出结果 9

注意，传入请求的顺序是任意的。因为客户端使用 Executors.newCachedThreadPool() 线程池发送消息。每个消息由不同的线程发送。线程池有自己的一套逻辑来使用池成员（线程）。如果消息数量很大，或者每个消息都消耗大量内存，那么限制并发式运行的线程的数量或许是一件有益的事情。

HttpClient.Builder 类允许指定用于获取发送消息的线程的池。具体如下：

```
ExecutorService pool = Executors.newFixedThreadPool(2);
HttpClient httpClient = HttpClient.newBuilder().executor(pool).build();
List<CompletableFuture<String>> cfs = new ArrayList<>();
List<String> nums = List.of("1", "2", "3");
for(String num: nums){
     HttpRequest req = HttpRequest.newBuilder()
            .uri(URI.create("http://localhost:3333/something"))
            .POST(BodyPublishers.ofString("Hi! My name is " + num + "."))
            .build();
     CompletableFuture<String> cf = httpClient
            .sendAsync(req, BodyHandlers.ofString())
            .thenApply(rsp -> "Server responded to msg " + num + ": "
                     + rsp.statusCode() + " : " + rsp.body());
     cfs.add(cf);
}
System.out.println("The requests were sent asynchronously...");
try {
     for(CompletableFuture<String> cf: cfs){
         System.out.println("CompletableFuture get: " +
                       cf.get(5, TimeUnit.SECONDS));
     }
} catch (Exception ex) {
```

```
        ex.printStackTrace();
    }
    System.out.println("Exit the client...");
```

如果运行上述代码，得到的结果将是相同的，但客户端将仅使用两个线程来发送消息。随着消息数量的增加，性能可能会慢一些（与前面的示例相比）。因此，就像软件系统设计中经常出现的情况一样，需要在使用的内存量和性能之间进行权衡。

与执行器类似，可以在 HttpClient 对象上设置其他几个对象，以配置连接来处理身份验证、请求重定向、cookie 管理等。

11.6.3　服务器推送功能

HTTP 2 超越 HTTP 1.1 的第二个（多路复用之后）显著优点是，如果客户端支持 HTTP 2，则允许服务器将响应推送到客户端缓存。下面是利用这个功能的客户端代码：

```
HttpClient httpClient = HttpClient.newHttpClient();
HttpRequest req = HttpRequest.newBuilder()
        .uri(URI.create("http://localhost:3333/something"))
        .GET()
        .build();
CompletableFuture cf = httpClient
        .sendAsync(req, BodyHandlers.ofString(),
                (PushPromiseHandler) HttpClientDemo::applyPushPromise);
System.out.println("The request was sent asynchronously...");
try {
        System.out.println("CompletableFuture get: " +
        cf.get(5, TimeUnit.SECONDS));
} catch (Exception ex) {
        ex.printStackTrace();
}
System.out.println("Exit the client...");
```

注意 sendAsync()方法的第三个参数。这是一个处理来自服务器推送响应的函数。如何实现此功能由客户端开发人员决定。下面是一个可能的例子：

```
void applyPushPromise(HttpRequest initReq, HttpRequest pushReq,
        Function<BodyHandler, CompletableFuture<HttpResponse>> acceptor) {
    CompletableFuture<Void> cf = acceptor.apply(BodyHandlers.ofString())
            .thenAccept(resp -> System.out.println("Got pushed response "
                                                + resp.uri()));
    try {
        System.out.println("Pushed completableFuture get: " +
        cf.get(1, TimeUnit.SECONDS));
    } catch (Exception ex) {
        ex.printStackTrace();
    }
    System.out.println("Exit the applyPushPromise function...");
}
```

这个函数的实现并没有做多少事情，只是打印出推送源的 URI。但是，如果需要，可以使用它来接收来自服务器的资源（例如，用来支持所提供的 HTML 的图像），而不需要对资源发出请求。这个解决方案节省了往返请求–响应的模型，并缩短了页面加载的时间。这个函数还可以用来更新页面上的信息。

还可以找到许多发送推送请求的服务器的代码示例。所有主流浏览器都支持这个特性。

11.6.4　WebSocket 支持

HTTP 基于请求–响应模型。客户端请求资源，服务器对该请求提供响应。前面已多次演示过客户端发起通信。没有这个基础，服务器就不能向客户机发送任何内容。为了克服这个限制，有人首先提出在 HTML5 规范中引进 TCP 连接，并于 2008 年设计了第一个版本的 WebSocket 协议。

这个协议提供了客户机和服务器之间的全双工通信通道。连接建立后，服务器可以随时向客户机发送消息。WebSocket 与 JavaScript 和 HTML5 联手，允许网络应用程序呈现更具动态性的用户界面。

WebSocket 规范将 WebSocket（ws）和 WebSocket Secure（wss）定义为两个方案，分别用于未加密连接和加密连接。该协议不支持片段（fragmentation），但允许 11.5.1 节中描述的所有其他 URI 成分。

支持客户端的 WebSocket 的类位于 java.net 包中。要想创建客户端，我们需要实现 WebSocket.Listener 接口。这个接口拥有以下方法：

- onText()：在接收到文本数据时调用。
- onBinary()：在接收到二进制数据时调用。
- onPing()：在接收到 ping 消息时调用。
- onPong()：在接收到 pong 消息时调用。
- onError()：在发生错误时调用。
- onClose()：在收到关闭消息时调用。

该接口的所有方法都是 default()方法，因此不需要实现所有这些方法，只需实现客户完成某个特定的任务所要求的那些方法即可。举例如下：

```
class WsClient implements WebSocket.Listener {
    @Override
    public void onOpen(WebSocket webSocket) {
        System.out.println("Connection established.");
        webSocket.sendText("Some message", true);
        Listener.super.onOpen(webSocket);
    }
    @Override
    public CompletionStage onText(WebSocket webSocket,
                                  CharSequence data, boolean last) {
        System.out.println("Method onText() got data: " + data);
        if(!webSocket.isOutputClosed()) {
            webSocket.sendText("Another message", true);
        }
        return Listener.super.onText(webSocket, data, last);
    }
    @Override
    public CompletionStage onClose(WebSocket webSocket,
                                   int statusCode, String reason) {
        System.out.println("Closed with status " +
                          statusCode + ", reason: " + reason);
        return Listener.super.onClose(webSocket, statusCode, reason);
```

```
    }
}
```

可用类似的方式实现服务器，但是服务器的实现超出了本书的范围。为了演示上述客户机代码，这里将使用 echo.websocket.org 网站提供的 WebSocket 服务器。此服务器允许 WebSocket 连接并将接收到的消息发回。这样的服务器通常称为回显服务器（echo server）。

这里期望所建的客户机在建立连接后发送消息。然后，客户机将从服务器接收（相同的）消息，显示此消息，再发回另一个消息，以此类推，直到客户机关闭。下面的代码调用了已创建的客户机：

```
HttpClient httpClient = HttpClient.newHttpClient();
WebSocket webSocket = httpClient.newWebSocketBuilder()
       .buildAsync(URI.create("ws://echo.websocket.org"), new WsClient())
       .join();
System.out.println("The WebSocket was created and ran asynchronously.");
try {
       TimeUnit.MILLISECONDS.sleep(200);
} catch (InterruptedException ex) {
     ex.printStackTrace();
}
webSocket.sendClose(WebSocket.NORMAL_CLOSURE, "Normal closure")
            .thenRun(() -> System.out.println("Close is sent."));
```

上述代码使用 WebSocket.Builder 类创建了一个 WebSocket 对象。buildAsync()方法返回 CompletableFuture 对象。CompletableFuture 类的 join()方法在完成时返回结果值，或者抛出异常。如果没有生成异常，那么正如已经提到的，WebSocket 通信将继续，直到任一方发送 Close 消息为止。这里所建的客户机要等待 200ms 再发送 Close 消息并退出，原因在此。如果运行这段代码，将看到消息，消息如图 11-25 所示。

```
Connection established.
The WebSocket was created and ran asynchronously.
Method onText() got data: Some message
Method onText() got data: Another message
Method onText() got data: Another message
Method onText() got data: Another message
Close is sent.
```

图 11-25　客户端输出结果 11

由上可见，客户机的行为符合预期。结束讨论前，需要提一下，所有现代的网络浏览器都支持 WebSocket 协议。

本 章 小 结

本章中，为读者呈现了最为流行的网络协议：UDP、TCP/IP 和 WebSocket。这里的讨论辅以 JCL 代码示例进行。还对基于 URL 的通信和最新的 Java HTTP 2 客户端 API 进行概述。

第 12 章将对 Java GUI 技术进行概述，并演示 JavaFX 的 GUI 应用程序的使用，包括带有控件元素、图表、CSS、FXML、HTML、媒体和各种其他效果的代码示例。读者将学习如何使用 JavaFX 创建 GUI 应用程序。

第12章

Java GUI 编程

本章介绍 Java GUI（图形用户界面）编程技术，并演示如何使用 JavaFX 工具包创建 GUI 应用程序。JavaFX 的最新版本不仅提供许多有用的特性，而且允许保留和嵌入遗留实现和样式。

本章将涵盖以下主题：

- Java GUI 技术。
- JavaFX 基础知识。
- JavaFX 简单编程示例。
- 控件元素。
- 图表。
- CSS 的应用。
- FXML 的使用。
- HTML 的嵌入。
- 媒体的播放。
- 特效的添加。

12.1 Java GUI 技术

Java 基础类（JFC）这个名称或许让人感到极大的困惑。JFC 表示“属于 Java 基础的类”，而实际上，JFC 只包含与 GUI 相关的类和接口。确切地说，JFC 是三个框架的集合：抽象窗口工具包（AWT）、Swing 和 Java 2D。

JFC 是 Java 类库（JCL）的一部分。尽管 JFC 这个名称 1997 年才出现，而 AWT 从一开始就是 JCL 的一部分。当时，Netscape 开发了一个名为因特网基础类（IFC）的 GUI 库，微软也为 GUI 开发并创建了应用程序基础类（AFC）。因此，当 Sun 和 Netscape 决定创建一个新的 GUI 库时，双方沿用了 Foundation 一词创建了 JFC。Swing 框架从 AWT 那里接管了 Java GUI 编程，并成功地运用在 GUI 编程上，这一用就是近 20 年的时间。

在 Java 8 中，一个新的 GUI 编程工具包 JavaFX 被添加到 JCL 中。但是在 Java 11 中，JavaFX 又从 JCL 中被移除了。从那时起，JavaFX 一直作为一个开源项目驻留在 Gluon 公司支持的可下载模块中（JDK 除外）。JavaFX 使用的 GUI 编程方法与 AWT 和 Swing 略有不同。JavaFX 提供了一种更一致和更简单的设计，并且很有可能成为一个成功的 Java GUI 编程工具包。

12.2　JavaFX 基础知识

纽约、伦敦、巴黎和莫斯科这样的城市有很多剧院。住在那些城市的人每周几乎都免不了会听到有关新戏剧和新摄制方面的消息。这使得他们很自然地就熟悉了戏剧术语，其中“舞台”（stage）、“场景”（scene）和“事件”（event）可能是最常用的术语。这三个术语也是 JavaFX 应用程序结构的基础。

JavaFX 中包含所有其他组件的部分为顶级容器。顶级容器用 javafx.stage.Stage 类来表示。可以说，在 JavaFX 应用程序中，一切都在舞台上发生。从用户的角度来看，这个类是一个显示区域或窗口，所有控件和组件都在其中进行各自的“表演”（就像剧院中的演员一样）。而且，与剧院中的演员类似，它们在一个场景的上下文中进行表演，这个场景用 javafx.scene.Scene 类来表示。因此，跟剧院中一出戏剧一样，JavaFX 应用程序由各个 Scene 对象组成。Scene 对象呈现在 Stage 对象内部，每次呈现一个 Scene 对象。每个 Scene 对象都包含一个图形（graph），这个图形在 JavaFX 中定义了场景中各个演员的位置。这样的演员被称为节点（node）。在 JavaFX 中，节点包括控件、布局、组、形状等。这些节点都扩展了 javafx.scene.Node 抽象类。

有一些节点的控件与事件关联。例如，单击一个按钮或选中一个复选框。这些事件可由与相应控件元素相关联的事件处理程序来处理。

JavaFX 应用程序的主类必须扩展 java.application.Application 抽象类。这个抽象类具有多个生命周期方法。按照调用顺序，这些生命周期方法包括 launch()、init()、notifyPreloader()、start()、stop()。要记住的东西似乎多了些。但是，极有可能你只需实现其中的 start()方法。那是构建和执行实际存在的 GUI 之所在。为了完整起见，这里对所有的方法进行简单介绍。列举如下：

- static void launch(Class<? extends Application> appClass, String... args)：启动应用程序，通常由 main()方法调用。调用了 Platform.exit()或者关闭了所有应用程序窗口，才会返回。appClass 参数必须是 Application 的一个公共子类，且 Application 带有一个公共无参数构造方法。
- static void launch(String... args)：与上一个方法相同，但假设 Application 的公共子类是直接包含类。这个方法经常用来启动 JavaFX 应用程序。在我们要举的例子中也要用到这个方法。
- void init()：Application 类加载之后，调用此方法。此方法通常用于某种类型资源的初始化。默认的实现不执行任何操作。我们不会用到此方法。
- void notifyPreloader(Preloader.PreloaderNotification info)：当初始化耗时较长时，可用此方法来显示进程。我们不会用到此方法。
- abstract void start(Stage primaryStage)：这是我们要实现的方法。在 init()方法返回之后且系统已准备好执行主要任务时，调用此方法。primaryStage 参数是应用程序欲呈现其场景的舞台。

- void stop()：应用程序应停止运行时，调用此方法，用来释放资源。默认的实现不执行任何操作。我们不会用到此方法。

JavaFX 工具包中的 API 可以在网络（https://openjfx.io/javadoc/11/）上找到。截至本书撰写到此处时，其最新的版本是 11。Oracle 还提供了详尽的描述文档和代码示例（https://docs.oracle.com/javafx/2/）。该文档包括开发工具 Scene Builder 的描述和用户手册。这个开发工具是可视化的开发环境，允许在不编写任何代码的情况下快速设计 JavaFX 应用程序的用户界面。这个工具对创建复杂而精细的 GUI 很有用，很多人也一直用它来做这样的工作。不过，本书关注的是 JavaFX 代码的编写，而不使用此工具。

JavaFX 代码的编写，首先需要如下三个步骤。

（1）向 pom.xml 文件添加以下依赖项：

```
<dependency>
    <groupId>org.openjfx</groupId>
    <artifactId>javafx-controls</artifactId>
    <version>11</version>
</dependency>
<dependency>
    <groupId>org.openjfx</groupId>
    <artifactId>javafx-fxml</artifactId>
    <version>11</version>
</dependency
```

（2）从 https://openjfx.io/下载适合操作系统的 JavaFX SDK，并将其解压到任一目录中；

（3）在 Linux 平台上，假设已经将 JavaFX SDK 解压到/path/JavaFX/文件夹中，启动 JavaFX 应用程序，就在 Java 命令中添加以下选项：

```
--module-path /path/JavaFX/lib --add-modules=javafx.controls,javafx.fxml
```

在 Windows 系统上，假设已将 JavaFX SDK 解压到 C:\path\JavaFX 文件夹中，命令选项相同。具体如下：

```
--module-path C:\path\JavaFX\lib --add-modules=javafx.controls,javafx.fxml
```

注意，“/path/JavaFX/” 和 “C:\path\JavaFX\” 是占位符，需用将其替换为 JavaFX SDK 中所在的实际路径和文件夹。

假设应用程序的主类是 HelloWorld，在使用 IntelliJ 的情况下，在 VM options 字段中输入上述选项，如图 12-1 所示。

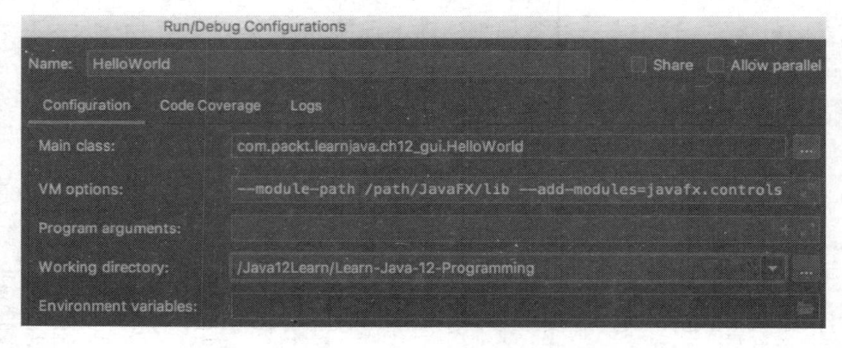

图 12-1 输入程序选项界面

这些选项必须添加到源代码包 ch12_gui 中所包含的 HelloWorld、BlendEffect 和 OtherEffects 类的 Run/Debug Configurations（运行/调试配置）中。如果使用不同的 IDE 或不同的 OS，可以在 openjfx.io 文档中找到参数设置方面的建议。

要从命令行运行 HelloWorld、BlendEffect 和 OtherEffects 类，就要在 Windows 平台的项目根目录（pom.xml 文件所在的位置）中使用以下命令：

```
mvn clean package
java --module-path C:\path\JavaFX\lib --add-modules=javafx.controls,javafx.fxml -cp target\learnjava-1.0-SNAPSHOT.jar;target\libs\* com.packt.learnjava.ch12_gui.HelloWorld
java --module-path C:\path\JavaFX\lib --add-modules=javafx.controls,javafx.fxml -cp target\learnjava-1.0-SNAPSHOT.jar;target\libs\* com.packt.learnjava.ch12_gui.BlendEffect
java --module-path C:\path\JavaFX\lib --add-modules=javafx.controls,javafx.fxml -cp target\learnjava-1.0-SNAPSHOT.jar;target\libs\* com.packt.learnjava.ch12_gui.OtherEffects
```

每个 HelloWorld、BlendEffect 和 OtherEffects 类都有多个 start()方法，如 start1()、start2()等。运行一次该类后，可将 start()改名为 start1()，将 start1()改名为 start()，并再次执行上面的命令。然后将 start()改名为 start2()，将 start2()改名为 start()，并再次运行上面的命令。以此类推，直到所有 start()方法都得到执行为止。这样，将看到本章所有示例的运行结果。

上面就是 JavaFX 的高级视图的全部内容。接下来，将进入（对任何程序员来说）最令人兴奋的部分：编写代码。

12.3 JavaFX 简单编程示例

下面 JavaFX 应用程序是 HelloWorld。此程序显示文本 Hello, World!和 Exit 按钮。具体如下：

```
import javafx.application.Application;
import javafx.application.Platform;
import javafx.scene.control.Button;
import javafx.scene.layout.Pane;
import javafx.scene.text.Text;
import javafx.scene.Scene;
import javafx.stage.Stage;

public class HelloWorld extends Application {
    public static void main(String... args) {
        launch(args);
    }
    @Override
    public void start(Stage primaryStage) {
        Text txt = new Text("Hello, world!");
        txt.relocate(135, 40);
        Button btn = new Button("Exit");
        btn.relocate(155, 80);
        btn.setOnAction(e -> {
           System.out.println("Bye! See you later!");
           Platform.exit();
        });
        Pane pane = new Pane();
        pane.getChildren().addAll(txt, btn);
```

```
        primaryStage.setTitle("The primary stage (top-level container)");
        primaryStage.onCloseRequestProperty()
              .setValue(e-> System.out.println("Bye! See you later!"));
        primaryStage.setScene(new Scene(pane, 350, 150));
        primaryStage.show();
    }
}
```

如上可见，这个应用程序通过调用静态方法 Application.launch(String... args)而启动。在 start(Stage primaryStage)方法中创建一个 Text 节点，其中包含消息“Hello, World!”。消息的绝对位置是 135（水平方向）和 40（垂直方向）。然后创建另一个节点 Button，其上显示的文本是“Exit”，绝对位置是 155（水平方向）和 80（垂直方向）。分配给按钮的动作（单击时）是在屏幕上打印出“Bye! See you later!”，并使用 Platform.exit()方法强制应用程序退出。这两个节点作为子节点被添加到允许绝对定位的布局窗格中。

Stage 对象指定了标题“The primary stage (top-level container)”，还为单击窗口的上角位置的关闭窗口符号（×按钮）指定了一个动作。这个按钮在 Linux 系统中是在左边，在 Windows 系统中是在右边。

创建动作时，用到了 lambda 表达式。lambda 表达式将在第 13 章中进行讨论。

创建的布局窗格设置在 Scene 对象上。对于场景的大小，水平设置为 350，垂直设置为 150。场景对象被放置在舞台上，再通过调用 show()方法来显示舞台。

运行前面的应用程序，将弹出一个窗口，如图 12-2 所示。

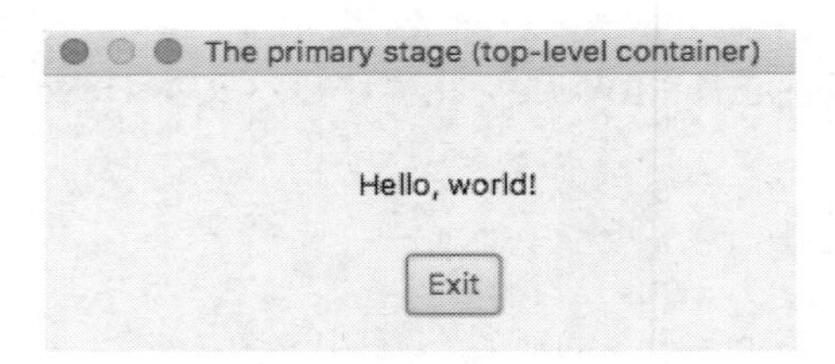

图 12-2　HelloWorld 程序运行结果

单击 Exit 按钮或上角的×按钮，窗口将关闭，控制台显示预期的消息，如图 12-3 所示。

图 12-3　控制台显示的消息 1

但是，如果单击×按钮关闭窗口后还需要进行其他操作，则可以向 HelloWorld 类添加 stop()方法的实现。例如，代码可能如下所示：

```
@Override
public void stop(){
   System.out.println("Doing what has to be done before closing");
}
```

如果这样做，那么在单击×按钮后，屏幕将显示出的内容，如图 12-4 所示。

```
Bye! See you later!
Doing what has to be done before closing
```

图 12-4 控制台显示的消息 2

这个例子可让读者对 JavaFX 的运行流程有所认识。从现在开始，在讲述 JavaFX 功能时，将只给出 start()方法中的代码。

JavaFX 工具箱中含大量的包，每个包都有许多类，每个类都具有许多方法。这里不可能都讨论到。但将纵览一下 JavaFX 功能中所有主要方面，并尽可能给以最简单、最直接的方式加以介绍。

12.4 控 件 元 素

控件元素包含在 javafx.scene.control 包中。控件有 80 多个，包括按钮、文本框、复选框、标签、菜单、进度条、滚动条等。已经提到，每个控件都是 Node 的子类，它有 200 多个方法。所以，可以想象，使用 JavaFX 可构建多么丰富和完美的 GUI。但是，本书篇幅有限，只能谈到其中几个元素及其方法。

前面已见过按钮的样子。现在，用标签和文本字段创建一个简单的表单，其中包含输入字段（First Name、Last Name 和 Age）和一个 Submit 按钮。下面分步骤来创建这个表单。以下所有代码片段都是 start()方法的组成部分，按顺序排列。

首先，创建控件。具体如下：

```
Text txt = new Text("Fill the form and click Submit");
TextField tfFirstName = new TextField();
TextField tfLastName = new TextField();
TextField tfAge = new TextField();
Button btn = new Button("Submit");
btn.setOnAction(e-> action(tfFirstName, tfLastName, tfAge));
```

可能猜到，文本要被用来进行表单说明。其余部分相当直观明了，与前面在 HelloWolrd 示例中看到的代码很相似。action()是一个函数，实现如下：

```
void action(TextField tfFirstName,
                TextField tfLastName, TextField tfAge ) {
     String fn = tfFirstName.getText();
     String ln = tfLastName.getText();
     String age = tfAge.getText();
     int a = 42;
     try {
         a = Integer.parseInt(age);
     } catch (Exception ex){}
     fn = fn.isBlank() ? "Nick" : fn;
     ln = ln.isBlank() ? "Samoylov" : ln;
     System.out.println("Hello, " + fn + " " + ln + ", age " + a + "!");
     Platform.exit();
}
```

这个函数接受三个参数（javafx.scene.control.TextField 对象），获取提交上来的输入值并打印出来。代码要确保始终有一些可用于打印的默认值，且输入了非数值的年龄不会中断应用程序。

控件和动作就绪后，使用 javafx.scene.layout.GridPane 类将它们放入网格布局中。代码如下：

```
GridPane grid = new GridPane();
grid.setAlignment(Pos.CENTER);
grid.setHgap(15);
grid.setVgap(5);
grid.setPadding(new Insets(20, 20, 20, 20));
```

GridPane 布局窗格中的行和列形成了单元格，单元格中可以设置节点。节点可以跨列，也可以跨行。setAlignment()方法将网格的位置设置为场景的中心（默认位置是场景的左上角）。setHgap()和 setVgap()方法设置列（水平）和行（垂直）之间的间距（以像素为单位）。setPadding()方法的作用是沿网格窗格的边框添加一些空间。Insets()对象按上、右、下和左的顺序设置值（以像素为单位）。

现在，将创建的节点放置在相应的单元格中（分为两列）：

```
int i = 0;
grid.add(txt, 1, i++, 2, 1);
GridPane.setHalignment(txt, HPos.CENTER);
grid.addRow(i++, new Label("First Name"), tfFirstName);
grid.addRow(i++, new Label("Last Name"), tfLastName);
grid.addRow(i++, new Label("Age"), tfAge);
grid.add(btn, 1, i);
GridPane.setHalignment(btn, HPos.CENTER);
```

add()方法接受 3 个或 5 个参数。具体如下：

- 节点、列索引、行索引。
- 节点、列索引、行索引、跨的列数、跨的行数。

列索引和行索引都从 0 开始。

setHalignment()方法的作用是设置节点在单元格中的位置。HPos 枚举值有 LEFT、RIGHT、CENTER。addRow(int i, Node...nodes)方法接受行索引和可变数量的节点。使用这个方法来放置 Label 和 TextField 对象。

start()方法的其余部分与前面所举的 HelloWorld 示例非常相似（只有标题和大小有变化）。代码如下：

```
primaryStage.setTitle("Simple form example");
primaryStage.onCloseRequestProperty()
          .setValue(e -> System.out.println("Bye! See you later!"));
primaryStage.setScene(new Scene(grid, 300, 200));
primaryStage.show();
```

运行刚刚实现的 start()方法，结果如图 12-5 所示。

现在可以向文本框中输入数据。例如，输入如图 12-6 所示的数据。

单击 Submit 按钮后，显示出的消息如图 12-7 所示。然后应用程序退出。

可以使用网格方法 setGridLinesVisible(boolean v)来使网格线可见，这有助于布局的可视化，特别是对于更为复杂的设计，这有助于观察单元格是如何排列的。在前面的例子中添加以下代码：

```
grid.setGridLinesVisible(true);
```

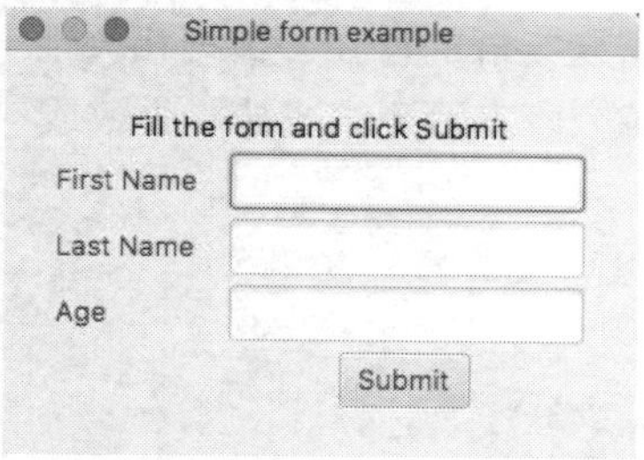

图 12-5　程序运行结果界面

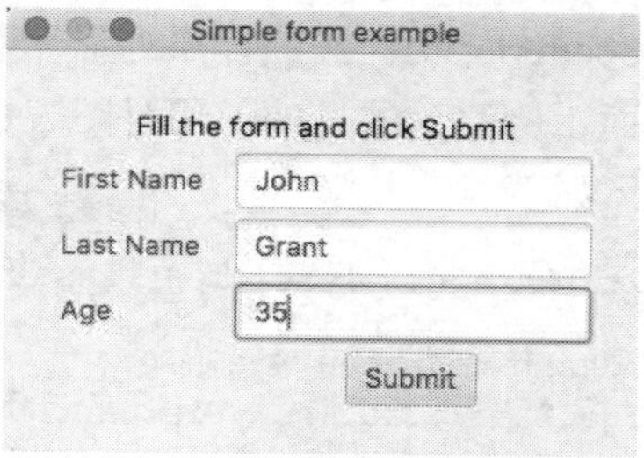

图 12-6　程序运行界面 1

图 12-7　控制台输出 1

再次运行，结果如图 12-8 所示。

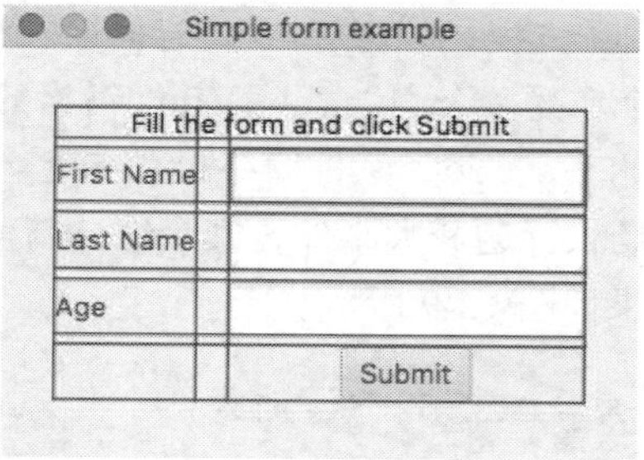

图 12-8　程序运行界面 2

由上可见，布局的轮廓现在清晰地显示出来了，这有助于设计的可视化。javafx.scene.layout 包中含有 24 个布局类，如 Pane（在 HelloWorld 例子见过）、StackPane（允许覆盖节点）、FlowPane（允许节点的位置随窗口大小的改变而变化）、AnchorPane（相对于锚点保持节点的位置）等。在 12.5 节将演示 VBox 布局。

12.5　图　　表

JavaFX 在 javafx.scene.chart 包中为数据可视化提供了一些图表组件。列举如下：

- LineChart：在一系列的数据点之间添加一条线，通常用来表示一段时间内的趋势。
- AreaChart：类似于 LineChart，但填充连接数据点和轴线之间的区域，通常用于比较一段时间内累计的总数。
- BarChart：以矩形条的形式显示数据，用于离散数据的可视化。
- PieChart：将一个圆分成几个部分（用不同的颜色填充），每个部分代表一个值占总数值的比例。将在本节中进行演示。
- BubbleChart：将数据表示为二维椭圆形状，被称为气泡（bubble），允许表示三个参数。

- ScatterChart：按原样系列显示数据点，用于识别集群的存在（数据相关性）。

下面示例演示的是如何用饼图表示测试结果。每个段表示测试成功、失败或忽略的次数。具体如下：

```
Text txt = new Text("Test results:");

PieChart pc = new PieChart();
pc.getData().add(new PieChart.Data("Succeed", 143));
pc.getData().add(new PieChart.Data("Failed" , 12));
pc.getData().add(new PieChart.Data("Ignored", 18));

VBox vb = new VBox(txt, pc);
vb.setAlignment(Pos.CENTER);
vb.setPadding(new Insets(10, 10, 10, 10));

primaryStage.setTitle("A chart example");
primaryStage.onCloseRequestProperty()
        .setValue(e -> System.out.println("Bye! See you later!"));
primaryStage.setScene(new Scene(vb, 300, 300));
primaryStage.show();
```

这里创建了 Text 和 PieChart 这两个节点，并将它们放置在 VBox 布局的单元格中。该布局将它们设置为一列，一个在另一个之上。在 VBox 窗格的边缘添加了 10 像素的填充。注意，VBox 扩展了 Node 类和 Pane 类，其他窗格也是如此。使用 setAlignment()方法将窗格定位在场景的中心。除了场景标题和大小外，其余部分与前面的示例相同。

运行上述示例代码，结果如图 12-9 所示。

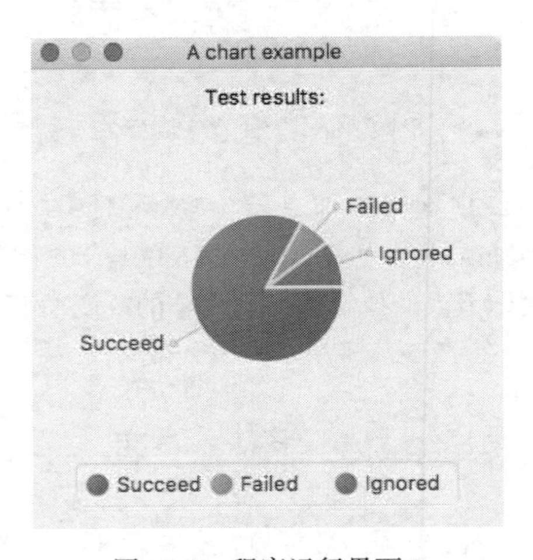

图 12-9 程序运行界面 3

PieChart 类以及任何其他图表，具有许多其他方法。以用户友好的方式来表示更具复杂性和动态性的数据，这些方法可以派上大用场。

12.6 CSS 的应用

默认情况下，JavaFX 使用的样式表是与分发 jar 文件配套的。要覆盖默认样式，可以使用 getStylesheets()方法向场景添加样式表。代码如下：

```
scene.getStylesheets().add("/mystyle.css");
```

mystyle.css 文件必须放在 src/main/resources 文件夹中。下面实际做一下，将包含以下内容的 mystyle.css 文件添加到 HelloWorld 示例中。内容如下：

```
#text-hello {
    -fx-font-size: 20px;
    -fx-font-family: "Arial";
    -fx-fill: red;
}
.button {
    -fx-text-fill: white;
    -fx-background-color: slateblue;
}
```

由上可见，如果希望以某种方式对按钮节点和具有 text-hello 这一 ID 的 Text 节点进行样式设置，必须修改 HelloWorld 示例的代码，将 ID 添加到 Text 元素，并将样式表文件添加到场景。具体如下：

```
Text txt = new Text("Hello, world!");
txt.setId("text-hello");
txt.relocate(115, 40);

Button btn = new Button("Exit");
btn.relocate(155, 80);
btn.setOnAction(e -> {
      System.out.println("Bye! See you later!");
      Platform.exit();
});

Pane pane = new Pane();
pane.getChildren().addAll(txt, btn);

Scene scene = new Scene(pane, 350, 150);
scene.getStylesheets().add("/mystyle.css");

primaryStage.setTitle("The primary stage (top-level container)");
primaryStage.onCloseRequestProperty()
            .setValue(e -> System.out.println("\nBye! See you later!"));
primaryStage.setScene(scene);
primaryStage.show();
```

运行这段代码，结果如图 12-10 所示。

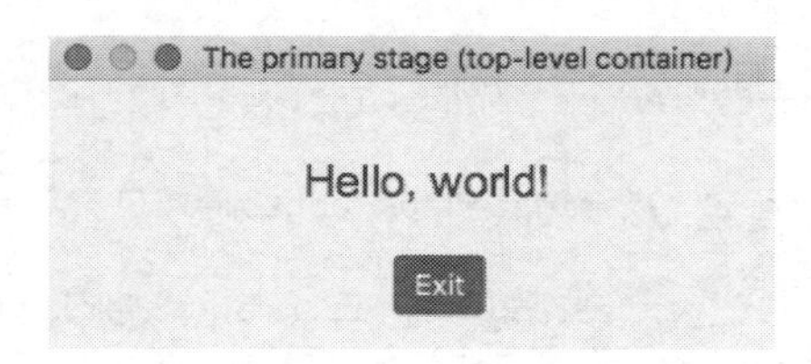

图 12-10　程序运行界面 4

也可以为任一节点设置内联样式，用于覆盖文件样式表，无论这个文件样式表是否为默认样式表。将下面这行代码添加到 HelloWorld 示例的最新版本中：

```
btn.setStyle("-fx-text-fill: white; -fx-background-color: red;");
```

若再次运行这个例子，结果如图 12-11 所示。

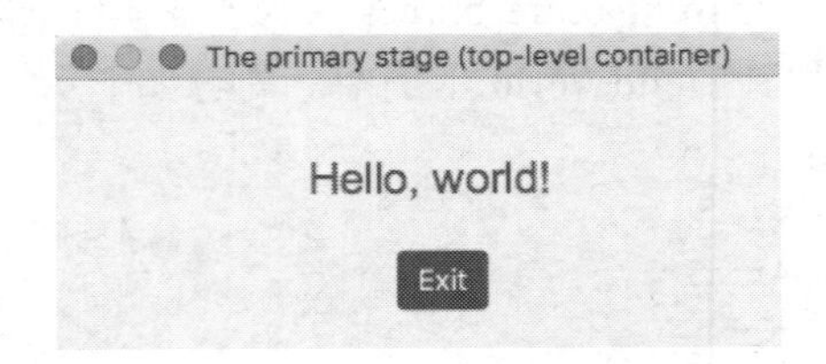

图 12-11　程序运行界面 5

12.7　FXML 的使用

FXML 是一种基于 XML 的语言，允许构建用户界面并独立加以维护（就外观或其他与表示相关的更改而言），与应用程序（业务）逻辑无关。使用 FXML，读者甚至无须编写任何 Java 代码就可以设计用户界面。

FXML 没有模式，但其功能反映了 JavaFX 对象的 API，该 API 用于场景的构建。这意味着可以通过 API 文档来了解在 FXML 结构中允许哪些标签和属性。大多数情况下，JavaFX 类用作标签，其特性（property）用作属性（attribute）。

除了 FXML 文件（视图）之外，还需使用控制器（Java 类）处理模型和组织页面流。模型由被视图和控制器管理的域对象组成。模型还允许使用 CSS 样式和 JavaScript 的所有强大功能。但本书演示的只是 FXML 的基本功能。其余的功能可以从 FXML 介绍和许多网络教程中找到。

为了演示 FXML 的用法，下面复制在 12.4 节中创建的那个简单表单，然后将页面流添加进去形成增强版。关于带名、姓和年龄的表单在 FXML 中如何表达，代码如下：

```
<?xml version="1.0" encoding="UTF-8"?>
<?import javafx.scene.Scene?>
<?import javafx.geometry.Insets?>
<?import javafx.scene.text.Text?>
<?import javafx.scene.control.Label?>
<?import javafx.scene.control.Button?>
<?import javafx.scene.layout.GridPane?>
<?import javafx.scene.control.TextField?>
<Scene fx:controller="com.packt.learnjava.ch12_gui.HelloWorldController"
       xmlns:fx="http://javafx.com/fxml"
       width="350" height="200">
     <GridPane alignment="center" hgap="15" vgap="5">
        <padding>
             <Insets top="20" right="20" bottom="20" left="20"/>
        </padding>
     <Text id="textFill" text="Fill the form and click Submit"
           GridPane.rowIndex="0" GridPane.columnSpan="2">
         <GridPane.halignment>center</GridPane.halignment>
     </Text>
     <Label text="First name"
            GridPane.columnIndex="0" GridPane.rowIndex="1"/>
     <TextField fx:id="tfFirstName"
            GridPane.columnIndex="1" GridPane.rowIndex="1"/>
```

```
    <Label text="Last name"
           GridPane.columnIndex="0" GridPane.rowIndex="2"/>
    <TextField fx:id="tfLastName"
           GridPane.columnIndex="1" GridPane.rowIndex="2"/>
    <Label text="Age"
           GridPane.columnIndex="0" GridPane.rowIndex="3"/>
    <TextField fx:id="tfAge"
           GridPane.columnIndex="1" GridPane.rowIndex="3"/>
    <Button text="Submit"
           GridPane.columnIndex="1" GridPane.rowIndex="4"
           onAction="#submitClicked">
      <GridPane.halignment>center</GridPane.halignment>
    </Button>
  </GridPane>
</Scene>
```

由上可见，这个示例表达了已熟悉的、期望中的场景结构，并指定了控制器类 HelloWorldController。这个类稍后就能见到。前面提到过，标签与类名相匹配，而这个类名是用 Java 构建相同的 GUI 时一直使用的类名。要把 helloWorld.fxml 文件放入 resources 文件夹中。

下面来看 HelloWorld 类 start()方法的实现，它使用了上述 FXML 文件，代码如下：

```
try {
    FXMLLoader lder = new FXMLLoader();
    lder.setLocation(new URL("file:src/main/resources/helloWorld.fxml"));
    Scene scene = lder.load();
    primaryStage.setTitle("Simple form example");
    primaryStage.setScene(scene);
    primaryStage.onCloseRequestProperty()
              .setValue(e -> System.out.println("\nBye! See you later!"));
    primaryStage.show();
} catch (Exception ex){
    ex.printStackTrace();
}
```

start()方法只加载 helloWorld.fxml 文件并设置舞台。这个操作跟前面示例中的操作没有什么不一样的地方。现在来看看 HelloWorldController 类。如果需要，可以启动带有下面几行代码的应用程序：

```
public class HelloWorldController {
     @FXML
     protected void submitClicked(ActionEvent e) {
     }
}
```

表单会显示出来，但单击按钮时，不会执行任何操作。这就是在讨论独立于应用程序逻辑的用户界面开发时所要表达的意思。注意@FXML 注解。这个注解使用方法和属性的 ID 将方法和属性绑定到 FXML 的标签中。下面是完整的控制器实现的样子：

```
@FXML
private TextField tfFirstName;
@FXML
private TextField tfLastName;
@FXML
```

```
    private TextField tfAge;
    @FXML
    protected void submitClicked(ActionEvent e) {
        String fn = tfFirstName.getText();
        String ln = tfLastName.getText();
        String age = tfAge.getText();
        int a = 42;
        try {
            a = Integer.parseInt(age);
        } catch (Exception ex) {
        }
        fn = fn.isBlank() ? "Nick" : fn;
        ln = ln.isBlank() ? "Samoylov" : ln;
        System.out.println("Hello, " + fn + " " + ln + ", age " + a + "!");
        Platform.exit();
    }
```

上述大部分代码应该很熟悉。唯一的不同是，这里不是直接（像以前那样）引用字段及其值，而是使用被@FXML 注解标注的绑定。如果现在运行 HelloWorld 类，页面外观和行为会跟 12.4 节中描述的完全相同。

现在，假设添加另一个页面并修改代码，以便在单击 Submit 按钮后控制器会将提交上来的值发送到另一个页面并关闭表单。简单来说，新页面只显示接收到的数据。这一番操作的 FXML 代码如下：

```
<?xml version="1.0" encoding="UTF-8"?>
<?import javafx.scene.Scene?>
<?import javafx.geometry.Insets?>
<?import javafx.scene.text.Text?>
<?import javafx.scene.layout.GridPane?>

<Scene fx:controller="com.packt.lernjava.ch12_gui.HelloWorldController2"
       xmlns:fx="http://javafx.com/fxml"
       width="350" height="150">
      <GridPane alignment="center" hgap="15" vgap="5">
        <padding>
            <Insets top="20" right="20" bottom="20" left="20"/>
        </padding>
        <Text fx:id="textUser"
              GridPane.rowIndex="0" GridPane.columnSpan="2">
            <GridPane.halignment>center</GridPane.halignment>
        </Text>
       <Text id="textDo" text="Do what has to be done here"
             GridPane.rowIndex="1" GridPane.columnSpan="2">
           <GridPane.halignment>center</GridPane.halignment>
        </Text>
     </GridPane>
</Scene
```

可以看到，页面只有两个只读 Text 字段。第一个（id="textUser"）显示从前一页传递来的数据。第二个显示消息：Do what has to be done here。这不很复杂，但却演示了数据流和页面是如何加以组织的。

新页面使用了一个不同的控制器，如下所示：

```
package com.packt.learnjava.ch12_gui;
```

```
import javafx.fxml.FXML;
import javafx.scene.text.Text;
public class HelloWorldController2 {
    @FXML
    public Text textUser;
}
```

读者或许猜到，公共字段 textUser 必须由第一个控制器 HelloWolrdController 来填充值。那就行动起来，修改 submitClicked()方法。具体如下：

```
@FXML
protected void submitClicked(ActionEvent e) {
     String fn = tfFirstName.getText();
     String ln = tfLastName.getText();
     String age = tfAge.getText();
     int a = 42;
       try {
          a = Integer.parseInt(age);
     } catch (Exception ex) {}
     fn = fn.isBlank() ? "Nick" : fn;
     ln = ln.isBlank() ? "Samoylov" : ln;
     String user = "Hello, " + fn + " " + ln + ", age " + a + "!";
     //System.out.println("\nHello, " + fn + " " + ln + ", age " + a + "!");
     //Platform.exit();

     goToPage2(user);
     Node source = (Node) e.getSource();
     Stage stage = (Stage) source.getScene().getWindow();
     stage.close();
}
```

调用 goToPage2()方法并将提交的数据作为参数传递，而不是打印提交的（或默认的）数据并退出应用程序（参见被注释掉的两行）。然后，从事件中提取对当前窗口的舞台的引用，并关闭程序。

goToPage2()方法如下：

```
try {
    FXMLLoader lder = new FXMLLoader();
    lder.setLocation(new URL("file:src/main/resources/helloWorld2.fxml"));
    Scene scene = lder.load();

    HelloWorldController2 c = loader.getController();
    c.textUser.setText(user);

    Stage primaryStage = new Stage();
    primaryStage.setTitle("Simple form example. Page 2.");
    primaryStage.setScene(scene);
    primaryStage.onCloseRequestProperty()
          .setValue(e -> {
             System.out.println("Bye! See you later!");
             Platform.exit();
          });
    primaryStage.show();
} catch (Exception ex) {
    ex.printStackTrace();
}
```

上述代码装载了 helloWorld2.fxml 文件，从中提取控制器对象，并在其上设置传入的值。剩下的舞台配置跟多次看到的是一样的。唯一的区别是 Page 2 被添加到标题中。

如果现在执行 HelloWorld 类，会看到熟悉的表单，再输入数据，如图 12-12 所示。

图 12-12　程序运行界面 6

单击 Submit 按钮后，这个窗口将关闭，出现一个新窗口，如图 12-13 所示。

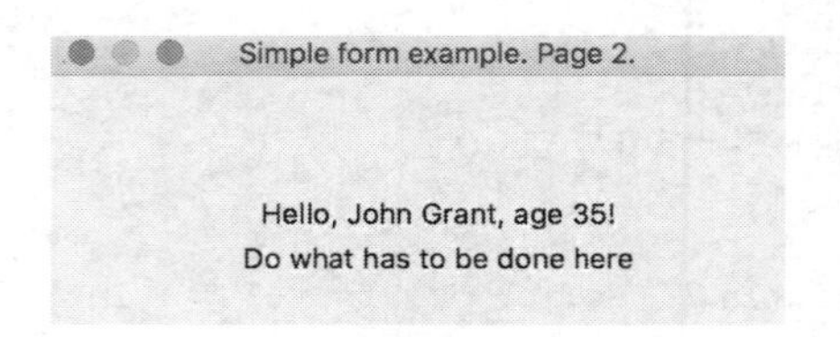

图 12-13　程序运行界面 7

单击窗口左上角（Windows 系统中为右上角）的×按钮，会看到跟之前看到的相同消息，如图 12-14 所示。

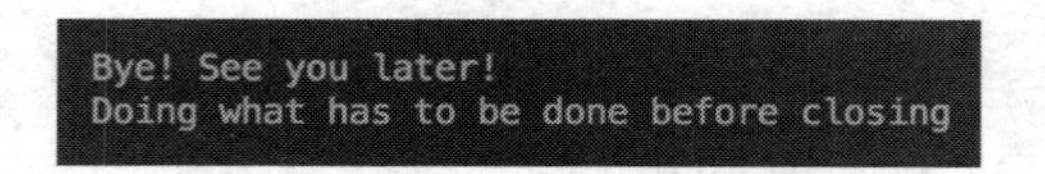

图 12-14　控制台输出 2

舞台操作函数和 stop()方法跟以前的都一样，都如期运行。至此，FXML 介绍完毕，进入下一个主题：将 HTML 添加到 JavaFX 应用程序中。

12.8　HTML 的嵌入

将 HTML 添加到 JavaFX 中，很容易做到。需要做的就是使用 javafx.scene.web.WebView 类。这个类提供了一个窗口。在这个窗口中，添加的 HTML 以类似于浏览器中显示的方式呈现。WebView 类使用开源浏览器引擎 WebKit，因此支持完整的浏览功能。

与所有其他 JavaFX 组件一样，WebView 扩展了 Node 类，可以像在 Java 代码中那样来处理。此外，WebView 还有自己的属性和方法，可以通过设置窗口大小（最大、最小和首选的高度与宽度）、字体比例、缩放率、添加 CSS、启用上下文（右击）菜单等方式，getEngine()方法返回一个与该方法相关联的 javafx.scene.web.WebEngine 对象。WebEngine 能够加载 HTML 页面，对页面进行导航，对加载的页面应用不同的样式，访问浏览过的页面和文档模型，还能执行 JavaScript 程序。

开始使用 javafx.scene.web 包之前，先要做到以下两个步骤。

（1）将以下依赖项添加到 pom.xml 文件：

```
<dependency>
    <groupId>org.openjfx</groupId>
    <artifactId>javafx-web</artifactId>
    <version>11.0.2</version>
</dependency>
```

javafx-web 的版本通常与 Java 版本保持同步，但截至本书撰写到此处时，javafx-web 的第 12 版还没有发布，因此这里使用的是最新可用的版本，即 11.0.2。

（2）因为 javafx-web 使用的 com.sun.*包已经从 Java 9 中被移除，所以要从 Java 9 以上版本访问 com.sun.*包，除了--module-path 和--add-modules 外，还要设置 VM 选项。这些选项在 12.2 节中描述过。具体如下：

```
--add-exports javafx.graphics/com.sun.javafx.sg.prism=ALL-UNNAMED
--add-exports javafx.graphics/com.sun.javafx.scene=ALL-UNNAMED
--add-exports javafx.graphics/com.sun.javafx.util=ALL-UNNAMED
--add-exports javafx.base/com.sun.javafx.logging=ALL-UNNAMED
--add-exports javafx.graphics/com.sun.prism=ALL-UNNAMED
--add-exports javafx.graphics/com.sun.glass.ui=ALL-UNNAMED
--add-exports javafx.graphics/com.sun.javafx.geom.transform=ALL-UNNAMED
--add-exports javafx.graphics/com.sun.javafx.tk=ALL-UNNAMED
--add-exports javafx.graphics/com.sun.glass.utils=ALL-UNNAMED
--add-exports javafx.graphics/com.sun.javafx.font=ALL-UNNAMED
--add-exports javafx.graphics/com.sun.javafx.application=ALL-UNNAMED
--add-exports javafx.controls/com.sun.javafx.scene.control=ALL-UNNAMED
--add-exports javafx.graphics/com.sun.javafx.scene.input=ALL-UNNAMED
--add-exports javafx.graphics/com.sun.javafx.geom=ALL-UNNAMED
--add-exports javafx.graphics/com.sun.prism.paint=ALL-UNNAMED
--add-exports javafx.graphics/com.sun.scenario.effect=ALL-UNNAMED
--add-exports javafx.graphics/com.sun.javafx.text=ALL-UNNAMED
--add-exports javafx.graphics/com.sun.javafx.iio=ALL-UNNAMED
--add-exports javafx.graphics/com.sun.scenario.effect.impl.prism=ALL-UNNAMED
--add-exports javafx.graphics/com.sun.javafx.scene.text=ALL-UNNAMED
```

在 Windows 系统上，要从命令行执行 HtmlWebView 类，使用以下命令：

```
mvn clean package

java --module-path C:\path\JavaFX\lib --add-modules=javafx.controls,javafx.fxml
--add-exports javafx.graphics/com.sun.javafx.sg.prism=ALL-UNNAMED
--add-exports javafx.graphics/com.sun.javafx.scene=ALL-UNNAMED
--add-exports javafx.graphics/com.sun.javafx.util=ALL-UNNAMED
--add-exports javafx.base/com.sun.javafx.logging=ALL-UNNAMED
--add-exports javafx.graphics/com.sun.prism=ALL-UNNAMED
--add-exports javafx.graphics/com.sun.glass.ui=ALL-UNNAMED
--add-exports javafx.graphics/com.sun.javafx.geom.transform=ALL-UNNAMED
--add-exports javafx.graphics/com.sun.javafx.tk=ALL-UNNAMED
--add-exports javafx.graphics/com.sun.glass.utils=ALL-UNNAMED
--add-exports javafx.graphics/com.sun.javafx.font=ALL-UNNAMED
--add-exports javafx.graphics/com.sun.javafx.application=ALL-UNNAMED
--add-exports javafx.controls/com.sun.javafx.scene.control=ALL-UNNAMED
--add-exports javafx.graphics/com.sun.javafx.scene.input=ALL-UNNAMED
--add-exports javafx.graphics/com.sun.javafx.geom=ALL-UNNAMED
--add-exports javafx.graphics/com.sun.prism.paint=ALL-UNNAMED
--add-exports javafx.graphics/com.sun.scenario.effect=ALL-UNNAMED
```

```
--add-exports javafx.graphics/com.sun.javafx.text=ALL-UNNAMED
--add-exports javafx.graphics/com.sun.javafx.iio=ALL-UNNAMED
--add-exports javafx.graphics/com.sun.scenario.effect.impl.prism=ALL-UNNAMED
--add-exports javafx.graphics/com.sun.javafx.scene.text=ALL-UNNAMED
-cp target\learnjava-1.0-SNAPSHOT.jar;target\libs\*
com.packt.learnjava.ch12_gui.HtmlWebView
```

HtmlWebView 类也包含多个 start()方法。按照 12.2 节中描述的，可对这些方法一个一个重命名并执行。

现在，看几个例子。这里创建一个新的应用程序 HtmlWebView，使用已经描述过的--module-path、--add-modules 和--add-exports 等来设置 VM 选项。可以编写并执行用到了 WebView 类的代码。

首先，将简单的 HTML 添加到 JavaFX 应用程序中。具体操作如下：

```
WebView wv = new WebView();
WebEngine we = wv.getEngine();
String html = "<html><center><h2>Hello, world!</h2></center></html>";
we.loadContent(html, "text/html");
Scene scene = new Scene(wv, 200, 60);
primaryStage.setTitle("My HTML page");
primaryStage.setScene(scene);
primaryStage.onCloseRequestProperty()
            .setValue(e -> System.out.println("Bye! See you later!"));
primaryStage.show();
```

上述代码创建了一个 WebView 对象，从中获取 WebEngine 对象，使用获取的 WebEngine 对象来加载 HTML，在场景中设置 WebView 对象，并配置舞台。loadContent()方法接受两个字符串：内容及其 mime 类型。内容字符串可以在代码中构建，也可以由读取.html 文件来创建。运行上述例子，结果如图 12-15 所示。

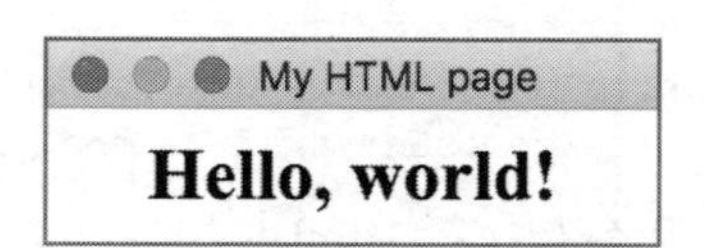

图 12-15　程序运行界面 8

如果需要，可以在同一个窗口中同时显示其他 JavaFX 节点和 WebView 对象。例如，在嵌入的 HTML 上面添加一个 Text 节点：

```
Text txt = new Text("Below is the embedded HTML:");

WebView wv = new WebView();
WebEngine we = wv.getEngine();
String html = "<html><center><h2>Hello, world!</h2></center></html>";
we.loadContent(html, "text/html");

VBox vb = new VBox(txt, wv);
vb.setSpacing(10);
vb.setAlignment(Pos.CENTER);
vb.setPadding(new Insets(10, 10, 10, 10));

Scene scene = new Scene(vb, 300, 120);
primaryStage.setScene(scene);
```

```
primaryStage.setTitle("JavaFX with embedded HTML");
primaryStage.onCloseRequestProperty()
          .setValue(e -> System.out.println("Bye! See you later!"));
primaryStage.show()
```

可以看到，WebView 对象并不是直接在场景中设置的，而是在布局对象中与 txt 对象一起设置的。然后，在场景中设置布局对象。上述代码的运行结果如图 12-16 所示。

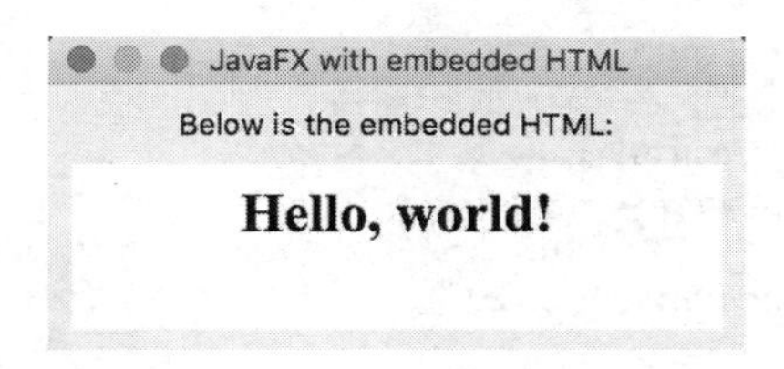

图 12-16　程序运行界面 9

对于更复杂的 HTML 页面，可以使用 load()方法直接从文件中加载。为演示这种方法，在 resources 文件夹中创建 form.htm 文件，其中包含以下内容：

```
<!DOCTYPE html>
<html lang="en">
<head>
    <meta charset="UTF-8">
    <title>The Form</title>
</head>
<body>
<form action="http://server:port/formHandler" metrod="post">
    <table>
       <tr>
           <td><label for="firstName">Firts name:</label></td>
           <td><input type="text" id="firstName" name="firstName"></td>
       </tr>
       <tr>
            <td><label for="lastName">Last name:</label></td>
            <td><input type="text" id="lastName" name="lastName"></td>
       </tr>
       <tr>
            <td><label for="age">Age:</label></td>
            <td><input type="text" id="age" name="age"></td>
       </tr>
       <tr>
            <td></td>
            <td align="center">
               <button id="submit" name="submit">Submit</button>
            </td>
       </tr>
   </table>
</form>
</body>
</html>
```

这个 HTML 显示的表单类似于 12.7 节所创建的表单。单击 Submit 按钮，表单数据被发布到服务器的 URI：\formHandler。要在 JavaFX 应用程序中呈现此表单，可以使用以下代码：

```
Text txt = new Text("Fill the form and click Submit");

WebView wv = new WebView();
WebEngine we = wv.getEngine();
File f = new File("src/main/resources/form.html");
we.load(f.toURI().toString());

VBox vb = new VBox(txt, wv);
vb.setSpacing(10);
vb.setAlignment(Pos.CENTER);
vb.setPadding(new Insets(10, 10, 10, 10));

Scene scene = new Scene(vb, 300, 200);

primaryStage.setScene(scene);
primaryStage.setTitle("JavaFX with embedded HTML");
primaryStage.onCloseRequestProperty()
            .setValue(e -> System.out.println("Bye! See you later!"));
primaryStage.show();
```

可以看到，跟所举的其他示例的不同之处在于现在使用 File 类及其 toURI()方法直接访问 src/main/resources/form.html 文件中的 HTML，而不需要先将内容转换为字符串。结果如图 12-17 所示。

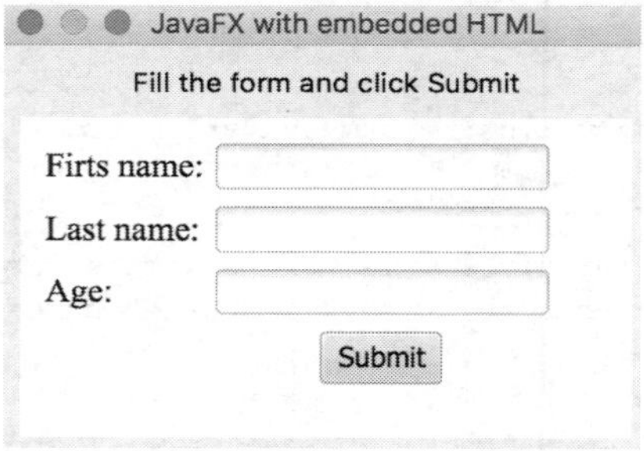

图 12-17　程序运行界面 10

需要从编写的 JavaFX 应用程序发送请求或发布数据，此方案大有裨益。但是，若希望用户填写的表单可从服务器获得，则可从 URL 加载这个表单。例如，将谷歌搜索纳入 JavaFX 应用程序中。更改欲加载页面 URL 的 load()方法的参数值，就可做到这一点。具体如下：

```
Text txt = new Text("Enjoy searching the Web!");

WebView wv = new WebView();
WebEngine we = wv.getEngine();
we.load("http://www.google.com");

VBox vb = new VBox(txt, wv);
vb.setSpacing(20);
vb.setAlignment(Pos.CENTER);
vb.setStyle("-fx-font-size: 20px;-fx-background-color: lightblue;");
vb.setPadding(new Insets(10, 10, 10, 10));

Scene scene = new Scene(vb,750,500);
primaryStage.setScene(scene);
```

```
primaryStage.setTitle("JavaFX with the window to another server");
primaryStage.onCloseRequestProperty()
        .setValue(e -> System.out.println("Bye! See you later!"));
primaryStage.show();
```

这里还为布局添加了一个样式，以增大字体并添加背景颜色。这样，就可以看到所呈现的 HTML 嵌入区域的轮廓。运行这个例子，会出现如图 12-18 所示的窗口。

在这个窗口中，可以实现通常通过浏览器访问的所有搜索功能。而且，已经提到，还可以放大所呈现的页面。例如，如果在上述示例中添加 wv.setZoom(1.5)这样一行，运行结果将如图 12-19 所示。

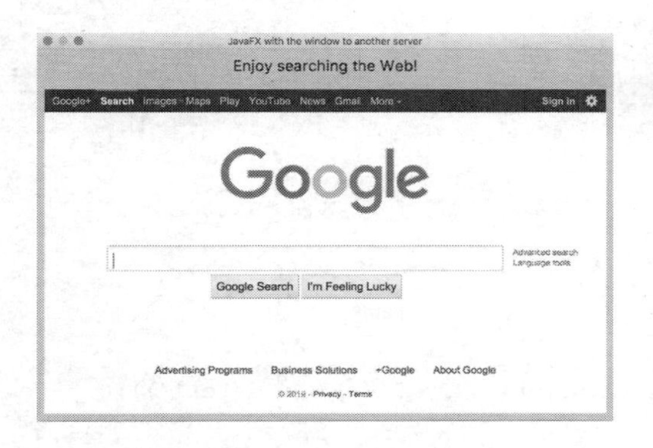

图 12-18　程序运行界面 11

图 12-19　程序运行界面 12

同样，还可以设置字体的比例，甚至可从文件中设置样式：

```
wv.setFontScale(1.5);
we.setUserStyleSheetLocation("mystyle.css");
```

尽管如此，但注意要是在 WebView 对象上设置字体比例，而在 WebEngine 对象中设置样式。

还可以使用 WebEngine 类的 getDocument()方法访问（和操作）所加载页面的 DOM 对象：

```
Document document = we.getDocument();
```

使用下面方法还可以访问浏览历史、获取当前索引，并将历史向前、向后移动：

```
WebHistory history = we.getHistory();
int currInd = history.getCurrentIndex();
history.go(-1);
history.go(1);
```

对于每个历史条目，可以提取其 URL、标题或最近访问日期：

```
WebHistory history = we.getHistory();
ObservableList<WebHistory.Entry> entries = history.getEntries();
for(WebHistory.Entry entry: entries){
    String url = entry.getUrl();
    String title = entry.getTitle();
    Date date = entry.getLastVisitedDate();
}
```

可阅读 WebView 类和 WebEngine 类的文档，以了解更多如何利用好这两个类的功能。

12.9　媒体的播放

可以使用 javafx.scene.image.Image 类和 javafx.scene.image.ImageView 类将图像添加到场景中。下面使用 resources 文件夹中的 Packt 徽标文件 packt.png 做演示，代码如下。

```
Text txt = new Text("What a beautiful image!");

FileInputStream input =
              new FileInputStream("src/main/resources/packt.png");
Image image = new Image(input);
ImageView iv = new ImageView(image);

VBox vb = new VBox(txt, iv);
vb.setSpacing(20);
vb.setAlignment(Pos.CENTER);
vb.setPadding(new Insets(10, 10, 10, 10));

Scene scene = new Scene(vb, 300, 200);
primaryStage.setScene(scene);
primaryStage.setTitle("JavaFX with embedded HTML");
primaryStage.onCloseRequestProperty()
               .setValue(e -> System.out.println("Bye! See you later!"));
primaryStage.show();
```

运行上述代码，结果如图 12-20 所示。

图 12-20　程序运行界面 13

JavaFX 目前支持的图像格式有 BMP、GIF、JPEG 和 PNG。浏览 Image 类和 ImageView 类的 API 可学到更多根据需要格式化图像以及调整图像的方式。下面来看在 JavaFX 中如何使用其他媒体文件。播放音频或电影文件需要用到在 12.8 节中列出的 VM 选项：--add-export。

JavaFX 目前支持的编码如下：

- AAC：高级音频编码，用于音频压缩。
- H.264/AVC：H.264/MPEG-4 Part 10 /AVC，即高级视频编码，用于视频压缩。
- MP3：原始的 MPEG-1、2 和 2.5 音频，第一、二、三层。
- PCM：未压缩格式，原始音频样本。

对于所支持的协议、媒体容器和元数据标签，可以阅读 API 文档详细加以了解。以下三个类允许构建一个可以添加到场景中的媒体播放器：

```
javafx.scene.media.Media;
```

```
javafx.scene.media.MediaPlayer;
javafx.scene.media.MediaView;
```

Media 类表示媒体的源。MediaPlayer 类提供了控制媒体播放的所有方法：play()、stop()、pause()、setVolume()等，还可以指定媒体播放的次数。MediaView 类扩展了 Node 类，可以添加到场景中。这个类提供了媒体播放器所播放的媒体的视图，负责媒体的外观。

下面做个演示，将 start()方法的另一个版本添加到 HtmlWebView 应用程序中，该版本将播放 resources 文件夹中的 jb.mp3 文件。代码如下：

```
Text txt1 = new Text("What a beautiful music!");
Text txt2 = new Text("If you don't hear music, turn up the volume.");

File f = new File("src/main/resources/jb.mp3");
Media m = new Media(f.toURI().toString());
MediaPlayer mp = new MediaPlayer(m);
MediaView mv = new MediaView(mp);

VBox vb = new VBox(txt1, txt2, mv);
vb.setSpacing(20);
vb.setAlignment(Pos.CENTER);
vb.setPadding(new Insets(10, 10, 10, 10));

Scene scene = new Scene(vb, 350, 100);
primaryStage.setScene(scene);
primaryStage.setTitle("JavaFX with embedded media player");
primaryStage.onCloseRequestProperty()
         .setValue(e -> System.out.println("Bye! See you later!"));
primaryStage.show();
mp.play();
```

注意，Media 对象是如何以源文件为基础加以构建的；MediaPlayer 对象是如何以 Media 对象为基础加以构建的，又如何被设置为 MediaView 类构造方法的属性的。在场景中设置 MediaView 对象和两个 Text 对象。这里用 VBox 对象来提供布局。最后，在舞台上设置场景并使舞台可见后（show()方法完成），在 MediaPlayer 对象上调用 play()方法。默认情况下，媒体播放一次。

执行上述代码，出现以下窗口，并播放 jb.m3 文件，如图 12-21 所示。

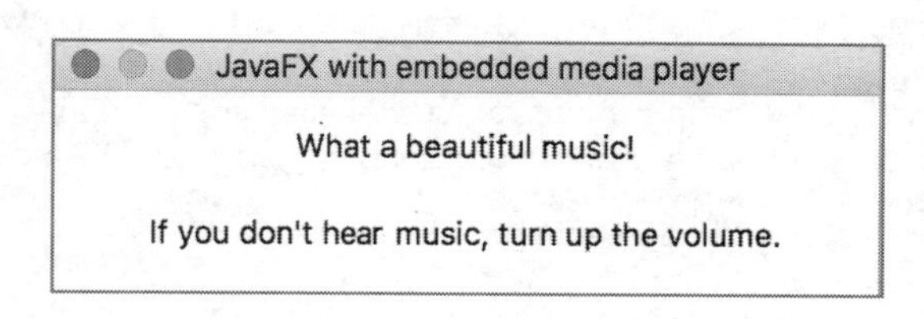

图 12-21　程序运行界面 14

可以添加控件来停止、暂停和调整音量，但是这将需要更多的代码量，而且由于本书篇幅所限，恕难尽列。可以在 Oracle 网络文档中找到指南，看看如何实现此目的。

类似地，可以播放一个 sea.mp4 电影文件。具体如下：

```
Text txt = new Text("What a beautiful movie!");

File f = new File("src/main/resources/sea.mp4");
```

```
Media m = new Media(f.toURI().toString());
MediaPlayer mp = new MediaPlayer(m);
MediaView mv = new MediaView(mp);

VBox vb = new VBox(txt, mv);
vb.setSpacing(20);
vb.setAlignment(Pos.CENTER);
vb.setPadding(new Insets(10, 10, 10, 10));

Scene scene = new Scene(vb, 650, 400);
primaryStage.setScene(scene);
primaryStage.setTitle("JavaFX with embedded media player");
primaryStage.onCloseRequestProperty()
        .setValue(e -> System.out.println("Bye! See you later!"));
primaryStage.show();
mp.play();
```

唯一的区别是，需要显示这种特定剪辑完整帧的场景大小不一样。经过几次试错调整，可以算出所需的尺寸。或者，可以使用 MediaView 方法 autosize()、preserveRatioProperty()、setFitHeight()、setFitWidth()、fitWidthProperty()、fitHeightProperty()等来调整嵌入窗口的大小并自动匹配场景的大小。如果执行上述例子，将弹出窗口并播放剪辑，如图 12-22 所示。

图 12-22　程序运行界面 15

甚至可以同时播放音频和视频文件，从而为电影提供音轨。具体操作如下：

```
Text txt1 = new Text("What a beautiful movie and sound!");
Text txt2 = new Text("If you don't hear music, turn up the volume.");

File fs = new File("src/main/resources/jb.mp3");
Media ms = new Media(fs.toURI().toString());
MediaPlayer mps = new MediaPlayer(ms);
MediaView mvs = new MediaView(mps);

File fv = new File("src/main/resources/sea.mp4");
Media mv = new Media(fv.toURI().toString());
MediaPlayer mpv = new MediaPlayer(mv);
MediaView mvv = new MediaView(mpv);

VBox vb = new VBox(txt1, txt2, mvs, mvv);
vb.setSpacing(20);
vb.setAlignment(Pos.CENTER);
```

```
vb.setPadding(new Insets(10, 10, 10, 10));

Scene scene = new Scene(vb, 650, 500);
primaryStage.setScene(scene);
primaryStage.setTitle("JavaFX with embedded media player");
primaryStage.onCloseRequestProperty()
        .setValue(e -> System.out.println("Bye! See you later!"));
primaryStage.show();
mpv.play();
mps.play();
```

这样的操作是可行的，因为每个播放器都是由自己的线程来执行的。

12.10　特效的添加

javafx.scene.effects 包中含许多类，允许向节点添加各种效果。列举如下：

- Blend：合并两个源（通常是图像）的像素，使用预定义的 BlendMode 来合并。
- Bloom：让输入图像更亮，使其看起来像在发光。
- BoxBlur：向一个图像添加模糊效果。
- ColorAdjust：允许调整色调、饱和度、亮度和对比度。
- ColorInput：渲染一个矩形区域，其中填充了给定的 Paint。
- DisplacementMap：将每个像素位移指定的距离。
- DropShadow：渲染内容背后给定内容的阴影。
- GaussianBlur：使用特定的（高斯）方法添加模糊效果。
- Glow：使输入图像看起来发光。
- InnerShadow：在框架内创建一个阴影。
- Lighting：模拟光源照射在内容上，使平面物体看起来更真实。
- MotionBlur：模拟给定的动态内容。
- PerspectiveTransform：转换在透视图中看到的内容。
- Reflection：在实际输入内容下面呈现输入的反射版本。
- SepiaTone：产生一种深褐色的色调效果，类似于古董照片的外观。
- Shadow：创建内容的单色副本，边缘模糊。

所有效果共享父类，即 Effect 抽象类。Node 类具有 setEffect(Effect e)方法，这说明在任何节点上都可以添加效果。这是将效果应用到节点上的主要方式。节点就是在舞台上制造场景的演员（可以想想本章开头采用的介绍法）。

唯一的例外是 Blend 效果，它比其他效果的使用复杂。除了使用 setEffect(Effect e)方法外，一些 Node 类的子类还使用 setBlendMode(BlendMode bm)方法，该方法用于控制图像重叠时相互混合的方式。因此，可以用不同的方式设置不同的混合效果。这些效果相互覆盖并产生可能难以调试的意外结果。这使得 Blend 效果的用法更为复杂。鉴于此，下面对 Blend 效果的使用进行概述。

有四个特性可以调节两个图像重叠区域的外观（为简单起见，在示例中用了两个图像。但在实践中，可以是多个图像的重叠）。具体如下：

- opacity（不透明度）属性值：对透过图像可以看到多少内容加以限定。值为 0.0，表示图像是完全透明的，而值为 1.0，则表示看不到图像后面任何内容。

- 每种颜色的 alpha 值和强度：将颜色的透明度定义为 0～1.0 或 0～255 的 double 值。
- 混合模式，由 BlendMode 枚举值限定：根据每种颜色的模式、不透明度和 alpha 值，结果可能不同，结果也可能取决于图像添加到场景中的顺序。第一个添加的图像称为底部输入（bottom input），而第二个重叠的图像称为顶部输入（top input）。如果顶部输入完全不透明，则底部输入将被顶部输入隐藏。

根据不透明度、颜色的 alpha 值、颜色的数值（强度）和混合模式计算重叠区域的最终外观。最终外观可能是以下任意一种：

- ADD：顶部输入的颜色和 alpha 分量被添加到底部输入的颜色和 alpha 分量中。
- BLUE：将底部输入的蓝色分量替换为顶部输入的蓝色分量，其他颜色分量不受影响。
- COLOR_BURN：将底部输入颜色分量的倒数除以顶部输入颜色分量，然后将所有这些分量倒过来产生最终颜色。
- COLOR_DODGE：底部输入颜色分量除以顶部输入颜色分量的倒数，得到最终颜色。
- DARKEN：选择来自两个输入的颜色分量的较暗部分来生成最终颜色。
- DIFFERENCE：从两个输入中减去颜色较深的部分，得到最终颜色。
- EXCLUSION：两个输入的颜色分量相乘并加倍，然后从底部输入颜色分量的和中减去，得到最终颜色。
- GREEN：将底部输入的绿色分量替换为顶部输入的绿色分量，其他颜色分量不受影响。
- HARD_LIGHT：根据顶部输入颜色的不同，输入颜色分量可以是倍增的，也可以是屏蔽的。
- LIGHTEN：从两个输入中选择颜色分量中较亮的那个来产生最终颜色。
- MULTIPLY：第一个输入的颜色分量与第二个输入的颜色分量相乘。
- OVERLAY：根据底部输入颜色，输入颜色分量可以被叠加，也可以被屏蔽。
- RED：将底部输入的红色分量替换为顶部输入的红色分量，其他颜色分量不受影响。
- SCREEN：来自两个输入的颜色分量是反向的，彼此相乘，然后再次反向得到结果，从而产生最终颜色。
- SOFT_LIGHT：输入颜色分量或变暗或变亮，这取决于顶部输入颜色。
- SRC_ATOP：位于底部输入内部的顶部输入部分与底部输入相混合。
- SRC_OVER：顶部输入与底部输入混合。

为演示 Blend 效果，这里创建另一个名为 BlendEffect 的应用程序。这个应用程序不需要 com.sun.*包，因此不需要有--add-export VM 选项。为编译和执行之需，只需设置--module-path 和--add-modules 选项。这两个选项在 12.2 节中描述过。

限于本书的篇幅，很难演示所有可能的混合组合。所以，这里只创建一个红色的圆形和一个蓝色的正方形。具体如下：

```
Circle createCircle(){
    Circle c = new Circle();
    c.setFill(Color.rgb(255, 0, 0, 0.5));
    c.setRadius(25);
    return c;
}
```

```
Rectangle createSquare(){
    Rectangle r = new Rectangle();
    r.setFill(Color.rgb(0, 0, 255, 1.0));
    r.setWidth(50);
    r.setHeight(50);
    return r;
}
```

这里用的是 Color.rgb(int red, int green, int blue, double alpha)方法来创建每个图形的颜色，但有许多方法可以创建颜色，具体可阅读 Color 类的 API 文档。为让所创建的圆形和正方形重叠，这里使用 Group 节点，代码如下。

```
Node c = createCircle();
Node s = createSquare();
Node g = new Group(s, c)
```

上述代码中，正方形是底部输入。另外还将创建一个组，其中正方形是顶部输入。具体如下：

```
Node c = createCircle();
Node s = createSquare();
Node g = new Group(c, s);
```

这个区别很重要，因为这里将圆形定义为半不透明的，而正方形是完全不透明的。将在所有示例中使用相同的设置。

下面来比较一下 MULTIPLY 和 SRC_OVER 这两种模式。使用 setEffect()方法在组上设置这两种模式。具体如下：

```
Blend blnd = new Blend();
blnd.setMode(BlendMode.MULTIPLY);
Node c = createCircle();
Node s = createSquare();
Node g = new Group(s, c);
g.setEffect(blnd);
```

对每种模式，这里都创建两个组：一个组的顶部输入是圆形；另一个组的顶部输入是正方形。将创建的 4 个组放在一个 GridPane 布局中(参阅源代码详细了解)。运行 BlendEffect 应用程序，结果如图 12-23 所示。

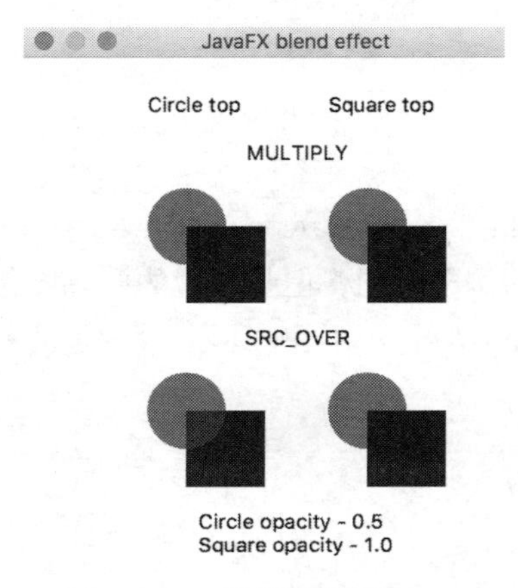

图 12-23　程序运行界面 16

不出所料，当正方形位于顶部输入（右边的两幅图像）时，重叠的区域完全由不透明的正方形覆盖。但是，当圆形是顶部输入（左边的两幅图像）时，重叠区域是部分可见的，并根据混合效果加以计算。

但是，如果直接在组上设置相同的模式，结果会略有不同。运行的代码相同，但将模式设置在组上：

```
Node c = createCircle();
Node s = createSquare();
Node g = new Group(c, s);
g.setBlendMode(BlendMode.MULTIPLY);
```

再次运行此应用程序，结果如图 12-24 所示。

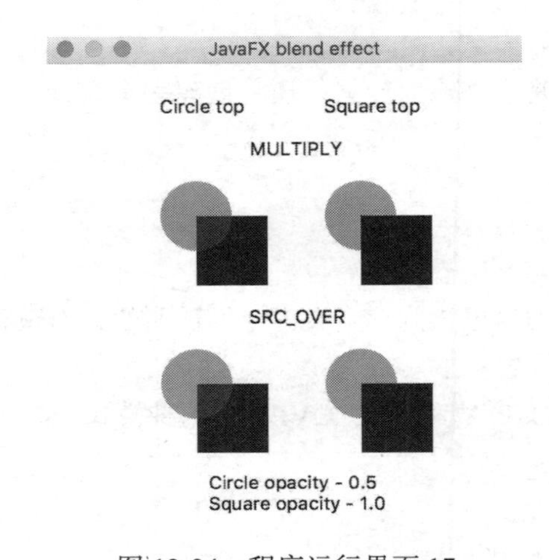

图 12-24 程序运行界面 17

可以看到，圆形有轻微的变化，MULTIPLY 和 SRC_OVER 的模式没有区别。这就是在本节开头提到的向场景添加节点的顺序问题。

根据设置效果的节点的不同，结果也会发生变化。例如，不设置组的效果，而是只设置圆形上的混合效果：

```
Blend blnd = new Blend();
blnd.setMode(BlendMode.MULTIPLY);
Node c = createCircle();
Node s = createSquare();
c.setEffect(blnd);
Node g = new Group(s, c);
```

运行此应用程序，结果如图 12-25 所示。

右边的两幅图像与前面的例子相同，但是左边的两幅图像显示出重叠区域的新颜色。现在，在正方形上设置同样混合效果，不在圆形上设置了。具体如下：

```
Blend blnd = new Blend();
blnd.setMode(BlendMode.MULTIPLY);
Node c = createCircle();
Node s = createSquare();
s.setEffect(blnd);
Node g = new Group(s, c);
```

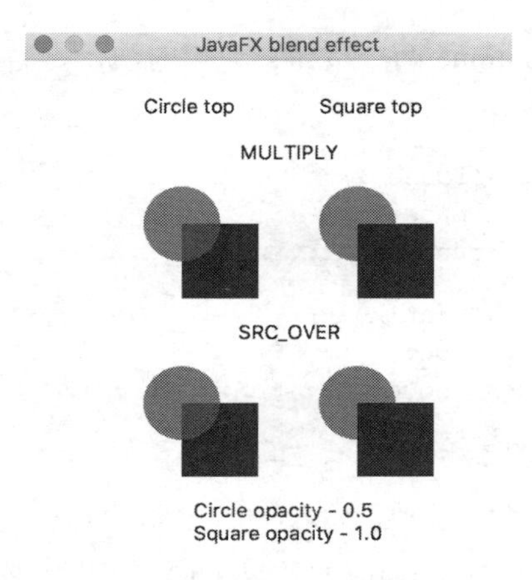

图 12-25 程序运行界面 18

结果再次出现轻微的变化，如图 12-26 所示。

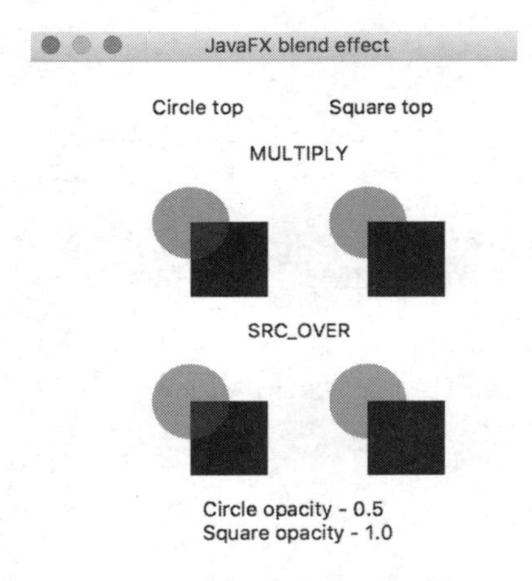

图 12-26 程序运行界面 19

结果 MULTIPLY 模式和 SRC_OVER 模式没有区别，只是红色部分与在圆形上设置的混合效果不同。

为演示其他效果，这里还创建了一个名为 OtherEffects 应用程序。演示的效果包括 Bloom、BoxBlur、ColorAdjust、DisplacementMap、DropShadow、Glow、InnerShadow、Lighting、MotionBlur、PerspectiveTransform、Reflection、ShadowTone 和 SepiaTone 等。这里用两张图片（Packt 标识图和山湖景观图）来展示每种效果。具体如下：

```
FileInputStream inputP =
                   new FileInputStream("src/main/resources/packt.png");
Image imageP = new Image(inputP);
ImageView ivP = new ImageView(imageP);

FileInputStream inputM =
               new FileInputStream("src/main/resources/mount.jpeg");
Image imageM = new Image(inputM);
ImageView ivM = new ImageView(imageM);
ivM.setPreserveRatio(true);
ivM.setFitWidth(300);
```

这里增加了 Pause 和 Continue 两个按钮，允许对演示做暂停和继续操作（在效果和它们的参数值上迭代）：

```
Button btnP = new Button("Pause");
btnP.setOnAction(e1 -> et.pause());
btnP.setStyle("-fx-background-color: lightpink;");

Button btnC = new Button("Continue");
btnC.setOnAction(e2 -> et.cont());
btnC.setStyle("-fx-background-color: lightgreen;");
```

et 对象是 EffectsThread 线程的对象：

```
EffectsThread et = new EffectsThread(txt, ivM, ivP);
```

线程遍历效果列表，创建 10 次相应的效果（10 个不同的效果的参数值）。每次在每个图像上设置创建的 Effect 对象，然后休眠一秒，让读者有机会查看结果。代码如下：

```
public void run(){
    try {
        for(String effect: effects){
           for(int i = 0; i < 11; i++){
               double d = Math.round(i * 0.1 * 10.0) / 10.0;
               Effect e = createEffect(effect, d, txt);
               ivM.setEffect(e);
               ivP.setEffect(e);
               TimeUnit.SECONDS.sleep(1);
               if(pause){
                   while(true){
                      TimeUnit.SECONDS.sleep(1);
                      if(!pause){
                          break;
                      }
                   }
               }
           }
        }
        Platform.exit();
    } catch (Exception ex){
        ex.printStackTrace();
    }
}
```

接下来，在带有效果运行结果的屏幕截图上，将展示每个效果的创建过程。为了呈现运行结果，这里使用了 GridPane 布局，代码如下：

```
GridPane grid = new GridPane();
grid.setAlignment(Pos.CENTER);
grid.setVgap(25);
grid.setPadding(new Insets(10, 10, 10, 10));

int i = 0;
grid.add(txt, 0, i++, 2, 1);
GridPane.setHalignment(txt, HPos.CENTER);
grid.add(ivP, 0, i++, 2, 1);
GridPane.setHalignment(ivP, HPos.CENTER);
grid.add(ivM, 0, i++, 2, 1);
```

```
GridPane.setHalignment(ivM, HPos.CENTER);
grid.addRow(i++, new Text());
HBox hb = new HBox(btnP, btnC);
hb.setAlignment(Pos.CENTER);
hb.setSpacing(25);
grid.add(hb, 0, i++, 2, 1);
GridPane.setHalignment(hb, HPos.CENTER);
```

最后，所创建的 GridPane 对象被传递到场景中，而这个场景又被放置到舞台上。从先前所举的例子中，读者对舞台应该已经很熟悉了。具体如下：

```
Scene scene = new Scene(grid, 450, 500);
primaryStage.setScene(scene);
primaryStage.setTitle("JavaFX effect demo");
primaryStage.onCloseRequestProperty()
          .setValue(e3 -> System.out.println("Bye! See you later!"));
primaryStage.show();
```

下面的截图是不同效果示例的运行结果图，展示的是 10 个参数值中改变某个参数的效果。注意，这里先给出创建某个效果的 createEffect(String effect, double d, Text txt)方法的代码片段，之后给出结果图。

使用 Bloom 效果，将 d 的值设置为 0.9：

```
//double d = 0.9;
txt.setText(effect + ".threshold: " + d);
Bloom b = new Bloom();
b.setThreshold(d);
```

程序运行结果如图 12-27 所示。

图 12-27　程序运行界面 20

使用 BoxBlur 效果，将 d 的值设置为 0.3：

```
//double d = 0.3;
int i = (int) d * 10;
int it = i / 3;
txt.setText(effect + ".iterations: " + it);
BoxBlur bb = new BoxBlur();
bb.setIterations(i);
```

程序运行结果如图 12-28 所示。

图 12-28　程序运行界面 21

限于篇幅，这里只给出使用 Bloom 效果和使用 BoxBlur 效果的代码和运行结果图，关于其他效果运行 OtherEffects 程序即可看到。

本 章 小 结

本章中，向读者介绍了 JavaFX 工具包及其主要特性，以及如何使用这个工具包来创建 GUI 应用程序。涉及的主题包括 Java GUI 技术概述、JavaFX 控件元素、图表、CSS 的使用、FXML 的使用、HTML 的嵌入、媒体的播放和效果的添加等。

第 13 章专门讨论函数式编程，对 JDK 附带的函数式接口进行概述，对 lambda 表达式做出解释，对如何在 lambda 表达式中使用函数式接口加以讨论，还对方法引用的使用加以解释和演示。

第三部分　Java 高级阶段

本书的最后一部分涵盖现代 Java 编程中较高级的主题。本主题容许新手在对这个专业的理解上站稳脚跟，而对那些已经在这个领域打拼的人来说，本主题可以扩展他们的技能和专业知识。Java 最近增加了流和函数式编程，使得 Java 的异步处理几乎与传统的同步方法一样简单。这提高了 Java 应用程序的性能，读者要学习如何利用好这一功能，欣赏其美感以及其为解决问题所带来的强大威力。

读者还将学到一些新术语以及反应式编程中的相关概念——异步、非阻塞和响应式。这些都是大数据处理和机器学习领域的前沿阵地。反应式系统的构建模块是一个微服务架构，对此进行演示时使用 Vert.x 工具包。

本书最后对基准测试工具、最佳编程实践和目前正在开发中的开放式 Java 项目加以解释。这些项目完工后将为 Java 这门语言带来更大的威力，也为 Java 这个创建现代大型数据处理系统的工具带来更大的威力。读者将有机会对 Java 的未来做出判断，甚至成为 Java 的一份子。

本部分包括以下各章。

第13章

函数式编程

本章将引领读者步入函数式编程的世界。本章将解释函数式接口，对随 JDK 配套的函数式接口进行概述，定义和演示 lambda 表达式及其在函数式接口中的使用，包括方法引用的使用。

本章将涵盖以下主题：

- 何为函数式编程。
- 标准函数式接口。
- lambda 表达式的限制。
- 方法引用。

13.1 何为函数式编程

在前面章节中实际上已经用到了函数式编程。在第 6 章中讨论了 Iterable 接口及其 default void forEach (Consumer<T> function)方法，并提供了以下示例：

```
Iterable<String> list = List.of("s1", "s2", "s3");
System.out.println(list);                         //prints: [s1, s2, s3]
list.forEach(e -> System.out.print(e + " ")); //prints: s1 s2 s3
```

可以看到一个 Consumer 函数 e -> System.out.print(e + " ")是如何传递给 forEach()方法的，又如何被应用到从列表传入该方法的每个元素上。后面很快就会讨论 Consumer 函数。

前面还提到了 Collection 接口的两个方法也接受函数作为参数。这两个方法如下：

- default boolean remove(Predicate<E> filter)方法，尝试从集合中删除满足给定谓词的所有元素。Predicate 函数接受集合的元素并返回一个 boolean 值。
- default T[] toArray(IntFunction<T[]> generator)方法，返回集合中所有元素的数组，使用所提供的 IntFunction 生成器函数分配返回的数组。

同样是在第 6 章中，还提到了 List 接口的方法。具体如下：

default void replaceAll(UnaryOperator<E> operator)：用结果替换列表中的每一个元素，这个结果是将所提供的 UnaryOperator 应用于那个元素时产生的。UnaryOperator 是本章要学习的一个函数。

前面描述了 Map 接口及其方法 default V merge(K key, V value, BiFunction<V,V,V> remappingFunction)，讨论了如何使用这个接口来连接 String 值：map.merge(key, value,

String::concat)。BiFunction<V,V,V>接受两个类型相同的参数，并返回相同类型的值。String::concat 结构被称为方法引用，将在 13.4 节中加以讨论。

举一个传递 Comparator 函数的例子：

```
list.sort(Comparator.naturalOrder());
Comparator<String> cmp = (s1, s2) -> s1 == null ? -1 : s1.compareTo(s2);
list.sort(cmp);
```

此函数接受两个字符串参数，然后将第一个参数与 null 进行比较。如果第一个参数为 null，函数返回–1；否则，将使用 compareTo()方法比较第一个参数和第二个参数。

在第 11 章中，还见过以下代码：

```
HttpClient httpClient = HttpClient.newBuilder().build();
HttpRequest req = HttpRequest.newBuilder()
        .uri(URI.create("http://localhost:3333/something")).build();
try {
    HttpResponse<String> resp =
                    httpClient.send(req, BodyHandlers.ofString());
    System.out.println("Response: " +
                   resp.statusCode() + " : " + resp.body());
} catch (Exception ex) {
    ex.printStackTrace();
}
```

BodyHandler 对象（函数）由 BodyHandlers.ofString()工厂方法生成，并作为参数传递给 send()方法。在方法内部，代码调用该对象的 apply()方法。具体如下：

```
BodySubscriber<T> apply(ResponseInfo responseInfo)
```

最后，在第 12 章中使用了一个 EventHandler 函数作为事件处理方法的参数。代码片段如下：

```
btn.setOnAction(e -> {
                    System.out.println("Bye! See you later!");
                    Platform.exit();
                }
            );
primaryStage.onCloseRequestProperty()
       .setValue(e -> System.out.println("Bye! See you later!"));
```

第一个函数是 EventHanlder<ActionEvent>，此函数打印一条消息并强制应用程序退出。第二个函数是 EventHandler<WindowEvent>，此函数只打印消息。

所有这些例子都让读者清晰地理解如何构建函数并将其作为参数来传递。这就是函数式编程。函数式编程在许多编程语言中都有，不需要去管理对象状态，函数是没有状态的。函数的结果只取决于输入数据，也不管函数被调用多少次。这样的编码使结果更具有预测性，这是函数式编程最吸引人的地方。

从这种设计获益最大的领域是并行数据处理。函数式编程允许将并行性的职责从客户代码转移到库。在此之前，为了处理 Java 集合的元素，客户代码必须遍历集合并组织处理。在 Java 8 中，添加了新的（默认的）方法，这些方法接受函数作为参数，然后将其应用到集合的每个元素，并根据内部处理算法决定是否做并行处理。因此，库的职责是去组织并行处理。

13.1.1　函数式接口

对一个函数加以定义，实际上是提供了一个接口的实现，且该接口只有一个抽象方法。因此，Java 编译器清楚所提供的功能该往何处安放。编译器查看接口（在前面的示例中，接口包括 Consumer、Predicate、Comparator、IntFunction、UnaryOperator、BiFunction、BodyHandler 和 EvenHandler 等），发现那里只有一个抽象方法，就使用传入的函数作为方法的实现，唯一要求是传入的参数必须跟方法签名相匹配，否则将生成编译错误。

这就是为什么只有一个抽象方法的接口被称为函数式接口（functional interface）了。请注意，只有一个抽象方法的要求包括从父接口继承的方法。例如，考虑下面几个接口：

```
@FunctionalInterface
interface A {
   void method1();
   default void method2(){}
   static void method3(){}
}

@FunctionalInterface
interface B extends A {
   default void method4(){}
}

@FunctionalInterface
interface C extends B {
   void method1();
}

//@FunctionalInterface
interface D extends C {
   void method5();
}
```

A 是一个函数式接口，因为它只有一个抽象方法 method1()。B 也是一个函数式接口，因为它只有一个抽象方法——从 A 接口继承的方法 method1()。C 是一个函数式接口，因为它只有一个抽象方法 method1()，且覆盖了父接口 A 的抽象方法 method1()。接口 D 不是函数式接口，因为这个接口具有两个抽象方法——从父接口 A 继承下来的 method1()和 method5()。

为了避免运行时错误，在 Java 8 中引入了@FunctionalInterface 注解。此注解将意图告诉编译器，以便编译器检查带该注解的接口是否真正只有一个抽象方法。这个注解还警告阅读代码的程序员，这个接口只有一个抽象方法。否则，程序员可能会浪费时间向接口添加另一个抽象方法，结果在运行时发现这样做行不通。

出于同样的原因，自早期版本以来就存在于 Java 中的 Runnable 和 Callable 接口在 Java 8 中被标注为@FunctionalInterface。这一区别旨在明确并提醒用户：这些接口可用于创建函数。

```
@FunctionalInterface
interface Runnable {
   void run();
}
```

```
@FunctionalInterface
interface Callable<V> {
   V call() throws Exception;
}
```

与任何其他接口一样，函数式接口可以使用匿名类来实现：

```
Runnable runnable = new Runnable() {
   @Override
   public void run() {
      System.out.println("Hello!");
   }
};
```

以这种方式创建的对象，之后可这样使用：

```
runnable.run();           //prints: Hello!
```

如果仔细查看上述代码，会注意到不必要的开销。首先，不需要重复接口名，因为已经将其声明为对象引用的类型。其次，对于只有一个抽象方法的函数接口，不需要指定必须实现的方法名。Java 编译器和运行时会对此加以明察的。这里需要做的就是提供新的功能。lambda 表达式就是为此目的而专门引入的。

13.1.2 lambda 表达式

术语 lambda 来自 lambda 计算。lambda 计算是一种通用的计算模型，可以用来模拟任何图灵机。lambda 是由数学家阿隆索·丘奇（Alonzo Church）在 20 世纪 30 年代提出来的。lambda 表达式（lambda expression）是一个函数，在 Java 中以匿名方法被实现。此表达式允许省略修饰符、返回类型和参数类型，构成一种非常紧凑的标记法。

lambda 表达式的语法包括参数列表、箭头标记（->）和函数主体。参数列表可以为空，例如()、不带括号（如果只有一个参数），或者用括号包围的、以逗号分隔的参数列表。函数主体可以是单个语句或包含在花括号（{}）内的语句块。

下面来看几个例子。

- ()->42：总是返回 42。
- x -> x*42 + 42：将 x 值乘以 42，然后将 42 加到结果中并返回。
- (x, y) -> x * y：将传入的参数 x 和 y 相乘并返回结果。
- s -> "abc".equals(s)：比较变量 s 和字面值"abc"，返回一个 boolean 结果值。
- s -> System.out.println("x=" + s)：输出前缀为"x="的 s 值。
- (i, s) -> { i++; System.out.println(s + "=" + i); }：对输入的整数 i 自增并使用前缀 s + "="输出新 i 值，s 是第二个参数的值。

在 Java 中如果没有函数式编程，通过参数传递某些功能的唯一方法是编写一个实现接口的类，创建其对象，然后将其作为参数来传递。但是，使用匿名类即使是最简单的格式也需要编写很多样板代码。使用函数式接口和 lambda 表达式则使代码更短、更清晰、更有表现力。

例如，lambda 表达式允许使用 Runnable 接口重新实现前面的示例。具体如下：

```
Runnable runnable = () -> System.out.println("Hello!");
```

可见，创建函数式接口很容易，尤其是使用 lambda 表达式更是如此。但使用前，可考虑使用 java.util.function 包中所提供的 43 个函数式接口。这不仅会使编写的代码更少，而且还将帮助其他熟悉标准接口的程序员更好地理解代码。

13.1.3　lambda 参数的局部变量语法

在 Java 11 发布之前，有两种方法声明 lambda 表达式的参数类型——显式和隐式。下面是一个显式声明的版本：

```
BiFunction<Double, Integer, Double> f = (Double x, Integer y) -> x / y;
System.out.println(f.apply(3., 2));            //prints: 1.5
```

下面是隐式参数类型定义：

```
BiFunction<Double, Integer, Double> f = (x, y) -> x / y;
System.out.println(f.apply(3., 2));            //prints: 1.5
```

在上述代码中，编译器根据接口定义来推断参数的类型。

在 Java 11 中，使用 var 类型持有器引入了另一种参数类型声明的方法。这种持有器与 Java 10 中引入的局部变量类型持有器 var 类似（请参见第 1 章内容）。

以下参数声明在语法上与 Java 11 之前的隐式声明完全相同：

```
BiFunction<Double, Integer, Double> f = (var x, var y) -> x / y;
System.out.println(f.apply(3., 2));            //prints: 1.5
```

新的局部变量语法允许添加注解而不用去显式定义参数类型。首先将以下依赖项添加到 pom.xml 文件中：

```
<dependency>
    <groupId>org.jetbrains</groupId>
    <artifactId>annotations</artifactId>
    <version>16.0.2</version>
</dependency
```

这就允许将传入的变量定义为非 null 值（non-null）：

```
import javax.validation.constraints.NotNull;
import java.util.function.BiFunction;
import java.util.function.Consumer;

BiFunction<Double, Integer, Double> f =
                    (@NotNull var x, @NotNull var y) -> x / y;
System.out.println(f.apply(3., 2));            //prints: 1.5
```

注解跟编译器交流程序员的意图。因此，在编译或执行期间如果声明的意图被违反，注解可向程序员发出警告。例如，假设要运行以下代码：

```
BiFunction<Double, Integer, Double> f = (x, y) -> x / y;
System.out.println(f.apply(null, 2));
```

结果运行失败，抛出 NullPointerException 异常。然后，添加如下注解：

```
BiFunction<Double, Integer, Double> f =
            (@NotNull var x, @NotNull var y) -> x / y;
System.out.println(f.apply(null, 2));
```

上述代码运行的结果如下：

```
Exception in thread "main" java.lang.IllegalArgumentException:
Argument for @NotNull parameter 'x' of
com/packt/learnjava/ch13_functional/LambdaExpressions
.lambda$localVariableSyntax$1 must not be null
at com.packt.learnjava.ch13_functional.LambdaExpressions
.$$$reportNull$$$0(LambdaExpressions.java)
at com.packt.learnjava.ch13_functional.LambdaExpressions
.lambda$localVariableSyntax$1(LambdaExpressions.java)
at com.packt.learnjava.ch13_functional.LambdaExpressions
.localVariableSyntax(LambdaExpressions.java:59)
at com.packt.learnjava.ch13_functional.LambdaExpressions
.main(LambdaExpressions.java:12)
```

lambda 表达式甚至没有得以执行。

参数是一个类的对象而这个类的名称又特别长时，此时需要使用注解。此时，若使用 lambda 参数，局部变量语法的优势就很明显了。在 Java 11 之前，代码可能是这样：

```
BiFunction<SomeReallyLongClassName,
                AnotherReallyLongClassName, Double> f =
        (@NotNull SomeReallyLongClassName x,
           @NotNull AnotherReallyLongClassName y) -> x.doSomething(y);
```

这里必须得显式声明变量类型，因为打算添加注解。下面的隐式版本甚至无法进行编译：

```
BiFunction<SomeReallyLongClassName,
                AnotherReallyLongClassName, Double> f =
        (@NotNull x, @NotNull y) -> x.doSomething(y);
```

在 Java 11 中，新语法允许使用类型持有器 var 对隐式参数类型进行推断：

```
BiFunction<SomeReallyLongClassName,
                AnotherReallyLongClassName, Double> f =
        (@NotNull var x, @NotNull var y) -> x.doSomething(y);
```

这就是为 lambda 参数的声明引入局部变量语法的优点和动机。否则，可考虑不使用 var。如果变量的类型很短，那么使用变量的实际类型会令代码更容易理解。

13.2　标准函数式接口

java.util.function 包中所提供的大多数接口，都是 4 个接口的子接口。这 4 个接口是 Consumer<T>、Predicate<T>、Supplier<T>和 Function<T,R>。这里先讨论这 4 个接口，然后简要介绍其余 39 个标准函数式接口。

13.2.1　Consumer<T>接口

看到 Consumer<T>接口的定义，便可猜测到这个接口具有一个抽象方法。这个方法接受 T 类型的参数，且没有任何返回。那么，只有一个类型被列出时，这个接口或许会对返回值的类型加以界定，类似 Supplier<T>接口的情况。但是，这个接口名称本身提供了一条线索：消费者（consumer）这个名称表明该接口的方法只接收值，而不返回任何值，而提供者（supplier）则返回值。这样的线索并不精确，但有助于记忆。函数式接口最佳的信息来源是 java.util.function 包的 API 文档，阅读此文档，可得知 Consumer<T>接口有一个抽象方法和一个默认方法。列举如下：

- void accept(T t)：将操作应用到给定的参数。
- default Consumer<T> andThen(Consumer<T> after)：返回一个组合 Consumer 函数，该函数依次执行当前操作和 after 操作。

对于上述方法要表达的意思，举个例子。可以使用如下代码来实现和执行上述方法：

```
Consumer<String> printResult = s -> System.out.println("Result: " + s);
printResult.accept("10.0");         //prints: Result: 10.0
```

也可以用工厂方法创建函数。例如：

```
Consumer<String> printWithPrefixAndPostfix(String pref, String postf){
        return s -> System.out.println(pref + s + postf);
}
```

现在，可以这样使用这个方法：

```
printWithPrefixAndPostfix("Result: ", " Great!").accept("10.0");
                                    //prints: Result: 10.0 Great!
```

为了演示 andThen()方法，创建下面的 Person 类：

```
public class Person {
    private int age;
    private String firstName, lastName, record;
    public Person(int age, String firstName, String lastName) {
        this.age = age;
        this.lastName = lastName;
        this.firstName = firstName;
    }
    public int getAge() { return age; }
    public String getFirstName() { return firstName; }
    public String getLastName() { return lastName; }
    public String getRecord() { return record; }
    public void setRecord(String record) { this.record = record; }
}
```

读者或许注意到，类中 record 是唯一可以设置的属性。这将在 Consumer 函数中使用 record 来设置个人记录：

```
String externalData = "external data";
Consumer<Person> setRecord =
          p -> p.setRecord(p.getFirstName() + " " +
          p.getLastName() + ", " + p.getAge() + ", " + externalData);
```

setRecord 函数获取 Person 对象属性的值和来自外部源的一些数据，并将最终值设置为 record 属性值。显然，可以通过其他几种方式来完成这样的操作，但这样做是出于演示的目的。下面再创建一个函数来打印 record 属性：

```
Consumer<Person> printRecord = p -> System.out.println(p.getRecord());
```

可以创建和执行这两个函数的组合。具体操作如下：

```
Consumer<Person> setRecordThenPrint = setRecord.andThen(printRecord);
setRecordThenPrint.accept(new Person(42, "Nick", "Samoylov"));
                         //prints: Nick Samoylov, age 42, external data
```

通过这种方式，可以创建这些操作的一整套处理管道来转换通过管道传递的对象的属性。

13.2.2 Predicate<T>接口

Predicate<T>函数式接口只有一个抽象方法、5 个默认方法，还有一个允许谓词链接的静态方法。列举如下：

- boolean test(T t)：为所提供的参数求值，看看参数是否满足标准。
- default Predicate<T> negate()：返回对当前谓词的否定。
- static<T> Predicate<T> not(Predicate<T> target)：返回对所提供谓词的否定。
- default Predicate<T> or(Predicate<T> other)：从该谓词和所提供的谓词中构建一个逻辑 OR。
- default Predicate<T> and(Predicate<T> other)：从该谓词和所提供的谓词中构建一个逻辑 AND。
- static<T> Predicate<T> isEqual(Object targetRef)：构建一个谓词，此谓词根据 Objects.equals(Object, Object)计算两个参数对象是否相等。

这个接口的基本用法简单明了。演示如下：

```
Predicate<Integer> isLessThan10 = i -> i < 10;
System.out.println(isLessThan10.test(7));                    //prints: true
System.out.println(isLessThan10.test(12));                   //prints: false
```

也可以将这个接口与之前创建的 printWithPrefixAndPostfix(String pref, String postf)函数相结合。具体如下：

```
int val = 7;
Consumer<String> printIsSmallerThan10 = printWithPrefixAndPostfix("Is "
                          + val + " smaller than 10? ", " Great!");
printIsSmallerThan10.accept(String.valueOf(isLessThan10.test(val)));
                         //prints: Is 7 smaller than 10? true Great!
```

其他方法（也称为操作）可用于创建操作链（也称为管道）。示例如下：

```
Predicate<Integer> isEqualOrGreaterThan10 = isLessThan10.negate();
System.out.println(isEqualOrGreaterThan10.test(7));          //prints: false
System.out.println(isEqualOrGreaterThan10.test(12));         //prints: true

isEqualOrGreaterThan10 = Predicate.not(isLessThan10);
System.out.println(isEqualOrGreaterThan10.test(7));          //prints: false
System.out.println(isEqualOrGreaterThan10.test(12));         //prints: true

Predicate<Integer> isGreaterThan10 = i -> i > 10;
Predicate<Integer> is_lessThan10_OR_greaterThan10 =
                              isLessThan10.or(isGreaterThan10);
System.out.println(is_lessThan10_OR_greaterThan10.test(20)); // true
System.out.println(is_lessThan10_OR_greaterThan10.test(10)); // false

Predicate<Integer> isGreaterThan5 = i -> i > 5;
Predicate<Integer> is_lessThan10_AND_greaterThan5 =
                              isLessThan10.and(isGreaterThan5);
System.out.println(is_lessThan10_AND_greaterThan5.test(3));  // false
System.out.println(is_lessThan10_AND_greaterThan5.test(7));  // true
Person nick = new Person(42, "Nick", "Samoylov");
Predicate<Person> isItNick = Predicate.isEqual(nick);
Person john = new Person(42, "John", "Smith");
Person person = new Person(42, "Nick", "Samoylov");
```

```
System.out.println(isItNick.test(john));       //prints: false
System.out.println(isItNick.test(person));     //prints: true
```

如前所示，谓词对象能够被链接到更为复杂的逻辑语句中，并包含所有必要的外部数据。

13.2.3　Supplier<T>接口

Supplier<T>函数式接口只有一个抽象方法 T get()，且该方法返回一个值。基本用法如下：

```
Supplier<Integer> supply42 = () -> 42;
System.out.println(supply42.get());             //prints: 42
```

这个接口能够被链接到前面几节讨论的函数中。具体如下：

```
int input = 7;
int limit = 10;
Supplier<Integer> supply7 = () -> input;
Predicate<Integer> isLessThan10 = i -> i < limit;
Consumer<String> printResult = printWithPrefixAndPostfix("Is " + input +
                         " smaller than " + limit + "? ", " Great!");
printResult.accept(String.valueOf(isLessThan10.test(supply7.get())));
                         //prints: Is 7 smaller than 10? true Great!
```

典型情况下，Supplier<T>函数用作数据进入处理管道的入口点。

13.2.4　Function<T, R>接口

这个接口的记法和其他带返回值的函数式接口的记法一样，包含返回类型列表。其中，返回类型（在本例中是 R）放在最后，其前面是输入数据的类型（本例中输入参数是 T 类型）。因此，Function<T, R>记法的意思是，该接口的唯一抽象方法接收类型 T 的参数，返回的结果是类型 R。Function<T, R>接口有一个抽象方法 R apply(T)和两个操作链方法。

- default <V> Function<T,V> andThen(Function<R, V> after)：返回一个复合函数。该复合函数首先将当前函数应用于其输入，然后将 after()函数应用于结果。
- default <V> Function<V,R> compose(Function<V, T> before)：返回复合函数。该复合函数首先将 before 函数应用于其输入，然后将当前函数应用于结果。

还有一个 identity()方法，具体为：static <T> Function<T,T> identity()，它返回一个函数，总是返回其输入参数。

下面简单看看所有这些方法及其用法。下面是 Function<T, R>接口的一个基本用法：

```
Function<Integer, Double> multiplyByTen = i -> i * 10.0;
System.out.println(multiplyByTen.apply(1));   //prints: 10.0
```

还可以将这个接口与前面几节中讨论的所有函数链接起来：

```
Supplier<Integer> supply7 = () -> 7;
Function<Integer, Double> multiplyByFive = i -> i * 5.0;
Consumer<String> printResult =
                   printWithPrefixAndPostfix("Result: ", " Great!");
printResult.accept(multiplyByFive.
          apply(supply7.get()).toString());   //prints: Result: 35.0 Great!
```

andThen()方法允许从简单函数中构建复杂函数。注意下面代码中的 divideByTwo.andThen()一行：

```
Function<Double, Long> divideByTwo =
```

```
                        d -> Double.valueOf(d / 2.).longValue();
Function<Long, String> incrementAndCreateString =
                        l -> String.valueOf(l + 1);
Function<Double, String> divideByTwoIncrementAndCreateString =
                 divideByTwo.andThen(incrementAndCreateString);
printResult.accept(divideByTwoIncrementAndCreateString.apply(4.));
                          //prints: Result: 3 Great!
```

上述代码描述了应用于输入值的操作序列。注意 divideByTwo()函数的返回类型（Long）如何与 incrementAndCreateString()函数的输入类型相匹配。

compose()方法产生相同的结果，但顺序相反：

```
Function<Double, String> divideByTwoIncrementAndCreateString =
                 incrementAndCreateString.compose(divideByTwo);
printResult.accept(divideByTwoIncrementAndCreateString.apply(4.));
                          //prints: Result: 3 Great!
```

现在，复杂函数的组合顺序与执行顺序不匹配。如果还没有创建 divideByTwo()函数，且希望在行内创建，这种方法可能非常方便。那么，下面的构建将无法编译：

```
Function<Double, String> divideByTwoIncrementAndCreateString =
          (d -> Double.valueOf(d / 2.).longValue())
                          .andThen(incrementAndCreateString);
```

下面这行代码编译就没有问题了：

```
Function<Double, String> divideByTwoIncrementAndCreateString =
        incrementAndCreateString
              .compose(d -> Double.valueOf(d / 2.).longValue());
```

此代码在构建函数管道时容许有更大的灵活性，因此能以流畅的方式构建管道，而不必在创建下一个操作时中断连续的行。

在需要传入一个函数且此函数要与所需的函数签名相匹配但却不执行任何操作时，identity()方法非常有用。但是，这个方法只能替换返回与输入类型相同的函数。例如：

```
Function<Double, Double> multiplyByTwo = d -> d * 2.0;
System.out.println(multiplyByTwo.apply(2.));    //prints: 4.0

multiplyByTwo = Function.identity();
System.out.println(multiplyByTwo.apply(2.));    //prints: 2.0
```

为了演示这个方法的可用性，假设有以下处理管道：

```
Function<Double, Double> multiplyByTwo = d -> d * 2.0;
System.out.println(multiplyByTwo.apply(2.));    //prints: 4.0

Function<Double, Long> subtract7 = d -> Math.round(d - 7);
System.out.println(subtract7.apply(11.0));      //prints: 4

long r = multiplyByTwo.andThen(subtract7).apply(2.);
System.out.println(r);                          //prints: -3
```

接着，如果决定在某些情况下，multiplyByTwo()函数应该不去执行任何操作，则可以添加一个条件性关闭来开/关此函数。但是，如果想保持函数的完整性，或者如果这个函数是从第三方代码传递过来的，可以做下列操作：

```
Function<Double, Double> multiplyByTwo = d -> d * 2.0;
System.out.println(multiplyByTwo.apply(2.));    //prints: 4.0

Function<Double, Long> subtract7 = d -> Math.round(d - 7);
```

```
System.out.println(subtract7.apply(11.0));       //prints: 4
multiplyByTwo = Function.identity();
r = multiplyByTwo.andThen(subtract7).apply(2.);
System.out.println(r);                            //prints: -5
```

由上可见，现在的 multiplyByTwo()函数不执行任何操作，最终结果也不一样了。

13.2.5　其他标准函数式接口

java.util.function 包中的其他 39 个函数式接口都是刚刚讨论过的 4 个接口的变体形式。这些变体形式的接口被创建出来，是为获得一种功能或者组合功能。

- 通过显式使用 int、double 或 long 等基本类型，避免自动装箱和拆箱，从而获得更好的性能。
- 允许两个输入参数和/或更短的记法。

下面举几个例子：

- IntFunction<R>接口带有 R apply(int)方法，提供了更短的记法（输入参数类型不是泛型），并通过要求 int 基本类型作为参数来避免自动装箱。
- BiFunction<T,U,R>接口带有 R apply(T,U)方法，接收两个输入参数。
- BinaryOperator<T>接口带有 T apply(T,T)方法，接收两个 T 类型的输入参数，并返回一个相同 T 类型的值。
- IntBinaryOperator 接口带有 int applAsInt(int,int)方法，接收两个 int 类型的参数，返回 int 类型的值。

如果打算使用函数式接口，建议读者学习 java.util.function 包中函数式接口的 API。

13.3　lambda 表达式的限制

lambda 表达式有两个特性需要指出并加以澄清。具体如下：

- 如果 lambda 表达式使用外部创建的局部变量，那么该局部变量必须是 final 或有效的 final（不能在相同上下文中被重新赋值）。
- lambda 表达式中的 this 关键字指的是所包含的上下文，而不是 lambda 表达式本身。

如同在匿名类中一样，在 lambda 表达式外部创建且在内部使用的变量实际上是 final 类型的，不能加以修改。试图改变一个初始化变量的值会产生错误。示例如下：

```
int x = 7;
//x = 3;                          //compilation error
Function<Integer, Integer> multiply = i -> i * x;
```

此限制的原因是一个函数可以四处传递，并在不同的上下文中执行（例如，不同的线程），试图同步这些上下文会破坏无状态函数的最初思想以及表达式的计算，这只取决于输入参数，而不是上下文变量。这就是为什么 lambda 表达式中使用的局部变量都必须是有效的 final 型的原因所在。意思是说，局部变量可以显式地声明为 final，也可以不对值加以更改使其成为 final。

不过，有一种可能的方法可以不受这个限制。如果局部变量是引用类型（但不是 String 或基本包装类型），改变其状态则是可行的，即使这个局部变量被用在 lambda 表达式中。

示例如下：

```
List<Integer> list = new ArrayList();
list.add(7);
int x = list.get(0);
System.out.println(x);              //prints: 7
list.set(0, 3);
x = list.get(0);
System.out.println(x);              //prints: 3
Function<Integer, Integer> multiply = i -> i * list.get(0);
```

应该谨慎使用此解决方案，因为在不同上下文中执行此 lambda 时，可能会出现意外的副作用。

匿名类中的 this 关键字引用匿名类的实例。形成对照的是，在 lambda 表达式内部，this 关键字引用的是被表达式包围起来的类的实例，也称为包含实例（enclosing instance）、包含上下文（enclosing context）或包含作用域（enclosing scope）。

下面创建 ThisDemo 类，对区别予以阐释：

```
class ThisDemo {
    private String field = "ThisDemo.field";

    public void useAnonymousClass() {
        Consumer<String> consumer = new Consumer<>() {
            private String field = "Consumer.field";
            public void accept(String s) {
                System.out.println(this.field);
            }
        };
        consumer.accept(this.field);
    }
    public void useLambdaExpression() {
        Consumer<String> consumer = consumer = s -> {
                System.out.println(this.field);
        };
        consumer.accept(this.field);
    }
}
```

执行上述方法，输出的结果会如下面的注释所示。

```
ThisDemo d = new ThisDemo();
d.useAnonymousClass();              //prints: Consumer.field
d.useLambdaExpression();            //prints: ThisDemo.field
```

可以看到，匿名类中的 this 关键字指的是匿名类实例，而 lambda 表达式中的 this 关键字指的是外围类实例。lambda 表达式没有也不能有字段。lambda 表达式不是类实例，因此不能被引用。根据 Java 的规范，将 this 跟周围的上下文同样来对待，这种方法“容许各种实现具有更大的灵活性”。

13.4　方 法 引 用

到目前为止，所有的函数都是一行简短的程序。下面再举一个例子：

```
Supplier<Integer> input = () -> 3;
```

```
Predicate<Integer> checkValue = d -> d < 5;
Function<Integer, Double> calculate = i -> i * 5.0;
Consumer<Double> printResult = d -> System.out.println("Result: " + d);
if(checkValue.test(input.get())){
   printResult.accept(calculate.apply(input.get()));
} else {
   System.out.println("Input " + input.get() + " is too small.");
}
```

如果函数包含两行或多行，可以这样予以实现：

```
Supplier<Integer> input = () -> {
   //as many line of code here as necessary
   return 3;
};
Predicate<Integer> checkValue = d -> {
   //as many line of code here as necessary
   return d < 5;
};
Function<Integer, Double> calculate = i -> {
   //as many lines of code here as necessary
   return i * 5.0;
};
Consumer<Double> printResult = d -> {
   //as many lines of code here as necessary
   System.out.println("Result: " + d);
};
if(checkValue.test(input.get())){
   printResult.accept(calculate.apply(input.get()));
} else {
   System.out.println("Input " + input.get() + " is too small.");
}
```

当函数的实现大小超过几行代码时，这样的代码布局可能不容易阅读，还可能会使整个代码结构晦涩难懂。为了避免出现这个问题，可以将函数实现移动到一个方法中，然后在 lambda 表达式中引用这个方法。例如，在使用 lambda 表达式的类中添加一个静态方法和一个实例方法。具体操作如下：

```
private int generateInput(){
   //Maybe many lines of code here
   return 3;
}
private static boolean checkValue(double d){
   //Maybe many lines of code here
   return d < 5;
}
```

另外，为了演示各种可能性，这里创建另一个类，其中包含一个静态方法和一个实例方法：

```
class Helper {
   public double calculate(int i){
      // Maybe many lines of code here
      return i * 5;
   }
   public static void printResult(double d){
      // Maybe many lines of code here
      System.out.println("Result: " + d);
   }
```

```
}
```

现在，将上一个例子的代码重写一下：

```
Supplier<Integer> input = () -> generateInput();
Predicate<Integer> checkValue = d -> checkValue(d);
Function<Integer, Double> calculate = i -> new Helper().calculate(i);
Consumer<Double> printResult = d -> Helper.printResult(d);

if(checkValue.test(input.get())){
   printResult.accept(calculate.apply(input.get()));
} else {
   System.out.println("Input " + input.get() + " is too small.");
}
```

由上可见，即使每个函数由多行代码组成，这样的结构也使代码易于阅读。然而，当一行 lambda 表达式包含对现有方法的引用时，可以通过使用方法引用而不列出参数来进一步简化这种标注法。

方法引用的语法是 Location::methodName，其中 Location 表示 methodName 方法属于哪个对象或类，双冒号（::）充当位置和方法名之间的分隔符。使用方法引用，前面的例子可以重写如下：

```
Supplier<Integer> input = this::generateInput;
Predicate<Integer> checkValue = MethodReferenceDemo::checkValue;
Function<Integer, Double> calculate = new Helper()::calculate;
Consumer<Double> printResult = Helper::printResult;

if(checkValue.test(input.get())){
   printResult.accept(calculate.apply(input.get()));
} else {
   System.out.println("Input " + input.get() + " is too small.");
}
```

可能已经注意到，这里有意使用了不同的位置、两个实例方法和两个静态方法来演示各种可能性。如果这一切令你感觉东西太多不好记忆，那么好消息来了：一个现代 IDE（IntelliJ IDEA 就是一个例子）可以实现这一点，可将正在编写的代码转换为最为紧凑的形式，只需接受 IDE 提供的建议即可。

本章小结

本章通过介绍和演示函数式接口及 lambda 表达式的概念，向读者介绍了函数式编程。对随 JDK 配套而来的标准函数式接口所做的概述，有助于读者避免自编代码而少走弯路，而方法引用标注法则允许读者编写易于理解和维护的结构优良的代码。

第 14 章将讨论数据流的处理，包括数据流的定义、如何处理流数据，以及如何在管道中链接流操作。具体来说，将讨论流的初始化和流的操作（方法）、如何流畅地将流的操作连接起来，以及如何创建并行流。

第14章

Java 标准流

本章讨论数据流的处理，这与第 5 章讨论的 I/O 流不同。本章将对数据流加以定义，讨论如何使用 java.util.stream.Stream 对象的方法（操作）来处理数据流元素，以及如何在管道中链接流的操作。还将讨论流的初始化以及流的并行处理方面的问题。

本章将涵盖以下主题：

- 流——数据源和操作源。
- 流的初始化。
- 操作（方法）。
- 数值流接口。
- 并行流。

14.1 流——数据源和操作源

第 13 章描述和演示的 lambda 表达式和函数式接口，为 Java 添加了强大的函数式编程功能。它们允许将函数作为参数传递给各种库，而这些库则为提高数据处理性能而做了优化处理。这样，应用程序员就能将精力集中在所开发系统的业务方面，而将性能方面留给专家——库的作者。这样库的例子有很多，其中之一便是 java.util.stream 包，这是本章的主题。

在第 5 章中讨论了作为数据源的 I/O 流。但是，除了作为数据源之外，I/O 流对数据的进一步处理能力甚微。况且，I/O 流是基于字节或字符的，而不是基于对象的。只有对象首先以编程方式被创建出来和序列化之后，才能创建对象流。I/O 流只是对外部资源的连接，外部资源主要为文件，其他的不多。然而，有时从 I/O 流转换到 java.util.stream.Stream 是行得通的。例如，BufferedReader 类有 lines()方法，此方法可将底层基于字符的流转换为 Stream<String>对象。

另外，java.util.stream 包中的流主要集中在对象集合的处理上。在第 6 章中，描述了 Collection 接口的两种方法：default Stream<E> stream()和 default Stream<E> parallelStream()。这两种方法允许将集合元素读取为流的元素。在第 6 章中还提到 java.util.Arrays 类的 stream()方法。这个方法有 8 个重载版本，可以将数组或数组的一部分转换为相应数据类型的流。这 8 个重载版本如下：

- static DoubleStream stream(double[] array)。
- static DoubleStream stream(double[] array, int startInclusive, int endExclusive)。
- static IntStream stream(int[] array)。
- static IntStream stream(int[] array, int startInclusive, int endExclusive)。
- static LongStream stream(long[] array)。
- static LongStream stream(long[] array, int startInclusive, int endExclusive)。
- static <T> Stream<T> stream(T[] array)。
- static <T> Stream<T> stream(T[] array, int startInclusive, int endExclusive)。

现在，仔细看看 java.util.stream 包中的流。理解流的最佳途径是将其与集合进行比较。后者是存储在内存中的数据结构。每个集合元素在被添加到集合之前都要加以计算。形成对照的是，流发出的元素存在于源中的其他地方，并在需要时加以计算。因此，集合可以是流的源。

Stream 对象是接口的实现，接口包括 Stream、IntStream、LongStream 或 DoubleStream。其中，后三个称为数值流（numeric streams）。Stream 接口的方法在数值流中也是可用的。一些数值流具有几种特定于数值的额外方法，例如 average()和 sum()方法。本章主要讨论 Stream 接口及其方法，但所有涵盖的内容也同样适用于数值流。

一旦处理完先前发出的元素，流就会“生产出”（或“发出”）流元素。流允许对方法（操作）进行声明性表示，这些方法（操作）可以应用于（也可以并行地应用于）发出的元素。今天，当机器学习所需的大型数据集处理变得无处不在时，该特性强化了 Java 在现代编程语言中的地位。

14.2 流的初始化

有许多途径可以创建并初始化流——Stream 类型的对象或任何数值流接口。按照具有 Stream 创建方法的类和接口对这些对象和接口进行分组。这样做是为了方便读者，令读者更容易记住这些对象和接口，并在需要时可以找到。

14.2.1 Stream 接口

这组 Stream 工厂由属于 Stream 接口的静态方法组成。

1. empty()方法

Stream<T> empty()方法创建一个不发出任何元素的空流：

```
Stream.empty().forEach(System.out::println);          //prints nothing
```

Stream 的 forEach()方法类似于 Collection 的 forEach()方法。forEach()方法将传入函数应用于每个流元素：

```
new ArrayList().forEach(System.out::println);         //prints nothing
```

其与从空集合中创建流的结果是一样的：

```
new ArrayList().stream().forEach(System.out::println); //prints nothing
```

如果没有发出任何元素，就不会有任何操作发生。Stream 的 forEach()方法将在 14.3.3

节讨论。

2. of(T ... values)方法

of(T...values)方法接受可变参数，也可创建一个空流：

```
Stream.of().forEach(System.out::print);                    //prints nothing
```

但此方法最常用来给非空的流初始化：

```
Stream.of(1).forEach(System.out::print);                   //prints: 1
Stream.of(1,2).forEach(System.out::print);                 //prints: 12
Stream.of("1 ","2").forEach(System.out::print);            //prints: 1 2
```

注意用于调用 println()方法和 print()方法的方法引用。另一种使用 of(T...values)方法的途径如下：

```
String[] strings = {"1 ", "2"};
Stream.of(strings).forEach(System.out::print);             //prints: 1 2
```

如果没有为 Stream 对象指定类型，但数组包含多种类型，编译器也会正常执行：

```
Stream.of("1 ", 2).forEach(System.out::print);             //prints: 1 2
```

若添加的泛型对预期的元素类型加以声明，且列出的元素中至少有一个具有不同类型时，会有异常抛出：

```
//Stream<String> stringStream = Stream.of("1 ", 2);    //compile error
```

泛型有助于程序员避免许多错误，所以只要有可能就应该指定泛型。

of(T...values)方法也可用于多个流的连接。例如，假设有以下 4 个流，如果希望将这 4 个流连接成一个流。操作如下：

```
Stream<Integer> stream1 = Stream.of(1, 2);
Stream<Integer> stream2 = Stream.of(2, 3);
Stream<Integer> stream3 = Stream.of(3, 4);
Stream<Integer> stream4 = Stream.of(4, 5);
```

这里欲将这 4 个流连接成一个新流，该流发出的值为 1、2、2、3、3、4、4、5。首先，尝试运行以下代码：

```
Stream.of(stream1, stream2, stream3, stream4)
      .forEach(System.out::print);
              //prints: java.util.stream.ReferencePipeline$Head@58ceff1j
```

运行结果不是所希望的。上述代码将每个流视为内部类 java.util.stream.ReferencePipeline 的一个对象，这个类用在 Stream 接口的实现中。因此，需要添加 flatMap()操作将每个流元素都转换为一个流（该方法将在 14.3.1 节中讨论）：

```
Stream.of(stream1, stream2, stream3, stream4)
   .flatMap(e -> e).forEach(System.out::print);   //prints: 12233445
```

作为参数（e -> e）传递给 flatMap()的函数看起来没什么用，但因为流的每个元素都已经是一个流了，所以不必对 flatMap()进行转换。通过返回一个元素作为 flatMap()操作的结果，告诉管道将返回值看作一个 Stream 对象。

3. ofNullable(T t)方法

ofNullable(T t)方法返回一个 Stream<T>，如果传入的参数 t 不为 null，则发出单个元素；

否则，此方法返回一个空 Stream。为了演示 ofNullable(T t)的用法，创建以下方法：

```
void printList1(List<String> list){
   list.stream().forEach(System.out::print);
}
```

下面执行两次这个方法：一次是参数列表等于 null；一次是参数列表等于一个 List 对象。结果如下：

```
//printList1(null);              //NullPointerException
List<String> list = List.of("1 ", "2");
printList1(list);                //prints: 1 2
```

注意，printList1()方法的第一次调用是如何生成 NullPointerException 的。为了避免异常，可以实现如下方法：

```
void printList1(List<String> list){
     (list == null ? Stream.empty() : list.stream())
                         .forEach(System.out::print);
}
```

使用 ofNullable(T t)方法，可以获得相同的效果：

```
void printList2(List<String> list){
   Stream.ofNullable(list).flatMap(l -> l.stream())
            .forEach(System.out::print);
}
```

注意，这里是如何添加 flatMap()的，因为若不添加，流入 forEach()的 Stream 元素将是一个 List 对象。在 14.3.1 节将详细讨论 flatMap()方法。上述代码中，传递给 flatMap()操作的函数也可以表示为方法引用：

```
void printList4(List<String> list){
   Stream.ofNullable(list).flatMap(Collection::stream)
          .forEach(System.out::print);
}
```

4. iterate(Object, UnaryOperator)方法

Stream 接口有两个静态方法，允许使用迭代过程生成值的流。这个迭代过程类似于传统意义上的 for 循环。这两个静态方法如下：

- Stream<T> iterate(T seed, UnaryOperator<T> func)：基于第二个参数 func 函数对第一个参数 seed 迭代应用，创建一个无限序列流，同时生成一个由 seed、f(seed)、f(f(seed)) 等值组成的流。
- Stream<T> iterate(T seed, Predicate<T> hasNext, UnaryOperator<T> next)：基于第三个参数 next 函数对第一个参数 seed 的迭代应用，创建一个有限的顺序流；只要第二个参数 hasNext 函数返回 true，同时生成一个由 seed、f(seed)、f (f(seed)等值组成的流。

下面代码演示了上述方法的用法：

```
Stream.iterate(1, i -> ++i).limit(9)
       .forEach(System.out::print);       //prints: 123456789

Stream.iterate(1, i -> i < 10, i -> ++i)
       .forEach(System.out::print);       //prints: 123456789
```

注意，必须在第一个管道中添加一个中间操作符 limit(int n)，以避免产生无穷多个值。在 14.3.1 节将详细讨论这个方法。

5. concat(Stream a,Stream b)方法

Stream 接口的 Stream<T> concat(Stream<> a, Stream<T> b)静态方法根据作为参数传入的 a 和 b 两个流的值创建一个流。新创建的流由第一个参数（a）的所有元素和第二个参数（b）的所有元素组成。下面代码演示了这个方法：

```
Stream<Integer> stream1 = List.of(1, 2).stream();
Stream<Integer> stream2 = List.of(2, 3).stream();
Stream.concat(stream1, stream2)
     .forEach(System.out::print);         //prints: 1223
```

注意，元素 2 同时出现在两个原始流中，因而被产生的流发出两次。

6. generate(Supplier)方法

Stream 接口的静态方法 Stream<T> generate(Supplier<T> supplier)创建一个无限流，其中每个元素由提供的函数 Supplier<T>生成。以下是两个示例：

```
Stream.generate(() -> 1).limit(5)
        .forEach(System.out::print);     //prints: 11111

Stream.generate(() -> new Random().nextDouble()).limit(5)
     .forEach(System.out::println);      //prints: 0.38575117472619247
                                         //        0.5055765386778835
                                         //        0.6528038976983277
                                         //        0.4422354489467244
                                         //        0.06770955839148762
```

由于生成值的随机性（伪随机性），运行这段代码会得到不同的结果。

由于创建的流是无限的，所以添加了一个 limit(int n)操作。该操作只允许生成指定数量的流元素。14.3.1 节将详细讨论这个方法。

14.2.2 Stream.Builder 接口

Stream.Builder<T> builder()静态方法返回一个内部（位于 Stream 接口内部）接口 Builder，可用于构建 Stream 对象。Builder 接口扩展了 Consumer 接口，具有以下方法：

- default Stream.Builder<T> add(T t)：调用 accept(T)方法并返回（Builder 对象），从而允许以流畅的点连接样式链接 add(T t)方法。
- void accept(T t)：向流添加一个元素（该方法来自 Consumer 接口）。
- Stream<T> build()：将构建器从构建状态转换为已创建（built）状态。调用此方法后，不能向此流添加任何新元素。

add(T t)方法的用法很简单。具体如下：

```
Stream.<String>builder().add("cat").add(" dog").add(" bear")
     .build().forEach(System.out::print);     //prints: cat dog bea
```

注意，这里是如何在 builder()方法前添加<String>泛型的。通过这种方式，告诉构建器正在创建的流将含有 String 类型元素。否则，构建器将以 Object 类型的形式添加元素，且不会保证所添加的元素具有 String 类型的性质。

构造器作为 Consumer<T>类型的参数传递或者不需要链接添加元素的方法时，accept(T t)方法就派上用场了。代码示例如下：

```
Stream.Builder<String> builder = Stream.builder();
List.of("1", "2", "3").stream().forEach(builder);
builder.build().forEach(System.out::print);    //prints: 123
```

forEach(Consumer<T> consumer)方法接受具有 accept(T t)方法的 Consumer 函数。每当流发出一个元素时，forEach()方法就接收此元素并将其传递给 Builder 对象的 accept(T t)方法。然后在下一行调用 build()方法时，创建 Stream 对象并开始发出 accept(T t)方法早先添加的元素。发出的元素被传递给 forEach()方法，该方法再逐个打印这些元素。

对 accept(T t)方法的显式使用，示例如下：

```
List<String> values = List.of("cat", " dog", " bear");
Stream.Builder<String> builder = Stream.builder();
for(String s: values){
    if(s.contains("a")){
       builder.accept(s);
    }
}
builder.build().forEach(System.out::print);    //prints: cat bear
```

这一次，决定不将所有列表元素添加到流中，而是只添加那些包含字符 a 的元素。不出所料，创建的流中只包含 cat 和 bear 元素。另外，注意如何使用<String>泛型来确保所有流元素都具有 String 类型的性质。

14.2.3　其他类和接口

在 Java 8 中，向 java .util.Collection 接口添加了两个默认方法：

- Stream<E> stream()：返回一个该集合元素的流。
- Stream<E> parallelStream()：（有可能）返回该集合元素的并行流。之所有标上“有可能”，是因为 JVM 试图将流分割成多个块且对这些块予以并行处理（如果有多个 CPU）或虚拟并行处理（使用 CPU 的分时）。但这并不总是有这种可能，这在某些方面取决于请求处理的性质。

上述的意思是，扩展了此接口的所有集合接口（包括 Set 和 List）都具有这些方法。例如：

```
List.of("1", "2", "3").stream().forEach(builder);
List.of("1", "2", "3").parallelStream().forEach(builder);
```

并行流将在 14.5 节讨论。在 14.1 节中已经描述了 java.util.Arrays 类的 8 个静态 stream()重载方法。下面是另一种创建流的方法，使用的是数组的子集：

```
int[] arr = {1, 2, 3, 4, 5};
Arrays.stream(arr, 2, 4).forEach(System.out::print);    //prints: 34
```

java.util.Random 类允许创建伪随机值的数值流。具体如下：

- DoubleStream doubles()：创建值在 0（包含 0）和 1（不含 1）之间的无限 double 值流。
- IntStream ints()和 LongStream longs()：创建相应类型值的无限流。

- DoubleStream doubles(long streamSize)：创建值在 0（包含 0）和 1（不含 1）之间的 double 值（具有指定的大小）流。
- IntStream ints(long streamSize)和 LongStream longs(long streamSize)：创建相应类型值的指定大小的流。
- IntStream ints(int randomNumberOrigin, int randomNumberBound)：在 randomNumberOrigin（包含在内）和 randomNumberBound（不包含在内）之间创建一个无限的 int 值流。
- LongStream longs(long randomNumberOrigin, long randomNumberBound)：在 randomNumberOrigin（包含在内）和 randomNumberBound（不包含在内）之间创建一个无限 long 值流。
- DoubleStream doubles(long streamSize, double randomNumberOrigin, double randomNumberBound)：在 randomNumberOrigin（包含在内）和 randomNumberBound（不包含在内）之间创建一个指定大小的 double 值流。

举例说明上述某个方法的使用，代码如下：

```
new Random().ints(5, 8).limit(5)
      .forEach(System.out::print);                        //prints: 56757
```

java.nio.file.Files 类有 6 个静态方法可创建行流和路径流。具体如下：

- Stream<String> lines(Path path)：从所提供的路径里指定的文件中创建一个行流。
- Stream<String> lines(Path path, Charset cs)：从所提供的路径指定的文件中创建一个行流。使用所提供的字符集将文件中的字节解码为字符。
- Stream<Path> list(Path dir)：在指定目录中创建一个文件和目录流。
- Stream<Path> walk(Path start, FileVisitOption... options)：创建一个文件树的文件和目录流。该文件树以 Path start 开头。
- Stream<Path> walk(Path start, int maxDepth, FileVisitOption... options)：创建一个文件树的文件和目录流。该文件树以 Path start 开头，一直到指定的深度 maxDepth。
- Stream<Path> find(Path start, int maxDepth, BiPredicate<Path, BasicFileAttributes> matcher, FileVisitOption... options)：创建文件树的文件和目录流（与提供的谓词相匹配）。该文件树从 start 路径开始，一直延伸到指定的深度，具体的深度由 maxDepth 的值指定。

还有其他一些创建流的类和方法。列举如下：

- java.util.BitSet 类具有 IntStream stream()方法，该方法创建一个索引流。BitSet 为此索引流在设定的状态中包含一个比特（位）。
- java.io.BufferedReader 类具有一个 Stream<String> lines()方法，该方法从这个 BufferedReader 对象（通常从一个文件）中创建一个行流。
- java.util.jar.JarFile 类具有一个 Stream<JarEntry> stream()方法，该方法创建一个所有 ZIP 文件条目的流。
- java.util.regex.Pattern 类具有一个 Stream <String> splitAsStream(CharSequence input) 方法，该方法根据所提供的序列创建一个流，该序列与这个模式相匹配。
- java.lang.CharSequence 接口有 2 个方法：default IntStream chars()方法创建一个 int

值流，用零扩展 char 的值；default IntStream codePoints()方法从该序列中创建一个码点值的流。

还有一个 java.util.stream.StreamSupport 类，包含库开发人员使用的低级静态实用程序方法。这里不对此展开讨论，因其超出了本书的范围。

14.3 操作（方法）

Stream 接口的许多方法（以函数式接口类型作为参数的方法）被称为操作（operations），因为它们不是作为传统方法实现的，其功能作为函数传递到方法中。这些操作只是调用函数式接口方法的外壳，该函数式接口被指定为方法参数的类型。

例如，看一下 Stream<T> filter (Predicate<T> predicate)方法。其实现基于对 Predicate<T> 函数的 boolean test(T t)方法的调用。因此，一般不这样说："使用 Stream 对象的 filter()方法选择一些流元素并跳过其他元素。"程序员更愿意说："应用了一个 filter 操作，这个操作允许一些流元素通过并跳过其他元素。"这个说法描述了这个操作的本质，而不是特定的算法。操作在该方法接收到特定的函数之前是未知的。在 Stream 接口中有如下两组操作。

- 中间操作：返回 Stream 对象的实例方法。
- 终止操作：返回某种类型而不是 Stream 的实例方法。

典型情况下，使用流畅（点连接）风格将流处理作为一个管道加以组织，这个管道由 Stream 的创建方法或另一个流的源来开启。终止操作会产生最终结果或副作用，并结束管道。终止操作的意义在于此。中间操作可以放在原始 Stream 对象和终止操作之间。

中间操作处理（或在某些情况下不处理）流元素并返回修改的（或未修改的）Stream 对象。所以，下一个中间操作或终止操作能够得以应用。关于中间操作，举例如下：

- Stream<T> filter(Predicate<T> predicate)：只选择与条件相匹配的元素。
- Stream<R> map(Function<T,R> mapper)：根据传入的函数转换元素。注意，返回的流对象的类型可能与输入类型不同。
- Stream<T> distinct()：删除重复项。
- Stream<T> limit(long maxSize)：限制流元素的指定数量。
- Stream<T> sorted()：按一定的顺序对流元素排序。

在 14.3.1 节将讨论其他一些中间操作类型。流元素的处理实际上只在终止操作开始执行时才开始。然后，所有中间操作（如果存在）开始按顺序处理。一旦终止操作执行完毕，流就会关闭，无法重新打开。

终止操作的例子有很多，例如 forEach()、findFirst()、reduce()、collect()、sum()、max()，以及 Stream 接口中不返回 Stream 对象的其他方法。终止操作将在 14.3.2 节讨论。

所有 Stream 操作都支持并行处理。在多核计算机上处理大量数据的情况下，这样的并行处理特别有用。并行处理将在 14.5 节讨论。

14.3.1 中间操作

前面已经提到，中间操作（intermediate operations）返回一个 Stream 对象。该对象发出相同的值或修改后的值，甚至可能与源流不是同一类型。

中间操作根据功能可分为 4 个范畴，执行过滤（filtering）、映射（mapping）、排序（sorting）或查看（peeking）等任务。

1. 过滤

这组操作包括删除重复项、跳过某些元素、限制已处理元素的数量，以及仅选出那些达到了某些标准的元素来做进一步处理。列举如下：

- Stream<T> distinct()：使用 Object.equals(Object)方法比较流元素并跳过重复项。
- Stream<T> skip(long n)：忽略最先发出的流元素的数量。
- Stream<T> limit(long maxSize)：只允许处理指定数量的流元素。
- Stream<T> filter(Predicate<T> predicate)：只允许对一些元素加以处理，且这些元素被所提供的 Predicate 函数来处理时，处理结果为 true。
- default Stream<T> dropWhile(Predicate<T> predicate)：跳过流中的第一批元素，且这些元素被所提供的 Predicate 函数来处理时，处理结果为 true。
- default Stream<T> takeWhile(Predicate<T> predicate)：仅允许处理流中的第一批元素，且这些元素被所提供的 Predicate 函数来处理时，处理结果为 true。

这些操作的运行过程示例如下：

```
Stream.of("3", "2", "3", "4", "2").distinct()
                        .forEach(System.out::print);   //prints: 324

List<String> list = List.of("1", "2", "3", "4", "5");
list.stream().skip(3).forEach(System.out::print);      //prints: 45

list.stream().limit(3).forEach(System.out::print);     //prints: 123

list.stream().filter(s -> Objects.equals(s, "2"))
                  .forEach(System.out::print);         //prints: 2

list.stream().dropWhile(s -> Integer.valueOf(s) < 3)
             .forEach(System.out::print);              //prints: 345

list.stream().takeWhile(s -> Integer.valueOf(s) < 3)
             .forEach(System.out::print);              //prints: 12
```

注意，可以重用源 List<String>的对象，但是不能重用 Stream 对象。Stream 对象一旦关闭，就不能重新打开了。

2. 映射

下面这组操作包含了最为重要的中间操作，虽然这样说存在争议。这些操作还仅仅是一些能对流元素加以修改的中间操作。这组操作将原始的流元素值映射（转换）到一个新的流元素值。列举如下：

- Stream<R> map(Function<T, R> mapper)：将所提供的函数应用于流的类型 T 的每个元素，并生成类型 R 的新元素值。
- IntStream mapToInt(ToIntFunction<T> mapper)：将所提供的函数应用于流的每个类型为 T 的元素，并生成一个新的类型为 int 的元素值。
- LongStream mapToLong(ToLongFunction<T> mapper)：将所提供的函数应用于流的每个类型为 T 的元素，并生成一个新的类型为 long 的元素值。
- DoubleStream mapToDouble(ToDoubleFunction<T> mapper)：将所提供的函数应用于

流的每个类型为 T 的元素，并生成一个新的类型为 double 的元素值。

- Stream<R> flatMap(Function<T, Stream<R>> mapper)：将所提供的函数应用于流的类型 T 的每个元素，并生成一个 Stream<R>对象，该对象发出类型 R 的元素。
- IntStream flatMapToInt(Function<T, IntStream> mapper)：将所提供的函数应用于流的每个类型为 T 的元素，并生成一个 IntStream 对象，该对象发出类型为 int 的元素。
- LongStream flatMapToLong(Function<T, LongStream> mapper)：将所提供的函数应用于流的每个类型为 T 的元素，并生成一个 LongStream 对象，该对象发出类型为 long 的元素。
- DoubleStream flatMapToDouble(Function<T, DoubleStream> mapper)：将所提供的函数应用到流的类型 T 的每个元素上，并生成一个发出 double 类型元素的 DoubleStream 对象。

上述操作的用法举例如下：

```
List<String> list = List.of("1", "2", "3", "4", "5");
list.stream().map(s -> s + s)
             .forEach(System.out::print); //prints: 1122334455

list.stream().mapToInt(Integer::valueOf)
              .forEach(System.out::print); //prints: 12345

list.stream().mapToLong(Long::valueOf)
               .forEach(System.out::print); //prints: 12345

list.stream().mapToDouble(Double::valueOf)
              .mapToObj(Double::toString)
              .map(s -> s + " ")
              .forEach(System.out::print); //prints: 1.0 2.0 3.0 4.0 5.0

list.stream().mapToInt(Integer::valueOf)
              .flatMap(n -> IntStream.iterate(1, i -> i < n, i -> ++i))
              .forEach(System.out::print); //prints: 1121231234

list.stream().map(Integer::valueOf)
              .flatMapToInt(n ->
                   IntStream.iterate(1, i -> i < n, i -> ++i))
              .forEach(System.out::print); //prints: 1121231234

list.stream().map(Integer::valueOf)
              .flatMapToLong(n ->
                   LongStream.iterate(1, i -> i < n, i -> ++i))
              .forEach(System.out::print); //prints: 1121231234

list.stream().map(Integer::valueOf)
              .flatMapToDouble(n ->
                   DoubleStream.iterate(1, i -> i < n, i -> ++i))
              .mapToObj(Double::toString)
              .map(s -> s + " ")
              .forEach(System.out::print);
                   //prints: 1.0 1.0 2.0 1.0 2.0 3.0 1.0 2.0 3.0 4.0
```

最后一个示例在将流转换为 DoubleStream 的过程中，将每个数值都转换为一个 String 对象并添加了空白。这样，打印出来后数字之间就有空白了。这些示例非常简单：只使用最少的处理量进行转换。但是在现实生活中，每个 map()或 flatMap()操作通常接受一个更复杂的函数，此函数能做一些更为有用的事情。

3. 排序

以下两个中间操作对流元素进行排序。

- Stream<T> sorted()：按自然顺序对流元素排序（根据其 Comparable 接口实现）。
- Stream<T> sorted(Comparator<T> comparator)：根据所提供的 Comparator<T>对象对流元素排序。

很自然的是，所有元素都被发出后，这些操作才能完成。因此，如此多的处理会产生大量的开销，从而降低性能。因此，必须将这样的操作用于小规模的流。

下面是演示代码：

```
List<String> list = List.of("2", "1", "5", "4", "3");
list.stream().sorted().forEach(System.out::print); //prints: 12345
list.stream().sorted(Comparator.reverseOrder())
              .forEach(System.out::print);          //prints: 54321
```

4. 查看

中间操作 Stream<T> peek(Consumer<T> action)将所提供的 Consumer<T>函数应用于每个流元素，但是不改变流的值（函数 Consumer<T>返回 void）。此操作用于调试。此操作的运行过程如下所示：

```
List<String> list = List.of("1", "2", "3", "4", "5");
list.stream()
    .peek(s -> System.out.print("3".equals(s) ? 3 : 0))
    .forEach(System.out::print);                    //prints: 0102330405
```

14.3.2 终止操作

终止操作（terminal operations）是流管道中最重要的操作。这种操作在不使用任何其他操作的情况下，完成其中的所有操作。

前面已经用过 forEach(Consumer<T>)终止操作打印出流的每个元素。该终止操作不返回值，因此被用于副作用。但是，Stream 接口有许多更强大的终止操作，也可以返回值。

其中最主要的是 collect()操作，有两种形式：R collect(Collector<T, A, R> collector)和 R collect(Supplier<R> supplier, BiConsumer<R, T> accumulator, BiConsumer<R, R> combiner)。该操作实际上允许组合任何可以应用到流的处理过程。经典示例如下：

```
List<String> list = Stream.of("1", "2", "3", "4", "5")
                          .collect(ArrayList::new,
                                   ArrayList::add,
                                   ArrayList::addAll);
System.out.println(list); //prints: [1, 2, 3, 4, 5]
```

在本例中，该操作的使用方式适合并行处理。collect()操作的第一个参数是一个函数，该函数以流元素为基础生成了一个值。第二个参数是累积结果的函数。第三个参数是一个函数，该函数组合了处理流的所有线程的累积结果。

但是，只有一个这样通用的终止操作会迫使程序员重复编写相同的函数。这就是为什么 API 作者添加了 Collectors 类来生成许多专门的 Collector 对象，而不需要为每个 collect() 操作创建三个函数。

除此之外，API 作者还向 Stream 接口中添加了各种专门化的终止操作。这些操作更加简单和易于使用。本节将讨论 Stream 接口的所有终止操作，并在"9.收集"中了解 Collectors 类生成的众多 Collector 对象。下面从最简单的终止操作开始讨论，该操作允许对流中每个元素加以处理，一次处理一个元素。

在下面所举的例子中将使用 Person 类，它的定义如下：

```
public class Person {
    private int age;
    private String name;
    public Person(int age, String name) {
        this.age = age;
        this.name = name;
    }
    public int getAge() {return this.age; }
    public String getName() { return this.name; }
    @Override
    public String toString() {
        return "Person{" + "name='" + this.name + "'" +
                ", age=" + age + "}";
    }
}
```

1. 处理每个元素

本组有两个终止操作：

- void forEach(Consumer<T> action)：对当前流的每个元素应用所提供的动作。
- void forEachOrdered(Consumer<T> action)：按照由源所定义的顺序为当前流的每个元素应用所提供的操作，不管流是顺序的还是并行的。

如果需要处理的元素顺序很重要，且必须与源中值的排列顺序保持一致，就使用第二个方法，尤其是在能预见到所编写的代码有可能在有多个 CPU 的计算机上执行时；否则使用第一个，这跟之前所有例子中的做法一样。

下面看一个例子。用 forEach()操作从文件中读取由逗号分隔的值（年龄和姓名）并创建 Person 对象。假设已将 persons.csv（csv 代表 comma-separated values，即"由逗号分隔的值"）文件放入 resources 文件夹，其内容如下：

```
23 , Ji m
   2 5 , Bob
  15 , Jill
17 , Bi ll
```

这里在值的内部和外部都添加了空格，以便借此机会展示一些处理真实生活中的数据的简单但非常有用的技巧。

首先，读取文件并逐行显示其内容，但只显示包含字母 J 的行：

```
Path path = Paths.get("src/main/resources/persons.csv");
try (Stream<String> lines = Files.newBufferedReader(path).lines()) {
    lines.filter(s -> s.contains("J"))
         .forEach(System.out::println);       //prints: 23 , Ji m
```

```
                                              //         15 , Jill
} catch (IOException ex) {
    ex.printStackTrace();
}
```

这是使用 forEach()操作的典型方式：单独处理每个元素。这段代码还提供了一个 try-with-resources 结构的示例，该结构能自动关闭 BufferedReader 对象。

下面是一个缺乏经验的程序员编写的代码：从 Stream<String> lines 对象读取流元素，并创建一个 Person 对象列表。具体如下：

```
List<Person> persons = new ArrayList<>();
lines.filter(s -> s.contains("J")).forEach(s -> {
      String[] arr = s.split(",");
      int age = Integer.valueOf(StringUtils.remove(arr[0], ' '));
      persons.add(new Person(age, StringUtils.remove(arr[1], ' ')));
});
```

可以看出：如何使用 split()方法以将值分隔开的逗号来断开每一行，以及如何使用 org.apache.commons.lang3.StringUtils.remove()方法从每个值中删除空格。尽管这个代码在单核计算机上的小段例子中运行良好，但在长流和并行处理中或许会产生意想不到的结果。

这就是 lambda 表达式要求所有变量为 final 或有效 final 的原因所在。因为同一个函数可以在不同的上下文中执行。

以下是上述代码正确的实现：

```
List<Person> persons = lines.filter(s -> s.contains("J"))
              .map(s -> s.split(","))
              .map(arr -> {
                  int age = Integer.valueOf(StringUtils.remove(arr[0], ' '));
                  return new Person(age, StringUtils.remove(arr[1], ' '));
           }).collect(Collectors.toList());
```

为了提高可读性，可以创建一个方法来完成映射工作：

```
private Person createPerson(String[] arr){
    int age = Integer.valueOf(StringUtils.remove(arr[0], ' '));
    return new Person(age, StringUtils.remove(arr[1], ' '));
}
```

现在，可以这样使用这个方法：

```
List<Person> persons = lines.filter(s -> s.contains("J"))
                              .map(s -> s.split(","))
                              .map(this::createPerson)
                              .collect(Collectors.toList());
```

可以看到，这里使用了 collect()操作符和由 Collectors.toList()方法创建的 Collector 函数。在“9.收集”中将看到更多的由 Collectors 类创建的函数。

2. 统计所有元素

Stream 接口的 long count()终止操作看起来简单而友好，返回的是流中的元素数量。那些习惯于使用集合和数组的人可能会毫不犹豫地使用 count()操作。下面的代码片段会演示出某种警告的成分：

```
long count = Stream.of("1", "2", "3", "4", "5")
```

```
                .peek(System.out::print)
                .count();
System.out.print(count);                    //prints: 5
```

运行上述代码，结果如图 14-1 所示。

图 14-1　代码运行结果 1

由上可见，实现 count()方法的代码能够在不执行所有管道的情况下确定流的大小。peek()操作没有打印任何东西，这说明元素没有被发出。因此，如果期望看到打印出流的值，可能会感到困惑而认为代码存在某种缺陷。

另一个警告的成分是，不可能总是在源处确定流的大小。此外，流可能是无限的。因此，使用 count()时必须当心。

另一种确定流大小的方法是使用 collect()操作：

```
long count = Stream.of("1", "2", "3", "4", "5")
                .peek(System.out::print)    //prints: 12345
                .collect(Collectors.counting());
System.out.println(count);                  //prints: 5
```

代码执行结果如图 14-2 所示。

图 14-2　代码运行结果 2

由上可见，collect()操作并不在源处计算流的大小。这是因为 collect()操作不如 count()操作专门化。collect()操作只是将传入的收集器应用到流。收集器只统计 collect()操作提供给自身的元素。

3. 匹配 all、any 和 none

有三种终止操作看起来非常相似，可以用来评估是否所有流元素具有某一值、是否任意一个流元素具有某一值，或者是否不存在一个流元素具有某一值的情况。具体如下：

- boolean allMatch(Predicate<T> predicate)：当流的每个元素都用作所提供的 Predicate<T>函数的参数且都返回 true 时，该操作返回 true。
- boolean anyMatch(Predicate<T> predicate)：当流的任意一个元素用作所提供的 Predicate<T>函数的参数且返回 true 时，该操作返回 true。
- boolean noneMatch(Predicate<T> predicate)：当流中没有一个元素用作所提供的 Predicate<T>函数的参数且返回 true 时，该操作返回 true。

以下是这些操作的用法示例：

```
List<String> list = List.of("1", "2", "3", "4", "5");
boolean found = list.stream()
```

```
                     .peek(System.out::print)          //prints: 123
                     .anyMatch(e -> "3".equals(e));    //prints: true
System.out.println(found);

boolean noneMatches = list.stream()
                     .peek(System.out::print)          //prints: 123
                     .noneM atch(e -> "3".equals(e));
System.out.println(noneMatches);                       //prints: false

boolean allMatch = list.stream()
                     .peek(System.out::print)          //prints: 1
                     .allMatch(e -> "3".equals(e));
System.out.println(allMatch);                          //prints: false
```

要注意的是，所有这些操作都经过了优化处理，以便在能及早确定结果的情况下，避免对所有元素都加以处理。

4. 查找 any 或 first

下面的终止操作允许查找相应流中任一元素或第一个元素：

- Optional<T> findAny()：返回一个含有流中任一元素值的 Optional；或者，如果流是空的，则返回一个空的 Optional。
- Optional<T> findFirst()：返回一个含有流中第一个元素值的 Optional；或者，如果流是空的，则返回一个空的 Optional。

下面几个例子对这些操作加以阐释：

```
List<String> list = List.of("1", "2", "3", "4", "5");
Optional<String> result = list.stream().findAny();
System.out.println(result.isPresent());                //prints: true
System.out.println(result.get());                      //prints: 1

result = list.stream()
                     .filter(e -> "42".equals(e))
                     .findAny();
System.out.println(result.isPresent());                //prints: false
//System.out.println(result.get());                    //NoSuchElementException

result = list.stream().findFirst();
System.out.println(result.isPresent());                //prints: true
System.out.println(result.get());                      //prints: 1
```

在第一个和第三个示例中，findAny()操作和 findFirst()操作产生的结果相同：它们都找到了流的第一个元素。但是在并行处理中，结果可能不同。

当流被分成几个部分进行并行处理时，findFirst()操作总是返回流的第一个元素，而 findAny()操作只返回一个处理线程中的第一个元素。

下面更详细地讨论一下 java.util.Optional 类。

5. Optional 类

java.util.Optional 对象用于避免返回 null（因为可能引起 NullPointerException 异常）。取而代之，Optional 对象提供的方法允许检查一个值的存在，并在返回值为 null 时用预定义的值替换这个值。例如：

```
List<String> list = List.of("1", "2", "3", "4", "5");
String result = list.stream()
```

```
                    .filter(e -> "42".equals(e))
                    .findAny()
                    .or(() -> Optional.of("Not found"))
                    .get();
System.out.println(result);                         //prints: Not found

result = list.stream()
             .filter(e -> "42".equals(e))
             .findAny()
             .orElse("Not found");
System.out.println(result);                         //prints: Not found

Supplier<String> trySomethingElse = () -> {
        //Code that tries something else
        return "43";
};

result = list.stream()
             .filter(e -> "42".equals(e))
             .findAny()
             .orElseGet(trySomethingElse);
System.out.println(result);                         //prints: 43
list.stream()
    .filter(e -> "42".equals(e))
    .findAny()
    .ifPresentOrElse(System.out::println,
         () -> System.out.println("Not found")); //prints: Not found
```

由上可见，如果 Optional 对象为空，则下列各项适用：

- Optional 类的 or()方法允许返回一个可替代的 Optional 对象。
- orElse()方法允许返回一个可替代的值。
- orElseGet()方法允许提供 Supplier 函数，该函数返回一个可替代的值。
- ifPresentOrElse()方法允许提供两个函数：一个使用 Optional 对象的值；另一个在 Optional 对象为空的情况下完成其他操作。

6. 最小值和最大值

使用下列终止操作，可返回流的最小值或最大值：

- Optional<T> min(Comparator<T> comparator)：使用所提供的 Comparator 对象返回当前流的最小值。
- Optional<T> max(Comparator<T> comparator)：使用所提供的 Comparator 对象返回当前流的最大值。

示例代码如下：

```
List<String> list = List.of("a", "b", "c", "c", "a");
String min = list.stream()
                 .min(Comparator.naturalOrder())
                 .orElse("0");
System.out.println(min);                    //prints: a

String max = list.stream()
                 .max(Comparator.naturalOrder())
                 .orElse("0");
System.out.println(max);                    //prints: c
```

由上可见，在存在非数值型值的情况下，根据所提供的比较器，从左到右排序时，最小值是第一个元素，最大值是最后一个元素。在存在数值型值的情况下，最小值和最大值分别是流元素中最小和最大的数字。具体如下：

```
int mn = Stream.of(42, 77, 33)
                  .min(Comparator.naturalOrder())
                  .orElse(0);
System.out.println(mn);                    //prints: 33

int mx = Stream.of(42, 77, 33)
                  .max(Comparator.naturalOrder())
                  .orElse(0);
System.out.println(mx);                    //prints: 77
```

我们再看一个使用 Person 类的例子。要完成的任务是在以下列表中找出最年长的人：

```
List<Person> persons = List.of(new Person(23, "Bob"),
                                new Person(33, "Jim"),
                                new Person(28, "Jill"),
                                new Person(27, "Bill"));
```

为完成这一任务，可创建以下 Compartor<Person>，用来仅根据年龄对 Person 对象加以比较：

```
Comparator<Person> perComp = (p1, p2) -> p1.getAge() - p2.getAge();
```

然后，使用这个比较器，可以找到最年长的人：

```
Person theOldest = persons.stream()
                          .max(perComp)
                          .orElse(null);
System.out.println(theOldest);             //prints: Person{name='Jim', age=33}
```

7. 转换数组

以下两个终止操作生成一个包含流元素的数组：

- Object[] toArray()：创建一个对象数组，每个对象都是流中的一个元素。
- A[] toArray(IntFunction<A[]> generator)：使用所提供的函数创建一个流元素数组。

下面看几个例子：

```
List<String> list = List.of("a", "b", "c");
Object[] obj = list.stream().toArray();
Arrays.stream(obj).forEach(System.out::print);       //prints: abc

String[] str = list.stream().toArray(String[]::new);
Arrays.stream(str).forEach(System.out::print);       //prints: abc
```

第一个例子很简单，它将元素转换为相同类型的数组。至于第二个例子，IntFunction 作为 String[]::new 的表示可能不太明显，所以我们就从头到尾捋一遍。String[]::new 是一个方法引用，代表 lambda 表达式 i -> new String[i]，因为 toArray()操作从流中接收的不是元素，而是元素的计数：

```
String[] str = list.stream().toArray(i -> new String[i]);
```

可以通过添加一个 i 值的打印语句来证明：

```
String[] str = list.stream()
                   .toArray(i -> {
                            System.out.println(i);    //prints: 3
                            return new String[i];
                   });
```

i -> new String[i]表达式是一个 IntFunction<String[]>。根据文档的描述，此表达式接受一个 int 参数并返回指定类型的结果。此表达式可以使用匿名类加以定义，具体如下：

```
IntFunction<String[]> intFunction = new IntFunction<String[]>() {
         @Override
         public String[] apply(int i) {
              return new String[i];
         }
};
```

java.util.Collection 接口有一个非常类似的方法，将集合转换为一个数组：

```
List<String> list = List.of("a", "b", "c");
String[] str = list.toArray(new String[lits.size()]);
Arrays.stream(str).forEach(System.out::print);       //prints: abc
```

唯一区别是 Stream 接口的 toArray()接受一个函数，而 Collection 接口的 toArray()接受一个数组。

8. 归约

reduce()这个终止操作称为归约（reduce）。reduce()处理所有的流元素并生成一个值，从而将所有的流元素归约为一个值。但这并不是生成一个值的唯一操作。collect()操作也将流元素的所有值都归约为一个结果。而且，在某种程度上，所有的终止操作都是归约型的。这些操作在处理完多个元素后生成一个值。

因此，可以将 reduce 和 collect 视为同义词，这有助于向 Stream 接口中可用的许多操作添加结构和分类。此外，可以将 reduce()操作视为 collect()操作的特殊版本，因为可以对 collect()进行裁剪，使其提供跟 reduce()操作相同的功能。

至此，下面看一组 reduce()操作：

- Optional<T> reduce(BinaryOperator<T> accumulator)：使用所提供的关联函数聚合元素来归约流的元素。返回一个带有归约值（如果有的话）的 Optional。
- T reduce(T identity, BinaryOperator<T> accumulator)：提供与上一个 reduce()版本相同的功能，但是使用 identity 参数作为累加器的初始值，或者在流为空时使用默认值。
- U reduce(U identity, BiFunction<U,T,U> accumulator, BinaryOperator<U> combiner)：提供与上一个 reduce()版本相同的功能。除此之外，在将此操作应用到并行流时，使用 combiner 函数来聚合结果。如果流不是并行的，则不使用 combiner 函数。

为了演示 reduce()操作，这里打算使用前面用过的同一个 Person 类和 Person 对象列表来作为演示所用流的源：

```
List<Person> persons = List.of(new Person(23, "Bob"),
                               new Person(33, "Jim"),
                               new Person(28, "Jill"),
                               new Person(27, "Bill"));
```

现在，使用 reduce()操作来查找这个列表中最年长的人：

```
Person theOldest = list.stream()
                   .reduce((p1, p2) -> p1.getAge() > p2.getAge() ? p1 : p2)
                   .orElse(null);
System.out.println(theOldest);             //prints: Person{name='Jim', age=33}
```

这个实现有点令人惊奇不已，对吧？reduce()操作带有一个累加器，但它似乎没有任何累加动作。取而代之，它对所有流元素做了比较。累加器保存比较的结果，并将其作为下一次（与下一个元素）比较的第一个参数。在本例中，可以说累加器累计了之前所有比较的结果。

现在，将累加动作明确化，用逗号分隔的列表来汇集所有人名：

```
String allNames = list.stream()
                         .map(p -> p.getName())
                         .reduce((n1, n2) -> n1 + ", " + n2)
                         .orElse(null);
System.out.println(allNames);              //prints: Bob, Jim, Jill, Bill
```

在这种情况下，累加的意念更明确了。

现在，使用 identity 值来提供某个初始值：

```
String all = list.stream()
                  .map(p -> p.getName())
                  .reduce("All names: ", (n1, n2) -> n1 + ", " + n2);
System.out.println(all); //prints: All names: , Bob, Jim, Jill, Bill
```

注意，reduce()操作的这个版本返回的是 value，而不是 Optional。这是因为通过提供初始值可以保证：如果流结果为空，至少这个 value 将出现在结果中。但是得到的字符串并不像我们期望得那么漂亮。显然，所提供的初始值被视为任一其他流元素，然后用我们创建的累加器在初始值后面添加一个逗号。为了让结果看起来更漂亮，可以再次使用 reduce()操作的第一个版本，并以这种方式添加初始值：

```
String all = "All names: " + list.stream()
                                 .map(p -> p.getName())
                                 .reduce((n1, n2) -> n1 + ", " + n2)
                                 .orElse(null);
System.out.println(all);         //prints: All names: Bob, Jim, Jill, Bill
```

或者可以用空格作为分隔符来代替逗号：

```
String all = list.stream()
                  .map(p -> p.getName())
                  .reduce("All names:", (n1, n2) -> n1 + " " + n2);
System.out.println(all);         //prints: All names: Bob Jim Jill Bill
```

现在的结果看起来好多了。在“9.收集”中演示 collect()操作时，将展示一种更好的方法来创建一个由逗号分隔的值列表，其中包含一个前缀。

与此同时，继续讨论 reduce()操作并了解其第三种形式，即带有三个参数的形式：identity、accumulator 和 combiner。将组合器添加到 reduce()操作，结果不会发生改变，具体如下：

```
String all = list.stream()
                  .map(p -> p.getName())
                  .reduce("All names:", (n1, n2) -> n1 + " " + n2,
```

```
                                   (n1, n2) -> n1 + " " + n2 );
System.out.println(all);       //prints: All names: Bob Jim Jill Bill
```

这是因为流不是并行的，而组合器仅用于并行流。如果使用并行流，结果则会发生改变：

```
String all = list.parallelStream()
                 .map(p -> p.getName())
                 .reduce("All names:", (n1, n2) -> n1 + " " + n2,
                                       (n1, n2) -> n1 + " " + n2 );
System.out.println(all);
  //prints: All names: Bob All names: Jim All names: Jill All names: Bill
```

显然，对一个并行流，元素被分解成子序列，每个子序列都被单独处理，处理的结果由组合器聚合。在此过程中，组合器将初始值（identity）添加到每个结果中。即使删除组合器，并行流处理的结果仍然是相同的，因为提供了一个默认的组合器行为：

```
String all = list.parallelStream()
                 .map(p -> p.getName())
                 .reduce("All names:", (n1, n2) -> n1 + " " + n2);
System.out.println(all);
  //prints: All names: Bob All names: Jim All names: Jill All names: Bill
```

在前两种 reduce()操作中，累加器使用了标识值。在第三种形式中，标识值由组合器使用（注意，U 类型是组合器类型）。为了去除结果中重复的标识值，这里决定从组合器的第二个参数中删除这个标识值（和尾随空格）：

```
String all = list.parallelStream().map(p->p.getName())
                 .reduce("All names:", (n1, n2) -> n1 + " " + n2,
            (n1, n2) -> n1 + " " + StringUtils.remove(n2, "All names: "));
System.out.println(all); //prints: All names: Bob Jim Jill Bill
```

其结果与预期一致。

到目前为止，在基于字符串的示例中，identity 不仅仅是一个初始值，还充当所形成的字符串中的标识符（标签）。但是当流的元素是数值时，标识看起来更像是一个初始值。举例如下：

```
List<Integer> ints = List.of(1, 2, 3);
int sum = ints.stream()
              .reduce((i1, i2) -> i1 + i2)
              .orElse(0);
System.out.println(sum);                 //prints: 6
sum = ints.stream()
          .reduce(Integer::sum)
          .orElse(0);
System.out.println(sum);                 //prints: 6
sum = ints.stream()
          .reduce(10, Integer::sum);
System.out.println(sum);                 //prints: 16
sum = ints.stream()
          .reduce(10, Integer::sum, Integer::sum);
System.out.println(sum);                 //prints: 16
```

前两个管道完全相同，只是第二个管道使用了一个方法引用。第三和第四个管道也具有相同的功能，都使用 10 作为初始值。第一个参数作为初始值比标识值更有意义。在第四个管道中，添加了一个组合器，但是没有得到使用，因为流不是并行的。使该流并行，看看会发生什么：

```
List<Integer> ints = List.of(1, 2, 3);
int sum = ints.parallelStream()
              .reduce(10, Integer::sum, Integer::sum);
System.out.println(sum);                   //prints: 36
```

其结果是 36，因为初始值 10 加了三次，每一次都是部分结果。显然，这个流被分成了三个子序列。但情况并非总是如此，因为子序列的数量会随着流的增长和计算机上 CPU 数量的增加而变化。这就是不能依赖于某个固定数目的子序列的原因所在。最好不要在并行流中使用非零的初始值：

```
List<Integer> ints = List.of(1, 2, 3);
int sum = ints.parallelStream()
              .reduce(0, Integer::sum, Integer::sum);
System.out.println(sum);                   //prints: 6
sum = 10 + ints.parallelStream()
              .reduce(0, Integer::sum, Integer::sum);
System.out.println(sum);                   //prints: 16
```

由上可见，将 identity 设置为 0，因此每个子序列都会获得这个值。但是，当所有处理线程的结果都由组合器组装时，最终结果不会受到影响。

9. 收集

collect()操作的某些用法非常简单，任何初学者都可以轻松掌握，而其他一些用法可能很复杂，即便是久经沙场的程序员也很难理解。本节中所介绍的 collect()最为流行的用法，再加上以前讨论过的一些操作，足以满足初学者的所有需求，也会满足有经验的专业人员的大多数需求。上述操作再加上数值流的操作（参阅 14.4 节的内容）会满足主流程序员的所有需求。

前面已经提到，collect()操作很灵活，它允许对流的处理加以定制。collect()操作有两种形式：

- R collect(Collector<T, A, R> collector)：使用所提供的 Collector 处理类型 T 的流元素，并通过类型 A 的中间累积产生类型 R 的结果。
- R collect(Supplier<R> supplier, BiConsumer<R, T> accumulator, BiConsumer<R, R> combiner)：使用所提供的函数处理类型 T 的流元素。函数包括：
    - Supplier<R> supplier：创建一个新的结果容器。
    - BiConsumer<R, T> accumulator：向结果容器添加元素的无状态函数。
    - BiConsumer<R, R> combiner：无状态函数。它合并两个部分结果容器，将第二个结果容器中的元素添加到第一个结果容器中。

先看看 collect()操作的第二种形式。它带有三个参数：supplier、accumulator 和 combiner，与刚才演示的 reduce()操作非常相似。其最大的区别是，collect()操作中的第一个参数不是一个标识或初始值，而是容器，即一个对象，会在函数之间传递，维护处理的状态。

下面演示一下其运作过程，具体做法是从 Person 对象列表中选择最年长的人。下面例子中使用的是熟悉的 Person 类作为容器，但是添加了一个无参数构造方法和两个 setter

方法：

```
public Person(){}
public void setAge(int age) { this.age = age;}
public void setName(String name) { this.name = name; }
```

添加无参数构造方法和 setter()方法很有必要，因为作为容器的 Person 对象应该在任何时候都可不带任何参数而被创建，并且应该能够接收和保存部分结果：到目前为止最年长的人的姓名和年龄。collect()操作将在处理每个元素时使用此容器，并且在处理完最后一个元素之后，包含最年长者的姓名和年龄。

这里再次使用相同的 Person 列表：

```
List<Person> list = List.of(new Person(23, "Bob"),
                            new Person(33, "Jim"),
                            new Person(28, "Jill"),
                            new Person(27, "Bill"));
```

在下面的列表中，collect()操作查找年龄最大的人：

```
BiConsumer<Person, Person> accumulator = (p1, p2) -> {
    if(p1.getAge() < p2.getAge()){
        p1.setAge(p2.getAge());
        p1.setName(p2.getName());
    }
};
BiConsumer<Person, Person> combiner = (p1, p2) -> {
    System.out.println("Combiner is called!");
    if(p1.getAge() < p2.getAge()){
        p1.setAge(p2.getAge());
        p1.setName(p2.getName());
    }
};
Person theOldest = list.stream()
                       .collect(Person::new, accumulator, combiner);
System.out.println(theOldest); //prints: Person{name='Jim', age=33}
```

这里尝试在操作调用中内联函数，但是看起来有点难以读懂。所以，决定先创建函数，然后在 collect()操作中使用所创建的函数。容器（一个 Person 对象）在处理第一个元素之前只创建一次。在这个意义上，容器类似于 reduce()操作的初始值。再将容器传递给累加器，累加器将容器与第一个元素进行比较。容器中的 age 字段被初始化为默认值 0，因此容器中第一个元素的年龄和名称被设置为最年长者的 person 的参数。当发出第二个流元素（Person 对象）时，将其 age 值与当前存储在容器中的 age 值进行比较，以此类推，直到处理完流的所有元素为止。结果显示在上例的注释中。

流是顺序流时，从不会调用组合器。但是，若使流并行时（list.parallelStream()），消息“Combiner is called!”则被打印三次。与 reduce()操作的情况一样，部分结果的数量可能会有所不同，这取决于 CPU 的数量和 collect()操作实现的内部逻辑。因此，消息“Combiner is called!”可以打印任意次数。

现在来看看 collect()操作的第一种形式。它需要实现 java.util.stream.Collector<T,A,R> 接口的类对象。其中 T 是流类型，A 是容器类型，R 是结果类型。可以使用任一 of()方法（来自 Collector 接口）来创建必需的 Collector 对象：

```
static Collector<T,R,R> of(Supplier<R> supplier,
                           BiConsumer<R,T> accumulator,
                           BinaryOperator<R> combiner,
                           Collector.Characteristics... characteristics)
```

或者

```
static Collector<T,A,R> of(Supplier<A> supplier,
                           BiConsumer<A,T> accumulator,
                           BinaryOperator<A> combiner,
                           Function<A,R> finisher,
                           Collector.Characteristics... characteristics)
```

必须传递给上述方法的函数，与之前演示过的函数类似。但现在不这样做，原因有二。首先，这样做涉及的内容较多，将会超出本书的范围。其次，那样做之前，还必须对 java.util.stream.Collectors 类做一番研究，这个类提供了许多现成可用的收集器。

前面已经提到，到目前为止讨论过的一些操作和 14.4 节将要讨论的数值流操作，以及一些现成可用的收集器，囊括了主流编程所需的绝大多数处理需求。极有可能的情况是，读者永远不需要定制收集器。

10. 收集器

java.util.stream.Collectors 类提供了 40 多个创建 Collector 对象的方法。这里只演示其中一些最简单和最流行的。列举如下：

- Collector<T,?,List<T>> toList()：创建一个从流元素中生成 List 对象的收集器。
- Collector<T,?,Set<T>> toSet()：创建一个从流元素中生成 Set 对象的收集器。
- Collector<T,?,Map<K,U>> toMap (Function<T,K> keyMapper, Function<T,U> valueMapper)：创建一个从流元素中生成 Map 对象的收集器。
- Collector<T,?,C> toCollection (Supplier<C> collectionFactory)：创建一个收集器，该收集器生成一个由 Supplier<C> collectionFactory 所提供的类型的 Collection 对象。
- Collector<CharSequence,?,String> joining()：创建一个通过连接流元素生成 String 对象的收集器。
- Collector<CharSequence,?,String> joining (CharSequence delimiter)：创建一个收集器，该收集器从流元素中生成一个由分隔符分隔的 String 对象。
- Collector<CharSequence,?,String> joining (CharSequence delimiter, CharSequence prefix, CharSequence suffix)：创建一个收集器，该收集器从流元素中生成一个由分隔符分隔的 String 对象，并添加指定的 prefix 和 suffix。
- Collector<T,?,Integer> summingInt(ToIntFunction<T>)：创建一个收集器，用以计算将所提供的函数应用到每个元素时产生的结果的和。对 long 和 double 类型，方法相同。
- Collector<T,?,IntSummaryStatistics> summarizingInt(ToIntFunction<T>)：创建一个收集器，用以计算将所提供的函数应用到每个元素时所产生的结果的总和、最小值、最大值、计数和平均值。对 long 和 double 类型，方法相同。
- Collector<T,?,Map<Boolean,List<T>>> partitioningBy (Predicate<? super T> predicate)：创建一个使用所提供的 Predicate 函数来分隔元素的收集器。
- Collector<T,?,Map<K,List<T>>> groupingBy(Function<T,U>)：创建一个收集器，该收集器将元素分组到一个 Map 中，使用所提供的函数生成的键来分组。

下面代码展示的是如何使用列出的方法来创建收集器。首先，演示 toList()、toSet()、toMap()和 toCollection()方法的使用：

```
List<String> ls = Stream.of("a", "b", "c")
                        .collect(Collectors.toList());
System.out.println(ls);          //prints: [a, b, c]

Set<String> set = Stream.of("a", "a", "c")
                        .collect(Collectors.toSet());
System.out.println(set);         //prints: [a, c]

List<Person> list = List.of(new Person(23, "Bob"),
                            new Person(33, "Jim"),
                            new Person(28, "Jill"),
                            new Person(27, "Bill"));
Map<String, Person> map = list.stream()
                        .collect(Collectors
                        .toMap(p -> p.getName() + "-" +
                                    p.getAge(), p -> p));
System.out.println(map);         //prints: {Bob-23=Person{name='Bob', age:23},
                                 //         Bill-27=Person{name='Bill', age:27},
                                 //         Jill-28=Person{name='Jill', age:28},
                                 //         Jim-33=Person{name='Jim', age:33}}

Set<Person> personSet = list.stream()
.collect(Collectors
.toCollection(HashSet::new));
System.out.println(personSet); //prints: [Person{name='Bill', age=27},
                               //         Person{name='Jim', age=33},
                               //         Person{name='Bob', age=23},
                               //         Person{name='Jill', age=28}]
```

在带 prefix 和 suffix 的分隔列表中，joining()方法允许连接 Character 和 String 值。具体如下：

```
List<String> list1 = List.of("a", "b", "c", "d");
String result = list1.stream()
                .collect(Collectors.joining());
System.out.println(result);    //prints: abcd

result = list1.stream()
              .collect(Collectors.joining(", "));
System.out.println(result);    //prints: a, b, c, d

result = list1.stream()
              .collect(Collectors.joining(", ", "The result: ", ""));
System.out.println(result);    //prints: The result: a, b, c, d

result = list1.stream()
       .collect(Collectors.joining(", ", "The result: ", ". The End."));
System.out.println(result);    //prints: The result: a, b, c, d. The End.
```

现在，把目光转向 summingInt()方法和 summarizingInt()方法。这两个方法创建收集器，用于计算总和以及 int 值的其他统计数据，这些值是将所提供的函数应用到每个元素时产生的。具体如下：

```
List<Person> list2 = List.of(new Person(23, "Bob"),
```

```
                                    new Person(33, "Jim"),
                                    new Person(28, "Jill"),
                                    new Person(27, "Bill"));
int sum = list2.stream()
            .collect(Collectors.summingInt(Person::getAge));
System.out.println(sum);                     //prints: 111

IntSummaryStatistics stats = list2.stream()
          .collect(Collectors.summarizingInt(Person::getAge));
System.out.println(stats);                   //prints: IntSummaryStatistics{count=4,
                                             //sum=111, min=23, average=27.750000, max=33}
System.out.println(stats.getCount());        //prints: 4
System.out.println(stats.getSum());          //prints: 111
System.out.println(stats.getMin());          //prints: 23
System.out.println(stats.getAverage()); //prints: 27.750000
System.out.println(stats.getMax());          //prints: 33
```

还有 summingLong()、summarizingLong()、summingDouble()和 summarizingDouble()等方法。

partitioningBy()方法创建一个收集器。该收集器根据所提供的标准对元素进行分组，将组（列表）放在一个 Map 对象中，并使用一个 boolean 值作为键。具体如下：

```
Map<Boolean, List<Person>> map2 = list2.stream()
        .collect(Collectors.partitioningBy(p -> p.getAge() > 27));
System.out.println(map2);
   //{false=[Person{name='Bob', age=23}, Person{name='Bill', age=27},
   // true=[Person{name='Jim', age=33}, Person{name='Jill', age=28}]}
```

由上可见，使用 p.getAge() > 27 标准，可以将所有人分为两组：一组低于或等于 27 岁（键为 false），另一组高于 27 岁（键为 true）。

最后，groupingBy()方法允许根据一个值对元素进行分组，将这些组（列表）放在 Map 对象中，并将这个值作为键。具体如下：

```
List<Person> list3 = List.of(new Person(23, "Bob"),
                             new Person(33, "Jim"),
                             new Person(23, "Jill"),
                             new Person(33, "Bill"));
Map<Integer, List<Person>> map3 = list3.stream()
                 .collect(Collectors.groupingBy(Person::getAge));
System.out.println(map3);
   //{33=[Person{name='Jim', age=33}, Person{name='Bill', age=33}],
   //23=[Person{name='Bob', age=23}, Person{name='Jill', age=23}]}
```

为了演示这个方法，这里更改了 Person 对象的列表，将每个对象的 age 设置为 23 或 33。最终得到的结果是，两个组按 age 排序。

除了重载的 toMap()方法、groupingBy()方法和 partitioningBy()方法外，还有下列方法通常也是重载的，用以创建相应的 Collector 对象：

- reducing()。
- filtering()。
- toConcurrentMap()。
- collectingAndThen()。

- maxBy()、minBy()。
- mapping()、flatMapping()。
- averagingInt()、averagingLong()、averagingDouble()。
- toUnmodifiableList()、toUnmodifiableMap()、toUnmodifiableSet()。

本书讨论的操作中如果没有读者需要的操作，那么，在自己构建 Collector 对象之前，还应先搜索一下 Collectors 的 API。

14.4 数值流接口

前面提到，共有三个数值流接口，分别是 IntStream、LongStream 和 DoubleStream。其方法都与 Stream 接口中的方法（包括 Stream.Builder 接口中的方法）类似。这说明到目前为止，本章讨论的所有内容都适用于任何数值流接口。本节将只讨论那些 Stream 接口中不存在的方法，原因在此。列举如下：

- IntStream 和 LongStream 接口中的 range(lower,upper)方法和 rangeClosed(lower,upper)方法允许用指定范围内的值来创建流。
- 中间操作 boxed()和 mapToObj()将数值流转换为 Stream。
- 中间操作 mapToInt()、mapToLong()和 mapToDouble()将一种类型的数值流转换为另一种类型的数值流。
- 中间操作 flatMapToInt()、flatMapToLong()和 flatMapToDouble()将流转换为数值流。
- 终止操作 sum()和 average()计算数值流元素的总和及平均值。

14.4.1 创建流

除了 Stream 接口中创建流的方法之外，IntStream 和 LongStream 接口还允许用指定范围的值来创建流。

range(lower, upper)方法按顺序生成所有的值：从 lower 值开始，以 upper 前面的值结束。具体如下：

```
IntStream.range(1, 3).forEach(System.out::print);           //prints: 12
LongStream.range(1, 3).forEach(System.out::print);          //prints: 12
```

rangeClosed(lower, upper)方法按顺序生成所有的值：从 lower 值开始，以 upper 值结束。具体如下：

```
IntStream.rangeClosed(1, 3).forEach(System.out::print);     //prints: 123
LongStream.rangeClosed(1, 3).forEach(System.out::print);    //prints: 123
```

14.4.2 中间操作

除了 Stream 接口的中间操作之外，IntStream、LongStream 和 DoubleStream 接口还具有特定于数值的中间操作，包括 boxed()、mapToObj()、mapToInt()、mapToLong()、mapToDouble()、flatMapToInt()、flatMapToLong()和 flatMapToDouble()等。

1. boxed()操作和 mapToObj()操作

中间操作 boxed()将基本数值类型的元素转换（装箱）为相应的包装器类型，如下所示。

```
//IntStream.range(1, 3).map(Integer::shortValue) //compile error
//                  .forEach(System.out::print);
IntStream.range(1, 3)
         .boxed()
         .map(Integer::shortValue)
         .forEach(System.out::print);             //prints: 12

//LongStream.range(1, 3).map(Long::shortValue)    //compile error
//                 .forEach(System.out::print);
LongStream.range(1, 3)
          .boxed()
          .map(Long::shortValue)
          .forEach(System.out::print);             //prints: 12
//DoubleStream.of(1).map(Double::shortValue)       //compile error
//              .forEach(System.out::print);
DoubleStream.of(1)
            .boxed()
            .map(Double::shortValue)
            .forEach(System.out::print);           //prints: 1
```

在上述代码中，用注释屏蔽掉产生编译错误的行，因为 range()方法生成的元素是基本类型。boxed()操作将基本类型值转换为相应的包装类型，因此可以将此操作作为引用类型来处理。中间操作 mapToObj()实现类似的转换，但它不像 boxed()操作那样专门化，允许使用基本类型的元素来生成任何类型的对象。具体如下：

```
IntStream.range(1, 3)
         .mapToObj(Integer::valueOf)
         .map(Integer::shortValue)
         .forEach(System.out::print);      //prints: 12

IntStream.range(42, 43)
     .mapToObj(i -> new Person(i, "John"))
     .forEach(System.out::print);          //prints: Person{name='John', age=42}

LongStream.range(1, 3)
          .mapToObj(Long::valueOf)
          .map(Long::shortValue)
          .forEach(System.out::print);     //prints: 12

DoubleStream.of(1)
            .mapToObj(Double::valueOf)
            .map(Double::shortValue)
            .forEach(System.out::print);   //prints: 1
```

上述代码中，添加了 map()操作，只是为了证明 mapToObj()操作完成了任务并创建了预期的包装类型的对象。另外，通过添加生成 Person 对象的管道，还演示了如何使用 mapToObj()操作创建任何类型的对象。

2. mapToInt()操作、mapToLong()操作和 mapToDouble()操作

中间操作 mapToInt()、mapToLong()和 mapToDouble()允许将一种类型的数值流转换为另一种类型的数值流。为演示之需，这里将 String 值的列表转换为不同类型的数值流，采取的手段就是将每个 String 值映射到 String 的长度上。具体如下：

```
List<String> list = List.of("one", "two", "three");
```

```
list.stream()
    .mapToInt(String::length)
    .forEach(System.out::print);              //prints: 335

list.stream()
    .mapToLong(String::length)
    .forEach(System.out::print);              //prints: 335

list.stream()
    .mapToDouble(String::length)
    .forEach(d -> System.out.print(d + " "));//prints: 3.0 3.0 5.0

list.stream()
    .map(String::length)
    .map(Integer::shortValue)
    .forEach(System.out::print);              //prints: 335
```

所创建的数值流的元素，具有基本类型的性质：

```
//list.stream().mapToInt(String::length)
//            .map(Integer::shortValue)       //compile error
//            .forEach(System.out::print);
```

就转换这个主题而言，如果想要将元素转换为数值包装类型，中间操作 map()则是完成转换的途径，mapToInt()却不行。具体如下：

```
list.stream().map(String::length)
    .map(Integer::shortValue)
    .forEach(System.out::print);              //prints: 335
```

3. flatMapToInt()操作、flatMapToLong()操作和 flatMapToDouble()操作

中间操作 flatMapToInt()、flatMapToLong()和 flatMapToDouble()产生一个相应类型的数值流：

```
List<Integer> list = List.of(1, 2, 3);
list.stream()
    .flatMapToInt(i -> IntStream.rangeClosed(1, i))
    .forEach(System.out::print);              //prints: 112123

list.stream()
    .flatMapToLong(i -> LongStream.rangeClosed(1, i))
    .forEach(System.out::print);              //prints: 112123

list.stream()
    .flatMapToDouble(DoubleStream::of)
    .forEach(d -> System.out.print(d + " ")); //prints: 1.0 2.0 3.0
```

由上可见，这里在原始流中使用了 int 值。但是，这个流可以是任何类型的流。例如：

```
List.of("one", "two", "three")
    .stream()
    .flatMapToInt(s -> IntStream.rangeClosed(1, s.length()))
    .forEach(System.out::print);              //prints: 12312312345
```

14.4.3　终止操作

特定于数值的终止操作，相当简单明了，列举其中的两个。

• sum()：计算数值流元素的和。
• average()：计算数值流元素的平均值。

如果需要计算数值流元素值的总和或平均值，则对流的唯一要求是：流不应该是无限的。否则，计算永远不会结束。举几个操作的例子如下：

```
int sum = IntStream.empty()
                   .sum();
System.out.println(sum);                       //prints: 0

sum = IntStream.range(1, 3)
               .sum();
System.out.println(sum);                       //prints: 3

double av = IntStream.empty()
                     .average()
                     .orElse(0);
System.out.println(av);                        //prints: 0.0

av = IntStream.range(1, 3)
              .average()
              .orElse(0);
System.out.println(av);                        //prints: 1.5

long suml = LongStream.range(1, 3)
                      .sum();
System.out.println(suml);                      //prints: 3

double avl = LongStream.range(1, 3)
                       .average()
                       .orElse(0);
System.out.println(avl);                       //prints: 1.5

double sumd = DoubleStream.of(1, 2)
                          .sum();
System.out.println(sumd);                      //prints: 3.0

double avd = DoubleStream.of(1, 2)
                         .average()
                         .orElse(0);
System.out.println(avd);                  //prints: 1.5
```

由上可见，在空流上使用这些操作，不会产生任何问题。

14.5　并　行　流

前面已经看到，如果代码不是为处理并行流编写并加以测试，那么，从顺序流转到并行流可能导致不正确的结果。涉及并行流时，应多考虑几个问题。

14.5.1　无状态操作和有状态操作

有些操作是无状态操作（stateless operations），如 filter()、map()和 flatMap()等。在从一个流元素到下一个流元素的处理过程中，这样的操作并不保留数据（不维护状态）。还有些操作是有状态操作（stateful operations），如 distinct()、limit()、sort()、reduce()和 collect()

等。这样的操作可以将状态从以前处理过的元素传递到下一个元素的处理。

从顺序流切换到并行流时，无状态操作通常不会引起问题。每个元素都是独立处理的，流可以分解成任意数量的子流进行独立处理。对于有状态操作，情况就不同了。首先，将有状态操作用于无限流，可能永远无法完成处理任务。还有就是在讨论有状态操作 reduce() 和 collect()时，如果在没有考虑做并行处理的情况下设置初始值（或标识），那么切换到并行流会产生不同的结果。之前演示过结果产生的过程。

还有一些性能方面的考虑。有状态的操作通常需要处理所有流元素，且多种情况使用缓冲区加以处理。对于大型流，这样的操作可能会占用 JVM 资源，降低应用程序（如果没有完全关闭）的运行速度。

程序员不应该轻易地从顺序流切换到并行流，原因在此。如果涉及有状态操作，则必须对代码进行设计和测试，使其能够进行并行流处理而不产生负面影响。

14.5.2　顺序处理还是并行处理

上节指出，并行处理可能会也可能不会产生更好的性能。在决定使用并行流之前，必须测试每个用例。并行可以产生更好的性能，但是必须对代码进行设计和优化。而且每个假设都必须在尽可能接近产品的环境中进行测试。

然而，在决定是顺序处理还是并行处理之际，有以下几点需要考虑清楚：

- 典型情况下，小的流顺序处理更快（那么，什么流是“小的”这个问题，决定因素在于编程环境，并通过测试和对性能加以衡量后再予以确定）。
- 如果有状态操作不能被无状态操作所替代，那么就要仔细设计用于并行处理的代码，或者干脆避开并行处理。
- 对于需要大量计算的步骤，可考虑使用并行处理，但要想到的是，将部分结果合并为最终结果。

本 章 小 结

本章讨论了数据流的处理，这不同于第 5 章中讨论的 I/O 流的处理。本章中，定义了什么是数据流、如何使用流操作来处理流元素，以及如何在管道中链接流操作。另外，还讨论了流的初始化以及如何对流进行并行处理。

第 15 章将介绍“反应式宣言”、其主旨以及实施范例。下一章将讨论反应式系统和响应式系统之间的区别，以及什么是异步处理和非阻塞处理，还将讨论反应流和 RxJava。

第15章

反应式编程

本章向读者介绍“反应式宣言”（reactive manifesto）和反应式编程（reactive programming）。首先定义和讨论相关的主要概念——异步、非阻塞和响应式。然后运用这些概念，对反应式编程、主要反应式框架和 RxJava 展开详细的讨论。

本章将涵盖以下主题：

- 异步处理。
- 非阻塞 API。
- 反应式体系。
- 反应式流。
- RxJava——Java 反应式扩展。

15.1 异步处理

异步（asynchronous）表示请求者立即得到响应，但结果并没有到位。相反，请求者需一直等待，直到结果发送过来或保存到数据库中，结果也（例如）作为一个对象出现，该对象允许对结果是否准备妥当加以检查。如果是后一种情况，请求者就定期调用该对象的某个方法；若结果准备妥当，便使用同一对象的另一个方法来获取结果。异步处理的好处是，请求者在等待期间可以做其他事情。

在第 8 章演示了如何创建子线程。这样的子线程发送一个非异步（阻塞）请求，然后等待请求的返回，其间不做任何事情。与此同时，主线程继续执行并定期调用子线程对象，以查看结果是否准备妥当。这是最基本的异步处理的实现。事实上，在使用并行流时，就用过异步处理了。

在后台创建子线程的并行流操作将流分成多个段，并将每个段分配给一个专门的线程处理，然后将所有段的部分结果聚合为最终结果。在上一章即第 14 章，甚至编写了函数来执行聚合任务。提醒一下，这种函数称为组合器（combiner）。

下面还是举例子来比较一下顺序流和并行流的性能吧。

15.1.1 顺序流和并行流

为演示顺序处理和并行处理的区别，想象这样一个系统：从 10 个物理设备（传感器）

收集数据并计算平均值。下面的 get()方法从 ID 标识的传感器收集测量数据：

```
double get(String id){
    try{
        TimeUnit.MILLISECONDS.sleep(100);
    } catch(InterruptedException ex){
        ex.printStackTrace();
    }
   return id * Math.random();
}
```

这里设置了 100ms 的延迟，模拟从传感器收集测量数据所需的时间。对于所产生的测量值，使用了 Math.random()方法。要用到 MeasuringSystem 类的一个对象来调用 get()方法，此方法属于 MeasuringSystem 类。

接下来要计算平均值，以抵消单个设备的错误及其他特性：

```
void getAverage(Stream<Integer> ids) {
    LocalTime start = LocalTime.now();
    double a = ids.mapToDouble(id -> new MeasuringSystem().get(id))
                  .average()
                  .orElse(0);
   System.out.println((Math.round(a * 100.) / 100.) + " in " +
       Duration.between(start, LocalTime.now()).toMillis() + " ms");
}
```

注意一下，这里是如何使用 mapToDouble()操作将 ID 流转换为 DoubleStream 的。这样做，便于应用 average()操作。average()操作返回一个 Optional<Double>对象，这里调用其 orElse(0)方法，该方法返回计算出的值或 0（例如，测量系统无法连接到任何一个传感器就返回一个空流）。

getAverage()方法的最后一行的作用是打印结果以及计算结果所花费的时间。在实际代码中，返回的是结果并将结果用于其他方面的计算。为演示之需，这里只打印结果。

现在，可以比较顺序流和并行流处理的性能了：

```
List<Integer> ids = IntStream.range(1, 11)
                             .mapToObj(i -> i)
                             .collect(Collectors.toList());
getAverage(ids.stream());           //prints: 2.99 in 1030 ms
getAverage(ids.parallelStream());   //prints: 2.34 in 214 ms
```

运行上述示例，结果可能会不同。读者或许能想起来，这里用的随机值来模拟收集的度量值。

由上可见，并行流的处理速度比顺序流快 5 倍。但最终结果不同，这是因为每次测量都会产生稍微不同的结果。

并行流使用异步处理，这在幕后进行。但这不是程序员在讨论所请求的异步处理时所考虑的。从应用程序的角度来看，这只是并行（也称为“并发”）处理。这种处理比顺序处理要快，但是主线程必须等待，直到所有的调用都完成并获取到数据。如果每个调用都至少花费 100ms（在本例中是这样设置的），那么所有调用的处理就不能在更短的时间内完成了。

当然，也可以创建一个子线程，让其执行所有调用并等待调用完成，而主线程则执行其他操作。甚至可以创建一个服务来完成这一切。这样，应用程序只需告诉这个服务必须去做什么，然后自己继续做其他的事情。之后，主线程可以再次调用服务并获得结果，或者在某个约定的位置获取结果。

这就是程序员所说的真正的异步处理。但是，在编写这样的代码之前，还是先看看 java.util.concurrent 包中的 CompletableFuture 类。该类能完成所有描述过的任务，甚至更多。

15.1.2　CompletableFuture 对象的使用

使用 CompletableFuture 对象，通过从该对象获取结果，就能够将发送请求与测量系统分开。这种情形正好符合对异步处理所做的解释。示例代码如下：

```
List<CompletableFuture<Double>> list =
       ids.stream()
           .map(id -> CompletableFuture.supplyAsync(() ->
                                      new MeasuringSystem().get(id)))
           .collect(Collectors.toList());
```

supplyAsync()方法不会等待对测量系统的调用返回。相反，此方法会立即创建一个 CompletableFuture 对象并将其返回。这样，客户端可以在以后任何时候用这个对象来获取测量系统返回值。具体如下：

```
LocalTime start = LocalTime.now();
double a = list.stream()
                  .mapToDouble(cf -> cf.join().doubleValue())
                  .average()
                  .orElse(0);
System.out.println((Math.round(a * 100.) / 100.) + " in " +
       Duration.between(start, LocalTime.now()).toMillis() + " ms");
                                                //prints: 2.92 in 6 ms
```

还有一些方法允许对是否返回了值做出检查，但这不是本演示的重点。本演示的目的是展示如何使用 CompletableFuture 类来组织异步处理。

所创建的 CompletableFuture 对象列表可以存储在任何地方，并可很快得到处理（在这里所举的例子中是 6ms），前提是已经收到了测量结果。在创建 CompletableFuture 对象列表和处理这些对象之间，系统没有被阻塞，可以做其他的事情。

CompletableFuture 类有许多方法，还得到其他几个类和接口的支持。例如，可以添加固定大小的线程池来限制线程的数量：

```
ExecutorService pool = Executors.newFixedThreadPool(3);
List<CompletableFuture<Double>> list = ids.stream()
          .map(id -> CompletableFuture.supplyAsync(() ->
                         new MeasuringSystem().get(id), pool))
          .collect(Collectors.toList());
```

这样的线程池各种各样，用于不同的目的，具有不同的性能。但所有这些并没有改变系统的整体设计，所以这些细节就省略不谈了。

由上可见，异步处理的功能非常强大。还有一种异步 API 变体，称为非阻塞 API（non-blocking API），15.2 节再讨论。

15.2 非阻塞 API

非阻塞 API 的客户端希望快速返回结果。也就是说，不需要阻塞很长的时间。因此，非阻塞 API 暗含的意思是应用程序要具有高度响应性。非阻塞 API 可以同步或异步地处理请求——这对客户端来说无关紧要。但在实践中，这通常意味着应用程序会使用异步处理来增加吞吐量，并提高性能。

非阻塞（non-blocking）这一术语在 java.nio 包中开始被使用开来。非阻塞输入输出（NIO）为密集的输入输出操作提供了支持，描述了应用程序是如何实现的：NIO 不为每个请求指定一个执行线程，而是提供几个轻量级工作线程来异步地、并发地进行处理。

15.2.1 java.io 包与 java.nio 包对比

与仅在内存中的读写操作相比，在外存中（例如，硬盘驱动器中）数据的读写操作要慢得多。java.io 包中已经存在的类和接口运行状况良好，但有时会构成瓶颈，影响性能。新创建的 java.nio 包提供了更有效的 I/O 支持。

java.io 的实现基于 I/O 流的处理。从 15.1 节中可以看到，java.io 的实现基本上是一种阻塞式操作，即便幕后会有某种并发性。为了提高速度，java.nio 的实现应运而生，其基础是在内存缓冲区进行读写。这样的设计使这种实现能够将填充/清空缓冲区的缓慢过程与快速读取写入缓冲区的过程分开。

在某种程度上，java.nio 的实现类似于在 CompletableFuture 用法示例中所做的。将数据放在缓冲区的另一个好处是可以检查数据。在缓冲区中来回访问数据，这在从流中顺序读取数据时是不可能做到的。这种实现在数据处理过程中提供了更大的灵活性。另外，java.nio 的实现引入了另一个中间处理流程，被称为通道（channel），用于在缓冲区之间传输大量数据。

数据读取线程从通道获取数据，且只接收当前可用的数据，或者什么也不接收（如果通道中没有数据）。如果数据不可用，那么线程就不会保持阻塞状态，而是可以做其他事情，例如从其他通道读写。这与前面所举的 CompletableFuture 例子中的运作方式是一样的：测量系统从传感器读取数据时，主线程可以任意做需要做的事。

通过这种方式，多个工作线程可以为多个 I/O 进程服务，而不是将一个线程分配给一个 I/O 进程。这种解决方案被称为非阻塞输入输出（non-blocking I/O，NIO）。这个方案随后被应用于其他处理中，最突出的应用当属“事件循环中的事件处理”，也称为运行循环（run loop）。

15.2.2 事件/运行循环

许多非阻塞系统都基于事件循环（event loop）或运行循环，它其实是一个不断运行下去的线程。此循环接收事件（请求、消息），然后将其分派给相应的事件处理程序（工作线程）。事件处理程序没有什么特别之处，只是程序员专用于处理特定事件类型的方法（函数）。

这样的设计称为反应器设计模式（reactor design pattern）。它是围绕处理并发事件和服务请求构建的，且还为反应式编程（reactive programming）和反应式系统（reactive systems）提供了名称。反应式系统对事件做出“反应”，并对事件进行并发式处理。

基于事件循环的设计广泛应用于操作系统和图形用户界面。这种设计在 Spring 5 的 Spring WebFlux 中可用，并在 JavaScript 及其流行的执行环境 Node.js 中得到实现。后者使用事件循环作为其处理主干。工具包 Vert.x 也是围绕事件循环构建的。

在采用事件循环之前，为每个传入请求分配一个专用线程——这与在流处理中所做的演示非常相似。每个线程都需要分配一定数量的资源，而这些资源不是特定于请求的，因此有些资源（主要是内存分配）被浪费了。之后，随着请求数量的增长，CPU 需要更频繁地将其上下文从一个线程切换到另一个线程，以允许对所有请求进行或多或少的并发处理。在这种负载下，切换上下文的开销非常大，足以影响应用程序的性能。

执行事件循环解决了这两个问题。事件循环避免创建专用于每个请求的线程，并在处理请求之前一直保留线程，从而消除了资源的浪费。有了事件循环，每个请求只需要更小的内存分配来捕获请求的细节。这样就可以在内存中保留更多的请求，从而能并发地处理这些请求。由于上下文数量的减少，CPU 上下文切换的开销也变得非常小。

非阻塞 API 是对请求的处理得以实现的方式，使系统能够处理更大的负载，同时保持高度响应性和复原性。

15.3　反应式体系

反应式（reactive）这一术语通常用于反应式编程和反应式系统的上下文中。反应式编程（也称为 Rx 编程）基于异步数据流（也称反应式流）。反应式编程是作为 Java 的反应式扩展（RX）而引入的，也称为 RxJava（http://reactivex.io）。后来，通过 java.util.concurrent 包将对 RX 的支持添加到 Java 9 中。反应式编程允许 Publisher 生成数据流，且 Subscriber 可以异步订阅这些数据流。

反应式流和标准流（也称 Java 8 流，包含在 java.util.stream 包中）之间的主要区别是，反应式流的源（发布者）以自己的速率将元素推送给订阅者，而在标准流中，只有在前一个元素处理完之后新的元素才能被拉出并发出去。

可见，通过使用 CompletableFuture，即使没有这个新的 API，也能够异步处理数据。但是，这样的代码写过几次之后，就会注意到大多数代码只是在做摸索工作，于是你觉得一定会有一种更为简单、更为方便的解决方案。“反应式流（http://www.reactive-streams.org）倡议”就是在这样的情况下诞生的。对于这一成果的目的，有如下定义：

“反应式流的目的是寻找最小化的一组接口、方法和协议，用以描述所需的操作和实体，最终达到目标——具有非阻塞背压的异步数据流。”

非阻塞背压（non-blocking back pressure）这一术语指向了异步处理中的一个问题：协调输入数据的速率和系统能够处理这些数据而无须停止（阻塞）数据输入的能力。解决的途径就是通知数据源消费者跟不上数据输入的步伐。况且，这样的处理应该对输入数据速率的变化做出反应，且反应的方式要比仅仅阻塞数据流动的方式更为灵活。反应式由此得名。

已经有一些库实现了反应式流 API，其中最为知名的有 RxJava（http://reactivex.io）、Reactor（https://projectreactor.io）、Akka Streams（https://akka.io/docs）以及 Vert.x（https://vertx.io/）等。使用 RxJava 或其他异步流库编写代码就是反应式编程（reactive programming)。反应式编程实现了“反应式宣言”(https://www.reactivemanifesto.org)中所宣称的目标，即构建具有响应性、复原性、灵活性和消息驱动的反应式体系。

15.3.1　响应性

“响应性”(responsiveness)的字面意思就足以解释这一术语的含义。及时做出响应是一种能力，也是任何一个系统的主要品质之一。有很多途径可以获得这种能力。即使是一个传统意义上的阻塞式 API，有了足够多的服务器和其他基础设施的支持，在负载不断增加的情况下也可以达到相当不错的响应性。

反应式编程有助于减少硬件的使用，但要付出代价，因反应式代码需要对控制流的思考方式做出改变。但一段时间过后，这种新的思维方式就会变得跟其他任何熟悉的技能一样自然了。在下面几节中，将看到更多的反应式编程的示例。

15.3.2　复原性

失败无法避免。硬件崩溃，软件存在缺陷，接收到的数据不是预期的，或者采用了未经测试的执行路径——这样的单个事件或者组合事件，随时可能发生。复原性(resilience)就是系统具有的能力：意外情况发生时，系统能够继续交付预期的结果。

复原性可以通过使用可部署组件和硬件的冗余量来获得。例如，通过使用系统部件的隔离来减少多米诺骨牌效应的可能性，通过使用可自动替换的部件来设计系统，以及通过发出警报来让有资历的人员进行干预。这里也讨论一下分布式系统，这是复原性系统设计的一个很好的例子。

分布式架构消除了单点故障。此外，将系统分解为许多专门化组件，组件相互交互时使用消息。这样的分解容许对最关键部件的复制做出更好的调整，并为这些部件的分隔和潜在故障的控制创造更多的机会。

15.3.3　灵活性

维持最大负载的能力通常与伸缩性(scalability)相关。但是，在不断变化的负载下，而不仅仅是在不断增加的负载下，保持住同样性能特点的能力被称为灵活性(elasticity)。

灵活性系统的客户端不应该注意到空闲期和峰值负载期之间的任何区别。实现的非阻塞反应式风格促进了这种品质的形成。此外，将程序分解成更小的部分，并将这些小部分转换为可以独立部署和管理的各种服务。这样做，允许对资源的分配进行微调。

这样的小型服务称为微服务架构(microservices)，多个微服务架构合在一起就能组成一个反应式系统。这个系统既具伸缩性又具灵活性。在接下来的小节和第 16 章将更详细地讨论这样的架构。

15.3.4　消息驱动

已经证实：组件分隔和系统分布这两个方面有助于维持系统的响应性、复原性和灵活性。宽松和灵活的连接也是维持这些品质的重要条件。反应式系统的异步性根本没有给设计人员留下其他任何选择，只能在各种消息上建立起组件之间的通信体系。

这种通信体系在每个组件周围创建一个喘息空间。没有这个空间，系统将是一个紧密耦合的单体，容易产生各种问题，更不用说噩梦般的维护了。

第 16 章将讨论这种架构风格，该风格可用于建立一个应用程序。这个应用程序是松耦合微服务架构的集合，且这些微服务架构使用各种消息进行通信。

15.4 反应式流

Java 9 中引进的反应式流 API，包括以下 4 个接口：

```
@FunctionalInterface
public static interface Flow.Publisher<T> {
    public void subscribe(Flow.Subscriber<T> subscriber);
}
public static interface Flow.Subscriber<T> {
    public void onSubscribe(Flow.Subscription subscription);
    public void onNext(T item);
    public void onError(Throwable throwable);
    public void onComplete();
}
public static interface Flow.Subscription {
    public void request(long numberOfItems);
    public void cancel();
}
public static interface Flow.Processor<T,R>
                extends Flow.Subscriber<T>, Flow.Publisher<R> {
}
```

Flow.Subscriber 对象可作为参数传递到 Flow.Publisher<T>的 subscribe()方法中。然后，发布者调用订阅者的 onSubscribe()方法，并将此方法作为参数传递给一个 Flow.Subscription 对象。现在，订阅者可以在订阅对象上调用 request(long numberOfItems)，以便从发布者那里请求数据。这样，拉拽模型（pull model）得以实现，同时让订阅者决定何时请求另一条目进行处理。订阅者可以通过在订阅时调用 cancel()方法从发布服务器取消订阅。

作为响应，发布者调用订阅者的 onNext()方法向订阅者发送一个新条目。当没有更多的数据到来时（来自源的所有数据都已发出），发布者调用订阅者的 onComplete()方法。还有，发布者调用订阅者的 onError()方法，就是告诉订阅者有问题出现了。

Flow.Processor 接口描述了既可以作为订阅服务器又可以作为发布服务器的实体。该接口允许创建此类处理器的链（管道），以便订阅者可以从发布者接收条目，对其进行转换，然后将结果传递给下一个订阅者或处理器。

在推模型（push model）中，发布者可以调用 onNext()，而不需要来自订阅者的任何请求。如果处理速率低于条目发布速率，订阅者可以使用各种策略来缓解压力。例如，订阅者可以跳过条目，或为临时存储创建一个缓冲区，借此希望条目的生产会减慢，以便订阅者能够跟上进度。

这是“反应式流倡议”中定义的最小化接口集，用以支持带有非阻塞背压的异步数据流。可见，这个定义允许订阅者和发布者相互交谈，并对传入的数据进行协调，从而为背压问题提供各种解决方案。这在 15.3 节中讨论过。

有许多方法可以实现这些接口。目前在 JDK 9 中，其中只有一个接口得以实现：

SubmissionPublisher 实现了 Flow.Publisher。其原因是这些接口不应该由应用程序开发者来使用。由反应式流库的开发人员使用的是服务提供者接口（SPI）。如果需要的话，使用已有的工具包来实现反应式流 API。这样的工具包已经提到过，包括 RxJava、Reactor、Akka 流、Vert.x 以及你可能喜欢的其他库。

15.5 RxJava——Java 反应式扩展

在所举的例子中，这里将使用 RxJava 2.2.7（http://reactivex.io），并按照以下依赖项将其添加到项目中：

```
<dependency>
    <groupId>io.reactivex.rxjava2</groupId>
    <artifactId>rxjava</artifactId>
    <version>2.2.7</version>
</dependency>
```

首先，使用 java.util.stream 包和 io.reactivex 包比较一下两个实现的相同功能。示例程序非常简单。具体如下：

- 创建一个整数流 1、2、3、4、5。
- 仅过滤偶数（2 和 4）。
- 计算每个过滤后的数字的平方根。
- 计算所有平方根的和。

使用 java.util.stream 包加以实现，代码如下：

```
double a = IntStream.rangeClosed(1, 5)
                    .filter(i -> i % 2 == 0)
                    .mapToDouble(Double::valueOf)
                    .map(Math::sqrt)
                    .sum();
System.out.println(a);                       //prints: 3.414213562373095
```

使用 RxJava 实现同样的功能，代码如下：

```
Observable.range(1, 5)
          .filter(i -> i % 2 == 0)
          .map(Math::sqrt)
          .reduce((r, d) -> r + d)
          .subscribe(System.out::println); //prints: 3.414213562373095
```

RxJava 基于 Observable 对象（扮演的是 Publisher 的角色）和 Observer 对象（订阅了 Observable 对象并等待数据被发出）。

与 Stream 的功能相比，Observable 具有明显不同的能力。例如，Stream 一旦关闭，就不能重新打开，而 Observable 对象可以再次使用。示例如下：

```
Observable<Double> observable = Observable.range(1, 5)
          .filter(i -> i % 2 == 0)
          .doOnNext(System.out::println)    //prints 2 and 4 twice
          .map(Math::sqrt);
observable
          .reduce((r, d) -> r + d)
```

```
        .subscribe(System.out::println); //prints: 3.414213562373095
observable
        .reduce((r, d) -> r + d)
        .map(r -> r / 2)
        .subscribe(System.out::println); //prints: 1.7071067811865475
```

上例中，由注释可以看到，doOnNext()操作被调用了两次。这说明 Observable 对象两次发出值，对每个处理管道发出一次。代码运行结果如图 15-1 所示。

```
2
4
3.414213562373095
2
4
1.7071067811865475
```

图 15-1 代码运行结果 1

如果不想让 Observable 运行两次，可以添加 cache()操作，将其缓存下来：

```
Observable<Double> observable = Observable.range(1,5)
        .filter(i -> i % 2 == 0)
        .doOnNext(System.out::println)   //prints 2 and 4 only once
        .map(Math::sqrt)
        .cache();
observable
        .reduce((r, d) -> r + d)
        .subscribe(System.out::println); //prints: 3.414213562373095
observable
        .reduce((r, d) -> r + d)
        .map(r -> r / 2)
        .subscribe(System.out::println); //prints: 1.7071067811865475
```

由上可见，第二次对相同的 Observable 对象的使用中利用了缓存的数据，令性能更佳。代码运行结果如图 15-2 所示。

图 15-2 代码运行结果 2

RxJava 提供了异常丰富的功能，本书不再详加讨论。相反，将尽力去讨论最为流行的 API。该 API 描述了能够使用 Observable 对象来调用的方法。这些方法通常也称为操作（operations），这跟 Java 8 标准流中的情况是一样的。这些方法也可称作操作符（operators），主要用于连接反应流。这里将方法、操作和操作符这三个术语作为同义词来互换使用。

15.5.1 Observable 对象的划分

观察者通过订阅来接收 Observable 对象的值，其表现可为下列任一类型：

- 阻塞：等待结果返回。

- 非阻塞：异步处理被发出的元素。
- 冷：应观察者的请求发出一个元素。
- 热：不管观察者是否订阅，都发出元素。

Observable 对象可以是 io.reactivex 包中任何一个类的对象。这些类列举如下：

- Observable<T>：可以发出 0 个、1 个或多个元素，不支持背压。
- Flowable<T>：可以发出 0 个、1 个或多个元素，支持背压。
- Single<T>：可以发出 1 个元素或错误，不适用于背压的概念。
- Maybe<T>：表示一个被延迟的计算。可以发出 0 个值、1 个值或错误。不适用于背压的概念。
- Completable：表示不具备任何值的一个被延迟的计算。指示的是任务完成或产生错误。不适用于背压的概念。

上述这些类中，任何一个的对象都是 Observable 对象，都可表现为阻塞、非阻塞、冷或热。不同表现的原因在于可发出值的数量、延迟返回结果的能力或者只返回任务完成的标志，以及其处理背压的能力。

1. 阻塞方法与非阻塞方法对比

为演示这样的行为，下面创建一个 Observable 对象。此对象从 1 开始，连续发出 5 个整数：

```
Observable<Integer> obs = Observable.range(1,5);
```

Observable 的所有阻塞方法（操作符）都以 blocking 开头，所以 blockingLast()是一个阻塞操作符，用以阻塞管道，直到最后一个元素发出为止：

```
Double d2 = obs.filter(i -> i % 2 == 0)
               .doOnNext(System.out::println) //prints 2 and 4
               .map(Math::sqrt)
               .delay(100, TimeUnit.MILLISECONDS)
               .blockingLast();
System.out.println(d2);                 //prints: 2.0
```

本例中，要求只选出偶数并打印选中的元素，然后计算平方根并等待 100 ms（模拟长时运行的计算）。上述代码的运行结果如图 15-3 所示。

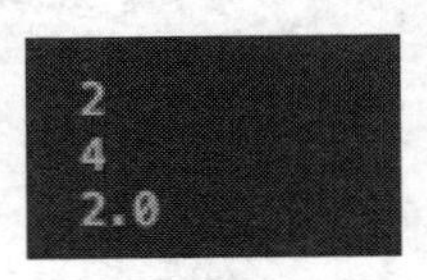

图 15-3　代码运行结果 3

实现相同功能的非阻塞版本如下：

```
List<Double> list = new ArrayList<>();
obs.filter(i -> i % 2 == 0)
   .doOnNext(System.out::println)     //prints 2 and 4
   .map(Math::sqrt)
   .delay(100, TimeUnit.MILLISECONDS)
   .subscribe(d -> {
       if(list.size() == 1){
```

```
                list.remove(0);
            }
            list.add(d);
        });
    System.out.println(list);              //prints: []
```

这里使用了 List 对象来捕获结果，因为读者可能还记得，lambda 表达式不允许使用非 final 变量。

由上可见，最终生成的列表是空的。这是因为管道计算是在非阻塞（异步）的情况下执行的。因此，由于延迟了 100ms，与此同时控制转到了最后一行，这一行的任务是打印列表内容，内容依然为空。可以在最后一行的前面设置一个延迟：

```
try {
    TimeUnit.MILLISECONDS.sleep(200);
} catch (InterruptedException e) {
    e.printStackTrace();
}
System.out.println(list);              //prints: [2.0]
```

延迟必须至少为 200ms，因为管道处理两个元素，每个元素延迟 100ms。现在可以看出，该列表包含一个期望中的值：2.0。

这就是阻塞操作符和非阻塞操作符的区别。其他被观察对象的类也有类似的阻塞操作符。以下是阻塞 Flowable、Single 和 Maybe 的例子：

```
Flowable<Integer> obs = Flowable.range(1,5);
Double d2 = obs.filter(i -> i % 2 == 0)
        .doOnNext(System.out::println)      //prints 2 and 4
        .map(Math::sqrt)
        .delay(100, TimeUnit.MILLISECONDS)
        .blockingLast();
System.out.println(d2);                     //prints: 2.0

Single<Integer> obs2 = Single.just(42);
int i2 = obs2.delay(100, TimeUnit.MILLISECONDS).blockingGet();
System.out.println(i2);                     //prints: 42

Maybe<Integer> obs3 = Maybe.just(42);
int i3 = obs3.delay(100, TimeUnit.MILLISECONDS).blockingGet();
System.out.println(i3);                     //prints: 42
```

Completable 类有阻塞操作符，且允许设置超时：

```
(1) Completable obs = Completable.fromRunnable(() -> {
            System.out.println("Running..."); //prints: Running...
            try {
                TimeUnit.MILLISECONDS.sleep(200);
            } catch (InterruptedException e) {
                e.printStackTrace();
            }
    });
(2) Throwable ex = obs.blockingGet();
(3) System.out.println(ex);                   //prints: null

//(4) ex = obs.blockingGet(15, TimeUnit.MILLISECONDS);
//                            java.util.concurrent.TimeoutException:
```

```
//              The source did not signal an event for 15 milliseconds.

(5) ex = obs.blockingGet(150, TimeUnit.MILLISECONDS);
(6) System.out.println(ex);                     //prints: null

(7) obs.blockingAwait();
(8) obs.blockingAwait(15, TimeUnit.MILLISECONDS);
```

上述代码的运行结果如图 15-4 所示。

图 15-4 代码运行结果 4

第一个 Run 消息来自第（2）行，是对 blockingGet()阻塞方法调用的回应。第一个 null 消息来自第（3）行。第（4）行抛出一个异常，因为超时设置为 15ms，而实际处理被设置成 100ms 的延迟。第二个 Run 消息来自第（5）行，是对调用 blockingGet()阻塞方法的回应。这一次，超时设置为 150ms，此值大于 100ms，并且该方法能够在超时结束之前返回。

最后两行（第（7）行和第（8）行）演示了 blockingAwait()方法的用法，包括带超时的用法和不带超时的用法。此方法不返回值，但允许可观察的管道自己去运行。有意思的是，即使将超时设置为比管道完成所需时间更小的值，此方法也不会抛出异常而终止运行。显然，此方法在管道完成处理之后才开始等待，除非这是一个缺陷，日后加以修复（这一点，文档中的描述不很清晰）。

尽管存在阻塞操作（在接下来的小节中涉及每个可观察的类型时，将展开讨论），但是在仅使用非阻塞操作不能实现所需功能的情况下，才使用也应该使用这样的阻塞操作。反应式编程的主要目的是竭力以非阻塞的方式来异步处理所有请求。

2. 冷 Observable 对象与热 Observable 对象对比

到目前为止，这里看到的所有示例都只是演示了一个冷 Observable 对象。也就是说，在这些示例中，仅仅在前一个值已经被处理完之后，才应处理管道的请求来处理下一个值。下面是另一个例子：

```
Observable<Long> cold = Observable.interval(10, TimeUnit.MILLISECONDS);
cold.subscribe(i -> System.out.println("First: " + i));
pauseMs(25);
cold.subscribe(i -> System.out.println("Second: " + i));
pauseMs(55);
```

这里用了 interval()方法来创建 Observable 对象。该对象表示每隔指定间隔（此例中是每 10ms）发出的顺序数值流。然后订阅创建的对象，等待 25ms，再次订阅，再等待 55ms。pauseMs()方法如下：

```
void pauseMs(long ms){
    try {
        TimeUnit.MILLISECONDS.sleep(ms);
```

```
        } catch (InterruptedException e) {
            e.printStackTrace();
        }
    }
```

上述代码的运行结果如图 15-5 所示。

由上可见，每个管道处理的是由冷 Observable 对象发出的每一个值。为了将冷 Observable 对象转换为热 Observable 对象，要使用 publish()方法。该方法将 Observable 对象转换为 ConnectableObservable 对象，它是 Observable 的扩展。具体如下：

```
ConnectableObservable<Long> hot =
            Observable.interval(10, TimeUnit.MILLISECONDS).publish();
hot.connect();
hot.subscribe(i -> System.out.println("First: " + i));
pauseMs(25);
hot.subscribe(i -> System.out.println("Second: " + i));
pauseMs(55);
```

由上可见，必须调用 connect()方法，以便 ConnectableObservable 对象开始发出值。输出结果如图 15-6 所示。

```
First: 0
First: 1
First: 2
First: 3
Second: 0
Second: 1
First: 4
Second: 2
First: 5
First: 6
Second: 3
Second: 4
First: 7
```

图 15-5 代码运行结果 5

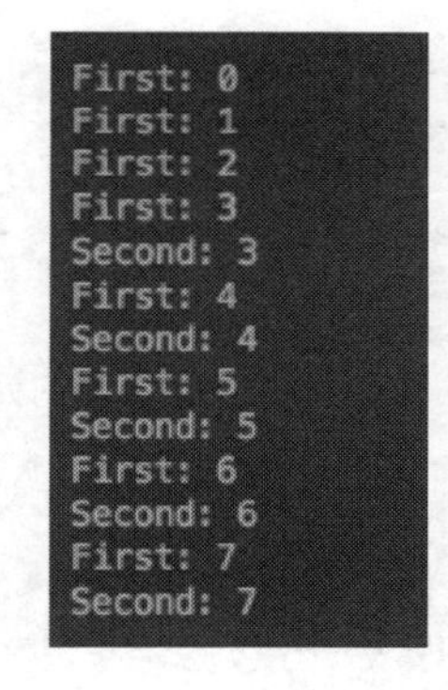

图 15-6 代码运行结果 6

输出结果表明，第二个管道没有接收到前三个值，因为这个管道后来订阅的 Observable 对象。因此，Observable 对象发出值与观察者处理这些值的能力无关。如果处理落后，并且在以前的值还没有完全处理完的时候新值不断出现，Observable 类就将这些新值放入缓冲区。这个缓冲区大到一定程度，JVM 可能会耗尽内存，因为前面已经说过，Observable 类不具备背压管理的能力。

对于这种情况，Flowable 类是更好的 Observable 对象的候选者，因为这个类确确实实有能力来处理背压。例如：

```
PublishProcessor<Integer> hot = PublishProcessor.create();
hot.observeOn(Schedulers.io(), true)
   .subscribe(System.out::println, Throwable::printStackTrace);
for (int i = 0; i < 1_000_000; i++) {
    hot.onNext(i);
}
```

PublishProcessor 类扩展了 Flowable，并具有 onNext(Object o)方法，该方法强制这个类发出被传入的对象。在调用这个类之前，已经使用 Schedulers.io()线程订阅了 Observable 对象。在 15.5.5 节中将讨论调度器。

subscribe()方法有多个重载的版本。这里决定使用带两个 Consumer 函数的方法：第一个处理传入的值；第二个处理任何管道操作（类似于 catch 块）抛出的异常。

如果运行上述例子，结果将如图 15-7 所示。代码成功打印出前 127 个值，然后抛出 MissingBackpressureException 异常。

```
126
127
io.reactivex.exceptions.MissingBackpressureException: Could not emit value due to lack of requests
    at io.reactivex.processors.PublishProcessor$PublishSubscription.onNext(PublishProcessor.java:364)
    at io.reactivex.processors.PublishProcessor.onNext(PublishProcessor.java:243)
    at com.packt.learnjava.ch15_reactive.HotObservable.hot(HotObservable.java:31)
    at com.packt.learnjava.ch15_reactive.HotObservable.main(HotObservable.java:14)
```

图 15-7　代码运行结果 7

异常中的消息提供了一条线索：Could not emit value due to lack of requests（由于缺乏请求而不能发出值）。显然，发出值的速率要快于消耗值的速率，并且内部缓冲区只能保存 128 个元素。如果增加延迟（模拟更长的处理时间），结果会更糟：

```
PublishProcessor<Integer> hot = PublishProcessor.create();
hot.observeOn(Schedulers.io(), true)
   .delay(10, TimeUnit.MILLISECONDS)
   .subscribe(System.out::println, Throwable::printStackTrace);
for (int i = 0; i < 1_000_000; i++) {
    hot.onNext(i);
}
```

甚至前 128 个元素也将无法通过，输出的结果只有 MissingBackpressureException。解决这个问题，需要设置一个背压策略。例如，可去掉管道没有成功处理的每个值：

```
PublishProcessor<Integer> hot = PublishProcessor.create();
hot.onBackpressureDrop(v -> System.out.println("Dropped: "+ v))
   .observeOn(Schedulers.io(), true)
   .subscribe(System.out::println, Throwable::printStackTrace);
for (int i = 0; i < 1_000_000; i++) {
   hot.onNext(i);
}
```

注意，此策略必须在 observeOn()操作之前加以设置，以便由被创建的 Schedulers.io()线程来获取。输出结果显示，许多发出的值被去掉了。图 15-8 是一个输出片段。

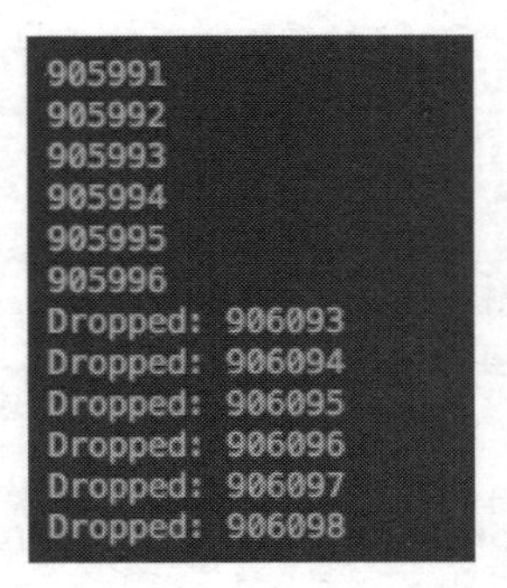

图 15-8　代码运行结果 8

在 15.5.4 节将讨论其他背压策略。

15.5.2　Disposable 对象

请注意，subscribe()方法实际上返回一个 Disposable（丢弃处理）对象，可以查询该对象来检查管道处理是否已经完成（并已被处理掉）：

```
Observable<Integer> obs = Observable.range(1,5);
List<Double> list = new ArrayList<>();
Disposable disposable =
       obs.filter(i -> i % 2 == 0)
          .doOnNext(System.out::println)       //prints 2 and 4
          .map(Math::sqrt)
          .delay(100, TimeUnit.MILLISECONDS)
          .subscribe(d -> {
               if(list.size() == 1){
                   list.remove(0);
               }
               list.add(d);
       });
System.out.println(list);                       //prints: []
System.out.println(disposable.isDisposed());    //prints: false
try {
     TimeUnit.MILLISECONDS.sleep(200);
} catch (InterruptedException e) {
     e.printStackTrace();
}
System.out.println(disposable.isDisposed());    //prints: true
System.out.println(list);                       //prints: [2.0]
```

也可以强制性对管道做丢弃处理，从而有效地将处理过程取消掉：

```
Observable<Integer> obs = Observable.range(1,5);
List<Double> list = new ArrayList<>();
Disposable disposable =
       obs.filter(i -> i % 2 == 0)
          .doOnNext(System.out::println)       //prints 2 and 4
          .map(Math::sqrt)
          .delay(100, TimeUnit.MILLISECONDS)
          .subscribe(d -> {
             if(list.size() == 1){
                list.remove(0);
             }
             list.add(d);
       });
System.out.println(list);                       //prints: []
System.out.println(disposable.isDisposed());    //prints: false
disposable.dispose();
try {
    TimeUnit.MILLISECONDS.sleep(200);
} catch (InterruptedException e) {
    e.printStackTrace();
}
System.out.println(disposable.isDisposed());    //prints: true
System.out.println(list);                       //prints: []
```

由上可见，通过添加对 disposable.dispose()的调用，终止了处理的进行：即使延迟了200ms，列表内容仍然是空的（上述示例的最后一行）。

这种强制性丢弃处理的方法可用于确保没有逃逸的线程。每个被创建的 Disposable 对象都能以与 finally 块中释放资源的相同方式进行丢弃处理。CompositeDisposable 类有助于以协调的方式处理多个 Disposable 对象。

发生 onComplete 或 onError 事件时，将对管道做自动丢弃处理。举例来说。可以用 add()方法，将一个新建的 Disposable 对象添加到 CompositeDisposable 对象中。然后，必要时在 CompositeDisposable 对象上调用 clear()方法。此方法将删除收集到的 Disposable 对象，并在每个对象上调用 dispose()方法。

15.5.3　Observable 对象的创建

在前面所举的那些例子中，读者已经看到一些创建 Observable 对象的方法。在 Observable、Flowable、Single、Maybe 和 Completable 中还有许多其他工厂方法。但下面的方法中，不是所有的方法在每一个这样的接口中都是可用的（参见注释。“所有”表示所有列出的接口都具有此种方法）：

- create()：通过提供完整的实现创建一个 Observable 对象（所有）。
- defer()：新的 Observer 每订阅一次，就创建一个新的 Observable 对象（所有）。
- empty()：创建一个空 Observable 对象，该对象在订阅后立即完成（所有，但 Single 除外）。
- never()：创建一个 Observable 对象，且这个对象不发出任何东西，也不做任何事情，甚至没有完成（所有）。
- error()：创建一个 Observable 对象，该对象在订阅时立即发出异常（所有）。
- fromXXX()：创建一个 Observable 对象，其中 XXX 可能是 Callable、Future（所有）、Iterable、Array、Publisher（Observable 和 Flowable）、Action、Runnable（Maybe 和 Completable）等。这表示可根据所提供的函数或对象创建一个 Observable 对象。
- generate()：创建一个冷 Observable 对象，该对象根据所提供的函数或对象生成值（仅 Observable 和 Flowable）。
- range()、rangeLong()、interval()、intervalRange()：创建一个 Observable 对象，该对象发出按顺序排列的 int 或 long 值，该值受或不受指定范围和指定时间间隔的限制（仅 Observable 和 Flowable）。
- just()：根据所提供的对象或一组对象创建一个 Observable 对象（所有，但 Completable 除外）。
- timer()：创建一个 Observable 对象，该对象在指定的时间之后发出 0L 信号，然后完成 Observable 和 Flowable 操作（所有）。

还有许多其他有用的方法，如 repeat()、startWith()及类似的方法。限于篇幅，这里就不一一列举了，读者可参考在线文档来进一步了解。下面来看一个 create()方法的用例。Observable 的 create()方法如下：

```
public static Observable<T> create(ObservableOnSubscribe<T> source)
```

被传入的对象是只有一个抽象方法 subscribe()的函数式接口 ObservableOnSubscribe<T>

的实现：

```
void subscribe(ObservableEmitter<T> emitter)
```

ObservableEmitter<T>接口包含的方法如下：

- boolean isDisposed()：如果处理管道被丢弃或 emitter（发射器）被终止，则返回 true。
- ObservableEmitter<T> serialize()：提供序列化算法。这个算法由对 onNext()、onError()和 onComplete()方法的调用来使用，这些方法包含在基类 Emitter 中。
- void setCancellable(Cancellable c)：在这个 emitter 上设置一个 Cancellable 实现（只有一个 cancel()方法的函数接口）。
- void setDisposable(Disposable d)：在这个 emitter 上设置一个 Disposable 实现（具有 isDispose()方法和 dispose()方法的接口）。
- boolean tryOnError(Throwable t)：处理错误条件，尝试发出所提供的异常。如果不允许发射，则返回 false。

为了创建一个 Observable 对象，上述所有的接口都可予以实现。具体如下：

```
ObservableOnSubscribe<String> source = emitter -> {
      emitter.onNext("One");
      emitter.onNext("Two");
      emitter.onComplete();
};
Observable.create(source)
          .filter(s -> s.contains("w"))
          .subscribe(v -> System.out.println(v),
                     e -> e.printStackTrace(),
                     () -> System.out.println("Completed"));
pauseMs(100);
```

仔细观察一下上述例子。这里创建了一个 ObservableOnSubscribe 函数 source，并实现了 emitter。至此，告诉 emitter 在第一次调用 onNext()时发出 One，在第二次调用 onNext()时发出 Two，然后调用 onComplete()。这里还将 source 函数传递给了 create()方法，并构建了管道来处理所有发出的值。

为了增加趣味性，还添加了 filter()操作符。此操作符只允许进一步传播带有 w 字符的值。这里选择了 subscribe()方法版本，这个版本带有三个参数，即三个函数：Consumer onNext、Consumer onError 和 Action onComplete。每次下一个值到达此方法时，调用第一个值；在发出异常时，调用第二个值；在源发出 onComplete()信号时，调用第三个值。创建完管道之后，暂停 100ms，以便让异步进程有机会完成。运行结果如图 15-9 所示。

图 15-9　代码运行结果 9

如果从 emitter 的实现中删除 emitter.onComplete()这一行，那么只会显示消息 Two。

这些是使用 create()方法的基础。由上可见，这个方法允许完全定制化。在实践中，这个方法很少被使用，因为有许多更简单的方法可用来创建可观察对象。在接下来的小节中，将会讨论这些方法。在本章余下的小节中，读者将看到示例中使用的其他工厂方法。

15.5.4　操作符

在每个可观察的接口，如 Observable、Flowable、Single、Maybe 或 Completable 中，实际上有数以百计（如果算上所有的重载版本的话）操作符可用。

在 Observable 和 Flowable 中，方法的数量超过 500 个。这就是为什么这里只做一个概述，再举几个例子，以帮助读者走出由各种可能的选项所构成的迷宫。

为助读者看清全局，这里将所有的操作符分为 10 大类：转换、过滤、组合、从 XXX 加以转换、异常处理、生命周期事件处理、实用程序、条件性和布尔体系、背压以及可连接性。

注意，这些并不是所有可用的操作符。从网络文档中你可以了解更多内容。地址为 http://reactivex. io/RxJava/2.x/javadoc/index.html。

1. 转换

这些操作符对一个 Observable 对象发出的值进行转换。

- buffer()：根据所提供的参数或使用所提供的函数将发出的值收集到包中，并定期一次发出一个包。
- flatMap()：基于当前 Observable 对象生成 Observable 对象，并将其插入到当前流中。这是其中最为流行的一种操作。
- groupBy()：将当前 Observable 对象划分为 Observable 对象组（GroupedObservables 对象）。
- map()：使用所提供的函数转换发出的值。
- scan()：将所提供的函数应用到每个值，并与前一次对前一个值应用相同函数所产生的值相结合。
- window()：发出与 buffer()类似但作为可观察值的一组值，每个可观察值发出原始可观察值的子集，然后以一个 onCompleted()结束。

下面的代码演示了 map()、flatMap()和 groupBy()的用法：

```
Observable<String> obs = Observable.fromArray("one", "two");

obs.map(s -> s.contains("w") ? 1 : 0)
   .forEach(System.out::print);          //prints: 01
List<String> os = new ArrayList<>();
List<String> noto = new ArrayList<>();
obs.flatMap(s -> Observable.fromArray(s.split("")))
        .groupBy(s -> "o".equals(s) ? "o" : "noto")
        .subscribe(g -> g.subscribe(s -> {
            if (g.getKey().equals("o")) {
                os.add(s);
            } else {
                noto.add(s);
            }
        }));
System.out.println(os);                  //prints: [o, o]
System.out.println(noto);                //prints: [n, e, t, w]
```

2. 过滤

以下操作符（及其多个重载版本）会选择出哪些值将继续通过管道流动。

- debounce()：仅当指定的时间跨度用完，而 Observable 对象没有发出另一个值时，才会发出一个值。
- distinct()：只选择不同的值。
- elementAt(long n)：在流中只发出指定位置 n 的一个值。
- filter()：仅发出与指定条件相匹配的值。
- firstElement()：只发出第一个值。
- ignoreElements()：不发出任何值，仅 onComplete()信号可通过。
- lastElement()：只发出最后一个值。
- sample()：在指定的时间间隔内发出最新的值。
- skip(long n)：跳过前 n 个值。
- take(long n)：只发出前 n 个值。

下列诸例用到上面列出的某些操作符：

```
Observable<String> obs = Observable.just("onetwo")
          .flatMap(s -> Observable.fromArray(s.split("")));
//obs emits "onetwo" as characters
obs.map(s -> {
          if("t".equals(s)){
             NonBlockingOperators.pauseMs(15);
          }
          return s;
    })
    .debounce(10, TimeUnit.MILLISECONDS)
    .forEach(System.out::print);                    //prints: eo
obs.distinct().forEach(System.out::print);          //prints: onetw
obs.elementAt(3).subscribe(System.out::println);    //prints: t
obs.filter(s -> s.equals("o"))
   .forEach(System.out::print); //prints: oo
obs.firstElement().subscribe(System.out::println); //prints: o
obs.ignoreElements().subscribe(() ->
        System.out.println("Completed!"));          //prints: Completed!
Observable.interval(5, TimeUnit.MILLISECONDS)
    .sample(10, TimeUnit.MILLISECONDS)
    .subscribe(v -> System.out.print(v + " "));     //prints: 1 3 4 6 8
pauseMs(50);
```

3. 组合

以下操作符（及其多个重载版本）使用多个 Observable 对象这样的源创建一个新的 Observable 对象：

- concat(src1, src2)：创建一个 Observable 对象，发出 src1 的所有值，再发出 src2 的所有值。
- combineLatest(src1, src2, combiner)：创建一个 Observable 对象，且该对象发出一个值，该值由两个源中某一个源发出，再与使用所提供的函数组合器的每个源发出的最新值相结合。

- join(src2, leftWin, rightWin, combiner)：根据组合器函数，在时间窗口 leftWin 和 rightWin 期间，将两个 Observable 对象发出的值结合起来。
- merge()：将多个 Observable 对象合并为一个。与 concat()形成对照的是，此操作符会将不同 Observable 对象所发出的值交错搭配，而 concat()从来不会这样做。
- startWith(T item)：从 Observable 对象这个源中发出值之前，添加指定的值。
- startWith(Observable<T> other)：从 Observable 对象这个源中发出值之前，从指定的 Observable 对象中添加值。
- switchOnNext(Observable<Observable> observables)：创建一个新的 Observable 对象，该对象发出的值，是指定的 Observable 对象最近发出的值。
- zip()：使用所提供的函数将指定的 Observable 对象的值结合起来。

下面代码演示了上列某些操作符的使用：

```
Observable<String> obs1 = Observable.just("one")
                        .flatMap(s -> Observable.fromArray(s.split("")));
Observable<String> obs2 = Observable.just("two")
                        .flatMap(s -> Observable.fromArray(s.split("")));
Observable.concat(obs2, obs1, obs2)
          .subscribe(System.out::print);      //prints: twoonetwo
Observable.combineLatest(obs2, obs1, (x,y) -> "("+x+y+")")
          .subscribe(System.out::print);      //prints: (oo)(on)(oe)
System.out.println();
obs1.join(obs2, i -> Observable.timer(5, TimeUnit.MILLISECONDS),
                i -> Observable.timer(5, TimeUnit.MILLISECONDS),
                (x,y) -> "("+x+y+")").subscribe(System.out::print);
                          //prints: (ot)(nt)(et)(ow)(nw)(ew)(oo)(no)(eo)
Observable.merge(obs2, obs1, obs2)
          .subscribe(System.out::print);      //prints: twoonetwo
obs1.startWith("42")
    .subscribe(System.out::print);            //prints: 42one
Observable.zip(obs1, obs2, obs1, (x,y,z) -> "("+x+y+z+")")
          .subscribe(System.out::print);      //prints: (oto)(nwn)(eoe)
```

4. 从 XXX 中加以转换

这类操作符相当简单明了。Observable 类中 fromXXX 转换操作符，列举如下：

- fromArray(T... items)：从可变长数组中创建一个 Observable 对象。
- fromCallable(Callable<T> supplier)：从 Callable 函数中创建一个 Observable 对象。
- fromFuture(Future<T> future)：从 Future 对象中创建一个 Observable 对象。
- fromFuture(Future<T> future, long timeout, TimeUnit unit)：从 Future 对象中创建一个 Observable 对象。Future 对象带有 timeout 参数，这些参数被应用于 future。
- fromFuture(Future<T> future, long timeout, TimeUnit unit, Scheduler scheduler)：从 Future 对象中创建一个 Observable 对象。Future 对象带有 timeout 参数，这些参数被应用于 future 和调度器。推荐使用 Schedulers.io()，具体参阅 15.5.5 节内容。
- fromFuture(Future<T> future, Scheduler scheduler)：在指定的调度器上，从 Future 对象中创建一个 Observable 对象。关于调度器，推荐使用 Schedulers.io()，具体参阅 15.5.5 节内容。
- fromIterable(Iterable<T> source)：从一个可迭代对象中（比如从 List 中）创建一个

Observable 对象。

- fromPublisher(Publisher<T> publisher)：从 Publisher 对象中创建一个 Observable 对象。

5. 异常处理

subscribe()操作符有个重载版本，此版本接受 Consumer<Throwable>函数，该函数处理管道中任何地方所引发的异常。此函数的工作原理类似于完全包含型 try-catch 块。如果将此函数传递给 subscribe()操作符，可以肯定；那是所有异常唯一终结的地方。

但是，如果需要在管道中间处理异常，以便其他操作符可以恢复和处理值的流，那么在 subscribe()操作符抛出异常之后，以下操作符（及其多个重载版本）可派上用场。

- onErrorXXX()：捕获到异常时，恢复所提供的序列，其中 XXX 表示该操作符的所作所为是 onErrorResumeNext()、onErrorReturn()或 onErrorReturnItem()。
- retry()：创建一个 Observable 对象，此对象重复源发出的内容。如果此对象调用 onError()，则重新订阅 Observable 对象这个源。

上述某些操作符的使用，演示如下：

```
Observable<String> obs = Observable.just("one")
                          .flatMap(s -> Observable.fromArray(s.split("")));
Observable.error(new RuntimeException("MyException"))
           .flatMap(x -> Observable.fromArray("two".split("")))
           .subscribe(System.out::print,
             e -> System.out.println(e.getMessage())//prints: MyException
);
Observable.error(new RuntimeException("MyException"))
           .flatMap(y -> Observable.fromArray("two".split("")))
           .onErrorResumeNext(obs)
           .subscribe(System.out::print); //prints: one
Observable.error(new RuntimeException("MyException"))
           .flatMap(z -> Observable.fromArray("two".split("")))
           .onErrorReturnItem("42")
           .subscribe(System.out::print); //prints: 42
```

6. 生命周期事件处理

此类操作符中的每一个都在某个事件上被调用，事件可在管道中任何地方发生。这些操作符的运作原理与“5.异样处理”中所描述的操作符类似。

这些操作符的格式是 doXXX()，其中 XXX 是事件的名称如 onComplete、onNext 以及 onError 等。这些操作符中，并不是所有的操作符在所有的类中都可用，且有些操作符在 Observable、Flowable、Single、Maybe 或 Completable 中略有不同。由于篇幅所限，我们不能将所有这些类的变体都列举出来。这里只能从 Observable 类中举出几个生命周期事件处理操作符的例子，并予以概述。具体如下：

- doOnSubscribe(Consumer<Disposable> onSubscribe)：有观察者订阅时，则执行。
- doOnNext(Consumer<T> onNext)：在 Observable 对象这个源调用 onNext 时，应用所提供的 Consumer 函数。
- doAfterNext(Consumer<T> onAfterNext)：将所提供的 Consumer 函数应用于推送到下游后的当前值。
- doOnEach(Consumer<Notification<T>> onNotification)：对每个发出的值执行 Consumer 函数。

- doOnEach(Observer<T> observer)：将每个发出的值和发出的终止事件通知到Observer。
- doOnComplete(Action onComplete)：在 Observable 对象这个源生成 onComplete 事件后，执行所提供的 Action 函数。
- doOnDispose(Action onDispose)：在管道被下游做完丢弃处理后，执行所提供的 Action 函数。
- doOnError(Consumer<Throwable> onError)：有 onError 事件被发送出去时，则执行。
- doOnLifecycle(Consumer<Disposable> onSubscribe, Action onDispose)：为对应事件调用对应 onSubscribe 或 onDispose 函数。
- doOnTerminate(Action onTerminate)：在 Observable 对象这个源生成 onComplete 事件或引发异常（onError 事件）时，执行所提供的 Action 函数。
- doAfterTerminate(Action onFinally)：在 Observable 对象这个源生成 onComplete 事件或引发异常（onError 事件）后，执行所提供的 Action 函数。
- doFinally(Action onFinally)：在 Observable 对象这个源生成 onComplete 事件，或引发异常（onError 事件），或管道被下游做完丢弃处理后，执行所提供的 Action 函数。

下面是示例代码：

```
Observable<String> obs = Observable.just("one")
            .flatMap(s -> Observable.fromArray(s.split("")));
obs.doOnComplete(() -> System.out.println("Completed!"))
            .subscribe(v -> {
                System.out.println("Subscribe onComplete: " + v);
            });
pauseMs(25);
```

运行这段代码，输出结果如图 15-10 所示。

```
Subscribe onNext: o
Subscribe onNext: n
Subscribe onNext: e
Completed!
```

图 15-10　代码运行结果 10

7. 实用程序

有多种有用的操作符（及多个重载版本）可用于控制管道行为。列举如下：

- delay()：到了指定的时间段，延迟发出内容。
- materialize()：创建一个 Observable 对象，该对象既表示发出的值又表示发送的通知。
- dematerialize()：反转 materialize()操作符的结果。
- observeOn()：指定 Observer 应该在哪个 Scheduler（或线程）上观察 Observable 对象。具体可参阅 15.5.5 节。
- serialize()：强制对发出的值和发送的通知进行序列化。
- subscribe()：订阅 Observable 对象发出的内容和发出的通知。各种重载版本接受用于各种事件的回调，事件包括 onComplete 和 onError。只有在调用 subscribe()之后，值才开始通过管道流动。

- subscribeOn()：使用指定的 Scheduler 以异步方式将 Observer 订阅给 Observable 对象。具体可参阅 15.5.5 节。
- timeInterval()、timestamp()：将一个发出值的 Observable<T>转换为 Observable<Timed<T>>，后者相应地发出时间量——在发送期间或时间戳之间流逝的时间量。
- timeout()：重复 Observable 这个源发出的内容。如果在指定的时间段之后没有发出，则生成错误。
- using()：创建一个与 Observable 对象一起被做自动丢弃处理的资源。其工作方式类似于 try-with-resources 结构。

下面的代码示例中包含了某些在管道中使用的此类操作符：

```
Observable<String> obs = Observable.just("one")
                      .flatMap(s -> Observable.fromArray(s.split("")));
obs.delay(5, TimeUnit.MILLISECONDS)
   .subscribe(System.out::print);        //prints: one
pauseMs(10);
System.out.println();                    //used here just to break the line
Observable source = Observable.range(1,5);
Disposable disposable = source.subscribe();
Observable.using(
    () -> disposable,
    x -> source,
    y -> System.out.println("Disposed: " + y) //prints: Disposed: DISPOSED
)
.delay(10, TimeUnit.MILLISECONDS)
.subscribe(System.out::print);                //prints: 12345
pauseMs(25);
```

运行所有这些例子，输出结果如图 15-11 所示。

```
one
12345Disposed: DISPOSED
```

图 15-11 代码运行结果 11

由上可见，管道一旦得以完成，就将信号 DISPOSED 发送给 using 操作符（第三个参数）。所以，这里作为第三个参数传递的 Consumer 函数，能够对管道使用的资源做丢弃处理。

8. 条件性和布尔体系

以下操作符（及其多个重载版本）允许对一个或多个 Observable 对象或发出的值进行计算，并据此改变处理逻辑：

- all(Predicate criteria)：如果所有发出的值都符合所提供的条件，返回具有 true 值的 Single<Boolean>。
- amb()：接受两个或多个 Observable 对象这样的源，且仅从其中开始发出的第一个源中发出值。
- contains(Object value)：如果 Observable 对象发出所提供的值，返回具有 true 值的

Single<Boolean>。

- defaultIfEmpty(T value)：如果 Observable 对象这个源不发出任何东西，则发出所提供的值。
- sequenceEqual()：如果所提供的源发出相同的序列，返回具有 true 值的 Single<Boolean>。重载版本允许提供用于比较的相等函数。
- skipUntil(Observable other)：丢弃已发出的值，直到所提供的 Observable 发出一个值为止。
- skipWhile(Predicate condition)：只要所提供的条件为真，就丢弃发出的值。
- takeUntil(Observable other)：在所提供的 Observable other 发出一个值之后，丢弃发出的值。
- takeWhile(Predicate condition)：在所提供的条件变为 false 后，丢弃发出的值。

下面代码中包含几个演示示例：

```
Observable<String> obs = Observable.just("one")
                  .flatMap(s -> Observable.fromArray(s.split("")));
Single<Boolean> cont = obs.contains("n");
System.out.println(cont.blockingGet());       //prints: true
obs.defaultIfEmpty("two")
   .subscribe(System.out::print);             //prints: one
Observable.empty().defaultIfEmpty("two")
          .subscribe(System.out::print);      //prints: two

Single<Boolean> equal = Observable.sequenceEqual(obs,
                                 Observable.just("one"));
System.out.println(equal.blockingGet());      //prints: false

equal = Observable.sequenceEqual(Observable.just("one"),
                                 Observable.just("one"));
System.out.println(equal.blockingGet());      //prints: true

equal = Observable.sequenceEqual(Observable.just("one"),
Observable.just("two"));
System.out.println(equal.blockingGet());      //prints: false
```

9. 背压

15.5.1 节讨论和演示了背压效应以及可能的降速策略，其他策略或许会如下所示：

```
Flowable<Double> obs = Flowable.fromArray(1.,2.,3.);
obs.onBackpressureBuffer().subscribe();
//or
obs.onBackpressureLatest().subscribe();
```

缓冲策略允许定义缓冲区大小并提供在缓冲区溢出时可以执行的函数。最新的策略告诉值的生产者暂停下来（当消费者不能及时处理发出的值时），并根据请求发出下一个值。背压操作符仅在 Flowable 类中是可用的。

10. 可连接性

这类操作符允许连接 Observable 对象，从而实现更精确可控的动态订阅。列举如下：

- publish()：将一个 Observable 对象转换为一个 ConnectableObservable 对象。
- replay()：返回一个 ConnectableObservable 对象，该对象在每次新的 Observer 订阅时，

就重复所有发出的值和通知。

- connect()：指示 ConnectableObservable 对象开始向订阅者发送值。
- refCount()：将 ConnectableObservable 对象转换为一个 Observable 对象。

在 15.5.1 节演示了 ConnectableObservable 对象的运作过程。ConnectableObservable 和 Observable 之间的主要区别是，ConnectableObservable 在调用其 connect 操作符时才开始发出值。

15.5.5 多线程（调度器）

RxJava 默认是单线程的。这说明源 Observable 对象及其所有操作符都会通知观察者：源及其操作符所在的线程，跟调用 subscribe()操作符所在的线程相同。

有两个操作符 observeOn()和 subscribeOn()，允许将单个动作的执行移到不同的线程。这些方法以 Scheduler 对象作为参数，该对象对要在不同线程上执行的单个动作加以调度。

subscribeOn()操作符声明的是哪个调度器应该发出值。observeOn()操作符声明的是哪个调度器应该观察和处理值。

Scheduler 类包含工厂方法，用以创建具有不同生命周期和性能配置的 Scheduler 对象。列举如下：

- computation()：基于有界线程池创建调度器，线程池的大小取决于可用处理器的数量。该方法应该用于 CPU 密集型的计算。使用 Runtime.getRuntime().availableProcessors()的目的是避免使用比可用处理器更多的此类调度器。否则，由于线程上下文切换的开销，性能可能会下降。
- io()：基于无界线程池创建调度器，用以做与 I/O 相关的工作。例如，与源的交互在本质上处于阻塞状态时，开始跟文件和通用数据库打交道。除此之外，避免使用此方法，因为此方法可能会创建太多的线程，并对性能和内存使用产生负面影响。
- newThread()：每次创建一个新线程，但不使用任何线程池。这是一种昂贵的创建线程的方式。因此，若你对使用原因了如指掌方可使用。
- single()：基于单个线程创建一个调度程序，该调度程序按顺序执行所有任务。执行的顺序至关重要时，此方法大有益处。
- trampoline()：创建一个调度程序，以先进先出的方式执行任务。用于执行递归算法。
- from(Executor executor)：根据所提供的 Executor（线程池）创建调度程序，允许控制线程的最大数量以及线程的生命周期。在第 8 章讨论了线程池。提醒一下，以下线程池已经讨论过：

```
Executors.newCachedThreadPool();
Executors.newSingleThreadExecutor();
Executors.newFixedThreadPool(int nThreads);
Executors.newScheduledThreadPool(int poolSize);
Executors.newWorkStealingPool(int parallelism);
```

可以看到，Scheduler 类的其他一些工厂方法由这些线程池中的一个加以支持，且只是充当线程池声明的一个更简单、更短小的表达式。为了使示例更简单并具有可比性，这里将要用的只是一个 computation()调度器。下面来理解一下 RxJava 中并行/并发处理的基础知识。

将 CPU 密集型计算委托给专用线程，代码示例如下：

```
Observable.fromArray("one","two","three")
          .doAfterNext(s -> System.out.println("1: " +
                Thread.currentThread().getName() + " => " + s))
         .flatMap(w -> Observable.fromArray(w.split(""))
                    .observeOn(Schedulers.computation())
               //.flatMap(s -> {
               // CPU-intensive calculations go here
               // }
                   .doAfterNext(s -> System.out.println("2: " +
          Thread.currentThread().getName() + " => " + s))
       )
       .subscribe(s -> System.out.println("3: " + s));
pauseMs(100);
```

在本例中，从每个发出的单词中创建一个子字符流，并让一个专用线程来处理每个单词的字符。该例的输出结果如图 15-12 所示。

```
3: o
1: main => one
2: RxComputationThreadPool-1 => o
3: n
2: RxComputationThreadPool-1 => n
3: e
2: RxComputationThreadPool-1 => e
1: main => two
3: t
2: RxComputationThreadPool-2 => t
3: w
2: RxComputationThreadPool-2 => w
3: o
2: RxComputationThreadPool-2 => o
1: main => three
3: t
2: RxComputationThreadPool-3 => t
3: h
2: RxComputationThreadPool-3 => h
3: r
2: RxComputationThreadPool-3 => r
3: e
2: RxComputationThreadPool-3 => e
3: e
2: RxComputationThreadPool-3 => e
```

图 15-12 代码运行结果 12

可以看出，主线程用于发出单词，每个单词的字符由专用线程处理。注意，在此例中尽管进入 subscribe()操作的结果顺序与单词和字符发出的顺序相对应，但在真实情况下，每个值的计算时间是不同的，所以不能保证结果以相同的顺序输出。

如果需要的话，也可以把每个单词的发出放置在一个专用的非主线程上，这样主线程就可以自由地做其他可做的事情。例如：

```
Observable.fromArray("one","two","three")
          .observeOn(Schedulers.computation())
          .doAfterNext(s -> System.out.println("1: " +
                 Thread.currentThread().getName() + " => " + s))
```

```
        .flatMap(w -> Observable.fromArray(w.split(""))
                .observeOn(Schedulers.computation())
                .doAfterNext(s -> System.out.println("2: " +
                    Thread.currentThread().getName() + " => " + s))
        )
        .subscribe(s -> System.out.println("3: " + s));
pauseMs(100);
```

这个示例的输出结果如图 15-13 所示。

```
3: o
2: RxComputationThreadPool-2 => o
1: RxComputationThreadPool-1 => one
3: n
2: RxComputationThreadPool-2 => n
3: e
2: RxComputationThreadPool-2 => e
1: RxComputationThreadPool-1 => two
3: t
2: RxComputationThreadPool-3 => t
3: w
2: RxComputationThreadPool-3 => w
1: RxComputationThreadPool-1 => three
3: o
2: RxComputationThreadPool-3 => o
3: t
2: RxComputationThreadPool-4 => t
3: h
2: RxComputationThreadPool-4 => h
3: r
2: RxComputationThreadPool-4 => r
3: e
2: RxComputationThreadPool-4 => e
3: e
2: RxComputationThreadPool-4 => e
```

图 15-13　代码运行结果 13

由上可见，主线程不再发出单词。

在 RxJava 2.0.5 中，引入了一种新的更简单的并行处理方式，这种方式类似于 Java 8 标准流中的并行处理。使用 ParallelFlowable，可以获得相同的功能。具体如下：

```
ParallelFlowable src =
                    Flowable.fromArray("one","two","three").parallel();
src.runOn(Schedulers.computation())
    .doAfterNext(s -> System.out.println("1: " +
                Thread.currentThread().getName() + " => " + s))
    .flatMap(w -> Flowable.fromArray(((String)w).split("")))
    .runOn(Schedulers.computation())
    .doAfterNext(s -> System.out.println("2: " +
                Thread.currentThread().getName() + " => " + s))
    .sequential()
    .subscribe(s -> System.out.println("3: " + s));
pauseMs(100);
```

由上可见，ParallelFlowable 对象是在常规的 Flowable 上使用 parallel()操作符来创建的。然后，runOn()操作符告诉所创建的 Observable 对象使用 computation ()调度器来发出值。注意，在 flatMap()操作符内部不再需要设置另一个调度程序（用于处理字符）。调度器可以设置在 flatMap()操作符的外部——只在主管道中设置，会令代码更加简单。结果如图 15-14 所示。

```
1: RxComputationThreadPool-2 => two
1: RxComputationThreadPool-3 => three
1: RxComputationThreadPool-1 => one
2: RxComputationThreadPool-3 => t
2: RxComputationThreadPool-1 => o
2: RxComputationThreadPool-3 => h
2: RxComputationThreadPool-1 => n
2: RxComputationThreadPool-3 => r
2: RxComputationThreadPool-1 => e
2: RxComputationThreadPool-3 => e
2: RxComputationThreadPool-3 => e
3: t
3: o
3: t
3: n
3: h
3: e
3: r
3: e
3: e
2: RxComputationThreadPool-2 => t
3: w
2: RxComputationThreadPool-2 => w
3: o
2: RxComputationThreadPool-2 => o
```

图 15-14 代码运行结果 14

至于 subscribeOn()操作符，其在管道中的位置不再有任何作用。无论把这个操作符放在哪里，它仍旧会告诉 Observable 对象哪个调度器应该发出这些值。示例如下：

```
Observable.just("a", "b", "c")
          .doAfterNext(s -> System.out.println("1: " +
                      Thread.currentThread().getName() + " => " + s))
          .subscribeOn(Schedulers.computation())
          .subscribe(s -> System.out.println("2: " +
                      Thread.currentThread().getName() + " => " + s));
pauseMs(100);
```

运行结果如图 15-15 所示。

```
2: RxComputationThreadPool-1 => a
1: RxComputationThreadPool-1 => a
2: RxComputationThreadPool-1 => b
1: RxComputationThreadPool-1 => b
2: RxComputationThreadPool-1 => c
1: RxComputationThreadPool-1 => c
```

图 15-15 代码运行结果 15

即使像下面那样去更改 subscribeOn()操作符的位置，结果也不会发生改变：

```
Observable.just("a", "b", "c")
          .subscribeOn(Schedulers.computation())
          .doAfterNext(s -> System.out.println("1: " +
                      Thread.currentThread().getName() + " => " + s))
          .subscribe(s -> System.out.println("2: " +
                 Thread.currentThread().getName() + " => " + s));
pauseMs(100);
```

最后，展示一个带有两个操作符的例子：

```
Observable.just("a", "b", "c")
          .subscribeOn(Schedulers.computation())
          .doAfterNext(s -> System.out.println("1: " +
               Thread.currentThread().getName() + " => " + s))
          .observeOn(Schedulers.computation())
          .subscribe(s -> System.out.println("2: " +
               Thread.currentThread().getName() + " => " + s));
pauseMs(100);
```

现在的结果显示，有两个线程得到了使用：一个用于订阅；另一个用于观察。运行结果如图 15-16 所示。

```
1: RxComputationThreadPool-1 => a
2: RxComputationThreadPool-2 => a
1: RxComputationThreadPool-1 => b
2: RxComputationThreadPool-2 => b
1: RxComputationThreadPool-1 => c
2: RxComputationThreadPool-2 => c
```

图 15-16　代码运行结果 16

好了，对 RxJava 的概述就到此为止。RxJava 是仍处在不断发展中的一个大型库，潜能巨大。限于篇幅，其中很多功能本书无法加以讨论。这里鼓励读者尽力去学习，因为反应式编程似乎是现代数据处理的发展方向。

本 章 小 结

本章介绍了反应式编程的实质，以及主要概念：异步、非阻塞、响应性等。本章用简单的术语介绍并解释了反应式流，还介绍了 RxJava 库。RxJava 支持反应式编程原则，是其首个可靠的实现。

第 16 章将讨论微服务架构，此框架是创建反应式系统的基础；还将对另一个成功支持反应式编程的库进行概述，这个库就是 Vert.x。将使用这个库来演示如何建造各种微服务架构。

第16章

微服务架构

本章学习微服务架构的实质、微服务架构与其他体系结构风格的不同，以及现有的微服务框架如何支持消息驱动型的体系结构。还将帮助读者确定微服务架构的规模，并讨论这样的规模在是否该将服务确定为微服务架构时所起的作用。读者将学会如何建构微服务架构，并将其用作创建反应式系统的基础组件。最后将讨论如何使用 Vert.x 工具包建构一个小型反应式系统，同时辅以代码示例加以演示。

本章将涵盖以下主题：

- 何为微服务。
- 微服务架构的规模。
- 微服务架构如何相互交流。
- 微服务架构的反应式系统。

16.1　何为微服务

随着处理负载不断增加，传统的解决方案是增加更多的部署.ear 或.war 文件的服务器，然后将这些服务器全部连接到一个集群中。采用这种方式，一个失灵的服务器可以自动由另一个服务器来替代而不会降低系统的性能。支持集群服务器的数据库也具有典型的集群性。

但是，增加集群服务器的数量对于可伸缩性来说是过于粗粒度的解决方案，特别是如果处理瓶颈仅局限于应用程序中运行的众多程序中的一个时更是如此。想象一下：某个特定的 CPU 或 I/O 密集型进程减慢了整个应用程序时，添加另一个服务器只是为了缓解应用程序的一部分问题，这样会造成太大一笔开销。

减小开销的一种方式是将应用程序分为多个层：前端（或 Web 层）、中间层（或应用程序层）和后端（或后端层）。每层都可以通过自己的服务器集群独立部署，这样每层都可以一致性地增长，并独立于其他层。这样的解决方案令可伸缩性更加灵活。然而，与此同时，这却使得部署过程变得复杂起来，因为需要处理更多的可部署单元。

确保每一层顺利部署的另一种方式是每次在一台服务器上部署新代码——特别是当新代码的设计和实现考虑到向后兼容时。这种途径对于前端和中间层具有很好的畅通性，但是对于后端可能就不那么畅通了。部署过程中由于人为错误、代码中的缺陷、纯粹的事故，或者所有这些问题混在一起，这种解决方案就会遭遇意外情况的发生。因此，在制作过程中几乎没人期望看到一个主要版本的部署过程，这就容易理解了。

这样看来，将应用程序分为多个层，粒度或许仍然过于粗糙。在这种情况下，应用程序的一些关键部分，特别是那些比其他部分需要更多伸缩性的部分，可以部署在其自身所在的服务器集群中，而仅仅向系统的其他部分提供“服务”。

事实上，面向服务的体系结构（SOA）就是这样诞生的。独立部署的服务不仅可以通过其可伸缩性需求来识别时，还可以通过其代码更改的频繁度来识别时，增加可部署单元数量所引起的复杂情况可部分得到抵消。在设计过程中尽早识别这一点可以简化部署，因为只有极少部分需要比系统的其他部分要更频繁地更改和重新部署。不幸的是，很难预测未来的系统将如何演变。这就是一个独立的部署单元经常被当成一种预防措施的原因所在。因为在设计之时而不是在设计完之后，这一点更容易做到。这反过来又导致可部署单元的规模不断缩小。

不幸的是，维护和协调一个松散的服务系统是要付出代价的。每个参与者不仅要在形式（如名称和类型）上还要在精神上负责维护其 API：相同服务的新版本所产生的结果在规模上必须是相同的。按类型保持相同的值，但是按比例放大或缩小值，这对于服务的客户来说可能是不可接受的。因此，尽管声称服务具有独立性，但服务的作者必须更加意识到其客户是何许人也，还要更加意识到客户的需求是什么。

幸运的是，将应用程序拆分为独立的可部署单元带来了一些意想不到的好处，这增加了将系统拆分为更小的服务的动机。物理隔离允许在选择编程语言和实现平台时具有更大的灵活性。物理隔离还有助于选择工作所需的最佳技术，有助于去雇用能够运用这种技术的专家。这样做，就不会受到技术选择方面的束缚，可以为系统的其他部分选择技术。这也有助于招聘人员在寻找所需人才时具有更大的灵活度。这样做具有极大的优势，因为对工作的需求会继续增长，增长的速度超过了专业人才流入就业市场的速度。

每个独立的部分（服务）都能够按照自己的速率演化。只要与系统其他部分的契约没有改变，或者以一种良好协调的方式引入契约，这样的部分（服务）就能够变得越来越复杂。微服务架构就此而生。从那时起，网飞（Netflix）、谷歌（Google）、推特（Twitter）、电子港湾（eBay）、亚马逊（Amazon）以及优步（Uber）等数据处理巨头就开始将微服务架构付诸实施了。下面，谈谈这种努力的成就和得到的经验教训。

16.2　微服务架构的规模

微服务架构到底应该微到何种程度？这个问题没有统一的答案。人们普遍的共识是，微服务架构应具有下列特征（没有特定的顺序）：

- 源代码的大小应该小于 SOA 架构中的服务代码的大小。
- 一个开发团队应该能够支持几个微服务架构，并且团队的规模应该这样的：两个比萨足以为整个团队提供午餐。
- 必须是可部署的，且独立于其他微服务架构，假设契约（即 API）没有任何变化。
- 每个微服务架构必须有自己的数据库（或模式，或至少一组表）——尽管这是一个有争议的话题，特别是在几个微服务架构能够修改相同数据集的情况下。如果同一个团队维护所有这些数据，那么在并发修改相同数据时更容易避免冲突。
- 必须是无状态的和幂等的。如果微服务架构的一个实例出故障了，那么另一个实例应该能够完成对出故障的微服务架构所期望完成的任务。

- 应该提供一种检查自身“健康”状况的方法，以证明服务已经启动并正在运行，拥有所有必要的资源，并且已经做好执行任务的准备。

在设计过程、开发过程中，以及部署完之后，需要考虑资源的共享问题，并在从不同的进程中访问相同的资源，对干扰程度（例如阻塞）的假设进行验证时，对共享问题进行监视。在修改相同的持久数据（不管是跨数据库、跨模式，还是同一模式中的表共享的数据）时，还需要特别当心。如果最终一致性（eventual consistency）是可接受的（对用于统计目的的大数据集通常是这样），那么就需要采取特殊的措施。但是对事务完整性的需求，通常会带来一个难题。

跨多个微服务架构支持事务的一种方法是创建一个充当分布式事务管理器（DTM）角色的服务。在这种方式下，其他服务可以将数据修改请求传递给 DTM。DTM 服务可以将并发修改的数据保存在自己的数据库表中，只有在数据变得一致之后，才可以在一个事务中将结果移动到目标表中。例如，只有当一个微服务架构将相应的金额添加到另一个微服务架构的总账时，才可以将钱添加到一个微服务架构的账户中。

如果访问数据所需的时间成了问题，或者需要保护数据库不受过多并发连接的影响，那么将数据库专门用于微服务架构可能是解决的方案。另一种选择就是使用内存缓存。添加对缓存访问的服务会增加服务的隔离，但是需要管理相同缓存的对等点之间保持同步（这有时比较困难）。

所有列出的要点和可能的解决方案简单讨论到这儿。每个微服务架构的规模都应该考虑到这些讨论的结果，而不应该对所有服务的规模凭空声明。这有助于避免没有产生任何结果的讨论，并产生适合特定项目及其需求的结果。

16.3 微服务架构如何相互交流

目前有十几个框架用于建构微服务架构。其中最流行的两个是 Spring Boot（https://spring.io/ projects/spring-boot）和 MicroProfile（https://microprofile.io），其宣称的目标是为基于微服务架构的体系结构优化企业 Java。轻量级开源微服务架构框架 KumuluzEE（https://ee.kumuluz.com）与 MicroProfile 兼容。

还有其他一些框架，列举如下（按字母顺序排列）：

- Akka：一个为 Java 和 Scala 开发的工具包（akka.io），用以建构具有高并发性、分布式特征、复原性和消息驱动性的应用程序。
- Bootique：一个可运行 Java 应用程序的最小的固执己见的框架（bootique.io）。
- Dropwizard：一个 Java 框架（www.dropwizard.io），用于开发操作友好型、高性能型以及表现层状态转换型的（RESTful）网络服务（Web services）。
- Jodd：一组 1.7MB 以下的 Java 微框架、工具以及实用工具（jodd.org）。
- Lightbend Lagom：一个建构在 Akka 和 Play 之上的微服务框架（www.lightbend.com），是一个具有己见的框架。
- Ninja：一个 Java 的全栈框架（https://www.ninjaframework.org）。
- Spotify Apollo：Spotify 用于编写微服务（Spotify/Apollo）的一套 Java 库。

• Vert.x：一个用于在 JVM 上建构反应式应用程序的工具包（vertx.io）。

所有这些框架都支持微服务架构之间基于 REST（表现层状态转换）的通信。这些框架中有一些还有额外一种发送信息的方式。

为了演示与传统通信方法的不同，这里使用 Vert.x。这是一个事件驱动的非阻塞式轻量级工具包，允许以多种编程语言来编程。Vert.x 允许用 Java、JavaScript、Groovy、Ruby、Scala、Kotlin 和 Ceylon 等语言来编写组件。它支持异步编程模型和分布式事件总线（event bus），该总线可以深入到浏览器内的 JavaScript，从而允许创建实时网络应用程序。然而，考虑到本书的主题，这里只使用 Java 来编程。

Vert.x API 有两个源代码树：第一个以 io.vertx.core 开头；第二个以 io.vertx.rxjava.core 开头。第二个源代码树是 io.vertx.core 类的反应式版本。事实上，反应式源代码树是基于非反应式源的，所以这两种源代码树并不是互不兼容的。相反，除了非反应式实现之外，还提供了反应式实现。由于这里的讨论集中在反应式编程上，所以主要使用 io.vertx.rxjava 源代码树的类和接口，也称作 rxfied Vert.x API。

首先，向 pom.xml 文件添加如下依赖项。

```
<dependency>
    <groupId>io.vertx</groupId>
    <artifactId>vertx-web</artifactId>
    <version>3.6.3</version>
</dependency>
<dependency>
    <groupId>io.vertx</groupId>
    <artifactId>vertx-rx-java</artifactId>
    <version>3.6.3</version>
</dependency>
```

用一个类来充当基于 Vert.x 的应用程序的建构单元，这个类实现了 io.vertx.core.Verticle 接口。io.vertx.core.Verticle 接口具有 4 个抽象方法：

```
Vertx getVertx();
void init(Vertx var1, Context var2);
void start(Future<Void> var1) throws Exception;
void stop(Future<Void> var1) throws Exception;
```

为了在实践中简化编码，可用一个抽象的 io.vertx.rxjava.core.AbstractVerticle 类。这个类实现了所有方法，但这些方法体为空，什么也不做。可以通过扩展 AbstractVerticle 类并只实现应用程序所需的 Verticle 接口的那些方法来创建一个 verticle。大多数情况下，实现 start()方法就足够了。

Vert.x 拥有自己的一套体系，用以通过事件总线来交换消息（或事件）。通过使用 io.vertx.rxjava.core.eventBus.EventBus 类的 rxSend(String address, Object msg)方法，任一 verticle 都可以向任一地址发送一条消息（仅为一个字符串）。具体如下：

```
Single<Message<String>> reply = vertx.eventBus().rxSend(address, msg);
```

vertx 对象（这个对象是 AbstractVerticle 的受保护属性，对每个 verticle 对象都是可用的）允许访问事件总线，还允许访问 rxSend()调用方法。Single<Message<String>>返回值表示的是一个应答，该应答可以被返回，以对消息做出回应。可以订阅该值，或以任何其他方式处理该值。

一个 verticle 也可被注册为某个地址的消息接收者（消费者）：

```
vertx.eventBus().consumer(address);
```

如果有多个 verticle 被注册为相同地址的消费者，那么 rxSend()方法就只使用轮询（round-robin）算法将消息传递给其中一个消费者。

或者，也可以使用 publish()方法向所有使用相同注册地址的消费者传递消息：

```
EventBus eb = vertx.eventBus().publish(address, msg);
```

返回的对象是 EventBus 对象，该对象允许在必要时添加其他 EventBus 方法调用。

读者或许记得，消息驱动型异步处理是由微服务架构所组成的反应式系统的灵活性、响应性和复原性的基础。在 16.4 节，将演示如何建构一个反应式系统，其原因就在于此。16.4 节中的反应式系统使用的是基于 REST 的通信和 Vert.x 中基于 EventBus 的消息。

16.4 微服务架构的反应式系统

若使用 Vert.x 来实现微服务架构的反应式系统，这个系统会是什么样子？这里创建一个 HTTP 服务器来做演示。这个服务器能接受对系统发出的、基于 REST 的请求，能将基于 EventBus 的消息发送到另一个 verticle，能接收应答，还能将响应回发到最初的请求。

为演示这一运作过程，还将编写一个程序来生成对系统发出的 HTTP 请求，并允许从外部来测试系统。

16.4.1 HTTP 服务器

假设进入反应式演示体系的入口点是一个 HTTP 调用。这就意味着需要创建一个 verticle 来充当 HTTP 服务器。用 Vert.x 来完成很轻松。在一个 verticle 中，下面 3 条语句就可达到预期的目的：

```
HttpServer server = vertx.createHttpServer();
server.requestStream().toObservable()
       .subscribe(request -> request.response()
                      .setStatusCode(200)
                      .end("Hello from " + name + "!\n")
);
server.rxListen(port).subscribe();
```

可见，所创建的服务器监听指定的端口，并使用“Hello...”消息对每一个传入的请求进行响应。默认情况下，主机名是 localhost。如果需要，可以使用同一方法的重载版本指定主机的另一个地址：

```
server.rxListen(port, hostname).subscribe();
```

下面创建了 verticle，其全部代码如下：

```
package com.packt.learnjava.ch16_microservices;
import io.vertx.core.Future;
import io.vertx.rxjava.core.AbstractVerticle;
import io.vertx.rxjava.core.http.HttpServer;
```

```
public class HttpServerVert extends AbstractVerticle {
    private int port;
    public HttpServerVert(int port) { this.port = port; }
    public void start(Future<Void> startFuture) {
        String name = this.getClass().getSimpleName() +
              "(" + Thread.currentThread().getName() +
                                  ", localhost:" + port + ")";
        HttpServer server = vertx.createHttpServer();
        server.requestStream().toObservable()
              .subscribe(request -> request.response()
                         .setStatusCode(200)
                         .end("Hello from " + name + "!\n")
              );
        server.rxListen(port).subscribe();
        System.out.println(name + " is waiting...");
    }
}
```

对这个服务器进行部署，具体代码如下：

```
Vertx vertx = Vertx.vertx();
RxHelper.deployVerticle(vertx, new HttpServerVert(8082));
```

运行结果如图 16-1 所示。

```
HttpServerVert(vert.x-eventloop-thread-0, localhost:8082) is waiting...
```

图 16-1　代码运行结果 1

注意，“...is waiting...”这一消息即刻出现，甚至在任何请求到来之前就出现了——此为这个服务器的异步性质。name 这个前缀被构造了一番，令其包含类名、线程名、主机名和端口。要注意的是，线程名向我们表明服务器监听事件循环线程 0。

现在，可使用 curl 命令向所部署的服务器发出请求，响应如图 16-2 所示。

```
demo> curl localhost:8082
Hello from HttpServerVert(vert.x-eventloop-thread-0, localhost:8082)!
demo>
```

图 16-2　代码运行结果 2

由上可见，发出 HTTP 的 GET（默认）请求，收到的预期的“Hello...”消息，该消息带有预期的名称。

下面的代码是 start()方法的一个更为现实的版本：

```
Router router = Router.router(vertx);
router.get("/some/path/:name/:address/:anotherParam")
       .handler(this::processGetSomePath);
router.post("/some/path/send")
       .handler(this::processPostSomePathSend);
router.post("/some/path/publish")
       .handler(this::processPostSomePathPublish);
vertx.createHttpServer()
      .requestHandler(router::handle)
      .rxListen(port)
```

```
        .subscribe();
    System.out.println(name + " is waiting...");
```

现在，使用 Router 类，向不同的处理程序发送请求。具体向哪个程序发，取决于 HTTP 方法（GET 或 POST）和路径。这需要在 pom.xml 文件中添加以下依赖项：

```
<dependency>
    <groupId>io.vertx</groupId>
    <artifactId>vertx-web</artifactId>
    <version>3.6.3</version>
</dependency>
```

第一个路由的路径是/some/path/:name/:address/:anotherParam，包含三个参数（name、address 和 anotherParam）。HTTP 的请求被传到了 RoutingContext 对象中的处理程序。具体如下：

```
private void processGetSomePath(RoutingContext ctx){
   ctx.response()
      .setStatusCode(200)
      .end("Got into processGetSomePath using " +
                                ctx.normalisedPath() + "\n");
}
```

处理程序只返回一个 HTTP 代码：200，还有一个硬编码消息，该消息是在 HTTP 响应对象上设置的，并由 response()方法返回。在后台，HTTP 响应对象来自 HTTP 请求。为了清晰起见，简化了处理程序的第一个实现。后面将以更为真实的方式重新实现这个处理程序。

第二个路由的路径是/some/path/send，处理程序如下：

```
private void processPostSomePathSend(RoutingContext ctx){
    ctx.response()
        .setStatusCode(200)
        .end("Got into processPostSomePathSend using " +
                                ctx.normalisedPath() + "\n")
```

第三个路由的路径是/some/path/publish，处理程序如下：

```
private void processPostSomePathPublish(RoutingContext ctx){
   ctx.response()
       .setStatusCode(200)
       .end("Got into processPostSomePathPublish using " +
                                ctx.normalisedPath() + "\n");
}
```

如果再次部署服务器，并发出 HTTP 的请求以遍历所有路径，将看到如图 16-3 所示的结果。

```
demo>
demo> curl localhost:8082/some/path
Got into processGetSomePath using /some/path
demo> curl localhost:8082/some/path/send
<html><body><h1>Resource not found</h1></body></html>demo>
demo> curl -X POST localhost:8082/some/path/send
Got into processPostSomePathSend using /some/path/send
demo> curl -X POST localhost:8082/some/path/publish
Got into processPostSomePathPublish using /some/path/publish
demo>
```

图 16-3　代码运行结果 3

图 16-3 表明，向第一个 HTTP 的 GET 请求发送了预期的消息，但却接收到“Resource not found”（资源没有找到）这样的消息作为对第二个 HTTP 的 GET 请求的响应。这是因为在服务器中没有 HTTP 的 GET 请求的路径：/some/path/send。接着，切换到 HTTP 的 POST 请求，从两次 POST 请求中我们都接收到预期消息。

从这些路径名称可以猜到，这里将使用/some/path/send 路径来发送 EventBus 消息，使用/some/path/publish 路径来发布 EventBus 消息。但是，在实现相应的线路处理程序之前，先创建一个 verticle，要用其来接收 EventBus 消息。

16.4.2 EventBus 消息接收器

消息接收器的实现，相当简单明了：

```
vertx.eventBus()
      .consumer(address)
      .toObservable()
      .subscribe(msgObj -> {
              String body = msgObj.body().toString();
              String msg = name + " got message '" + body + "'.";
              System.out.println(msg);
              String reply = msg + " Thank you.";
              msgObj.reply(reply);
}, Throwable::printStackTrace );
```

通过 vertx 对象可以访问 EventBus 对象。EventBus 类的 consumer(address)方法允许设置与此消息接收器相关联的地址，并返回 MessageConsumer<Object>。然后，将该对象转换为 Observable 并予以订阅，等待异步接收消息。subscribe()方法有多个重载版本，这里选择的是接受两个函数的方法：第一个函数被调用，是针对每个发出的值（在我们所举例子中是针对每个接收到的消息）；第二个函数被调用时，是管道中任一地方抛出异常时（也就是说，此函数的作用类似于完全包含型的 try-catch 块）。MessageConsumer<Object>类表明，原则上消息可以用任何类的对象来表示。由上可见，这里决定要发送一个字符串，因此就把消息体转换为 String。MessageConsumer<Object>类还有一个 reply(Object)方法，允许将消息回发给发送方。

接收消息的 verticle，其完整的实现如下：

```
package com.packt.learnjava.ch16_microservices;
import io.vertx.core.Future;
import io.vertx.rxjava.core.AbstractVerticle;
public class MessageRcvVert extends AbstractVerticle {
    private String id, address;
    public MessageRcvVert(String id, String address) {
        this.id = id;
        this.address = address;
    }
    public void start(Future<Void> startFuture) {
        String name = this.getClass().getSimpleName() +
                  "(" + Thread.currentThread().getName() +
                          ", " + id + ", " + address + ")";
        vertx.eventBus()
             .consumer(address)
             .toObservable()
             .subscribe(msgObj -> {
```

```
                        String body = msgObj.body().toString();
                        String msg = name + " got message '" + body + "'.";
                        System.out.println(msg);
                        String reply = msg + " Thank you.";
                        msgObj.reply(reply);
                }, Throwable::printStackTrace );
            System.out.println(name + " is waiting...");
    }
}
```

这里部署的 verticle，跟部署 HttpServerVert verticle 的方式相同。具体如下：

```
String address = "One";
Vertx vertx = Vertx.vertx();
RxHelper.deployVerticle(vertx, new MessageRcvVert("1", address));
```

运行此代码，输出结果如图 16-4 所示。

```
MessageRcvVert(vert.x-eventloop-thread-0, 1, One) is waiting...
```

图 16-4　代码运行结果 4

可以看到，MessageRcvVert 的最后一行已被接收并加以执行，而所创建的管道和我们传递给管道操作符的函数正在等待消息的发送。鉴于此，继续往下进行吧。

16.4.3　EventBus 消息发送器

如前所述，继续接着讨论。现在，以更为真实的方式重新实现 HttpServerVert verticle 的处理程序。GET 方法处理程序代码如下所示：

```
private void processGetSomePath(RoutingContext ctx){
    String caller = ctx.pathParam("name");
    String address = ctx.pathParam("address");
    String value = ctx.pathParam("anotherParam");
    System.out.println("\n" + name + ": " + caller + " called.");
    vertx.eventBus()
          .rxSend(address, caller + " called with value " + value)
          .toObservable()
          .subscribe(reply -> {
                 System.out.println(name +
                             ": got message\n " + reply.body());
              ctx.response()
                 .setStatusCode(200)
                 .end(reply.body().toString() + "\n");
          }, Throwable::printStackTrace);
}
```

可以看到，RoutingContext 类提供了 pathParam()方法，此方法从路径中提取参数（如果参数使用“:”标记，则如示例中所示）。然后，再次使用 EventBus 对象将消息异步发送到作为参数提供的地址。subscribe()方法使用所提供的函数处理来自消息接收者的应答，并将响应发送回 HTTP 服务器的原始请求。

现在，来部署这两个 verticle：HttpServerVert 和 MessageRcvVert。具体如下：

```
String address = "One";
```

```
Vertx vertx = Vertx.vertx();
RxHelper.deployVerticle(vertx, new MessageRcvVert("1", address));
RxHelper.deployVerticle(vertx, new HttpServerVert(8082));
```

运行上述代码时，屏幕显示出消息，消息如图 16-5 所示。

```
MessageRcvVert(vert.x-eventloop-thread-0, 1, One) is waiting...
HttpServerVert(vert.x-eventloop-thread-1, localhost:8082) is waiting...
```

图 16-5　代码运行结果 5

注意，每个 verticle 都在自己的线程上运行。现在可以使用 curl 命令提交 HTTP 的 GET 请求，结果如图 16-6 所示。

```
demo> curl localhost:8082/some/path/Nick/One/someValue
MessageRcvVert(vert.x-eventloop-thread-0, 1, One) got message 'Nick called with value someValue'. Thank you.
demo>
```

图 16-6　代码运行结果 6

这是从演示的系统之外查看交互的方式。在内部，还可以看到一些消息，这些消息有助于我们追踪 verticle 之间是如何交互的，以及如何相互发送信息，消息如图 16-7 所示。

```
HttpServerVert(vert.x-eventloop-thread-1, localhost:8082): Nick called.
MessageRcvVert(vert.x-eventloop-thread-0, 1, One) got message 'Nick called with value someValue'.
HttpServerVert(vert.x-eventloop-thread-1, localhost:8082): got message
   MessageRcvVert(vert.x-eventloop-thread-0, 1, One) got message 'Nick called with value someValue'. Thank you.
```

图 16-7　代码运行结果 7

显示的结果跟预期的完全一样。

现在，/some/path/send 路径的处理程序如下：

```
private void processPostSomePathSend(RoutingContext ctx){
   ctx.request().bodyHandler(buffer -> {
       System.out.println("\n" + name + ": got payload\n " + buffer);
       JsonObject payload = new JsonObject(buffer.toString());
       String caller = payload.getString("name");
       String address = payload.getString("address");
       String value = payload.getString("anotherParam");
       vertx.eventBus()
            .rxSend(address, caller + " called with value " + value)
            .toObservable()
            .subscribe(reply -> {
                System.out.println(name +
                          ": got message\n " + reply.body());
                ctx.response()
                   .setStatusCode(200)
                   .end(reply.body().toString() + "\n");
            }, Throwable::printStackTrace);
   });
}
```

对于 HTTP 的 POST 请求，这里期望使用与 HTTP 的 GET 请求参数相同的值发送 JSON 格式的有效负载。该方法的其余部分与 processGetSomePath()的实现非常相似。再次部署

HttpServerVert 和 MessageRcvVert 这两个 verticle，然后用有效负载发出 HTTP 的 POST 请求，结果如图 16-8 所示。

```
demo>
demo> curl -X POST localhost:8082/some/path/send -d '{"name":"Nick","address":"One","anotherParam":"someValue"}'
MessageRcvVert(vert.x-eventloop-thread-0, 1, One) got message 'Nick called with value someValue'. Thank you.
demo>
```

图 16-8　代码运行结果 8

这看起来跟设计过的 HTTP 的 GET 请求的结果完全相同。在后台，显示的消息如图 16-9 所示。

```
HttpServerVert(vert.x-eventloop-thread-1, localhost:8082): got payload
    {"name":"Nick","address":"One","anotherParam":"someValue"}
MessageRcvVert(vert.x-eventloop-thread-0, 1, One) got message 'Nick called with value someValue'.
HttpServerVert(vert.x-eventloop-thread-1, localhost:8082): got message
    MessageRcvVert(vert.x-eventloop-thread-0, 1, One) got message 'Nick called with value someValue'. Thank you.
```

图 16-9　代码运行结果 9

除了显示出来的是 JSON 格式之外，这些消息中也没有什么新内容。最后，在 /some/path/publish 路径下，看一下 HTTP 的 POST 请求的处理程序：

```
private void processPostSomePathPublish(RoutingContext ctx){
   ctx.request().bodyHandler(buffer -> {
       System.out.println("\n" + name + ": got payload\n " + buffer);
       JsonObject payload = new JsonObject(buffer.toString());
       String caller = payload.getString("name");
       String address = payload.getString("address");
       String value = payload.getString("anotherParam");
       vertx.eventBus()
            .publish(address, caller + " called with value " + value);
       ctx.response()
          .setStatusCode(202)
          .end("The message was published to address " +
                                                     address + ".\n");
   });
}
```

这一次使用的是 publish()方法来发送消息。注意，此方法没有接收应答的能力。前面提到过，这是因为 publish()方法将消息发送给所有使用此地址注册的接收者。如果使用 /some/path/publish 路径发出 HTTP 的 POST 请求，结果看起来略有不同，如图 16-10 所示。

```
demo>
demo> curl -X POST localhost:8082/some/path/publish -d '{"name":"Nick","address":"One","anotherParam":"someValue"}'
The message was published to address One.
demo>
```

图 16-10　代码运行结果 10

此外，后台的消息看起来也不一样，如图 16-11 所示。

```
HttpServerVert(vert.x-eventloop-thread-1, localhost:8082): got payload
    {"name":"Nick","address":"One","anotherParam":"someValue"}
MessageRcvVert(vert.x-eventloop-thread-0, 1, One) got message 'Nick called with value someValue'.
```

图 16-11　代码运行结果 11

所有这些差异都与这样一个事实有关：服务器无法返回应答，即使接收方以与响应 rxSend()方法发送的消息完全相同的方式发送应答。

16.4.4 节将部署几个发送方和接收方的实例，并研究 rxSend()方法和 publish()方法在消息分发上存在的差异。

16.4.4　反应式系统演示

现在，来组装和部署一个小型反应式系统，使用的是 16.4.3 节中创建的 verticle：

```
package com.packt.learnjava.ch16_microservices;
import io.vertx.rxjava.core.RxHelper;
import io.vertx.rxjava.core.Vertx;
public class ReactiveSystemDemo {
    public static void main(String... args) {
        String address = "One";
        Vertx vertx = Vertx.vertx();
        RxHelper.deployVerticle(vertx, new MessageRcvVert("1", address));
        RxHelper.deployVerticle(vertx, new MessageRcvVert("2", address));
        RxHelper.deployVerticle(vertx, new MessageRcvVert("3", "Two"));
        RxHelper.deployVerticle(vertx, new HttpServerVert(8082));
    }
}
```

由上可见，这里将部署两个 verticle，使用相同的地址 One 来接收消息，再部署一个 verticle，使用的地址是 Two。如果运行上述程序，屏幕将显示消息，如图 16-12 所示。

```
MessageRcvVert(vert.x-eventloop-thread-2, 3, Two) is waiting...
MessageRcvVert(vert.x-eventloop-thread-1, 2, One) is waiting...
MessageRcvVert(vert.x-eventloop-thread-0, 1, One) is waiting...
HttpServerVert(vert.x-eventloop-thread-3, localhost:8082) is waiting...
```

图 16-12　代码运行结果 12

现在，开始向系统发送 HTTP 请求。首先，发送三次相同的 HTTP 的 GET 请求，如图 16-13 所示。

```
demo>
demo> curl localhost:8082/some/path/Nick/One/someValue
MessageRcvVert(vert.x-eventloop-thread-0, 1, One) got message 'Nick called with value someValue'. Thank you.
demo>
demo> curl localhost:8082/some/path/Nick/One/someValue
MessageRcvVert(vert.x-eventloop-thread-1, 2, One) got message 'Nick called with value someValue'. Thank you.
demo>
demo> curl localhost:8082/some/path/Nick/One/someValue
MessageRcvVert(vert.x-eventloop-thread-0, 1, One) got message 'Nick called with value someValue'. Thank you.
demo>
```

图 16-13　代码运行结果 13

前面提到过，如果有多个 verticle 被注册到相同的地址，那么 rxSend()方法就使用轮询算法来选择 verticle，用以接收下一条消息。第一个请求发送给 ID="1"的接收者，第二个请求发送给 ID="2"的接收者，第三个请求又发送给 ID="1"的接收者。

在/some/path/send 路径下，使用 HTTP 的 POST 请求，得到的结果相同，如图 16-14 所示。

```
demo>
demo> curl -X POST localhost:8082/some/path/send -d '{"name":"Nick","address":"One","anotherParam":"someValue"}'
MessageRcvVert(vert.x-eventloop-thread-1, 2, One) got message 'Nick called with value someValue'. Thank you.
demo>
demo> curl -X POST localhost:8082/some/path/send -d '{"name":"Nick","address":"One","anotherParam":"someValue"}'
MessageRcvVert(vert.x-eventloop-thread-0, 1, One) got message 'Nick called with value someValue'. Thank you.
demo>
demo> curl -X POST localhost:8082/some/path/send -d '{"name":"Nick","address":"One","anotherParam":"someValue"}'
MessageRcvVert(vert.x-eventloop-thread-1, 2, One) got message 'Nick called with value someValue'. Thank you.
demo>
```

图 16-14　代码运行结果 14

同样，消息的接收者使用轮询算法轮流接收消息。现在，要将同一条消息向系统发布两次，结果如图 16-15 所示。

```
demo>
demo> curl -X POST localhost:8082/some/path/publish -d '{"name":"Nick","address":"One","anotherParam":"someValue"}'
The message was published to address One.
demo>
demo> curl -X POST localhost:8082/some/path/publish -d '{"name":"Nick","address":"One","anotherParam":"someValue"}'
The message was published to address One.
demo>
```

图 16-15　代码运行结果 15

由于接收方的应答无法传播回系统用户，这需要看一看后台记录到的消息，结果如图 16-16 所示。

```
HttpServerVert(vert.x-eventloop-thread-3, localhost:8082): got payload
    {"name":"Nick","address":"One","anotherParam":"someValue"}
MessageRcvVert(vert.x-eventloop-thread-0, 1, One) got message 'Nick called with value someValue'.
MessageRcvVert(vert.x-eventloop-thread-1, 2, One) got message 'Nick called with value someValue'.

HttpServerVert(vert.x-eventloop-thread-3, localhost:8082): got payload
    {"name":"Nick","address":"One","anotherParam":"someValue"}
MessageRcvVert(vert.x-eventloop-thread-1, 2, One) got message 'Nick called with value someValue'.
MessageRcvVert(vert.x-eventloop-thread-0, 1, One) got message 'Nick called with value someValue'.
```

图 16-16　代码运行结果 16

可以看到，publish()方法将消息发送给所有被注册到特定地址的 verticle。注意，ID="3"的 verticle（被注册到地址 Two）从未收到任何消息。

对反应式系统的演示就告一段落了。值得一提的是，Vert.x 允许读者轻松地对 verticle 进行集群处理。读者可阅读 Vert.x 文档（https://vertx.io/docs/vertx-core/java）了解这个特性。

本 章 小 结

本章向读者介绍了微服务架构的概念以及如何使用此架构来创建反应式系统；讨论了应用程序规模的重要性，以及规模如何影响我们的决策：是否将应用程序转换为微服务架构。读者还了解到现有的微服务框架如何对消息驱动型体系结构提供支持，并有机会将其中之一，即 Vert.x 工具包应用到实践中。

第 17 章将探讨 Java 微基准测试工具（JMH）项目。此项目允许测量代码性能和其他参数；将介绍 JMH 的定义，如何创建和运行基准，基准参数是什么，以及支持 IDE 的插件。

第17章 Java 微基准测试工具

本章为读者介绍一个 Java 微基准测试工具（JMH）项目，此项目允许对各种代码的性能特征加以测试。如果性能对于所编写的应用程序来说至关重要，那么这个工具可助一臂之力，能让读者精确甄别出瓶颈所在，且精确到方法级别。使用 JMH，读者不仅能够测量代码的平均执行时间和其他性能值（如吞吐量），而且能够以一种受控的方式进行测量——不管有没有 JVM 优化、预热运行等。

除了理论知识，读者还将有机会运用实用的演示代码并根据建议来运行 JMH。

本章将涵盖以下主题：

- 何为 JMH。
- JMH 基准的创建。
- 使用 IDE 插件运行基准。
- JMH 基准参数。
- JMH 使用示例。
- 告诫之语。

17.1 何为 JMH

根据词典的定义，基准（benchmark）是“一种标准或参照点，用以对事物进行比较或评估”。在编程中，基准是对应用程序的性能加以比较的方式，或者是仅仅对方法的性能加以比较的方式。微序言（micro preface）关注的是后者——更小的代码段，而不是整个应用程序。JMH 是一个框架，用来测量单个方法的性能。

那样做看起来似乎大有裨益。难道不能在一个循环中让方法执行一千次或十万次，测量其花费的时间，然后再计算方法性能的平均值吗？可以做到。但问题是，JVM 是一个比代码执行的机器要复杂得多的程序。JVM 优化算法的中心点，在于让应用程序代码尽可能快地运行。例如下面这个类：

```
class SomeClass {
    public int someMethod(int m, int s) {
        int res = 0;
        for(int i = 0; i < m; i++){
            int n = i * i;
            if (n != 0 && n % s == 0) {
```

```
                res =+ n;
            }
        }
        return res;
    }
}
```

在someMethod()方法中编写了一些代码，这些代码无太大意义，但却能让方法保持忙碌状态。为了测试这个方法的性能，把此代码复制到某个测试方法中，然后予以循环运行，就很具诱惑力了：

```
public void testCode() {
    StopWatch stopWatch = new StopWatch();
    stopWatch.start();
    int xN = 100_000;
    int m = 1000;
    for(int x = 0; i < xN; x++) {
        int res = 0;
        for(int i = 0; i < m; i++){
            int n = i * i;
            if (n != 0 && n % 250_000 == 0) {
                res += n;
            }
        }
    }
    System.out.println("Average time = " +
                (stopWatch.getTime() / xN /m) + "ms");
}
```

但是，JVM会发现结果res从未被使用过，那么计算就被认定为死代码（dead code），即从未被执行的那部分代码。那么，为何要不嫌麻烦去执行那些代码呢？

读者或许会惊讶地发现，算法的显著复杂性或简单性并不影响性能。这是因为在任何情况下，代码实际上都没有执行。

可以更改测试方法，假装认为通过返回该方法，结果得以使用：

```
public int testCode() {
    StopWatch stopWatch = new StopWatch();
    stopWatch.start();
    int xN = 100_000;
    int m = 1000;
    int res = 0;
    for(int x = 0; i < xN; x++) {
        for(int i = 0; i < m; i++){
            int n = i * i;
            if (n != 0 && n % 250_000 == 0) {
                res += n;
            }
        }
    }
    System.out.println("Average time = " +
                (stopWatch.getTime() / xN / m) + "ms");
    return res;
}
```

这可能会说服JVM每次都执行代码，但无法得到保证。JVM会注意到，计算中的输入并没有改变，而且这种算法每次运行都会产生相同的结果。由于代码是基于常量输入的，所以这种优化称为常量折叠（constant folding）。优化的结果是，此代码可能仅执行一次，且每运行一次都假定得到了相同的结果，而实际上并没有执行代码。

但在实践中，基准测试通常是围绕方法构建的，而不是代码块。例如，测试代码有可能是下面的样子：

```
public void testCode() {
    StopWatch stopWatch = new StopWatch();
    stopWatch.start();
    int xN = 100_000;
    int m = 1000;
    SomeClass someClass = new SomeClass();
    for(int x = 0; i < xN; x++) {
        someClass.someMethod(m, 250_000);
    }
    System.out.println("Average time = " +
                        (stopWatch.getTime() / xN / m) + "ms");
}
```

但是，即使是这段代码也容易受到跟刚才所描述一样的 JVM 优化的影响。

JMH 的创建就是为了避免这一点，以及类似的陷阱。17.5 节将向读者展示如何用 JMH 来处理死代码和常量折叠优化。具体来说，使用@State 注解和 Blackhole 对象来处理。

此外，JMH 不仅可以测量平均执行时间，还可以测量吞吐量和其他性能特征。

17.2　JMH 基准的创建

开始使用 JMH 之前，需要将以下依赖项添加到 pom.xml 文件中：

```
<dependency>
    <groupId>org.openjdk.jmh</groupId>
    <artifactId>jmh-core</artifactId>
    <version>1.21</version>
</dependency>
<dependency>
    <groupId>org.openjdk.jmh</groupId>
    <artifactId>jmh-generator-annprocess</artifactId>
    <version>1.21</version>
</dependency>
```

第二个.jar 文件的名称是 annprocess，这起到了提示作用：JMH 使用注解。如果读者有这样的猜测，那么猜对了。为测试算法的性能，需要创建一个基准。示例如下：

```
public class BenchmarkDemo {
    public static void main(String... args) throws Exception{
        org.openjdk.jmh.Main.main(args);
    }
    @Benchmark
    public void testTheMethod() {
        int res = 0;
        for(int i = 0; i < 1000; i++){
            int n = i * i;
            if (n != 0 && n % 250_000 == 0) {
```

```
                res += n;
            }
        }
    }
}
```

请注意@Benchmark 注解。此注解告诉框架，要测试这个方法的性能。如果运行前面的 main()方法，会看到类似如图 17-1 所示的输出结果。

```
# Run progress: 40.00% complete, ETA 00:15:49
# Fork: 2 of 5
# Warmup Iteration   1: ≈ 10⁻⁹ s/op
# Warmup Iteration   2: ≈ 10⁻⁹ s/op
# Warmup Iteration   3: ≈ 10⁻⁹ s/op
# Warmup Iteration   4: ≈ 10⁻⁹ s/op
# Warmup Iteration   5: ≈ 10⁻⁹ s/op
Iteration   1: ≈ 10⁻⁹ s/op
Iteration   2: ≈ 10⁻⁹ s/op
Iteration   3: ≈ 10⁻⁹ s/op
Iteration   4: ≈ 10⁻⁹ s/op
Iteration   5: ≈ 10⁻⁹ s/op
```

图 17-1　代码运行结果

这只是大量输出的一部分，包括在不同条件下的多个迭代，目标是避免或抵消 JVM 优化。这个结果还将一次运行代码和多次运行代码之间的差异考虑了进来。在后一种情况下，JVM 开始使用即时（just-in-time）编译器，将经常使用的字节码编译成本机二进制代码，甚至没有去读取字节码。预热周期就是为了达到此目的——预演式执行代码，用以给 JVM“热身”，而不是测量代码的性能。

还有一些方法可以告诉 JVM 哪个方法需要编译和直接作为二进制文件使用，每次编译哪种方法，并提供类似的指令来禁用某些优化。下面很快就会谈到。

现在，来看看如何运行基准。

17.3　使用 IDE 插件运行基准

读者可能已经猜到，运行基准的一种方式就是执行 main()方法。可以直接使用 java 命令或 IDE 来完成，这在第 1 章中已讨论过。但是，还有一种更简单、更方便的方式来运行一个基准：使用 IDE 插件。

Java 所支持的所有主要 IDE 都拥有这样一个插件。下面要演示的这个插件是为 IntelliJ 设计的。这里用的是 Mac OS 的计算机，在 Windows 系统上操作也是一样的。具体步骤如下：

（1）同时按下 command 键和逗号（,），或在顶部横向菜单上单击扳手符号（弹出悬停文本 Preferences），开始安装插件，如图 17-2 所示。

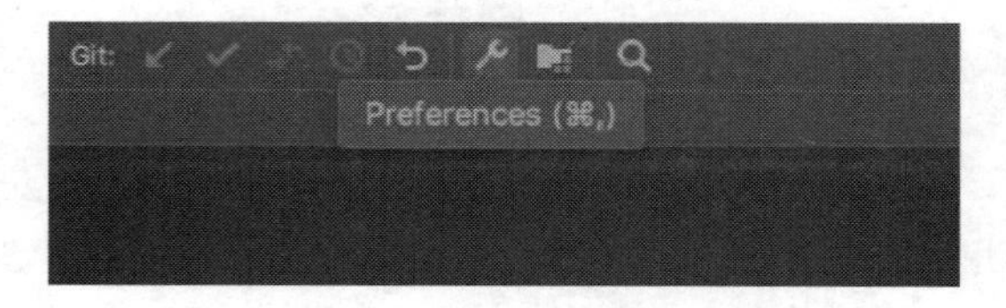

图 17-2　安装插件

（2）接着，弹出一个窗口，在左侧窗格显示的是菜单，如图 17-3 所示。

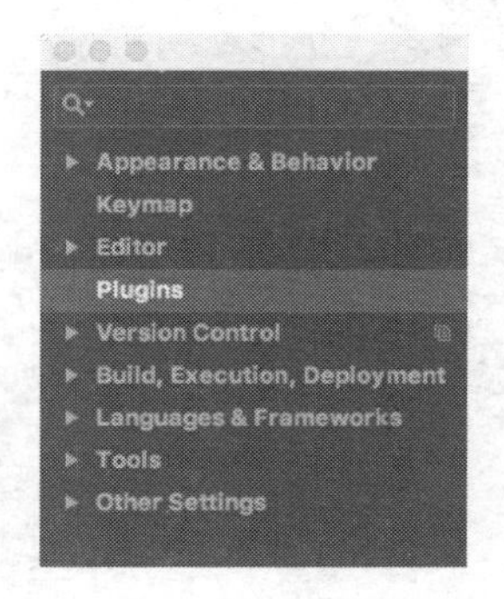

图 17-3　Plugins 菜单项

（3）选择图 17-3 中所示的 Plugins 选项，弹出 Plugins 窗口，看到顶部出现横向菜单，如图 17-4 所示。

图 17-4　Plugins 窗口

（4）选择 Marketplace，在 Search plugins in marketplace 输入栏中输入 JMH，然后按 Enter 键。如果已连接到互联网，就会显示一个 JMH plugin 符号，如图 17-5 所示。

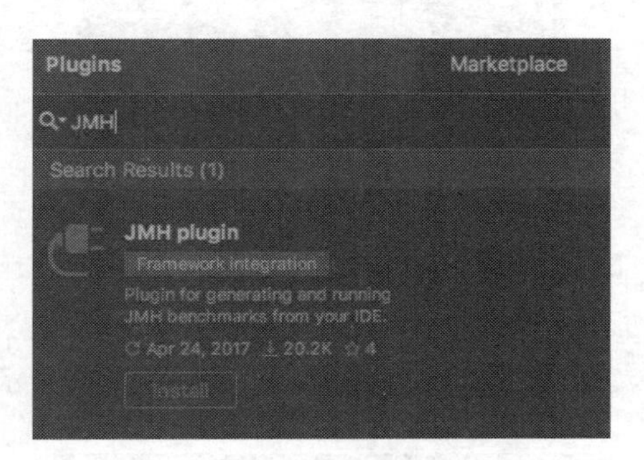

图 17-5　JMH 搜索结果 1

（5）单击 Install 按钮。此按钮变成 Restart IDE 按钮后，再次单击，如图 17-6 所示。

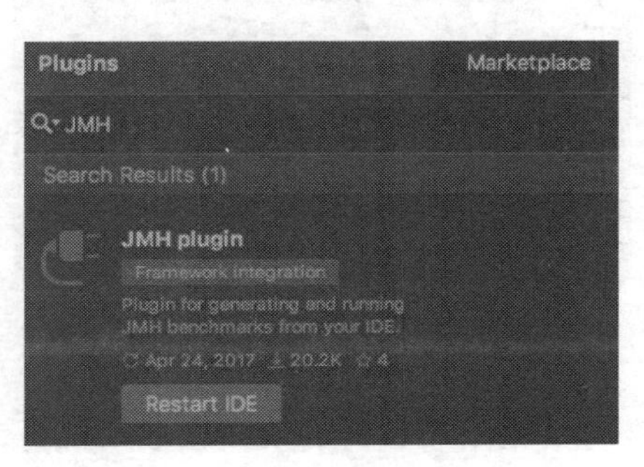

图 17-6　JMH 搜索结果 2

（6）IDE 重启完之后，就可以使用插件了。现在，不仅可以运行 main()方法，而且还可以选择执行哪个基准方法（如果有多个带有@Benchmark 注解的方法）。为达到此目的，从 Run 下拉菜单中选择 Run 命令，如图 17-7 所示。

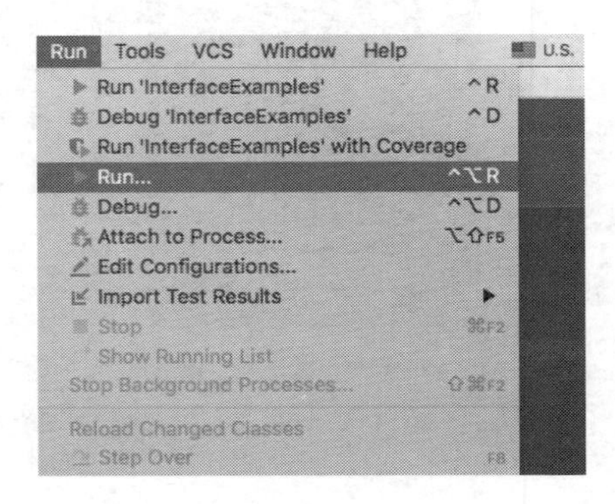

图 17-7　Run 菜单的 Run 命令

（7）紧接着弹出一个窗口，上面带有可运行的方法选项，如图 17-8 所示。

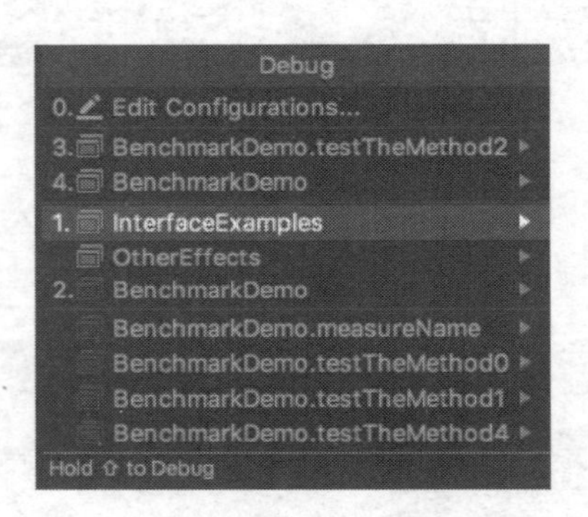

图 17-8　选择运行的方法

（8）选出一个想要运行的方法，该方法即可执行。该方法至少运行一次后，便可右击该方法，并从弹出的快捷菜单中选择执行的方法，如图 17-9 所示。

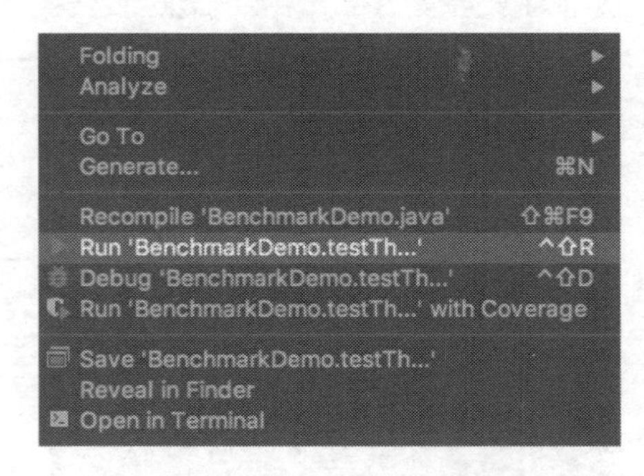

图 17-9　从弹出的快捷菜单中选择执行的方法

（9）还可以使用显示在每个菜单项右侧的快捷方式来执行该方法。

现在，就可以传递给基准的参数，下面进行概述。

17.4　JMH 基准参数

有许多基准参数，允许根据手头任务的特定需求对测量进行微调。这里仅介绍其中主要的几个。

17.4.1　模式

第一组参数定义了特定基准必须加以测量的执行模式参数。具体如下：

- Mode.AverageTime：测量平均执行时间。
- Mode.Throughput：通过在迭代中调用基准方法来测量吞吐量。
- Mode.SampleTime：对执行时间进行采样，而不是求平均值。该参数允许去推断分布、百分位数等。
- Mode.SingleShotTime：测量单个方法调用时间。该参数允许在不连续调用基准方法的情况下测试冷启动。

这些参数可以在@BenchmarkMode 注解中指定。例如：

```
@BenchmarkMode(Mode.AverageTime)
```

也可以将多种模式组合在一起：

```
@BenchmarkMode({Mode.Throughput, Mode.AverageTime, Mode.SampleTime,
              Mode.SingleShotTime}
```

还可以用 Mode.All 指定所有模式：

```
@BenchmarkMode(Mode.All)
```

所描述的参数以及本章随后将讨论的所有参数都可在方法和/或类的级别上加以设置。方法级别设定值会覆盖类级别设定值。

17.4.2　输出时间单位

用于显示结果的时间单位，可以使用@OutputTimeUnit 注解来指定：

```
@OutputTimeUnit(TimeUnit.NANOSECONDS)
```

可能的时间单位来自 java.util.concurrent.TimeUnit 枚举。

17.4.3　迭代

另一组参数定义了用来热身和测量的迭代。例如：

```
@Warmup(iterations = 5, time = 100, timeUnit = TimeUnit.MILLISECONDS)
@Measurement(iterations = 5, time = 100, timeUnit = TimeUnit.MILLISECONDS)
```

17.4.4　分叉

运行多个测试时，@Fork 注解允许将每个测试设置在单独的进程中运行。例如：

```
@Fork(10)
```

被传入的参数值表明：JVM 发生了多少次分叉，分成一个个独立进程。默认值是–1。

如果没有这个参数，测试的性能可能是混合的，条件是在测试中使用几个实现相同接口的类，并且这些类相互影响。

warmups 参数是另一个可以设置的参数，用于表明基准执行了多少次却没对测量值加以收集。具体如下：

```
@Fork(value = 10, warmups = 5)
```

该注解还允许向 Java 命令行添加 Java 选项。例如：

```
@Fork(value = 10, jvmArgs = {"-Xms2G", "-Xmx2G"})
```

JMH 参数的完整列表以及如何使用这些参数的示例，可以在 openjdk 项目中找到。例如，这里没有提到的@Group、@GroupThreads、@Measurement、@Setup、@Threads、@Timeout、@TearDown 或@Warmup。

17.5 JMH 使用示例

下面运行几个测试，并对这几个测试加以比较。首先，运行以下测试方法：

```
@Benchmark
@BenchmarkMode(Mode.All)
@OutputTimeUnit(TimeUnit.NANOSECONDS)
public void testTheMethod0() {
    int res = 0;
    for(int i = 0; i < 1000; i++){
        int n = i * i;
        if (n != 0 && n % 250_000 == 0) {
            res += n;
        }
    }
}
```

由上可见，这里发出的请求是测量所有性能特征，并在显示结果时使用纳秒。在我们的系统中，该测试执行时间大约是 20min。最终的结果如图 17-10 所示。

```
Benchmark                                               Mode      Cnt       Score       Error   Units
BenchmarkDemo.testTheMethod0                           thrpt       25       0.001 ±     0.001  ops/ns
BenchmarkDemo.testTheMethod0                            avgt       25    1041.096 ±    18.841   ns/op
BenchmarkDemo.testTheMethod0                          sample  7406325    1107.536 ±     1.555   ns/op
BenchmarkDemo.testTheMethod0:testTheMethod0·p0.00     sample              929.000               ns/op
BenchmarkDemo.testTheMethod0:testTheMethod0·p0.50     sample             1020.000               ns/op
BenchmarkDemo.testTheMethod0:testTheMethod0·p0.90     sample             1210.000               ns/op
BenchmarkDemo.testTheMethod0:testTheMethod0·p0.95     sample             1230.000               ns/op
BenchmarkDemo.testTheMethod0:testTheMethod0·p0.99     sample             1860.000               ns/op
BenchmarkDemo.testTheMethod0:testTheMethod0·p0.999    sample            18496.000               ns/op
BenchmarkDemo.testTheMethod0:testTheMethod0·p0.9999   sample            41792.000               ns/op
BenchmarkDemo.testTheMethod0:testTheMethod0·p1.00     sample           582656.000               ns/op
BenchmarkDemo.testTheMethod0                              ss        5   29973.000 ± 10585.906   ns/op
```

图 17-10 测试代码执行结果 1

现在，将测试做如下更改：

```
@Benchmark
@BenchmarkMode(Mode.All)
@OutputTimeUnit(TimeUnit.NANOSECONDS)
public void testTheMethod1() {
    SomeClass someClass = new SomeClass();
    int i = 1000;
```

```
        int s = 250_000;
        someClass.someMethod(i, s);
    }
```

现在运行 testTheMethod1()，结果会略有不同，如图 17-11 所示。

Benchmark	Mode	Cnt	Score	Error	Units
BenchmarkDemo.testTheMethod1	thrpt	25	0.001 ±	0.001	ops/ns
BenchmarkDemo.testTheMethod1	avgt	25	1037.961 ±	22.561	ns/op
BenchmarkDemo.testTheMethod1	sample	7531674	1091.872 ±	2.760	ns/op
BenchmarkDemo.testTheMethod1:testTheMethod1·p0.00	sample		898.000		ns/op
BenchmarkDemo.testTheMethod1:testTheMethod1·p0.50	sample		991.000		ns/op
BenchmarkDemo.testTheMethod1:testTheMethod1·p0.90	sample		1200.000		ns/op
BenchmarkDemo.testTheMethod1:testTheMethod1·p0.95	sample		1228.000		ns/op
BenchmarkDemo.testTheMethod1:testTheMethod1·p0.99	sample		1860.000		ns/op
BenchmarkDemo.testTheMethod1:testTheMethod1·p0.999	sample		18720.000		ns/op
BenchmarkDemo.testTheMethod1:testTheMethod1·p0.9999	sample		40256.000		ns/op
BenchmarkDemo.testTheMethod1:testTheMethod1·p1.00	sample		3874816.000		ns/op
BenchmarkDemo.testTheMethod1	ss	5	303431.200 ±	185625.725	ns/op

图 17-11　测试代码执行结果 2

采样和单次运行结果大多不同。读者可以试试这些方法，并对分叉和热身的数值加以更改。

17.5.1　使用@State 注解

这个 JMH 特性允许对 JVM 隐藏数据源，从而防止死代码优化。可以添加一个类作为输入数据的源，如下所示：

```
@State(Scope.Thread)
public static class TestState {
    public int m = 1000;
    public int s = 250_000;
}

@Benchmark
@BenchmarkMode(Mode.All)
@OutputTimeUnit(TimeUnit.NANOSECONDS)
public int testTheMethod3(TestState state) {
    SomeClass someClass = new SomeClass();
    return someClass.someMethod(state.m, state.s);
}
```

Scope 值用于在测试之间共享数据。该例中，只有一个测试使用 TestCase 类对象，不需要共享。否则，可以将值设置为 Scope.Group 或 Scope.Benchmark，这意味着可以向 TestState 类添加 setter，并在其他测试中读取/修改 setter。

运行这个版本的测试，得到的结果如图 17-12 所示。

Benchmark	Mode	Cnt	Score	Error	Units
BenchmarkDemo.testTheMethod3	thrpt	25	≈ 10^{-3}		ops/ns
BenchmarkDemo.testTheMethod3	avgt	25	3064.479 ±	58.388	ns/op
BenchmarkDemo.testTheMethod3	sample	5893288	3342.995 ±	7.652	ns/op
BenchmarkDemo.testTheMethod3:testTheMethod3·p0.00	sample		2624.000		ns/op
BenchmarkDemo.testTheMethod3:testTheMethod3·p0.50	sample		3072.000		ns/op
BenchmarkDemo.testTheMethod3:testTheMethod3·p0.90	sample		3656.000		ns/op
BenchmarkDemo.testTheMethod3:testTheMethod3·p0.95	sample		4312.000		ns/op
BenchmarkDemo.testTheMethpd3:testTheMethod3·p0.99	sample		6000.000		ns/op
BenchmarkDemo.testTheMethod3:testTheMethod3·p0.999	sample		29120.000		ns/op
BenchmarkDemo.testTheMethod3:testTheMethod3·p0.9999	sample		73856.000		ns/op
BenchmarkDemo.testTheMethod3:testTheMethod3·p1.00	sample		6324224.000		ns/op
BenchmarkDemo.testTheMethod3	ss	5	365093.400 ±	256801.341	ns/op

图 17-12　测试代码执行结果 3

数据又发生了变化。注意，平均执行时间增加了三倍，这表明并没有应用更多的 JVM 优化。

17.5.2　使用 Blackhole 对象

这个 JMH 特性允许模拟对结果的使用，从而防止 JVM 进行折叠常数的优化：

```
@Benchmark
@BenchmarkMode(Mode.All)
@OutputTimeUnit(TimeUnit.NANOSECONDS)
public void testTheMethod4(TestState state, Blackhole blackhole) {
   SomeClass someClass = new SomeClass();
   blackhole.consume(someClass.someMethod(state.m, state.s));
}
```

由上可见，这里添加的一个参数是 Blackhole 对象，并在其上调用了 consume()方法，从而假装使用了测试方法的结果。

运行这个版本的测试，得到的结果如图 17-13 所示。

Benchmark	Mode	Cnt	Score	Error	Units
BenchmarkDemo.testTheMethod4	thrpt	25	$\approx 10^{-3}$		ops/ns
BenchmarkDemo.testTheMethod4	avgt	25	3253.271 ±	82.781	ns/op
BenchmarkDemo.testTheMethod4	sample	6538933	3398.419 ±	5.033	ns/op
BenchmarkDemo.testTheMethod4:testTheMethod4·p0.00	sample		2724.000		ns/op
BenchmarkDemo.testTheMethod4:testTheMethod4·p0.50	sample		3080.000		ns/op
BenchmarkDemo.testTheMethod4:testTheMethod4·p0.90	sample		3668.000		ns/op
BenchmarkDemo.testTheMethod4:testTheMethod4·p0.95	sample		4328.000		ns/op
BenchmarkDemo.testTheMethod4:testTheMethod4·p0.99	sample		5624.000		ns/op
BenchmarkDemo.testTheMethod4:testTheMethod4·p0.999	sample		29728.000		ns/op
BenchmarkDemo.testTheMethod4:testTheMethod4·p0.9999	sample		66573.645		ns/op
BenchmarkDemo.testTheMethod4:testTheMethod4·p1.00	sample		4964352.000		ns/op
BenchmarkDemo.testTheMethod4	ss	5	296304.600 ±	114666.024	ns/op

图 17-13　测试代码执行结果 4

这一次结果看起来并没有那么大的不同。显然，即使在使用 Blackhole 对象之前，常数折叠优化被中和了。

17.5.3　使用@CompilerControl 注解

另一种调优基准的方式是告诉编译器去编译、内联（或不内联），并从代码中排除（或不排除）特定的方法。例如，考虑以下类：

```
class SomeClass{
    public int oneMethod(int m, int s) {
       int res = 0;
       for(int i = 0; i < m; i++){
          int n = i * i;
          if (n != 0 && n % s == 0) {
             res = anotherMethod(res, n);
          }
       }
       return res;
    }
    @CompilerControl(CompilerControl.Mode.EXCLUDE)
    private int anotherMethod(int res, int n){
       return res +=n;
```

```
    }
}
```

假设这里对 anotherMethod()方法的编译/内联如何影响性能感兴趣，就可在这个方法上设置 CompilerControl 模式。具体如下：

- Mode.INLINE：强制这个方法内联。
- Mode.DONT_INLINE：避免这个方法内联。
- Mode.EXCLUDE：避免这个方法编译。

17.5.4　使用@Param 注解

有时，有必要对不同的输入数据集运行相同的基准。在这种情况下，@Param 注解非常有用。

@Param 是各种框架（例如 JUnit）使用的标准 Java 注解。此注解标识一个参数值数组。只要数组中有值，就会运行带有@Param 注解的测试，运行的次数与数组中的值相等。每次测试的执行都从数组中取一个不同的值。

示例如下：

```
@State(Scope.Benchmark)
public static class TestState1 {
    @Param({"100", "1000", "10000"})
    public int m;
    public int s = 250_000;
}

@Benchmark
@BenchmarkMode(Mode.All)
@OutputTimeUnit(TimeUnit.NANOSECONDS)
public void testTheMethod6(TestState1 state, Blackhole blackhole) {
    SomeClass someClass = new SomeClass();
    blackhole.consume(someClass.someMethod(state.m, state.s));
}
```

testTheMethod6()基准将跟参数 m 列出的每个值一起得到使用。

17.6　告诫之语

使用所描述的工具，消除了测量性能的程序员的大部分心头之忧。然而，此工具实际上不可能涵盖 JVM 优化、配置文件共享以及 JVM 实现的类似方面的所有情况。特别是如果考虑 JVM 代码在不同实现之间的演化和差异，情况更是如此。JMH 的作者承认这一事实，并与测试结果一同打印出一些告诫之语，如图 17-14 所示。

```
REMEMBER: The numbers below are just data. To gain reusable insights, you need to follow up on
why the numbers are the way they are. Use profilers (see -prof, -lprof), design factorial
experiments, perform baseline and negative tests that provide experimental control, make sure
the benchmarking environment is safe on JVM/OS/HW level, ask for reviews from the domain experts.
Do not assume the numbers tell you what you want them to tell.
```

图 17-14　JMH 的告诫之语

分析器的描述和用法可以在 openjdk 项目中查到。在相同的示例中，读者会遇到由 JMH 生成代码的描述。这样的描述以注解为基础。

如果想深入了解代码执行和测试方面的细节，最佳的途径就是研究所生成的代码。这样的代码描述了 JMH 为了运行所请求的基准所采取的所有步骤和决定。可从下面目录查到所生成的代码：target/generated-sources/ annotation。

由于本书篇幅所限，无法细说怎么去阅读这样的代码。但是，阅读这样的代码不是什么难事，特别是开始时只测试一个方法。希望你努力学习，祝你一切顺利！

本 章 小 结

本章中，读者学习了 JMH 工具，并能够将其用于特定的实际情况之中。这类似于读者在编写应用程序时所遇到的情况。读者学习了如何创建和运行基准、如何设置基准的参数，以及如何在需要时安装 IDE 插件。这里也给出了实用的建议和进一步阅读的资料。

第 18 章将介绍设计和编写应用程序代码的有用实践操作；将讨论 Java 惯用语及其实现和用法，并提出实现 equals()、hashCode()、compareTo()和 clone()方法的建议；还将讨论 StringBuffer 类和 StringBuilder 用法的区别、如何捕获异常、最佳设计实践，以及其他经过验证的编程实践。

第 18 章

高质量代码编写最佳实践

程序员之间交流时，会经常使用非程序员无法理解的行话，或者使用令掌握不同编程语言的程序员理解起来比较模糊的行话。但是，那些掌握相同编程语言的程序员理解起来不会产生什么问题。这有时也取决于程序员所掌握知识的渊博程度。一个新手或许不理解有经验的程序员说的是什么意思，而与此同时，久经沙场的同事会点头赞同并做出回应。

本章向读者介绍一些 Java 编程行话，即 Java 惯用语，用以描述某些特性、功能、设计解决方案等。读者还将学习设计和编写应用程序代码中最流行和最有用的实践。学完本章，读者会彻底弄明白其他 Java 程序员在讨论设计决策和所使用的功能时，讨论的内容到底是什么意思。

本章将涵盖以下主题：

- Java 行业惯用语、实现及用法。
- 最佳设计实践。
- 代码为人而写。
- 测试——通向高质量代码的捷径。

18.1 Java 行业惯用语、实现及用法

除了作为专业人员之间的交流手段外，编程惯用语也是久经考验的编程解决方案和常见实践。这些都不是直接产生于语言规范，而是来自编程经验。本节将讨论最常用的惯用语。至于惯用语的完整列表，可以在 Java 官方文档中查找和学习。

18.1.1 equals()方法和 hashCode()方法

java.lang.Object 类中，equals()方法和 hashCode()方法的默认实现，如下所示：

```
public boolean equals(Object obj) {
    return (this == obj);
}
/**
* Whenever it is invoked on the same object more than once during
* an execution of a Java application, the hashCode method
* must consistently return the same integer...
* As far as is reasonably practical, the hashCode method defined
* by class Object returns distinct integers for distinct objects.
```

```
*/
@HotSpotIntrinsicCandidate
public native int hashCode();
```

可以看到，equals()方法的默认实现仅比较指向对象存储地址的内存引用。类似地，从注释（引自源代码）中可以看出，hashCode()方法为相同的对象返回相同的整数，为不同的对象返回不同的整数。下面用 Person 类来演示，具体如下：

```
public class Person {
   private int age;
   private String firstName, lastName;
   public Person(int age, String firstName, String lastName) {
      this.age = age;
      this.lastName = lastName;
      this.firstName = firstName;
   }
   public int getAge() { return age; }
   public String getFirstName() { return firstName; }
   public String getLastName() { return lastName; }
}
```

对于 equals()方法和 hashCode()方法的默认行为，举例如下：

```
Person person1 = new Person(42, "Nick", "Samoylov");
Person person2 = person1;
Person person3 = new Person(42, "Nick", "Samoylov");
System.out.println(person1.equals(person2));   //prints: true
System.out.println(person1.equals(person3));   //prints: false
System.out.println(person1.hashCode());        //prints: 777874839
System.out.println(person2.hashCode());        //prints: 777874839
System.out.println(person3.hashCode());        //prints: 596512129
```

person1 引用和 person2 引用及其散列码都是相等的，因为这两个引用指向相同的对象（相同的内存区域，以及相同的地址），而 person3 引用指向另一个对象。

正如第 6 章所述，在实践中，经常希望对象相等是基于对象的全部或部分属性值。下面是 equals()和 hashCode()方法的一个典型实现。

```
@Override
public boolean equals(Object o) {
    if (this == o) return true;
    if (o == null) return false;
    if(!(o instanceof Person)) return false;
    Person person = (Person)o;
    return getAge() == person.getAge() &&
            Objects.equals(getFirstName(), person.getFirstName()) &&
            Objects.equals(getLastName(), person.getLastName());
}
@Override
public int hashCode() {
    return Objects.hash(getAge(), getFirstName(), getLastName());
}
```

这样的实现在以前是比较复杂的，现在使用 java.util.Objects 实用程序令这样的实现简单多了。特别值得注意的是，Objects.equals()方法还能处理 null 值。

将上述 equals()和 hashCode()方法的实现添加到 Person1 类中，执行同样的比较操作。

具体如下：

```
Person1 person1 = new Person1(42, "Nick", "Samoylov");
Person1 person2 = person1;
Person1 person3 = new Person1(42, "Nick", "Samoylov");
System.out.println(person1.equals(person2));    //prints: true
System.out.println(person1.equals(person3));    //prints: true
System.out.println(person1.hashCode());         //prints: 2115012528
System.out.println(person2.hashCode());         //prints: 2115012528
System.out.println(person3.hashCode());         //prints: 2115012528
```

可见，所做的更改不仅使相同的对象相等，而且使两个具有相同属性值的不同对象相等。此外，散列码值现在也基于了相同属性的值。

在第 6 章，已经解释了在实现 equals()方法时实现 hashCode()方法具有重要性的原因。

在 equals()方法中实现相等和在 hashCode()方法中计算散列码值，要使用完全相同的属性集，这一点颇为重要。

在这些方法上使用@Override 注解，可以确保这些方法确实覆盖了 Object 类中的默认实现。否则，方法名中的一个拼写错误可能会造成这样的错觉：使用了新的实现，但实际上并没有使用。事实证明，对这种情况的调试要比添加@Override 注解困难得多，而且代价也要高得多。如果方法没有覆盖任何内容，就会产生错误。

18.1.2 compareTo()方法

第 6 章中曾多次用到 compareTo()方法（Comparable 接口的唯一方法），并指出基于此方法所建立的顺序（通过集合的元素实现的）被称为自然顺序（natural order）。

下面创建 Person2 类来演示该方法。具体如下：

```
public class Person2 implements Comparable<Person2> {
   private int age;
   private String firstName, lastName;
   public Person2(int age, String firstName, String lastName) {
   this.age = age;
   this.lastName = lastName;
   this.firstName = firstName;
}
public int getAge() { return age; }
public String getFirstName() { return firstName; }
public String getLastName() { return lastName; }
@Override
public int compareTo(Person2 p) {
   int result = Objects.compare(getFirstName(),
               p.getFirstName(), Comparator.naturalOrder());
   if (result != 0) {
      return result;
   }
   result = Objects.compare(getLastName(),
                  p.getLastName(), Comparator.naturalOrder());
   if (result != 0) {
      return result;
   }
   return Objects.compare(age, p.getAge(),
```

```
                                   Comparator.naturalOrder());
    }
    @Override
    public String toString() {
        return firstName + " " + lastName + ", " + age;
    }
}
```

然后创建一个 Person2 对象的列表并进行排序：

```
Person2 p1 = new Person2(15, "Zoe", "Adams");
Person2 p2 = new Person2(25, "Nick", "Brook");
Person2 p3 = new Person2(42, "Nick", "Samoylov");
Person2 p4 = new Person2(50, "Ada", "Valentino");
Person2 p6 = new Person2(50, "Bob", "Avalon");
Person2 p5 = new Person2(10, "Zoe", "Adams");
List<Person2> list = new ArrayList<>(List.of(p5, p2, p6, p1, p4, p3));
Collections.sort(list);
list.stream().forEach(System.out::println);
```

代码运行结果如图 18-1 所示。

```
Ada Valentino, 50
Bob Avalon, 50
Nick Brook, 25
Nick Samoylov, 42
Zoe Adams, 10
Zoe Adams, 15
```

图 18-1　代码运行结果

有三点值得注意：

- 根据 Comparable 接口的定义，当对象小于、等于或大于另一个对象时，compareTo() 方法必须返回一个负整数、零或正整数。在上述实现中，如果两个对象的相同属性值不同，则立即返回结果。因为不管其他属性如何，都已经知道这个 Object 是“更大的”还是“更小的”了。但是，对两个对象的属性加以比较，顺序对最终结果是有影响的。此方法定义了属性值影响顺序的优先级。
- 这里把 List.of()的结果存入 new ArrayList()对象中。在第 6 章中提到，这样做是因为用 of()工厂方法创建的集合是不可更改的。既不能添加或删除任何元素，也不能更改元素的顺序。然而这里需要对所创建的集合进行排序。这里之所以使用 of()方法是因为这个方法更便捷，并提供了更短的表示。
- 最后一点，使用 java.util.Objects 进行属性比较，令实现比自制编码更容易、更可靠。

在实现 compareTo()方法时，重要的一点是务必确保不要违反规则。规则如下：

- 只有当返回值为 0 时，obj1.compareTo(obj2)才会返回与 obj2.compareTo(obj1)相同的值。
- 如果返回值不是 0，则 obj1.compareTo(obj2)的符号与 obj2.compareTo(obj1)的符号相反。
- 如果 obj1.compareTo(obj2) > 0，obj2.compareTo(obj3) >0，则 obj1.compareTo(obj3) > 0。
- 如果 obj1.compareTo(obj2) < 0，obj2. compareTo (obj3) < 0，则 obj1.compareTo(obj3) < 0。
- 如果 obj1.compareTo(obj2) == 0，那么 obj2. compareTo (obj3)和 obj1.compareTo(obj3)

具有相同的符号。

- obj1.compareTo (obj2)和 obj2.compareTo (obj1)都抛出相同的异常（如果有的话）。

此外建议，如果 obj1.equals(obj2)，应保证 obj1.compareTo(obj2) == 0；同时，如果 obj1.compareTo(obj2) == 0，应保证 obj1.equals(obj2)。但这不是必须的。

18.1.3　clone()方法

在 java.lang.Object 中，clone()方法的实现如下所示：

```
@HotSpotIntrinsicCandidate
protected native Object clone() throws CloneNotSupportedException;
```

注释如下所示：

```
/**
* Creates and returns a copy of this object. The precise meaning
* of "copy" may depend on the class of the object.
***
```

此方法的默认结果是按原样返回对象字段的副本。如果值是基本类型的，这样做是可以的。但是，如果对象属性是另一个对象的引用，则只复制引用，而不复制引用的对象。这就是为什么这样的复制被称为浅复制（shallow copy）。要实现深复制（deep copy），必须覆盖 clone()方法并克隆引用对象的每个对象属性。

在任何情况下，为了能够克隆对象，类必须实现 Cloneable 接口，并确保沿着继承树的所有对象（以及对象的属性）也实现 Cloneable 接口（java.lang.Object 除外）。Cloneable 接口是一个标记接口，用以告诉编译器程序员有意决定允许克隆这个对象（不管是因为浅复制足够好，还是因为 clone()方法被覆盖了）。在未实现 Cloneable 接口的对象上尝试调用 clone()，将引发 CloneNotSupportedException 异常。

这看起来就够复杂了，但实践中甚至有更多陷阱存在。例如，假设 Person 类具有 Address 类型的 address 属性。Person 对象 p1 的浅复制 p2 会引用相同的 Address 对象，从而导致 p1.address == p2.address。举例说明，Address 类如下所示：

```
class Address {
   private String street, city;
   public Address(String street, String city) {
      this.street = street;
      this.city = city;
   }
   public void setStreet(String street) { this.street = street; }
   public String getStreet() { return street; }
   public String getCity() { return city; }
}
```

Person3 类是这样使用 Address 类的：

```
class Person3 implements Cloneable{
   private int age;
   private Address address;
   private String firstName, lastName;
   public Person3(int age, String firstName,
                           String lastName, Address address) {
      this.age = age;
```

```
        this.address = address;
        this.lastName = lastName;
        this.firstName = firstName;
    }
    public int getAge() { return age; }
    public Address getAddress() { return address; }
    public String getLastName() { return lastName; }
    public String getFirstName() { return firstName; }
    @Override
    public Person3 clone() throws CloneNotSupportedException{
        return (Person3) super.clone();
    }
}
```

注意，clone()方法完成的是浅复制，因为这个方法没有克隆 address 属性。使用这种 clone()方法实现的结果如下：

```
Person3 p1 = new Person3(42, "Nick", "Samoylov",
             new Address("25 Main Street", "Denver"));
Person3 p2 = p1.clone();
System.out.println(p1.getAge() == p2.getAge());                  //true
System.out.println(p1.getLastName() == p2.getLastName());        //true
System.out.println(p1.getLastName().equals(p2.getLastName()));  //true
System.out.println(p1.getAddress() == p2.getAddress());          //true
System.out.println(p2.getAddress().getStreet()); //prints: 25 Main Street
p1.getAddress().setStreet("42 Dead End");
System.out.println(p2.getAddress().getStreet()); //prints: 42 Dead End
```

可以看到，在克隆完成之后，对源对象的 address 属性所做的更改反映在副本的相同属性中。这不是很直观，对吧？克隆的时候，所期望的是独立的复制，没错吧？

为了避免共享 Address 对象，还需要对此对象进行显式的克隆。要进行显式的克隆，就必须使 Address 对象具有可克隆的性质，具体操作如下：

```
public class Address implements Cloneable{
    private String street, city;
    public Address(String street, String city) {
        this.street = street;
        this.city = city;
    }
    public void setStreet(String street) { this.street = street; }
    public String getStreet() { return street; }
    public String getCity() { return city; }
    @Override
    public Address clone() throws CloneNotSupportedException {
        return (Address)super.clone();
    }
}
```

有了这个实现，现在就可以添加 address 的克隆属性了：

```
class Person4 implements Cloneable{
    private int age;
    private Address address;
    private String firstName, lastName;
    public Person4(int age, String firstName,
                           String lastName, Address address) {
```

```
        this.age = age;
        this.address = address;
        this.lastName = lastName;
        this.firstName = firstName;
    }
    public int getAge() { return age; }
    public Address getAddress() { return address; }
    public String getLastName() { return lastName; }
    public String getFirstName() { return firstName; }
    @Override
    public Person4 clone() throws CloneNotSupportedException{
        Person4 cl = (Person4) super.clone();
        cl.address = this.address.clone();
        return cl;
    }
}
```

现在，如果运行相同的测试，结果将与最初预期的一样。

```
Person4 p1 = new Person4(42, "Nick", "Samoylov",
new Address("25 Main Street", "Denver"));
Person4 p2 = p1.clone();
System.out.println(p1.getAge() == p2.getAge());                    //true
System.out.println(p1.getLastName() == p2.getLastName());          //true
System.out.println(p1.getLastName().equals(p2.getLastName()));     //true
System.out.println(p1.getAddress() == p2.getAddress());            //false
System.out.println(p2.getAddress().getStreet()); //prints: 25 Main Street
p1.getAddress().setStreet("42 Dead End");
System.out.println(p2.getAddress().getStreet()); //prints: 25 Main Street
```

因此，如果应用程序希望所有属性都做深复制，那么所涉及的所有对象都必须是可克隆的。这样做是可以的，但有个前提：只要相关的对象——当前对象中的属性也好，父类（及其属性和父类）中的属性也罢——没有一个不需要新的对象属性，没有一个不需要属性是可克隆的，并且没有一个在容器对象的 clone()方法中是可以显式克隆的。这话说得有些复杂。其复杂性的根源在于克隆过程潜在的复杂性。程序员经常避开，不让对象变成可克隆的，这就是原因所在。

取而代之，如果需要，程序员更喜欢手动克隆对象。例如：

```
Person4 p1 = new Person4(42, "Nick", "Samoylov",
                         new Address("25 Main Street", "Denver"));
Address address = new Address(p1.getAddress().getStreet(),
                                  p1.getAddress().getCity());
Person4 p2 = new Person4(p1.getAge(), p1.getFirstName(),
                                  p1.getLastName(), address);
System.out.println(p1.getAge() == p2.getAge());                    //true
System.out.println(p1.getLastName() == p2.getLastName());          //true
System.out.println(p1.getLastName().equals(p2.getLastName())); //true
System.out.println(p1.getAddress() == p2.getAddress());            //false
System.out.println(p2.getAddress().getStreet()); //prints: 25 Main Street
p1.getAddress().setStreet("42 Dead End");
System.out.println(p2.getAddress().getStreet()); //prints: 25 Main Street
```

如果将另一个属性添加到任何相关对象，采用这种途径仍然需要更改代码。但是，这种途径提供了对结果的更多控制，并减少了产生意想不到后果的机会。

幸运的是，clone()方法并不经常使用。事实上，读者可能永远不会遇到需要使用此方法的情况。

18.1.4　StringBuffer 类和 StringBuilder 类

在第 6 章，已经讨论了 StringBuffer 类和 StringBuilder 类之间的区别，在此就不再重复了。然而，这里要简单提一下，在单线程情况下（这是绝大多数情况），应该首选 StringBuilder 类，因为其速度更快。

18.1.5　try 子句、catch 子句和 finally 子句

本书第 4 章专门介绍了 try 块、catch 块和 finally 块的用法，在此也不再重复。这里只想重复的是，使用 try-with-resources 语句是释放资源的首选方法（传统上是在 finally 块中完成）。遵循各种库的原则编码，会使代码更简单、更可靠。

18.2　最佳设计实践

“最佳”这个词带有主观性，依赖于上下文。正因如此，下面所推荐的是以主流编程中大多数案例为基础的。但是，盲目地和无条件地照搬照抄不可取。因为在某些上下文中，这些案例有些在实践中是没有用的，甚至是错误的。采纳某些案例前，尽力去理解其背后的动机，并把动机作为决策的指南。例如，规模大小就至关重要。如果应用程序代码不超过几千行，那么一种简单的单体式程序就足够好了，其代码具有细目清单式风格。但是，如果代码中有复杂的代码区块，并且由多人共同来编写，那么将代码分解成特定的区段将有利于代码的理解、维护和扩展（如果某个特定的代码区域比其他区域需要更多的资源）。

下面就开始进行高级设计决策，这里没有固定的顺序。

18.2.1　松耦合功能区的识别

这样的设计决策可尽早做出，依靠的仅仅是对未来系统的主体部分、这些部分的功能，以及这些部分产生和交换的数据的一般性理解。这样做有以下几点好处：

- 鉴别未来系统的结构，这影响到进一步的设计步骤和具体实施。
- 各部分的专业化和更深层次的分析。
- 各部分的并行开发。
- 对数据流更好的理解。

18.2.2　功能区的传统层划分

每个功能区准备妥当后，就可以根据技术特性和所使用的技术进行专门化划分。从传统意义上看，技术的专门化划分如下：

- 前端（用户图形界面或 Web 界面）。
- 具有广泛业务逻辑的中间层。
- 后端（数据存储或数据源）。

这样做的好处包括：

- 按层部署和扩展。
- 基于经验知识的程序员专门化划分。
- 各部分的并行开发。

18.2.3　接口代码的编写

以上面两个小节描述的决策为基础，专门化的部分必须通过接口加以描述，而这个接口则隐藏实现的细节。这种设计的好处是为面向对象编程奠定了基础。这一点，已经在第 2 章做了详细的阐述，这里就不再重复了。

18.2.4　工厂方法的使用

在第 2 章曾经讨论过这一点。从定义上看，接口没有描述也不能描述实现接口的类的构造方法。使用工厂方法允许将这个差距缩小，只向客户端公开一个接口。

18.2.5　宁组合勿继承

最初，面向对象编程关注的是继承，将继承视作对象间分享共同功能的方式。继承甚至是第 2 章中描述的四个面向对象编程原则之一。但在实践中，这种功能共享的方法在同一继承链中所包含的类之间创建了太多的依赖关系。应用程序功能的演变通常是不可预测的，继承链中的一些类开始获得与类链的原始用途无关的功能。这里的主张是，有些设计解决方案允许不用继承，而是保持原始的类不被改变。然而，在实践中，经常发生这样的事情，子类可能会突然改变行为，只是因为它们通过继承获得了新的功能。父母是不能选择的，对吧？另外，继承以这种方式打破了封装，而封装则是 OOP 的另一个基本原则。

另外，组合允许对使用类的哪个功能以及忽略类的哪个功能进行选择和控制。组合还允许对象保持轻量级别，而免受继承带来的负担。这样的设计更灵活，更具可扩展性和可预测性。

18.2.6　库的使用

本书多次提到，使用 Java 类库（JCL）和外部（JDK 之外的）库使编程更容易，还能编出更高质量的代码，甚至还专门辟出一章即第 7 章对最为流行的 Java 库进行概述。库的创建者投入了大量的时间和精力，所以应该尽力在任何时候都利用好这样的库。

在第 13 章描述了驻留在 JCL 的 java.util.function 包中的标准函数式接口。这是利用好一个库的另一种方式——使用知名的共享接口集，而不是自己另起炉灶来定义接口。

关于编写让他人容易理解的代码，上面最后一句话起到了一个很好的切换作用，切换到本章下一个主题。

18.3　代码为人而写

最初几十年时间里，编程是需要编写机器命令，以供电子设备执行。这不仅是一项乏味且容易出错的工作，而且还要求编写的指令尽可能获得最佳的性能。因为计算机运行缓慢，也不会做太多的代码优化。即使做了优化，也不多。

从那时起，在硬件和编程方面都取得了很大的进步。在使所提交的代码尽可能快地运行方面，现代编译器功不可没，即便程序员没有认识到这一点。在前一章即第 17 章中，已经用具体的示例对这方面问题进行了讨论。

这就允许程序员在无须过多考虑优化的情况下编写更多的代码行。但是传统的做法和许多关于编程的书籍继续要求做优化处理。有些程序员仍然担心自己编写代码的性能，甚至担心的程度胜于代码产生的结果。遵循传统比背离传统更为容易。这就是为什么程序员更倾注于编写代码的方式，而不是使业务自动化，即使实现了错误的业务逻辑代码是好的也是无用的。

还是书归正传。有了现代 JVM 来助力，程序员对代码优化的需求已经不像以前那么迫切了。时至今日，程序员主要关注全局，以避免产生导致不良代码性能的结构性错误，也关注多次被使用的代码。后者的紧迫性也越来越小，因为 JVM 变得越来越复杂，可以实时地查看代码，且在使用相同的输入多次调用相同的代码块时，只是返回结果（不执行）。

这就给我们留下了唯一可能的结论：编写代码时，必须确保代码让人而不是让计算机容易阅读、容易理解。在这个行业工作了一段时间的那些人，会对自己几年前编写的代码感到困惑不解。要是对编写的意图明确了然、透明清晰，就能改进代码编写的风格。

对于注释的必要性，讨论多久都情有可原。十分明确的是，对于代码的用意做鹦鹉学舌式的注释是没有必要的。例如：

```
//Initialize variable
int i = 0;
```

对代码的用意予以解释的注释，更有价值：

```
//In case of x > 0, we are looking for a matching group
//because we would like to reuse the data from the account.
//If we find the matching group, we either cancel it and clone,
//or add the x value to the group, or bail out.
//If we do not find the matching group,
//we create a new group using data of the matched group.
```

加了注释后，代码可能会变得很复杂。良好的注释用以说明意图，并帮助读者理解代码。问题是，程序员常常嫌麻烦而不去加注释。反对添加注释的人有两个典型的理由：

- 注释必须与代码一起维护和演变。否则，注释可能会产生误导。但是，没有什么工具可以用来提示程序员在修改代码的同时调整注释。因此，加注释很危险。
- 编写的代码本身（包括变量和方法的名称选择）自明，不需要额外的解释。

这两种说法都没错，但同样没错的是：注释也可能大有裨益，特别是那些紧扣意图的注释。此外，这样的注释需要调整的地方不多，因为代码用意就算有变化，也不会经常变。

18.4　测试——通向高质量代码的捷径

最后讨论的一个最佳实践是："测试不是开销或负担，而是程序员的成功指南。"唯一的问题是，何时编写测试代码。

一个有说服力的观点认为，要在编写程序代码行之前编写测试代码。如果能做到这一点，那再好不过了。这里也不会劝阻读者那样做。但如果不那样做，也应在编写一行或全部代码行之后就尽力开始编写测试代码。

实践中，许多有经验的程序员发现，在实现了一些新功能之后才开始编写测试代码很有益处，因为到了那时程序员才能更好地理解新代码如何能融进现有的上下文环境。程序员甚至可能试着对一些值实施硬编码，以查看新代码与调用新方法的代码的融合度好到什么程度。在确保新代码很好地得以融合之后，程序员可以继续实现和调优新代码，同时在调用代码的上下文中根据需求测试新的实现。

必须添加一个重要的限定条件：在编写测试代码时，输入数据和测试标准最好不是由你来设置，而是由分配给你任务的人或测试员来设置。根据代码生成的结果来设置测试程序是一个众所周知的程序员陷阱。客观的自我评估不易做到，但如有可能要尽力做到。

本章小结

本章讨论了主流程序员每天都会遇到的 Java 惯用语，还讨论了最佳设计实践和相关建议，包括代码编写风格和测试。

在本章中，读者了解了与某些特性、功能和设计解决方案相关的、最为流行的 Java 惯用语。这些惯用语以实用的例子加以演示，读者应该学会如何将这些惯用语组织到自己的代码中，以及如何使用专业语言与其他程序员交流。

第 19 章向读者介绍了几个为 Java 添加新特性的项目：Panama、Valhalla、Amber 和 Loom。希望能借此帮助读者跟上 Java 开发的步伐，并对未来要发行的版本加以展望。

第19章

Java的最新特征

本章向读者介绍当前最重要的几个项目。这些项目将为Java添加新特性，并从很多方面来增强Java的性能。读完本章，读者将了解如何跟上Java开发的步伐，并对未来要发行的版本加以展望。如果可以期望的话，就期望读者也能为JDK源代码做出贡献。

本章将涵盖以下主题：

- Java仍在继续进化。
- Panama项目。
- Valhalla项目。
- Amber项目。
- Loom项目。
- Skara项目。

19.1 Java仍在继续进化

对任何一位Java开发人员来说，好消息是Java得到了积极的支持，继续发展壮大，并与这个行业最新的需求齐头并进。这意味着不管你听到其他语言有什么和最新的技术是什么，都将很快成为Java中的最佳特性和功能。新版的发布计划是每半年发布一次，这样就可有把握地认为，一旦证明有用且实用，新添加的内容就会随新版一起发布。

打算设计一个新的应用程序或向现有应用程序添加新功能时，关键问题是要了解一下Java在不久的将来如何发展壮大。这样的了解会有助于设计新代码，使其更容易适应Java新功能，并使编写的应用程序更简单、更强大。对于主流程序员来说，紧跟所有JDK增强建议（JEP）可能不切实际，因为人们的讨论和程序的发展内容庞大，名目繁杂，千头万绪。相比之下，感兴趣的领域可保持在Java的某个增强型项目的前沿地带，这样做要容易得多。你甚至也可成为这样领域里的专家，或者成为这样领域里的兴趣爱好者，为这样的项目贡献一份力量。

本章中，要对五个最为重要的项目加以概述。这五个项目都是Java的增强型项目。下面是其中的四个：

- Panama项目：聚焦于跟非Java库的互操作性。
- Valhalla项目：其构想是围绕引入新值类型和对相关泛型的增强来进行的。

- Amber 项目：包括对 Java 语言扩展的各种成果。其中最为重要的子项目是对数据类、模式匹配、原字符串字面值、简洁的方法体和 lambda 等的扩展。
- Loom 项目：解决轻量级线程（称为**纤程**）的创建问题，并简化了异步编码。

19.2　Panama 项目

本书一再建议编程应使用各种 Java 库——标准 Java 类库（JCL）和 Java 外部库，这些库有助于提高代码质量并缩短开发时间。但是，编写的应用程序可能还需要一些非 Java 外部库。随着使用机器学习算法进行数据处理的需求不断增加，这种对非 Java 外部库的需求最近也在增加。例如，将这样算法移植到 Java 中并不总能跟上人脸识别、对视频中人的动作记忆分类以及跟踪相机移动等领域里的最新成果。

对使用不同语言编写的各种库的利用，现存的机制有 Java 本地接口（JNI）、Java 本地存取访问（JNA）和 Java 本地运行时（JNR）等。尽管有了这些便利，但访问本地代码或本机代码（为特定平台编译的其他语言代码）并不如使用 Java 库那么容易。此外，这种机制限制了 Java 虚拟机（JVM）代码的优化，并且通常需要用 C 语言编写代码。

Panama 项目（https://openjdk.java.net/projects/panama）的设立可解决这样的问题，包括对 C++功能的支持。项目作者使用了外来库（foreign libraries）这个术语，指的是所有其他语言的库。这种新途径背后的想法是用一款名为 jextract 的工具将本地代码方法头转换为相应的 Java 接口。生成的接口允许直接访问本地机方法和数据结构，而不必编写 C 语言代码。

不足为奇的是，支持类预计将存储在 java.foreign 包中。

截至本书撰写到此处时（2019 年 3 月），Panama 的早期访问建构基于未完成的 Java 13 版，并面向专家用户。通过使用 Panama 为本地库创建 Java 绑定，工作量有望减少 90%，并生成至少比 JNI 快四五倍的代码。

19.3　Valhalla 项目

Valhalla 项目（https://openjdk.java.net/projects/valhalla）的动机基于这样一个事实：自大约 25 年前 Java 首次发布以来，硬件已经发生了变化，那时所做的决策在今天可能有不同的结果。例如，从内存中获取值的操作和算术运算所花费的执行时间大致相同。如今，情况已经发生变化。内存访问比算术运算时间要长 200～1000 倍。这说明涉及基本类型的运算比基于其包装类型的运算花的时间要少得多。

使用两个基本类型进行操作时，我们获取值并在操作中使用获取的值。使用包装器类型进行同样的操作时，我们首先使用引用来访问对象（相对于操作本身，现在要比 20 年前用时要长得多），然后才能获取值。这就是为什么 Valhalla 项目要尝试为引用类型引进一种新的值（value）类型。这个类型提供了对值的访问而不使用引用——这与通过值访问基本类型的方式相同。

该项目还可节省内存的消耗和提高包装类型数组的效率。这样，每个元素可由一个值来表示，而不是由一个引用来表示。

这种解决方案在逻辑上会导致与泛型有关的问题。目前，泛型只能用于包装类型。我们可以写 List<Integer>，但不能写 List<int>。这也是 Valhalla 项目需要解决的问题。该项目将“扩展泛型类型，以支持在基本类型上的泛型类和接口的特殊化”。这种扩展也将允许在泛型中使用基本类型。

19.4 Amber 项目

Amber 项目（https://openjdk.java.net/projects/amber）专注于一些小的 Java 语法增强，这将使 Java 语法更有表现力、更简洁、更简单。这些改进将提高 Java 程序员的工作效率，令代码的编写更加愉快。

Amber 项目创建的三个 Java 特性已经交付，前面已经讨论过。具体如下：

- 类型持有器 var（参见第 1 章内容）从 Java 10 开始就可以使用了。
- lambda 参数的局部变量语法（参见第 13 章内容）被添加到 Java 11 中。
- 更简洁的 switch 语句（参见第 1 章内容）是作为 Java 12 的预览特性而引入的。

随着未来 Java 版本的发布，该项目的其他新特性也将随同发布。下面将详细讨论其中的五个。

- 数据类。
- 模式匹配。
- 原字符串字面值。
- 简洁方法体。
- lambda 遗留。

19.4.1 数据类

有些类只存放数据。这些类的目的就是将多个值保存在一起，而不保存其他东西。例如：

```
public class Person {
    public int age;
    public String firstName, lastName;
    public Person(int age, String firstName, String lastName) {
        this.age = age;
        this.lastName = lastName;
        this.firstName = firstName;
    }
}
```

这样的类还可能包括标准的 equals()、hashCode()和 toString()方法集。如果是这样，为什么还要不厌其烦地为这些方法编写实现呢？完全可以自动生成——就跟如今 IDE 的做法一样。这就是这种新实体背后的想法。这种新实体被称作数据类（data class），可简单定义如下：

```
record Person(int age, String firstName, String lastName) {}
```

其余部分都假设为默认提供。

然而，正如布赖恩·戈茨（Brian Goetz）所写（https://cr.openjdk.java.net/~briangoetz/amber/datum.html），问题开始出现了：

“它们(数据类)可扩展吗？字段是可变的吗？我可以控制生成方法的行为或字段的可访问性吗？可以有额外的字段和构造方法吗？”

——布赖恩·戈茨

这就是这一想法的当前状态——在尝试限制范围的同时仍然为语言提供一种价值。请继续关注。

19.4.2 模式匹配

根据值的类型，对值的不同处理方式需要切换。这种情况几乎每个程序员都会遇到。例如：

```
SomeClass someObj = new SomeClass();
Object value = someOtherObject.getValue("someKey");
if (value instanceof BigDecimal) {
   BigDecimal v = (BigDecimal) value;
   BigDecimal vAbs = v.abs();
   ...
} else if (value instanceof Boolean) {
   Boolean v = (Boolean)value;
   boolean v1 = v.booleanValue();
   ...
} else if (value instanceof String) {
   String v = (String) value;
   String s = v.substring(3);
   ...
}
...
```

编写这样的代码，很快就会感到厌烦。这就是模式匹配要解决的问题。实现该特性后，可以将前面的代码改为下面的形式：

```
SomeClass someObj = new SomeClass();
Object value = someOtherObject.getValue("someKey");
if (value instanceof BigDecimal v) {
   BigDecimal vAbs = v.abs();
   ...
} else if (value instanceof Boolean v) {
   boolean v1 = v.booleanValue();
   ...
} else if (value instanceof String v) {
   String s = v.substring(3);
   ...
}
...
```

很不错，是吧？模式匹配还将支持内联版本。例如：

```
if (value instanceof String v && v.length() > 4) {
    String s = v.substring(3);
    ...
}
```

这种新语法首先会在 if 语句中得到使用，之后也会被添加到 switch 语句中。

19.4.3　原字符串字面值

有时，可能希望输出文本带有缩进格式，例如希望输出结果如图 19-1 所示。

```
The result:
   - the symbol A was not found;
   - the type of the object was not Integer either.
```

图 19-1　带缩进输出结果

为实现这一点，原来需编写如下代码：

```
String s = "The result:\n" +
           "   - the symbol A was not found;\n" +
           "   - the type of the object was not Integer either.";
System.out.println(s);
```

添加新的“原字符串字面值”（raw string literal）后[1]，相同代码可更改如下：

```
String s = `The result:
                    - the symbol A was not found;
                    - the type of the object was not Integer either.
              `;
System.out.println(s);
```

这样做代码看起来更整洁，更容易编写。还可以使用 align()方法将原字符串字面值与左边框对齐、使用 indent(int n)方法设置缩进值，以及使用 align(int indent)方法设置对齐后的缩进值。

类似地，将字符串放入符号（'）中可以避免使用转义指示符反斜杠（\）。例如，在执行命令时，当前代码可能包含以下行：

```
Runtime.getRuntime().exec("\"C:\\Program Files\\foo\" bar");
```

有了原字符串字面值，同一行代码可更改如下：

```
Runtime.getRuntime().exec(`"C:\Program Files\foo" bar`);
```

这样，代码变得更容易写、更容易读了。

19.4.4　简洁方法体

由于 lambda 表达式语法的出现，对这个特性的想法就告一段落。lambda 表达式语法能够做到非常紧凑。例如：

```
Function<String, Integer> f = s -> s.length();
```

或者，使用方法引用，代码行可以得到更短的表达：

```
Function<String, Integer> f = String::length;
```

这种途径的逻辑扩展是这样的：为什么不将相同的简写样式应用于标准的访问方法（getter）呢？看看以下方法：

```
String getFirstName() { return firstName; }
```

① 该特征在 Java 14 中仍属于预览特征，并且定界符中使用三个双引号。——译者注

这个方法可以很容易地缩短为以下形式：

```
String getFirstName() -> firstName;
```

或者，可以考虑让这个方法使用另一种方法：

```
int getNameLength(String name) { return name.length(); }
```

这个方法也可以通过使用方法引用而缩短。具体如下：

```
int getNameLength(String name) = String::length;
```

但是，截至本书撰写到此处时（2019 年 3 月），该提案仍处于早期阶段。在最终发布的版本中，许多事情可能会发生改变。

19.4.5　lambda 遗留

Amber 项目计划增加三个 lambda 表达式语法：

- 使用下画线来表示未使用的参数。
- 隐藏局部变量。
- 消除函数表达式的歧义。

1. 使用下画线代替参数名

在许多其他编程语言中，lambda 表达式中的下画线（ _ ）表示未命名的参数。自从 Java 9 中规定使用下画线作为标识符为非法之后，Amber 项目计划使用下画线作为 lambda 参数，前提是当前的实现实际上不需要该参数。例如，看以下函数：

```
BiFunction<Integer, String, String> f = (i, s) -> s.substring(3);
```

参数（i）在函数体中没有得以使用，但我们仍然提供了标识符，将其当作占位符。

有了这种新添加的功能，就可以用下画线来代替此参数，从而避免使用标识符，并表明此参数从未使用过。具体如下：

```
BiFunction<Integer, String, String> f = (_, s) -> s.substring(3);
```

这样，一个输入值得不到使用的局面就很难发生了。

2. 隐藏局部变量

目前，无法为 lambda 表达式的参数提供一个这样的名称：该名称与在局部上下文中用作标识符的名称相同。例如：

```
int i = 42;
//some other code
BiFunction<Integer, String, String> f = (i, s) -> s.substring(3); //error
```

在未来的版本中，这样的名称重用将是可能的。

3. 更好地消除函数表达式的歧义

从本书撰写之日起，有可能存在一个重载的方法，具体如下：

```
void method(Function<String, String> fss){
    //do something
}
void method(Predicate<String> predicate){
```

```
    //do something
}
```

但是，只有显式地定义传入函数的类型才能使用这个重载版本：

```
Predicate<String> pred = s -> s.contains("a");
method(pred);
```

尝试将这个重载版本与内联 lambda 表达式一起使用，将导致失败：

```
method(s -> s.contains("a")); //compilation error
```

由于此重载版本无法解决一个存在歧义的问题，编译器会报错。报错的原因是这两个函数都有一个类型相同的输入参数，只有涉及 return 类型时两个函数才不同。

Amber 项目可能会解决这个问题，但是还没有做出最后的决定，因为这取决于该建议对编译器的实现所产生的影响。

19.5 Loom 项目

Loom 项目（https://openjdk.java.net/projects/loom）可能是本章列出的最重要的项目，能够提升 Java 的能力。在大约 25 年前，Java 就提供了相对简单的多线程模型，该模型带有清晰可辨的同步机制。这在第 8 章中已讨论过。这种简单性，以及 Java 的整体简单性和安全性，是 Java 成功的主要原因。Java Servlet 允许处理多个并发请求，是基于 Java 的 HTTP 服务器的基础。

不过，Java 中的线程是基于 OS 内核线程的，是一个通用线程。但操作系统内核线程按其设计，用来执行许多不同的系统任务。这使线程对特定应用程序的业务需求来说任务量过重（需要太多的资源）。满足应用程序接收到的请求所需的实际业务操作通常用不上线程的所有功能。这表明这种线程模型限制了应用程序的能力。要估算这个限制的强度，只要了解到这样的事实就足够了：当今的 HTTP 服务器可以处理超过一百万个并发打开的套接字，而 JVM 最多只能处理几千个。

这就是引入异步处理的动机，以便最低限度地使用线程，进而引入轻量级处理工作线程。在第 15 章和第 16 章中，曾经讨论过这样的问题。异步处理模型运行得很好，但是其编程却不像其他 Java 编程那样简单。异步处理模型还需要大量的工作来集成基于线程的遗留代码，甚至需要更大量的工作来迁移遗留代码，以便好采用新的模型。

这种复杂性的增加使得 Java 不像以前那样容易学习了。Loom 项目的建立，就是让 Java 并发处理的简单性得以重新使用，从而使它更加轻量化了。

该项目计划在 Java 中添加一个新的 Fiber（纤程）类，用以支持由 JVM 管理的轻量级线程结构。纤程消耗的资源要少得多，几乎没有或只有很少的上下文切换开销。当一个线程被挂起，而另一个线程由于 CPU 分时或类似原因不得不启动或继续执行其自身的任务时，这样的开销过程是必不可少的。当前线程的上下文切换是性能受限的主要原因之一。

为了让读者了解 Fiber 与线程相比有多轻，Loom 项目的开发人员罗恩·普雷斯勒（Ron Pressler）和艾伦·贝特曼（Alan Bateman）提供了以下数字。

- Thread：
  - 通常为堆栈预留 1MB 的空间，外加 16 KB 的内核数据结构；

  ○ 每个启动线程约 2300 字节，包括虚拟机（VM）元数据。
- Fiber：
  ○ 延续堆栈：数百字节到 1KB；
  ○ 当前原型中每纤程分配 200～240 字节。

注：上述引用的文献为 http://cr.openjdk.java.net/~rpressler/loom/JVMLS2018.pdf。

至此，可以这样希望：并发处理的性能会有显著的改进。

延续（continuation）这一术语的用词并不新鲜，在纤程出现前就有人使用过这个词。这个术语表示的是：“按顺序执行的指令序列，并且自身可以挂起。并发处理器的另一部分是调度程序（scheduler），其任务是将延续分配给 CPU 内核，将暂停的延续替换为准备运行的延续，并确保准备好要恢复的延续最终被分配给 CPU 内核。”当前线程模型也具有一个延续和一个调度器，但并不总是作为 API 被公开出来。Loom 项目打算将延续和调度器分离，并在这两者之上实现 Java 纤程。现有的 ForkJoinPool 可能会充当纤程使用。

读者可在项目建议书（https://cr.openjdk.java.net/~rpressler/loom/Loom-Proposal.html）中深入了解 Loom 项目的动机和目标。对于任何 Java 开发人员来说，这样的了解相对容易，且非常具有指导意义。

19.6　Skara 项目

Skara 项目（http://openjdk.java.net/projects/skara）没有向 Java 中添加新特性。此项目的重点是改进对 JDK 的 Java 源代码的访问。

要访问 JDK 源代码，需要从 Mercurial 存储库下载并手动加以编译。Skara 项目的目标是将源代码迁移到 Git，因为 Git 是当今最流行的源代码存储库，而且许多程序员已经在用这个存储库。同样，本书示例的源代码也存储在 GitHub 上。

可以在 GitHub（https://github.com/Project-Skara/jdk）中了解 Skara 项目的进展。该项目仍然使用 JDK 的 Mercurial 存储库的镜像。但在将来，它会变得更加独立。

本 章 小 结

本章为读者介绍了当前最重要的 JDK 增强项目，希望读者能够了解并跟上 Java 的发展趋势，并对未来要发行的版本加以展望。还有更多项目（https://openjdk.java.net/projects）也在研发中，也可以了解一下。前景在望：你有可能成为一位多产的作者，为 JDK 源代码做出贡献；你还可能成为 Java 社区活跃的一员。对此前景，我们希望你兴奋不已。欢迎！